高等学校大数据管理与应用专业系列教材

U0289966

大数据应用基础教程

倪同光 主编

张仲妹 王文 副主编

徐秀杰 陈佳丽 刘夏 卢文锋 吕长远 李永鹏 编著

清华大学出版社
北京

内 容 简 介

本书旨在培养大学低年级本科生的大数据应用能力,使其初步建立数据思维,以满足"新工科""新医科""新农科""新文科"建设背景下高校培养学生数据素养能力的新要求。

全书共 3 篇。基础篇(第 1、2 章)主要内容为大数据概述、Python 及常用类库;数据分析篇(第 3~7 章)重点阐述数据获取、存储、预处理、可视化和分析方法;大数据平台篇(第 8~11 章)着重介绍 Linux 操作系统基础、大数据管理平台、分布式存储和分布式处理。全书提供了大量应用实例,每章后附有习题。为了便于读者在单机条件下构建分布式环境,附录中介绍了基于虚拟机的 Linux 系统安装、Hadoop 及 Spark 安装。

本书适合作为高等院校非计算机专业低年级本科生大数据公共课程的教材,也可供对大数据感兴趣的广大科技工作者和研究人员参考。

本书封面贴有清华大学出版社防伪标签,无标签者不得销售。

版权所有,侵权必究。举报:010-62782989,beiqinquan@tup.tsinghua.edu.cn。

图书在版编目 (CIP) 数据

大数据应用基础教程 / 佀同光主编 . — 北京:清华大学出版社,2023.6
高等学校大数据管理与应用专业系列教材
ISBN 978-7-302-63321-1

Ⅰ . ①大… Ⅱ . ①佀… Ⅲ . ①数据处理-高等学校-教材 Ⅳ . ① TP274

中国国家版本馆 CIP 数据核字 (2023) 第 060513 号

责任编辑:刘向威
封面设计:文 静
责任校对:申晓焕
责任印制:沈 露

出版发行:清华大学出版社
      网   址:http://www.tup.com.cn,http://www.wqbook.com
      地   址:北京清华大学学研大厦 A 座   邮   编:100084
      社 总 机:010-83470000   邮   购:010-62786544
      投稿与读者服务:010-62776969,c-service@tup.tsinghua.edu.cn
      质 量 反 馈:010-62772015,zhiliang@tup.tsinghua.edu.cn
印 装 者:三河市龙大印装有限公司
经   销:全国新华书店
开   本:185mm×260mm   印   张:24.75   字   数:541 千字
版   次:2023 年 8 月第 1 版   印   次:2023 年 8 月第 1 次印刷
印   数:1~1500
定   价:79.00 元

产品编号:098278-01

前　言

本书将数据获取、数据存储、数据预处理、数据可视化和数据分析方法等内容进行了简化和有机融合，旨在培养学生基于数据解决问题的思维方式，提升数据素养。本着循序渐进和强化实践的原则，书中内容以适量和实用为度，注重结合生活实例，以"提出问题—选择模型—解决问题"为主线，着重培养学生运用理论知识解决实际问题的能力。在编写中力求条理清晰、层次分明、言简意赅、客观真实，是一本体系创新、深浅适度、重在应用的大数据通识教育教程。

全书共3篇。第1篇（第1、2章）为基础篇，主要内容为大数据概述、Python及常用类库；第2篇（第3～7章）为数据分析篇，重点阐述数据获取、存储、预处理、可视化和分析方法；第3篇（第8～11章）为大数据平台篇，着重介绍Linux操作系统基础、大数据管理平台、分布式存储和分布式处理。全书提供了大量应用实例，每章后附有习题。

本书第1章、第4章由侣同光编写；第2章由陈佳丽编写；第3章、第5章由徐秀杰编写；第6章由刘夏编写；第7章的7.1～7.4节由王文和陈佳丽编写，7.5节由陈佳丽编写；第8章由卢文锋编写；第9～11章由张仲妹编写；附录A由徐秀杰编写，附录B由张仲妹编写。同时，山东帮客信息技术有限公司李永鹏、上海泛微网络科技股份有限公司吕长远参与了部分案例编写。全书由侣同光担任主编，并负责全书的修改及统稿。本书获山东建筑大学教材建设基金资助，在编写过程中得到了山东建筑大学管理工程学院、山东帮客信息技术有限公司、上海泛微网络科技股份有限公司的大力支持，在此表示衷心的感谢。还得到了山东财经大学管理科学与工程学院博士生导师刘政敏教授、山东省大数据局邹丰义研究员的指导。

由于编者水平有限，书中不当之处在所难免，欢迎广大同行和读者批评指正。

编　者
2023 年 1 月

CONTENTS BIG **目 录** DATA

基 础 篇

数据分析篇

大数据平台篇

Fundamentals of Big Data Application

of Big

Data

Application

基　础　篇

BIG
DATA

第 1 章

大数据概述

1.1 数据和大数据

1.1.1 数据的高速增长

数据（data）是可以定量分析的记录。远古时代，人们"结绳记事"来记载事件，后来为了记录更复杂的事件（如白天时长、气候变化等），创造了某种抽象的符号，最后逐渐发展成为不同类型的数字。中国是最早进行国情调查的国家之一。《史记》曾记载"禹平水土，定九州，计民数"，可以判断大禹平定水患之后，就在九州范围内统计人口了。以后的朝代也有较大规模的人口统计，如明洪武年间编制的黄册（全国户口名册）。统计学起源于国情调查，是搜集、整理、分析、解释数据并从数据中得出结论的一门科学。在统计学理论的指导下，人们通过市场调查、产品抽查和控制实验等方式，对总体进行抽样并获得数据，基于概率理论、抽样误差等理论建立数学模型，估计和检验总体的参数并用于预测。

20 世纪末，信息技术在社会各个领域都得到了全面应用，数据的产生、存储、传输和利用方式都产生了巨大变化，人类对数据的处理水平也空前提高。现在，数据不再仅指数值，还包括文字、图像、图形、动画、视频、音频等多种表现形式。21 世纪以来，互联网全面融入了经济社会生产和生活的各个领域，引领了生产方式和生活方式的变革，创造了人类生活新空间，并深刻地改变着全球产业、经济、利益、安全等的格局。移动互联网、智能终端、新型传感器快速渗透到生产和生活中，一个与物理世界平行的数字空间正在形成，数据成为继物质、能源之后的又一种重要战略资源。

互联网，特别是移动互联网的快速普及，使个人成为重要的数据生产者。当一个人发送消息或图片、电子邮件或搜索信息或提交报表时，就已经开始了数据生产。2021 年，全世界 46.68 亿互联网用户每天发起了 50 亿次在线搜索，发送了 3000 亿封电子邮件，平均每人产生了 4000 次数据互动（主动和被动）。物联网技术在工业领域得到了深入应用，数以亿计的传感器、边缘计算设备和智能设备夜以继日地产生着生产数据。

随着全球数据种类的不断增多，数据总量也在以令人难以置信的速度持续增长。为了计量数据的大小，人们创造了表 1.1 所示的计量单位。其中，最小的数据计量单位是比特或位 (b)，8 个比特形成一个字节 (B)，1024 个字节形成一个千字节（KB），1024 个千字节形成一个兆字节（MB）。以 1024 为倍数，依次形成吉字节（GB）、太字节（TB）、拍字节（PB）、艾字节（EB）、泽字节（ZB）和尧字节（YB）。事实上，TB 及以上的单位能够计量的数据，已经超出了非专业人士的想象范围。

表 1.1　数据计量单位

存 储 单 位	换 算 关 系	含 义 与 实 例
b（比特或位）		1 b 是指一个二进制数（1 或 0）
B（字节）	1 B=8 b	可以表达西文字符
KB（千字节）	1 KB=1024 B=2^{10} B	1 页纯文字的 Word 文件的大小均为 15 KB
MB（兆字节）	1 MB=1024 KB=2^{20} B	一个 MP3 格式的音乐文件的大小均为 4 MB
GB（吉字节）	1 GB=1024 MB=2^{30} B	一部高清电影的大小约为 1 GB
TB（太字节）	1 TB=1024 GB=2^{40} B	2022 年，主流笔记本电脑的硬盘容量为 1 TB
PB（拍字节）	1 PB=1024 TB=2^{50} B	人类生产的所有印刷材料的数据量为 200 PB
EB（艾字节）	1 EB=1024 PB=2^{60} B	人类说过的语言的总和的大小均为 5 EB
ZB（泽字节）	1 ZB=1024 EB=2^{70} B	2025 年，全球数据量预计达到 500 ZB
YB（尧字节）	1 YB=1024 ZB=2^{80} B	2029 年，全球数据量预计达到 1 YB

2005 年，全球产生的数据量为 130 EB；2010 年的数据量为 1 ZB；2015 年，全球数据量达到近 15 ZB；2020 年达到 50 ZB。迄今为止，人类生产的所有印刷材料的数据量为 200 PB，全人类历史上说过的所有语言的数据量大约为 5 EB。整个人类文明所获得的全部数据中，有 90% 是过去两年内产生的，数据呈现出以几何级数增长的趋势。

我国有超过 10 亿人在使用互联网，中国已成为全球数据总量最大、数据类型最丰富的国家之一。

1.1.2　大数据

大多数学者认为，"大数据"这一概念最早公开出现于 1998 年。美国高性能计算公司 SGI 的首席科学家约翰·马西（John Mashey）在一个国际会议报告中指出：随着数据量的快速增长，必将出现数据难理解、难获取、难处理和难组织等四个难题，并用"big data（大数据）"来描述这一挑战，在计算领域引发思考。2008 年 9 月，《自然》杂志出版了以"大数据"为主题的专刊。2011 年 2 月，《科学》杂志出版了专刊——*Dealing with data*，开篇文章发布了一个关于数据使用的调查结果：91.2% 的人认为无法有效驾驭所拥有的数据。世界著名的管理咨询公司麦肯锡公司于 2011 年 5

月发布了一份题为《大数据：竞争、创新和生产力的下一个前沿》的报告。该报告认为，所谓大数据是指"规模已经超出典型数据库软件所能获取、存储、管理和分析能力之外的数据集。"报告提出了对大数据进行收集和分析的设想，并对大数据会产生的影响、所需关键技术以及应用领域等进行了较详尽的分析。2012 年，牛津大学教授维克托·迈尔 - 舍恩伯格（Viktor Mayer-Schönberger）在其畅销著作《大数据时代：生活、工作、思维的大变革》（*Big Data: A Revolution That Will Transform How We Live, Work, and Think*）中指出，数据分析将从"随机采样""精确求解"和"强调因果"的传统模式演变为大数据时代的"全体数据""近似求解"和"只看关联不问因果"的新模式，引发了商业应用领域对大数据方法的广泛思考与探讨。

国际数据公司（International Data Corporation，IDC）认为大数据具有海量的数据规模、快速的数据流转、多样的数据类型和较低的价值密度四大特征。

1. 海量的数据规模

大数据集往往能够达到 TB 甚至 PB 数量级。例如，导航软件每天需要处理的数据超过 1.5 PB。由于数据体量巨大，传统的存储技术和处理技术不再适用。例如，传统的数据处理方法对京东、天猫等电商网站一天产生的交易数据是无能为力的。

2. 快速的数据流转

数据生成的速度非常快。例如，工地或车间的摄像头会高速地产生大量数据，大型强子对撞机（Large Hadron Collider，LHC）在工作状态下每秒产生 PB 级的数据。

3. 多样的数据类型

大数据的来源和类型是多种多样的。例如，一个企业的数据可能包括财务和生产的数值数据，也包括电子邮件、文档、社交媒体、图片、音频和视频等数据。而交通领域的数据则可能包含路网摄像头、传感器、GIS（geographic information system，地理信息系统）数据、问卷调查、交通卡刷卡记录、手机定位记录、高速公路及停车场 ETC（electronic toll collection，电子不停车收费）数据等不同来源和类型的数据。

4. 较低的价值密度

以视频监控为例，监控数据量非常大，但有用的数据可能只有几秒。不过，数据量大并不是导致其价值密度低的原因，银行、大型电子商务网站的海量交易数据和医院病历数据都有较高的价值。

关于大数据，研究机构 Gartner 给出了这样的定义：大数据是需要新处理模式才能具有更强的决策力、洞察发现力和流程优化能力的海量、高增长率和多样化的信息资产。麦肯锡全球研究所给出的定义是：一种规模大到在获取、存储、管理、分析方面大大超出了传统数据库软件工具能力范围的数据集合。必须使用高级工具（分析和算法）进行处理，才能从大数据中揭示有意义的信息。

经过多年来的发展和沉淀，人们对大数据已经形成了基本共识：大数据现象源于互联网及其延伸所带来的无处不在的信息技术应用以及信息技术的不断低成本化。大数据泛指无法在可容忍的时间内用传统信息技术和软硬件工具对其进行获取、管理和处理的巨量数据集合，具有海量性、多样性、时效性及可变性等特征，需要可伸缩的计算体系结构以支持其存储、处理和分析。

大数据技术的战略意义不在于掌握庞大的数据信息，而在于对这些含有价值的数据进行专业化处理。大数据的价值本质上体现为：为人类提供了全新的思维方式和探知客观规律、改造自然和社会的新手段，这也是大数据引发经济社会变革的根本性原因。

1.1.3　科学的范式

1962 年，美国著名科学哲学家托马斯·塞缪尔·库恩（Thomas Samuel Kuhn）在《科学革命的结构》中提出了"范式"（paradigm）这一概念。范式指的是常规科学所赖以运作的理论基础和实践规范，是从事某一学科的科学家群体所共同遵从的世界观和行为方式。新范式的产生，一方面是由于科学范式本身的发展；另一方面则是由于外部环境的推动。人类进入 21 世纪以来，随着信息技术的飞速发展，新的问题不断产生，原有的科学范式受到了各个方面的挑战。

在科学发展史上，第一范式是实验科学（经验科学）。实验科学的基本特征是对有限的客观现象进行观察、总结、提炼，用归纳法发现科学规律。伽利略利用实验和数学相结合的方法确定了一些重要的力学定律。他对落体运动进行了细致观察之后，在比萨斜塔上做了"两个铁球同时落地"的著名实验，得出了"物体下落速度与重量无关"的结论。实验科学的主要研究模型是科学实验，其研究方法以归纳为主，观测和实验带有一定的盲目性。

第二范式指 18 世纪以来的理论科学。理论科学的主要活动是对自然、社会现象按照已有的实证知识、经验、事实、法则、认知以及经过验证的假说，经由一般化与演绎推理等方法，进行合乎逻辑的推论性总结。例如，相对论、麦克斯韦方程组、量子力学、概率论、博弈论等均属于理论科学范畴。理论科学的主要模型是数学模型，其研究方法以演绎法为主，不局限于经验事实。

第三范式指 20 世纪中叶以来的计算科学。面对大量复杂现象，归纳法和演绎法都难以满足科学需求，人们开始借助电子计算机对复杂现象进行模拟仿真，并推演出越来越多复杂的现象，以完成观察和预测。例如，分子问题、信号系统均属于计算科学的范畴。计算科学的主要研究模型是计算机仿真和模拟，其研究方法是针对问题进行仿真计算。

近年来，人类拥有的数据以惊人的速度增长，传统的计算科学范式已经越来越无法驾驭海量数据。图灵奖得主、关系型数据库、数据仓库和数据挖掘方向的领军人物詹姆斯·尼古拉·格雷（James Nicholas Gray）于 2007 年 1 月 11 日在他人生中最后一次^①演讲《e-Science：一种科研模式的变革》中指出，科学的发展正在进入数据密集型科研——科学史上的"第四范式"。第四范式开始用超大规模（mega-scale）和细微规模（mili-scale）等概念来描述数据时代的特征，已经具备了大数据的核心内涵。他认为，数据爆炸对传统研究工具提出了挑战和颠覆，需要变革研究工具才能有效利用海量数据。第四范式和大数据革命的思想非常吻合，可以视为大数据革命的思想雏形。

微软研究院于 2009 年出版了《第四范式：数据密集型科学发现》（*The Fourth Paradigm: Data-intensive Scientific Discovery*），标志着第四范式——数据密集型科学范式的确立。数据密集型科学的研究对象是全量数据，而不是少量样本。计算机科学为信息分析学科等提供了研究的手段和工具，已经成为众多学科必需的辅助科学。数据密集型科学的研究不再由传统的假设驱动，而是基于科学数据进行探索，主要研究方法为数据挖掘。

1.2 大数据从哪里来

传统数据是按照特定研究目的、依据抽样方法获得的格式化的数据。而大数据的产生主体则有以下几个。

组织的信息系统产生数据。组织内部使用的信息系统，如企业资源规划、制造执行系统、医院信息管理系统、办公自动化系统等，会产生运营数据（如产品数量、原材料消耗等）和系统二次加工（如分类、汇总）数据。

用户产生数据。互联网上，社交媒体每时每刻都产生大量文字、图片、视频，这些数据还可能包含着互联网用户的行为信息。例如，电商平台记录了用户的支付行为、查询行为、购买习惯、单击顺序、停留时间、评价行为、物流信息等数据。此外，搜索引擎、导航、电子邮件、短信、共享服务（如汽车、自行车）、手机拍照（很大一部分传到了云端）也会产生大量的数据。

机器产生数据。智能设备和传感器在持续不断地产生着数据。例如，智能起重机记录着每个动作的工作时间、起吊重量、环境风力甚至驾驶员的个人生理信息等数据，以监控操作者及设备健康状况，提高安全生产水平；传感器持续记录着温度、湿度、粉尘等实时信息；无人机和摄像头也从各个角度拍摄、记录着现场数据。即使这些数据仅有一部分被保留下来，长期累积的数据量也是惊人的。

科学实验产生数据。航空航天、海洋监测、天气观测、电子对撞机等科学实验会产生海量数据。

---

① 2007 年 1 月 28 日，Gray 独自驾驶着一条长 40 英尺的游艇，驶往位于旧金山金门大桥以西 25 英里的费拉隆（Farallon）岛途中失踪。

1.3 大数据的应用场景

大数据技术产生于互联网领域，并逐步推广到电信、医疗、金融、交通等领域，在众多行业中产生了实用价值。

1. 互联网领域

互联网企业获取大量的客户行为信息，通过大数据技术分析，可以制定出具有针对性的服务策略，从而获取更大的效益。近年来的实践证明，合理地运用大数据技术能够将电子商务的营业效率提高 60% 以上。电商平台会通过大数据技术采集有关客户的各类数据，使用大数据分析技术建立"用户画像"来描述一个用户的信息全貌，从而对用户进行个性化推荐、精准营销和广告投放等。例如，当用户登录电商网站时，系统就能根据"用户画像"预测出该用户今天可能购买的物品，然后从商品库中把合适的商品找出来，用"猜你喜欢"的方式推荐给他；如果顾客的购物车中有多包羊肉片、糖蒜却没有火锅蘸料，则在结账时询问是否需要蘸料，得到肯定答复后，会将顾客引导到蘸料页面。广告是互联网领域常见的盈利方式，也是一个典型的大数据应用。广告系统能够根据用户的历史行为模式及个人基本信息，针对用户投放精准的广告。

2. 电信领域

在电信行业中，用户每天产生的语音、短信、流量和宽带数据是体量巨大的数据资源。通过大数据技术，运营商可以提升数据处理能力，聚合海量数据，提升洞察能力。目前电信领域主要将大数据应用在以下几个方面。

（1）网络管理和优化。通过数据分析，对基站选址等基础设施建设进行优化；对已有设施进行效率和成本评估，以减少浪费。

（2）市场与精准营销。包括客户画像、关系链研究、精准营销、实时营销和个性化推荐，提高营销效率。

（3）客户关系管理。包括客服中心优化和客户生命周期管理。当前，在中国的电信市场中，各运营商的市场份额比较稳定，防止客户流失是一项重要业务。通过数据分析，如发现客户有"离网"倾向，就可以制定有针对性的措施挽留客户。

（4）企业运营管理。基于企业内部的业务和用户数据，以及通过大数据手段采集的外部社交网络数据、技术和市场数据，对业务和市场经营状况进行总结和分析。

（5）数据商业化。通过与第三方合作，将数据价值外部变现，包括数据即服务和分析即服务。数据即服务是通过开放数据或 API（application programming interface，应用程序编程接口），向外出售脱敏后的数据；分析即服务是指与第三方公司合作，利用脱敏后的数据为政府、企业或行业客户提供通用信息、数据建模、数据分析服务。

3. 医疗领域

在传统的医疗诊断中，医生仅可依靠目标患者的信息以及自己的经验和知识储备，局限性很大。医疗行业拥有病历、病理报告、影像数据、治疗方案、药物报告等数据，数据量庞大并且类型复杂。通过机器学习算法可以发现数据中蕴含的规律，协助医疗团队建立疾病模型。生物大数据的应用能够在很大程度上帮助研究人员调查疾病与人体遗传标记之间存在的必然联系，改变传统医疗模式下对所有的病人都采取"一刀切"的治疗方法，将基因学的内容引入到临床治疗中，对患者的基因组数据进行分析，从而提供针对性的医疗方法。这为后续医疗技术的进步以及疾病预防工作的开展提供了有效的技术支持。

重大流行性疾病防控的关键是发现病毒感染者和密切接触者，通过收治和物理隔离手段切断传染链，其基础工作在于开展科学、准确的流行病学调查，掌握流行病病例的发病情况、暴露史、接触史等流行病学相关信息，而这一切离不开大数据的支撑。流行病学现场调查广泛运用互联网、大数据等技术，对当事人或知情者提供的有效信息进行甄别和综合梳理分析，不仅可以准确掌握当事人的数据信息，甚至其准确度可能比当事人本人直接提供的还要高。正如李兰娟院士所说："专家利用大数据技术梳理感染者的生活轨迹，追踪人群接触史，成功锁定感染源及密切接触人群，为疫情防控提供宝贵信息。"甘肃省利用公安"天眼"系统和大数据平台调取相关数据，根据与基层流行病学调查组的比对，翔实核查出已确诊患者和疑似病例的活动范围及接触人群，缩短了流行病学的调查时间，拓展了排查渠道，提高了调查结果的准确性。

4. 金融领域

银行拥有多年的数据积累，目前已经开始尝试通过大数据来驱动业务运营。银行大数据应用可以分为四方面。

（1）客户画像应用。客户画像应用主要分为个人客户画像和企业客户画像。个人客户画像包括人口统计学特征、消费能力、兴趣、风险偏好等；企业客户画像包括企业的生产、流通、运营、财务、销售、客户、相关产业链上下游等数据。

（2）精准营销。在客户画像的基础上，银行可以有效地开展精准营销。银行可以根据客户的喜好进行服务或者银行产品的个性化推荐，如根据客户的年龄、资产规模、理财偏好等，对客户群进行精准定位，分析出其潜在的金融服务需求，进而有针对性地进行营销推广。

（3）风险管控。风险管控包括中小企业贷款风险评估和欺诈交易识别等。银行可以利用持卡人基本信息、银行卡基本信息、交易历史、客户历史行为模式、正在发生的行为模式（如转账）等，结合智能规则引擎（如从一个不经常出现的国家为一个特有用户转账或在一个不熟悉的位置进行在线交易）进行实时的交易反欺诈分析。

（4）运营优化。运营优化包括市场和渠道分析优化、产品和服务优化等。通过大数据，银行可以监控不同的市场推广渠道，尤其是网络渠道推广的质量，从而进行合作渠道的调整和优化；银行可以将客户行为转换为信息流，并从中分析客户的个性特征和风险偏好，更深层次地理解客户的习惯，智能化分析和预测客户需求，从而进行产品创新和服务优化。

5. 工业领域

工业大数据应用将带来工业企业创新和变革的新时代。在工业生产中，信息系统、传感器和智能设备时刻产生着海量数据。工业大数据的典型应用包括产品创新、产品故障诊断与预测、工业生产线物联网分析、工业企业供应链优化和产品精准营销等诸多方面。

（1）加速产品创新。客户与工业企业之间的交互和交易行为将产生大量数据。挖掘和分析这些客户动态数据，能够帮助客户直接参与到产品的需求分析和产品设计等创新活动中，为产品创新做出贡献。

（2）产品故障诊断与预测。传统上，设备会定期检修。无论设备状态如何，都要按计划检修，这会造成一定程度上的浪费。此外，设备出现故障后会立即停机，然后进行故障定位和排除，这种非计划停机会严重影响生产活动。通过传感器监控设备多个指标的实时状态，分析发生故障之前的参数变化规律，就可以建立大数据模型，做到故障预警。这样，维修人员就能在设备停机之前对其进行维修处理，从而提高整体的企业运行效率。

（3）基于数据的产品价值挖掘。通过对产品和相关数据进行二次挖掘，可以创建新的价值。例如，三一重工是我国著名的工程机械供应商，该厂可以在线跟踪它出售（或出租）的设备的工作状态。这些大数据可以帮助客户预防故障，帮助本厂的设计部门改善产品设计，还能了解全国各地的基础设施状况，为宏观经济判断、市场销售布局和金融服务提供依据。

另外，大数据在国家安全、社会治理、体育娱乐、交通管理等领域也有着深入的应用。可以预见，未来大数据会在更多的领域得到深入应用，促进社会发展，造福民众。

1.4　大数据对思维方式的影响

维克托·迈尔·舍恩伯格在《大数据时代：生活、工作、思维的大变革》中明确指出，大数据时代最大的转变是三种转变：总体而非抽样、效率而非精确和相关而非因果。

（1）总体而非抽样。过去，由于数据存储和处理能力的限制，在数据分析中，通常采用抽样的方法，即从全集数据中抽取一部分样本数据，通过对样本数据的分析来推断全集数据的总体特征。现在，获取数据的能力空前提高，分布式文件系统和分布式数据库技术提供了理论上近乎无限的数据存储能力，分布式并行程序设计框架MapReduce 提供了强大的海量数据并行处理能力。因此，在大数据技术时代，科学分析可直接针对全集数据而不是抽样数据，并且可以在短时间内得到分析结果。

（2）效率而非精确。在基于抽样的分析方法中，抽样的微小误差被放大到全集数据以后，可能会变成一个很大的误差。传统的数据分析方法往往更注重提高数据和算法的精确性，其次才是提高算法效率。而在大数据背景下，基于数据总体的分析结果就不存在误差被放大的问题。因此，追求高精确性已经不是其首要目标。大数据有变化快的特征，要求在几秒内就给出针对海量数据的实时分析结果，否则就会丧失数据的价值。因此，数据分析的效率成为关注的核心。

（3）相关而非因果。在大数据时代，因果关系不再那么重要（事实上，因果关系更难以发现），人们转而追求"相关性"。例如，在电商平台购买了一本 Python 相关的图书后，系统会自动提示与你购买相同物品的其他客户还购买了某本关于大数据的图书。尽管两者可能有一定的因果性，但系统只需要根据相关性做出提醒，而不必发现其中的因果关系。

1.5 数据挖掘与机器学习

在科学和工程研究中，"第一性原理"（first principle）是一个重要准则，即研究要从基本的数学定理或物理规律出发来计算和推导，直到得到结论。例如，在自由落体中，距离和时间的关系用 $h=\dfrac{1}{2}gt^2$ 表示，给定一个 t，就可以预测 h 的值。

但是，如果想知道人 1 小时能走多少米，问题就变得十分复杂。结论和人的身高、体重、肌肉力量、关节健康等有关，这个问题可能需要很多参数和方程才能得到数学模型。更准确地说，根本无法得到这样的数学模型。但如果测量了 1000 个人 1 小时走过的距离，就可以得到有一定精度的经验公式，从而估计某种身高体重的人 1 小时大约能走多少距离[①]。和依赖数学或物理公式的第一性原理截然不同，这种预测能力来自数据分析。

20 世纪下半叶，随着数据库技术的发展应用，数据的积累不断膨胀，导致简单的查询和统计已经无法满足企业的商业需求，亟需一些革命性的技术去挖掘数据背后的信息。同时，计算机领域的人工智能也取得了巨大进展，机器学习发挥了重要作用。因此，人们将两者结合起来，用数据库管理系统存储数据，用计算机分析数据，尝试挖掘数据背后的信息。这两者的结合促生了一门新的学科，即数据库中的知识发现（knowledge discovery in database，KDD）。后来，数据来源不再局限于数据库，这个术语逐渐被数据挖掘（data mining）替代。

数据挖掘指从大量数据中通过算法和分析工具获得隐藏于其中的信息的过程，即从大量的、不完全的、有噪声的、随机的、模糊的数据中，提取隐含在其中的规律性的、

---

① 导航软件一般按 5 km/h 估算步行时间。如果多次使用步行导航，软件会"学习"到用户的步行速度，就能更精准地估计步行时间。

人们事先未知但又是潜在的有用信息和知识的过程。数据挖掘可以帮助决策者寻找数据间潜在的某种关联，发现被隐藏的、被忽略的因素。数据挖掘和统计学的目标都是发现数据中的信息，但是数据挖掘的工作对象不是通过抽样获得的样本，而是来自数据库或网络的数据总体。数据挖掘通过计算机执行算法，以数据驱动的方式发现数据中的信息，为决策提供支持。

机器学习（machine learning）理论主要用于设计和分析一些让计算机可以根据现有数据自动"学习"的算法，并据此建立模型。机器学习算法是从数据中自动分析获得规律，与模型构建有关，而数据挖掘与知识发现有关，两者不是并列的概念。机器学习不但广泛应用于数据挖掘，还应用于计算机视觉、自然语言处理、生物特征识别和机器人领域；而数据挖掘除了机器学习，还涉及数据库理论、人工智能和现代统计学。

第一性原理和数据挖掘以两种不同的方式表达了知识，两者并不矛盾，数据挖掘也能找到一些原理和机制。康奈尔大学（Cornell University）的科学家做过一个有趣的研究，他们从实验数据出发，通过数据挖掘，反向得到了与牛顿力学中一致的物理公式，而计算机并不需要知道牛顿力学。将来，随着算法的进步和算力的提高，人们可能从更复杂的数据中挖掘出未知的规律。

和传统数据相比，大数据的体量更大，价值密度更低，蕴含的知识更加模糊。传统的数据挖掘技术无法应对数据量急剧增长带来的挑战，分布式技术手段则使计算能力和存储能力获得了充分的增长，解决了基于海量数据的数据挖掘出问题。

1.6 数据科学项目的基本流程

数据科学项目一般从一个问题开始。例如，某区域新楼盘预期的价格是多少？消费者对某商品的态度是正面的还是负面的？某邮件是否是垃圾邮件？

正确理解问题后，要依次进行以下工作。

（1）数据获取。数据的可用性是项目成功必不可少的条件。公开数据可以直接获取。如果数据存在但没有公开，就需要以协商（即使是本单位的数据）或购买的方式合法地获取数据。如果数据不存在，可能就要通过某些设备或程序（如爬虫）对数据进行合法采集并存储起来。有些数据可能包含敏感信息，进入这一阶段之前，要对数据进行脱敏处理，使之能保留原有的意义，又不会造成隐私泄露。

（2）数据预处理。获得的数据可能包含多个数据集。这些数据集的产生时间、保存格式可能是不同的，需要将这些数据集组织成单一的、一致的、高质量的数据集。在实践中，数据（特别是直接采集的数据）还可能包含部分无效数据项，必须应用一些规则防止"脏"数据影响模型。

（3）探索数据特征。在探索数据特征阶段，需要从数据集中提取最适合任务的变量或数据特征。有些特征可能已经存在于数据集中了，有时需要根据多个现有特征来设计新的数据特征。寻找数据特征的依据是确定哪些变量对问题建模最有用。这一过程既是科学，也是艺术，是一个复杂而重要的过程。

（4）构建和调整模型。构建和调整模型是指选择建模技术，并在数据集中应用该技术。从高层次上区分，有两种类型的建模技术：监督学习和无监督学习。

监督学习需要包含一批样本的训练集，每个样本由特征和目标变量组成。机器学习算法需学习如何将一组特征映射为目标变量的值。回归是常见的有监督学习模型，它的一个典型应用是价格预测：用一组房屋变量（如面积、朝向、距市中心的距离）和对应价格作为监督数据（或称训练集），通过学习获得回归模型，可以预测其他房屋的价格。分类是另一种有监督学习模型。垃圾邮件过滤器是一个机器学习程序。通过学习用户标记好的垃圾邮件和非垃圾邮件示例（训练集），它可以学会自动标记垃圾邮件。

无监督学习建模的目的是识别数据中的模式（规律），不需要任何有标记的训练集。聚类、异常检测属于无监督学习。

模型构建后，需要进行检验。如果没有达到标准，就需要返回上一个步骤去获取新的或不同数据，或者使用不同的特征，来构建新的模型。

1.7 数据安全和大数据伦理

1.7.1 数据安全

数据安全指保护信息系统或数据资源免受各类干扰、破坏和非法访问。数据安全问题是人类社会在信息化发展过程中无法回避的问题。大数据蕴含着巨大的价值，更易成为被攻击的重点目标。近年来，数据泄露等安全问题事件频发。雅虎（Yahoo）、推特（Twitter）、脸书（Facebook）均发生过数据泄露事件。在国内，2020年青岛胶州某医院出现了个人信息泄露事件，2021年北京智借网络科技有限公司非法出售用户个人信息，2022年6月美国国家安全局窃取了西北工业大学远程业务操作记录等关键敏感数据。这一系列的安全事件使数以亿计的用户成为受害者，社会影响十分恶劣，不仅给个人和企业带来了威胁，还严重危害了社会安定和国家安全。

数据安全包括传统数据安全和大数据安全两个方面。

1. 传统数据安全

传统上，数据可能受到四方面的威胁。

（1）计算机病毒。计算机病毒会影响软件、硬件的正常工作，破坏数据或窃取数据。

（2）黑客攻击。黑客通过网络，利用目标计算机的漏洞控制目标计算机，窃取、破坏或篡改数据。

（3）介质损坏。数据通过网络传输并存放在某种形式的存储设备上。自然灾害可能会造成网络中断、设备损坏或灭失；停电可能会造成传输中或存储设备上的信息损坏或丢失。

（4）人为因素。密码保管不善会造成数据的泄露；操作失误可能会造成文件误删、存储设备格式化、设备遗失。

2. 大数据安全

大数据具有共享性，可以交易，其动态利用已逐渐走向常态化和多元化。实现数据价值的渠道往往依赖于大量多样性数据的汇聚、流动、处理和分析活动，而这些活动所涉及的治理主体更加多元，利益诉求更加多样，数据安全概念的内涵和外延均在不断扩充、延展，大数据安全也表现出了新的特征。

（1）大数据成为网络攻击的首要目标。大数据体量大，存放集中，攻击成功后回报较高。

（2）大数据本身推高了数据泄露的风险。各种细节数据不断在某一平台上持续聚集，使攻击者非法获取数据后更容易解读数据，而这些被非法获取的数据可以用来对其他平台进行"撞库"攻击。如图 1.1 所示，攻击者利用 A 平台获取的用户和密码（部分用户喜欢在不同平台使用相同的密码），通过"撞运气"的方式尝试破解平台 B 的相关信息。一个安全保障能力较弱的平台发生数据泄露后，往往会成为攻击其他平台的资源。攻击者可能通过收集用户上网（如社交网络、邮件、微博、快递数据）的痕迹，获取攻击目标的相关信息，提高攻击成功率。

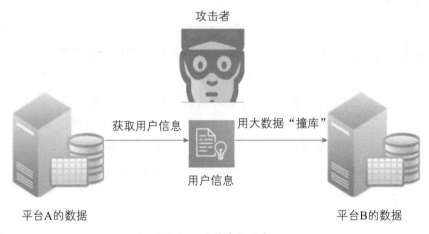

攻击者

获取用户信息 用大数据"撞库"

用户信息

平台A的数据　　　　　　　　　　　　　平台B的数据

图 1.1　"撞库"攻击

（3）大数据安全关乎国家安全。随着数据价值的不断提高，数据资源成为国家核心战略资产和社会财富。一个国家拥有数据的规模和应用能力将成为综合国力的重要组成部分。数据安全已成为维护国家主权和核心利益的基础。另外，自媒体（如微博、微信和抖音等）使更多的互联网用户获得了独立表达自己观点的能力，但是自媒体的发展良莠不齐。一些自媒体为了单击率，不断突破道德底线，发布虚假消息，误导受众，冲击主流媒体，成为影响国家意识形态安全的因素。

大数据的产生、收集、存储、使用、传输、共享、发布和销毁等阶段都面临着新的安全威胁和挑战。数据加密、用户访问权限控制、数据隔离、数字签名等技术和严格执行相关法律法规是提高数据安全的主要手段。

1.7.2 大数据伦理

伦理（ethics）是指"规则和道理"，其中"规则"（伦）和"道理"（理）是同一概念中的两个方面。美国《韦氏大辞典》指出，伦理学是一门探讨什么是好、什么是坏以及道德责任义务的学科。数据伦理（data ethics）是指在数据生产、治理、使用和共享过程中个人和机构需要遵守的社会道德和科学规范，是数据从业人员和机构应该遵循的职业道德准则。

大数据是一种资源，但可能会被用于技术性垄断，从而获取不当的优势。例如，"大数据杀熟"和"困在算法里的美团骑手"一度成为社会舆论的焦点。"大数据杀熟"是指平台（主要是互联网平台）充分利用自身所掌握的大数据技术，对熟人（忠诚的用户）进行不当的价格歧视，从而使大数据技术成为部分经营者追求不当利润的工具，普通消费者很难通过网络对经营者价格歧视的行为进行甄别。"困在算法里的美团骑手"是指外卖骑手的收入被大数据和算法支配。为了"准时送达"，骑手们工作时经常处于高度紧张的状态，甚至违反交通法规，给自己和他人的生命安全带来了极大的威胁。此外，有些企业通过摄像头对客户进行人脸识别，以便在议价方面取得优势。

大数据的核心是预测，它为人类的生活创造了前所未有的可量化维度，已经成为新发明和新服务的源泉。但是，这种改变一旦缺失对伦理道德的坚守，结果会适得其反，使大数据营销变为算法霸权，直接导致公众利益受损，还会引发公众对企业的信任危机。

需要坚持"科技向善"理念，推动科技的发展和创新，尽可能地减少新技术带来的负面影响，充分引领新科技正向价值的发挥。为了更好地为人类、为社会服务，大数据技术应遵循的伦理原则如下。

（1）无害性原则。大数据技术发展应坚持以人为本，服务于人类社会的健康发展和人民生活质量的提高。

（2）权责统一原则。谁搜集谁负责，谁使用谁负责。

（3）尊重自主原则。数据的存储、删除、使用、知情等权利应充分赋予数据产生者。

对于大数据技术带来的伦理问题，最有效的解决之道就是继续推动技术进步。应鼓励以技术进步消除大数据技术的负面效应，从技术层面提高数据安全管理水平。例如，对个人身份信息、敏感信息等采取数据加密升级和认证保护技术；将隐私保护和信息安全纳入技术开发规范，作为技术原则和标准。

2019 年 1 月 1 日，我国正式施行《电子商务法》，其中第十八条规定："电子商务经营者根据消费者的兴趣爱好、消费习惯等特征向其提供商品或者服务的搜索结果的，应当同时向该消费者提供不针对其个人特征的选项，尊重和平等保护消费者合法权益。"相关法律规定的出台为消除"大数据杀熟"现象、过度收集信息和保障大数据安全做出了努力，但最根本的还是在于企业组织自身的伦理底线。只有将人文情怀赋予理性工具，在算法背后辅以道德正义的支撑，才能真正实现大数据造福大众的目标。

1.8 国家层面的大数据问题

1.8.1 数据主权

互联网服务"无国界"的性质侵蚀了传统主权和领土管辖权的概念，但土地、水、人口、健康、金融和犯罪等方面的数据对一个国家来讲至关重要，各国正在寻找新的适当方法来保障国家数据安全。数据主权是国家主权的重要组成部分，指以符合数据所在国法律、惯例和习俗的方式管理数据，也指国家采取一系列方法控制在本国互联网基础设施中生成或通过本国互联网基础设施生成的数据，并将数据流置于国家管辖范围内。新一代信息技术催生了大批中国高科技企业，一部分企业掌握着海量的用户敏感数据，在跨国发展过程中可能会损害国家数据安全和公共利益。此外，境外公司在我国境内运营过程中也收集了海量数据，有着极大的安全隐患。我国应当将保护数据安全置于国家战略高度，顺应全球数字经济的严格监管趋势，全力捍卫国家数据主权。

美国的数据主权安全保障及其战略建设开始于 20 世纪 80 年代。作为全球最早开始建设数据主权战略的国家，美国至今已出台了 130 余部相关法案，形成了同时涵盖互联网宏观整体规范与微观具体规定的完备数据主权战略体系。近年来，美国接连出台了《国家网络战略》《澄清境外数据的合法使用法案》和《消费者隐私法案》等相关法规、政策，通过双重标准、长臂管辖等手段对他国企业进行打压，谋求继续主导网络空间的国际治理规则。

欧盟也全力推进数据主权战略的构建。2018 年，欧盟出台了《通用数据保护条例》；2020 年，欧盟通过了《欧洲数据治理条例（数据治理法）》提案，并公布了《数字服务法案》《数字市场法案》两部法案的草案；2021 年 3 月，欧盟委员会发布了《2030数字罗盘：数字十年的欧洲方式》，提出了未来十年，欧洲加快数字化转型的具体目标以及衡量目标完成情况的数字罗盘。欧盟的数字监管模式极大地影响了世界各国以及各大企业的数据监管措施。企业为了进入欧洲市场，需要主动或被动地将其数据保护措施提升至欧盟标准。

我国于 2016 年颁布的《网络安全法》创建了一个广泛的数据保护框架。出于对国家安全的考虑，法规中包含了对个人信息和重要数据的数据本地化要求。2017 年，中共中央网络安全和信息化委员会办公室（以下简称中央网信办）发布了《个人信息和重要数据出境安全评估办法》，将数据本地化要求扩展到所有网络运营商，而不仅是《网络安全法》中规定的关键信息基础设施运营商，对数据本地化存储的要求更加严格。在《网络安全法》的框架下，我国又陆续制定了《数据安全法》《个人信息保护法》等法律，出台了《互联网用户账号信息管理规定》《数据出境安全评估办法》等一系列规章制度，要求在数据出境时对运营商进行安全评估，以防存在影响国家安全或损害公共利益的风险，确保我国的数据主权保护得到落实。我国拥有自己的国家内联网，互联网流通内容需要经过审查，审查和约谈机制成为我国独特的数据治理措施。在强化数据跨境流动监管的同时，我国政府也在大力投资境内数字基础设施建设，并通过"数字丝绸之路"计划在全球范围内扩大通信基础设施建设，创造了以中国为中心的跨国网络基础设施体系。

2021 年 12 月，鉴于近期新浪微博及其账号屡次出现法律、法规禁止发布或者传输的信息，且情节严重，国家互联网信息办公室负责人约谈了新浪微博的主要负责人、总编辑，依据《网络安全法》《未成年人保护法》等法律法规，责令其立即整改，并严肃处理相关责任人。北京市互联网信息办公室对新浪微博运营主体北京微梦创科网络技术有限公司依法予以共计 300 万元罚款的行政处罚。除此之外，滴滴全球股份有限公司在经营过程中存在严重影响国家安全的数据处理活动并违规收集了大量的客户敏感数据。2022 年 7 月 21 日，国家互联网信息办公室依据《网络安全法》《数据安全法》《个人信息保护法》《行政处罚法》等法律法规，对滴滴全球股份有限公司处以人民币 80.26 亿元的罚款，对滴滴全球股份有限公司董事长兼 CEO 程维、总裁柳青各处人民币 100 万元的罚款。

数据主权也可以泛指组织和个人对自己产生的各种有价值数据资源的占有、使用、解释、自我管理、自我保护，并且不受任何组织、单位和个人侵犯的权利。组织和个人的数据主权必须无条件地服从国家数据主权的需要，国家数据主权是第一位的。

1.8.2　大数据与国家治理

大数据不仅是一场技术革命，一场经济变革，也是一场国家治理的变革。维克托·迈尔·舍恩伯格在其著作《大数据时代》中说："大数据是人们获得新的认知、创造新的价值的源泉，还是改变市场、组织机构以及政府与公民关系的方法。"

在大数据时代，互联网是政府施政的新平台。"十三五"规划建议指出："运用大数据技术，提高经济运行信息及时性和准确性。"大数据正有力地推动着国家治理体系和治理能力走向现代化，正日益成为社会管理的驱动力、政府治理的重要依据。目前，大数据正逐渐成为国家战略。2014 年 7 月 23 日，国务院常务会议审议通过《企业信息公示暂行条例（草案）》，推动构建公平竞争市场环境。其中要求建立部门间互联共享信息平台，运用大数据等手段提升监管水平。2014 年 9 月 17 日，国务院常务会议部署进一步扶持小微企业发展，推动大众创业，万众创新，其中包括加大服务小微企业的信息系统建设，方便企业获得政策信息，运用大数据、云计算等技术提供更有效的服务。2014 年 10 月 29 日，国务院常务会议要求重点推进 6 大领域消费，其中强调加快健康医疗、企业监管等大数据应用。2014 年 11 月 15 日，国务院常务会议提出在疾病防治、灾害预防、社会保障、电子政务等领域开展大数据应用示范。2015 年 1 月 14 日，国务院常务会议部署加快发展服务贸易，以结构优化拓展发展空间，提出要创新模式，利用大数据、物联网等新技术打造服务贸易新型网络平台。2015 年 2 月 6 日，国务院常务会议确定运用互联网和大数据技术，加快建设投资项目在线审批监管平台，横向联通发展改革、城乡规划、国土资源、环境保护等部门，纵向贯通各级政府，推进网上受理、办理、监管"一条龙"服务，做到全透明、可核查，让信息多跑路，群众少跑腿。2015 年 7 月，国务院办公厅印发的《关于运用大数据加强对市场主体服务和监管的若干意见》提出，要提高对市场主体服务水平；加强和改进市场监管；推进政府和社会信息资源开放共享；提高政府运用大数据的能力；积极培育和发展社会化征信服务。

1.8.3 大数据重塑世界新格局

"数据是新的石油，是本世纪最为珍贵的财产。"大数据正在改变各国综合国力，重塑未来国际战略格局。

大数据正在成为经济社会发展新的驱动力。随着云计算、移动互联网等网络新技术的应用、发展与普及，社会信息化进程进入数据时代，海量数据的产生与流转成为常态，将涵盖经济社会发展的各个领域，成为新的重要驱动力。大数据重新定义了各个大国博弈的空间。在大数据时代，世界各国对数据的依赖性快速上升，国家的竞争焦点已经从资本、土地、人口、资源的争夺转向了对大数据的争夺。未来国家层面的竞争力将部分体现为一国拥有数据的规模、活性以及解释、运用的能力，数字主权将成为继边防、海防、空防之后另一个大国博弈的空间。大数据将改变国家的治理架构和模式。在大数据时代，可以通过对海量、动态、高增长、多元化、多样化数据的高速处理，快速获得有价值的信息，提高公共决策能力。

鉴于大数据潜在的巨大影响，很多国家或国际组织都将大数据视作战略资源，并将大数据提升为国家战略。2012 年 3 月，美国政府发布了"大数据研发计划"，并设立了 2 亿美元的启动资金，希望增强海量数据的收集、分析、萃取能力，认为这事关美国的国家安全和未来竞争力。迄今为止，美国在大数据方面实施了三轮政策，开放了 50 多个门类的政府数据，以确保商业创新。同时，欧盟正在力推《数据价值链战略计划》，为 320 万人增加就业机会；日本积极谋划利用大数据改造国家治理体系，对冲经济下行风险；联合国推出了"全球脉动"项目，希望利用"大数据"预测某些地区的失业率或疾病暴发等现象，以提前指导援助项目。截至 2014 年 4 月，全球已有 63 个国家制定了开放政府数据计划，推动政府从"权威治理"向"数据治理"转变。

中国国际经济交流中心副研究员张茉楠撰文指出，中国需要加快形成大数据国家战略，着力规划大数据战略中长期路线图与实施重点、目标、路径，统筹布局，加快大数据发展核心技术的研发，推进大数据开放、共享以及安全方面的相关立法与标准制定，抢占全球科技革命和产业革命战略机遇期，重构国家综合竞争优势。

1.8.4　中国国家大数据战略

2014 年 3 月，大数据首次写入中国政府工作报告；2015 年 8 月，国务院常务会议通过了《促进大数据发展行动纲要》；同年 10 月，党的十八届五中全会正式提出"实施国家大数据战略，推进数据资源开放共享"；2016 年，我国《国民经济和社会发展第十三个五年规划纲要》正式提出"实施国家大数据战略"；2021 年 12 月，工业和信息化部发布的《"十四五"大数据产业发展规划》指出：要充分激发数据要素的价值潜能，打造数字经济发展的新优势，为建设制造强国、网络强国、数字中国提供有力支撑。目前，我国已经将大数据视作战略资源上升为国家战略，以大数据创新驱动中国特色社会主义各项事业的发展。

我国国家大数据战略的十六字方针是"审时度势、精心谋划、超前布局、力争主动"，具有以下特征。

（1）时代性。"审时度势"要求准确把握当前大数据的发展现状和趋势，对大数据的战略发展机遇和面临的挑战要有清醒的认知。

（2）系统性。"精心谋划"要求围绕网络强国、数字中国、智慧社会的建设目标，加强国家大数据战略的科学实施。将大数据战略与创新驱动发展战略、网络强国战略等进行系统设计与统筹推进，是我国大数据战略实施的重要特点。同时，国家大数据战略的系统性，不仅体现在从国家层面对大数据的技术创新、平台建设、制度管理、人才培养、标准制定等进行整体设计与推进，也体现在对各地方、各行业等的大数据发展进行统筹协调与推进。

（3）超前性。"超前布局"就是要在着力解决制约大数据发展的现实问题的基础上，立足于大数据的未来发展，进行前瞻性布局。如通过制定和实施大数据发展规划，明确大数据产业发展的主要目标、任务、计划和政策措施。继 2015 年国务院印发《大数据发展行动纲要》后，2016 年工业与信息化部发布了《大数据产业发展规划（2016—2020）》，2019 年国务院印发了《新一代人工智能发展规划》等，对我国大数据发展如何保持前沿性、先进性等做出了具体部署。

（4）自主性。"力争主动"就是要把握信息化发展进入大数据新阶段的时间窗口，充分发挥中国网络大国的优势，借鉴世界各国的发展经验，走中国特色的大数据战略发展和网络强国之路。与英美等发达国家相比，我国大数据发展存在信息基础设施建设明显滞后、网络安全面临严峻挑战、一些关键核心技术受制于人等问题。因此，要发挥我国的制度优势和市场优势，面向国家重大需求，面向国民经济发展主战场，全面实施促进大数据发展的行动。

大数据是每个人的大数据，是每个企业的大数据，更是整个国家的大数据。随着国家大数据战略的实施，基于大数据的智慧生活、智慧企业、智慧城市、智慧政府、智慧国家必将——实现。

1.9 云计算

服务器是计算机的一种，它们在网络中为其他客户机（如 PC 机、智能手机、ATM 等终端甚至是火车系统等大型设备）提供计算、存储服务。服务器具有强大的运算能力，能长时间地可靠运行，具备强大的输入 / 输出能力以及更好的扩展性。

最初，每个应用程序（application，为用户直接提供服务的软件）都要建立自己的服务器体系。如图 1.2 所示，应用程序 A 使用了 4 台服务器，应用程序 B 使用了 5 台服务器。这种方式的缺点是两组服务器的计算能力（以下简称算力）不能共享，在某一时段可能一个应用程序因负载过大影响了服务质量，另一个的负载却很小，造成了算力浪费。

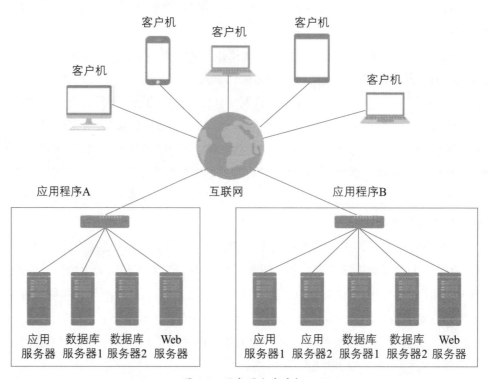

图 1.2　服务器和客户机

鉴于这种情况，云计算应运而生。云计算能提供可伸缩的、廉价的计算能力服务，使用者可以随时获取"云"上的资源，按需求量使用，按使用量付费。算力就像自来水厂提供的水一样（背后可能连接不同的水库），用户可以随时接水，并按用水量付费就可以。在图 1.3 所示的云计算平台和客户机的关系示意图中（服务器被有意虚化），各个应用程序不再独占某一组服务器资源，而是虚拟地使用云计算平台提供的算力。

某个应用程序负载过大时，可以购买更多的算力；而负载下降时，可以减少算力购买量。

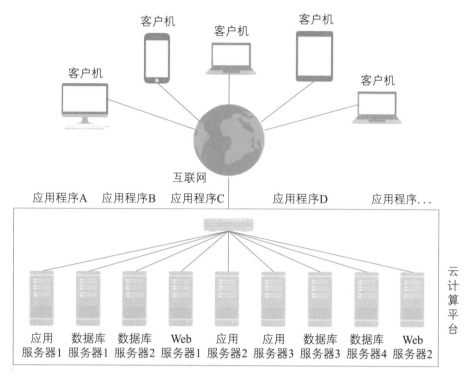

图 1.3 云计算平台和客户机

云计算不是一种全新的网络技术，而是一种全新的网络应用理念。云计算的核心概念是以互联网为中心，在网站上提供快速且安全的计算服务与数据存储，让每一个使用互联网的人都可以使用网络上的庞大计算资源与数据中心。

2006 年 3 月，亚马逊云服务（Amazon Web Services，AWS）发布了 Amazon Simple Storage Service(Amazon S3)，开始以 Web 服务的形式向企业提供 IT 基础设施服务（infrastructure as a service，IaaS），开创了一种崭新的计算资源服务模式。彼时还没有"云计算"这个名称。同年 8 月，Google 首席执行官埃里克·施密特在搜索引擎大会上首次提出了"云计算"（cloud computing）的概念，这是云计算发展史上第一次正式地提出这一概念。

关于云计算，美国国家标准与技术研究院（national institute of standards and technology，NIST）给出的定义是：云计算是一种按使用量付费的模式，这种模式提供可用的、便捷的、按需的网络访问。用户进入可配置的计算资源共享池（资源包括网络、服务器、存储、应用软件）后，这些资源能够被快速提供，只需投入很少的管理工作，或与服务供应商进行很少的交互。云计算指特定的计算能力服务模式，也可以指实现该模式的各种技术。如果不特别说明，本书中的"云计算"指这种算力提供模式。

1.9.1　云计算的特征

云计算具有以下特征。

（1）超大规模的算力。云计算平台将存储和运算能力分布在网络所连接的各个节点之中，计算架构由"服务器 + 客户端"向"云服务平台 + 客户端"演进。企业内部的云平台有数百台服务器协同工作，而经营性的云平台更是拥有数十万甚至数百万台服务器，对外提供超大规模的算力。

（2）高可靠性。云计算平台由大量计算机组成集群向用户提供数据处理服务，利用多种硬件和软件冗余机制，使用数据多副本容错、计算节点同构可互换等措施，部分软件或硬件出现故障时，仍然可以持续地对外的服务。冗余的 IT 资源还被部署在不同的物理位置，即使某一地域出现灾难性事件，也不会影响服务。

（3）灵活性。云计算平台服务的实现机制对用户透明，用户无须了解云计算的具体机制，就可以获得需要的服务。用户可以在任何位置，利用具有互联网访问功能的设备，如 PC 或者智能手机，通过互联网访问他们所需的信息，获得他们所需的服务。

（4）按需使用。云计算的基础设施通常是以算力的形式提供服务，这使用户不需要为了一次性或非经常性的计算任务购买昂贵的设备，而是"租用"计算资源。当用户需要更多算力时，就会购买更多的服务；业务量小时，就可以购买较少资源。这个特征也被称为服务的"弹性"。

（5）多租户模式。现在大部分的软件和硬件都对虚拟化有一定支持，各种资源、软件、硬件都虚拟化放在云计算平台中统一管理。使用平台服务的租户之间是隔离的。即使他们在同时使用某一相同的 IT 资源，也不会相互影响。

1.9.2　云计算的典型服务模式

云计算包括三种典型的服务模式：基础设施即服务、平台即服务和软件即服务。

（1）基础设施即服务。最早的云计算服务是基础设施服务（infrastructure as a service，IaaS）。平台提供主机、存储、网络和安全等几个重要的基础云服务，允许用户灵活组合，并实现了弹性计费，即用户可以按时间段租用云主机。租用主机的客户不需要自行购置服务器，但需要安装操作系统、数据库、应用服务器，还需要开发应用程序，部署运维，才能实现云端应用。

（2）平台即服务。平台即服务（platform as a service，PaaS）模式为客户提供了一个完整的云平台（如硬件、软件和基础架构），用于开发、运行和管理应用程序，而无须考虑在本地构建和维护该平台通常会带来的成本、复杂性和不灵活性。PaaS 提供商将服务器、网络、存储等基础设施服务及操作系统软件、数据库、应用服务器、开发工具等一切工具都托管在其数据中心上。通常，客户可以支付固定费用，为指定数量的用户提供指定数量的资源；也可以选择"按使用量付费"定价模式，仅为他们使用的资源付费。租用主机的客户不需要自行购置服务器，也无须安装操作系统、数据库、应用服务器，只需要开发应用程序，部署运维，就能实现云端应用。

（3）软件即服务。软件即服务（software as a service，SaaS）是一种基于互联网提供软件程序功能（而不再提供软件产品）的应用模式。SaaS 建立在 IaaS 及 PaaS 的基础之上，是云服务中最上层、直面用户的一层。SaaS 模式改变了传统软件服务的提供方式，减少了本地部署所需的大量前期投入，进一步突出了软件的服务属性，也使软件进一步回归服务本质。

长期以来，字处理软件都是以软件产品的方式存在的，客户需要下载、安装、运行软件，才能使用。近几年来，采用 SaaS 模式的在线文档迅速发展起来，客户无须软件产品即可获得服务。此外，一些传统的软件也提供了 SaaS 模式，体现了社会对 SaaS 模式的认可。可以预见，SaaS 模式将会成为软件的主流模式。

1.9.3　云计算服务部署的环境

按云计算服务部署的环境来划分，云计算有公有云、私有云和混合云三种类型。

（1）公有云。公有云的核心属性是共享资源服务，云提供者创建并维护公有云的 IT 资源，对外部用户提供服务。如华为云、阿里云、腾讯云和 Amazon AWS 都为组织外用户提供服务。

（2）私有云。私有云只为组织内部的用户提供服务。在私有云模式下，组织把云计算技术当作一种手段，可以集中访问不同部分、不同部门的 IT 资源。由于私有云可控性更强，一些大型企业会出于安全考虑自建云环境，只为企业内部提供服务。尽管不对组织外的用户提供服务，但它仍然采用了云计算技术，所以它仍然是云服务。

（3）混合云。混合云综合了公有云和私有云的特点。一些企业出于安全考虑，把处理敏感数据的云服务部署到私有云上，一般服务部署到公有云上，把公有云和私有云进行混合搭配使用。

1.9.4　云计算和大数据的关系

大数据必然无法用单台的计算机进行处理，必须采用分布式计算架构，必须依托云计算的分布式处理、分布式数据库、云存储和虚拟化技术。云计算降低了计算资源的成本和技术壁垒，为大数据技术发展奠定了坚实的算力基础。大数据和云计算之间的关系就像容器和水的关系，云计算就像一个容器，而大数据则正是存放在这个容器中的水。

1.10　物联网

1. 物联网概述

物联网的概念最早出现于比尔·盖茨 1995 年出版的《未来之路》一书。在《未来之路》中，比尔·盖茨已经提及物联网概念，只是当时受限于传感设备、无线网络及硬件的发展，并未引起世人的重视。1998 年，美国麻省理工学院创造性地提出了当时被称作 EPC（electronic product code，产品电子代码）系统的"物联网"构想。1999 年，美国自动识别中心（AutoID Center，由麻省理工学院创建）正式提出了"物联网"的概念，主要建立在物品编码、射频识别技术和互联网的基础上。

物联网（internet of things，IoT）是新一代信息技术的重要组成部分，具有广泛的用途，和云计算、大数据有着紧密的联系。

物联网是物物相连的互联网，是互联网的延伸。它利用局域网或互联网等通信技术把传感器、智能设备、计算机、人员和物料联系在一起，形成人与物相连、物与物相连，实现数据的自动采集、自动传输、自动处理。传感器和智能设备的高速发展，使人们能够以低成本、高效率的方式实现对机器数据的大规模采集。

从技术架构上看，物联网可以分为四个层次，即感知层、网络层、处理层和应用层。假设某楼宇有门禁卡和人脸识别两种身份验证方式，则验证工作流程会依次涉及这四层。

（1）感知层。感知层负责获得数据，门禁卡和人脸识别摄像头可以分别获取卡号或人脸数据。

（2）网络层。网络层负责传输数据，卡号或人脸图像通过网络（无线或有线）进行传输。

（3）处理层。处理层负责处理数据，程序比对预先在数据库中保存的卡号或人脸信息，并返回"开门"或"无权限"信号。该信号通过网络层传输到门的控制设备后，设备执行开门或拒绝开门的动作。此外，处理层还有安全管理、网络管理等职能。

（4）应用层。应用层负责和用户交互，可以让管理员上传图片、输入卡号、查看设备状态等。

2. 物联网的应用

图 1.4 是智慧公交的一个界面，用户可以查看公交车的实时位置及交通状况，还可以付款。公交车都安装有定位系统（北斗或 GPS）和 4G/5G 通信设备，行驶过程中会将位置数据通过通信设备发送到公交指挥中心，指挥中心随时更新数据库中的数据，用户通过手机或其他联网的设备即可访问公交车的实时数据。

物联网的应用领域涉及众多行业，有效地推动了这些行业的智能化发展，使有限的资源可以更合理的方式进行分配，从而提高了行业效率和效益，大大改善了人们的生活质量。

（1）基础设施领域。目前，交通拥堵已成为城市的一大问题。对此，可通过交通物联网对道路交通状况进行实时监控，并将信息及时传递给驾驶人，让驾驶人及时做出出行调整，

图 1.4　智慧公交界面

以缓解交通压力；在高速路口设置道路 ETC（自动收费系统），免去进出口取卡、还卡的时间，可提升车辆的通行效率；在公交车上安装定位系统，能及时了解公交车的行驶路线及到站时间，乘客可以根据出行计划选择乘车路线。另外，不少城市推出了智慧路边停车管理系统，基于云计算平台，结合物联网技术与移动支付技术，共享车位资源，提高了车位利用率，方便了用户。

（2）公共安全领域。近年来，全球气候异常情况频发，灾害的突发性和危害性进一步加大。对此，可使用物联网实时监测环境的安全情况，实现实时预警，使人们可提前预防，及时采取应对措施，降低灾害对人类生命财产的威胁。例如，将通过特殊处理的感应装置置于深海，可分析水下相关情况，实现对海洋污染的防治、海底资源的探测等，甚至对海啸也可以提供更加可靠的预警；利用物联网技术可以智能感知大气、土壤、森林、水资源等方面的指标数据，改善人类的生活环境。

（3）智能家居领域。随着宽带业务的普及，即使家中无人，也可利用手机等产品客户端远程操作智能空调调节室温，实现智能灯泡的开关，调控灯泡的亮度和颜色等；插座内置的 Wifi 可实现遥控插座的定时通断电流，甚至可以监测设备用电情况，生成用电图表，安排资源使用及开支预算等。另外，智能摄像头、窗户传感器、智能门铃、烟雾探测器、智能报警器等都是家庭可安装的物联网监控设备。

（4）企业和事业单位。在畜牧领域，可以将牲畜的活动信息、生理检测信息发送至云平台，可实现场舍温度控制、设备、消杀管理、系统管理及统计报表生成等；在环保领域，可以应用物联网技术进行环境质量监测以及可视化呈现；在工业制造领域，通过物联网技术在产线上添加多个传感器，获取生产线上的实时合格率，结合对应产出的销售数据，从而得到该产线的实时效能、实时毛利率等运营数据，让工厂效能最大化。此外，物联网还在智慧校园、数字政府等事业和机关单位的智能管理中得到了深入的应用。

（5）国防军事领域。大到卫星、导弹、飞机、潜艇等装备系统，小到单兵作战装备，物联网技术的嵌入有效提升了军事智能化、信息化、精准化，极大提升了军事战斗力，是未来军事变革的关键。

物联网中每时每刻都在产生、传输海量数据，是大数据的主要来源之一。没有物联网的飞速发展，就不会带来数据产生方式的变革（由人工产生阶段转向自动产生阶段），人类社会也不会这么快进入大数据时代。

1.11 数字经济

数字经济是以数据资源为关键要素，以现代信息网络为主要载体，以信息通信技术融合应用、全要素数字化转型为重要推动力，促进公平与效率更加统一的新经济形态，最早出现在 20 世纪 90 年代。伴随着互联网、大数据、5G、人工智能等为代表的新一代数字技术的不断革新，数字经济得到了迅速发展，成为世界经济增长的重要驱动力。

1996 年，美国学者唐·泰普斯科特（Don Tapscott）出版的《数字经济：网络智能时代的前景与风险》描述了互联网将如何改变世界各类事务的运行模式并引发若干新的经济形式和活动，第一次提出了"数字经济"这一概念。2002 年，美国学者金范秀（Beomsoo Kim）将数字经济定义为一种特殊的经济形态，其本质为"商品和服务以信息化形式进行交易"。当时的信息技术对经济的影响尚未具备颠覆性，只是提质增效的一种手段，数字经济并没有引起全社会的共同关注。

大数据时代为数字经济赋予了新的含义。2016 年 9 月，二十国集团领导人杭州峰会通过的《二十国集团数字经济发展与合作倡议》中指出，数字经济是指以使用数字化的知识和信息作为关键生产要素，以现代信息网络作为重要载体，以信息通信技术的有效使用作为效率提升和经济结构优化的重要推动力的一系列经济活动。

通常把数字经济分为数字产业化和产业数字化两方面。数字产业化指信息技术产业的发展，包括电子信息制造业、软件和信息服务业、信息通信业等数字相关产业；产业数字化指以新一代信息技术为支撑，对传统产业及其产业链上下游进行全要素的数字化改造，通过与信息技术的深度融合，实现赋值、赋能。从外延看，经济发展离不开社会发展，社会的数字化无疑是数字经济发展的土壤，数字政府、数字社会、数字治理体系建设等构成了数字经济发展的环境；同时，数字基础设施建设以及传统物理基础设施的数字化奠定了数字经济发展的基础。

数字经济呈现出三个重要特征：

（1）信息化引领。信息技术深度渗入各个行业，促成其数字化并积累大量数据资源，进而通过网络平台实现共享和汇聚，通过挖掘数据、萃取知识和凝练智慧，又使行业变得更加智能。

（2）开放化融合。通过数据的开放、共享与流动，促进组织内各部门间、价值链上各企业间、跨价值链跨行业的不同组织间开展大规模协作和跨界融合，实现价值链的优化与重组。

（3）泛在化普惠。无处不在的信息基础设施、按需服务的云模式和各种商贸、金融等服务平台降低了参与经济活动的门槛，使数字经济出现"人人参与、共建共享"的普惠格局。

数字经济发展速度之快、辐射范围之广、影响程度之深前所未有，正在成为重组全球要素资源、重塑全球经济结构、改变全球竞争格局的关键力量。

1.11.1　大数据与数字经济

1. 大数据开启信息化新阶段，催生数字经济

大数据作为一种概念和思潮在计算领域开始，之后逐渐延伸到科学和商业领域。近 10 年来，大数据相关技术、产品、应用和标准快速发展，逐渐形成了覆盖数据基

础设施、数据分析、数据应用、数据资源、开源平台与工具等板块的大数据产业格局，经历了从基础技术和基础设施、分析方法与技术、行业领域应用、大数据治理到数据生态体系的变迁。

大数据提供了一种人类认识复杂系统的新思维和新手段。理论上来讲，在足够小的时间和空间尺度上对现实世界数字化，可以构造现实世界的一个数字虚拟映像，该映像承载了现实世界的运行规律。在给定充足计算能力和高效数据分析方法的前提下，对这个数字映像的深度分析，将有可能理解和发现现实复杂系统的运行行为、状态和规律。大数据为人类提供了全新的思维方式和探知客观规律、改造自然及社会的新手段，这也是其引发经济社会变革的根本原因之一。

2. 大数据是数字经济的关键生产要素

随着信息通信技术的广泛运用以及新模式、新业态的不断涌现，人类的社会生产生活方式正在发生深刻的变革。数字经济作为一种全新的社会经济形态，正逐渐成为全球经济增长日益重要的驱动力。历史证明，每一次人类社会重大的经济形态变革，必然产生新的生产要素，形成先进生产力。如同农业时代以土地和劳动力、工业时代以资本为新的生产要素一样，数字经济作为继农业经济、工业经济之后的一种新兴经济社会发展形态，也将产生新的生产要素。

数字经济与农业经济、工业经济不同，它是以新一代信息技术为基础，以海量数据的互联和应用为核心，将数据资源融入产业创新和升级各个环节的新经济形态。一方面信息技术与经济社会交汇融合，特别是物联网产业的发展引发数据迅猛增长，大数据已成为社会基础性战略资源，蕴藏着巨大的潜力和能量；另一方面数据资源与产业的交汇融合促使社会生产力发生新的飞跃，大数据成为驱动整个社会运行和经济发展的新兴生产要素，在生产过程中与劳动力、土地、资本等其他生产要素协同创造社会价值。相比其他生产要素，数据资源具有的可复制、可共享、可无限增长和供给的禀赋，打破了自然资源有限供给对增长的制约，为持续增长和永续发展提供了基础与可能，成为数字经济发展的关键生产要素和重要资源。

3. 大数据是发挥数据价值的使能因素

市场经济要求生产要素商品化，以商品形式在市场上通过交易实现流动和配置，从而形成各种生产要素市场。大数据作为数字经济的关键生产要素，构建数据要素市场是发挥市场在资源配置中的决定性作用的必要条件，是发展数字经济的必然要求。2015年发布的《促进大数据发展行动纲要》明确提出"要引导培育大数据交易市场，开展面向应用的数据交易市场试点，探索开展大数据衍生产品交易，鼓励产业链各环节的市场主体进行数据交换和交易。"大数据发展将重点推进数据流通标准和数据交易体系建设，促进数据交易、共享、转移等环节的规范有序，为构建数据要素市场、实现数据要素的市场化和自由流动提供了可能，成为优化数据要素配置、发挥数据要素价值的关键影响因素。

大数据资源更深层次的处理和应用仍然需要使用大数据，通过大数据分析将数据转换为可用信息，是数据作为关键生产要素实现价值创造的路径演进和必然结果。从构建要素市场、实现生产要素市场化流动到数据的清洗分析、数据要素的市场价值提升和自身价值创造，无不需要大数据作为支撑，大数据已成为发挥数据价值的使能因素。

4. 大数据是驱动数字经济创新发展的动能

推动大数据在社会经济各领域的广泛应用，加快传统产业数字化、智能化，催生数据驱动的新兴业态，能够为我国经济转型发展提供新动力。大数据是驱动数字经济创新发展的重要抓手和核心动能。

大数据驱动传统产业向数字化和智能化方向转型升级，是数字经济推动效率提升和经济结构优化的重要抓手。大数据加速渗透和应用到社会经济的各个领域，通过与传统产业进行深度融合，提升传统产业的生产效率和自主创新能力，深刻变革传统产业的生产方式和管理、营销模式，驱动传统产业实现数字化转型。电信、金融、交通等服务行业利用大数据探索客户细分、风险防控、信用评价等应用，加快业务创新和产业升级步伐。工业大数据贯穿于工业的设计、工艺、生产、管理、服务等各个环节，使工业系统具备描述、诊断、预测、决策、控制等智能化功能，推动工业走向智能化。利用大数据为作物栽培、气候分析等农业生产决策提供有力依据，提高农业生产效率，推动农业向数据驱动的智慧生产方式转型。大数据为传统产业的创新转型、优化升级提供了重要支撑，引领和驱动传统产业实现数字化转型，推动传统经济模式向形态更高级、分工更优化、结构更合理的数字经济模式演进。

大数据推动不同产业之间的融合创新，催生新业态与新模式不断涌现，是数字经济创新驱动能力的重要体现。首先，大数据产业自身催生出如数据交易、数据租赁服务、分析预测服务、决策外包服务等新兴产业业态，同时推动可穿戴设备等智能终端产品的升级，促进电子信息产业提速发展。其次，大数据与行业应用领域深度融合和创新，使传统产业在经营模式、盈利模式和服务模式等方面发生变革，大数据应用已经从通用转向行业应用时代。

基于大数据的创新创业日趋活跃，大数据技术、产业与服务成为社会资本投入的热点。大数据的共享开放成为促进"大众创业、万众创新"的新动力。由技术创新和技术驱动的经济创新是数字经济实现经济包容性增长和发展的关键驱动力。随着大数据技术被广泛接受和应用，诞生出的各种新产业、新消费、新组织形态以及随之而来的创业创新浪潮、产业转型升级、就业结构改善、经济提质增效，正是数字经济的内在要求及创新驱动能力的重要体现。

大数据是数字经济的核心内容和重要驱动力，数字经济是大数据价值的全方位体现。展望未来，要勇于突破、深入探索，应用大数据创造更多新价值，加快产业提质增效，培育壮大经济发展新动能，做大做强数字经济，拓展经济发展新空间，推动经济可持续发展和转型升级。

1.11.2　进一步推动我国数字经济发展

我国数字经济发展迅猛，新产品、新业态、新模式层出不穷，成为驱动中国经济发展的新引擎。习近平总书记指出，"信息化为中华民族带来了千载难逢的机遇"；"发展数字经济意义重大，是把握新一轮科技革命和产业变革新机遇的战略选择"。要牢牢把握机遇，积极应对挑战，克服发展障碍，推进数字经济繁荣发展。为此，应从以下几方面进行努力。

1. 加快数据要素市场培育，激活数据要素潜能

我国已经正式实施《数据安全法》和《个人信息保护法》，为数字经济发展提供了底线保障。为加快数据要素市场培育，还需进一步研究推进数据确权、交易流通、跨境流动等相关制度法规制的修订工作，厘清政府、行业、组织等多方在数据要素市场中的权责边界，同时加强理论研究和技术研发，为数据确权、互操作、共享流通、数据安全、隐私保护等提供有效技术支撑。当前，打破信息孤岛、盘活数据存量是一项紧迫任务，特别是在政务数据领域，应逻辑互联先行，物理集中跟进，完善数据注册、分类分级、质量保障等管理制度和标准规范，在一定层级上构建物理分散、逻辑统一、管控可信、标准一致的政务数据资源共享交换体系，在不改变现有信息系统与数据资源所有权及管理格局的前提下，明晰责权利，确保数据资源高效共享和利用。鼓励在有条件的地区开展数据要素化的探索性实践，鼓励数据运营加工的新业态尝试，以市场化方式推进数据要素市场培育。

2. 推进各行各业的数字化转型

习近平总书记指出，数字经济具有高创新性、强渗透性、广覆盖性，不仅是新的经济增长点，而且是改造提升传统产业的支点，可以成为构建现代化经济体系的重要引擎。当前，信息技术已从助力其他行业提质增效的"工具、助手"角色，转向"主导、引领"角色，深入渗透各个行业，对其生产模式、组织方式和产业形态造成颠覆性影响。然而，面对数字化转型的要求，一些企业却存在"不想、不敢、不会"的"三不"现象。"不想"是囿于传统观念和路径依赖，对新技术应用持抵触情绪；"不敢"是面对转型可能带来的阵痛期和风险，不敢率先探索，就地观望、踌躇徘徊；"不会"则是缺少方法、技术和人才以及成功经验和路径。转型发展必然会面临观念、制度、管理、技术、人才等方面的挑战，其中观念上的转变最为核心和关键，而人才供给则是根本保障。数字化转型并非通过信息技术和工具的简单叠加便可完成，需深度理解"数字化转型、网络化重构、智能化提升"的内涵并系统规划，需要从国家、高校科研院所、企业、社会等多层面打造适应数字化转型需求的数字化人才培养体系，为未来数十年的转型发展储备合格人才。

3. 完善数字治理体系

习近平总书记指出，要完善数字经济治理体系，健全法律法规和政策制度，完善

体制机制，提高我国数字经济治理体系和治理能力的现代化水平。传统的治理体系、机制与规则难以适应数字化发展所带来的变革，无法有效解决数字平台崛起所带来的市场垄断、税收侵蚀、安全隐私、伦理道德等问题，需尽快构建数字治理体系。这其中，数字经济治理无疑是核心内容之一。数字治理体系的构建是一个长期迭代过程，其中，数据治理体系的构建要先行。数据治理体系建设涉及国家、行业和组织三个层次，包含数据的资产地位确立、管理体制机制、共享与开放、安全与隐私保护等内容，需要从制度法规、标准规范、应用实践和支撑技术等方面多管齐下，提供支撑。当前国际数字治理体系尚处于探索期，既有全球性多边机制，也有区域性或双边机制，更有私营平台企业的事实性规则。由于各国数字治理的关注重点不同、发展程度有差异，未来全球数字治理体系将呈现面向关注点差异的、多元化层次化的、多机制共存的格局。

4. 构建"开放创新""互惠互利"的全球合作伙伴关系

开放创新的本质是从封闭的"机械化思维"到开放的"计算思维""互联网思维"和"大数据思维"，从"零和博弈"到"协作共赢"。彻底改变了全球软件产业格局的开源软件，是技术领域开放创新最早、最成功的实践。面对数字经济领域的新形势、新任务，需建立互惠互利的合作方式，积极推动国际合作并筹划布局跨国数据共享机制与合理的数据跨境流动机制，与其他国家一起分享数字经济的红利，使我国获得更多发展机遇和更大发展空间。

5. 开展大数据核心关键技术的研发与应用

习近平总书记强调，要加强关键核心技术攻关，牵住数字关键核心技术自主创新这个"牛鼻子"，把发展数字经济自主权牢牢掌握在自己手中。当前，我国仍面临着大数据核心技术受制于人的困境，高端芯片、操作系统、工业设计软件等均是我国被"卡脖子"的短板，需要坚定不移地走自主创新之路，加大力度解决自主可控问题。同时，应针对"人机物"三元融合的万物智能互联时代带来的新需求，把握前沿发展趋势，研发引领性技术，锻造我国的技术长板。核心关键技术大都具有投入高、耗时长、难度大的特点，必须形成科学的管理体制机制，按照创新发展规律、科技管理规律、人才成长规律办事，加强创新资源统筹，优化资源配置，努力取得实质性突破，保障数字经济安全发展。

本章小结

在移动互联网和物联网深入应用的背景下，用户和设备成为产生数据的主流方式。海量数据突破了传统技术的处理能力，并使人类社会进入了大数据时代。大数据带来了数据获取方式、存储方式和处理方式的技术革命，也带来了"总体而非抽样""效率而非精确"和"相关而非因果"的思维方式的变革。基于大量数据，人们可以通过数据挖掘获得知识，而不局限传统的数学定理和公式。机器学习是根据大量数据获得规律、构建模型的过程。大数据在带来巨大价值的同时，也使安全问题更加突出，并带来了数据伦理问题，而技术进步和法律健全是解决安全和伦理问题、让大数据造福全人类的有效方式。互联网服务"无国界"的性质侵蚀了传统主权和领土管辖权的概念，但与国家安全有关的数据对一个国家的重要性不亚于传统的战略资源。我国应当将保护数据安全置于国家战略高度，顺应全球数字经济的严格监管趋势，全力捍卫国家数据主权。大数据正在改变国家治理的方式，重塑世界格局，我国已经将大数据视作战略资源上升为国家战略，以大数据创新驱动中国特色社会主义各项事业的发展。

云计算降低了计算资源的成本和技术壁垒，解决了大数据处理因为存储计算资源不足所带来的问题。物联网中每时每刻都在产生、传输着海量数据，是大数据的主要来源之一。没有物联网的飞速发展，就不会带来数据产生方式的变革。

随着新一代数字技术的不断革新，数字经济得到了迅速发展，成为世界经济增长的重要驱动力。大数据时代赋予了数字经济新的含义。数字经济正在成为重组全球要素资源、重塑全球经济结构、改变全球竞争格局的关键力量。

建立数字中国　发展数字经济

党的"二十大"报告中指出，"建设现代化产业体系。坚持把发展经济的着力点放在实体经济上，推进新型工业化，加快建设制造强国、质量强国、航天强国、交通强国、网络强国、数字中国。实施产业基础再造工程和重大技术装备攻关工程，支持专精特新企业发展，推动制造业高端化、智能化、绿色化发展。"实施大数据战略，建立数字中国，在发展实体经济、推进新型工业化、加快建设制造强国中具有基础性的作用。

报告中还提出，"加快发展物联网，建设高效顺畅的流通体系，降低物流成本。"物流是经济增长"主动脉"和"微循环"的重要力量，也是促进国内国际双循环的重要推动力。新冠疫情发生以来，物流行业在抗疫保供、保通保畅、复工复产等方面作用凸显，有效保障了产业链供应链稳定，为经济发展和人民生活提供了重要保障。物联网是大数据的重要源泉，也是现代企业的神经网络。当前全球经济复苏乏力，但随着我国新冠疫情政策的不断优化调整，我国经济逐步回归常态运行。基于物联网、大数据和人工智能的智慧物流需要引领行业创新发展、助力市场保供和产业链的稳定、实现降耗节能、低碳绿色转型，保障"双碳"目标达成。

关于数字经济，报告中提出，"加快发展数字经济，促进数字经济和实体经济深度融合，打造具有国际竞争力的数字产业集群。优化基础设施布局、结构、功能和系统集成，构建现代化基础设施体系。"数字经济赋能传统产业，提供高质量发展重要推动力。数字经济的普惠本质，还是"以人民为中心的发展思想"的落脚点，"发展成果由人民共享"的保证。

随着大数据、云计算、物联网、区块链等前沿信息技术的快速发展，数字技术和数字经济日益成为新一轮国际竞争的重点领域。在全面建设社会主义现代化国家的新征程上，我们需要加快发展数字经济，助推中国经济高质量发展。

习题

1. 请简述大数据的概念和特征。

2. 什么是数据密集型研究范式？

3. 大数据对思维方式产生了什么影响？

4. 请举例说明大数据的安全问题和伦理问题。

5. 请简述数据主权及我国的大数据战略。

6. 请简述云计算、物联网及它们与大数据的关系。

7. 请简述数字经济和大数据对数字经济的意义。

BIG DATA

第 2 章
Python 及常用类库

2.1 Python 简介

21 世纪初，随着大数据的兴起，对数据自动化工具的需求激增。Python 以其简单性和强大的库引起了大数据领域的关注，不久，它就成为数据科学的首选语言。在最新（2022 年 6 月）的 TIOBE 编程语言排行榜中，Python 已经连续两年成为最受程序员喜欢的编程语言。而且，在顶尖的美国大学中，Python 也是计算机入门课程中最流行的语言。

2.1.1 Python 的诞生

Python 的作者是荷兰数学和计算机科学家吉多·范罗苏姆（Guido von Rossum）。1982 年，吉多从阿姆斯特丹大学（University of Amsterdam）获得了数学和计算机硕士学位。吉多认为 C 语言编程太烦琐，用其编写功能需要耗费大量的时间，他希望有一种语言能更轻松地实现编程，同时还要能像 C 语言那样可以全面调用计算机的功能接口。1989 年年底，吉多开始编写 Python 语言的编译 / 解释器。1991 年，第一个 Python 编译器（同时也是解释器）诞生，它是用 C 语言实现的，并能够调用 C 库（.so 文件）。Python 从一开始就特别在意可拓展性（extensibility），这加强了 Python 和其他语言如 C、C++ 和 Java 的结合性。同时，Python 崇尚优美、清晰、简单，将许多机器层面上的细节隐藏并交给编译器处理，凸显出逻辑层面的编程思考，因此程序员可以花更多的时间用于思考程序的逻辑，而不是具体的实现细节。相比其他编程语言（如 Java、C），Python 的代码非常简单，它的语法非常像自然语言，上手非常容易，这是 Python 具有巨大吸引力的一大特点。例如通过编程实现某个功能，如果用 Java 需要 100 行代码，但用 Python 可能只需要 20 行代码。据说吉多有一件 T 恤，上面写着："人生苦短，我用 Python。"Python 的这一特性吸引了广大的程序员，也吸引了很多非软件专业人员。

2.1.2　Python 社区

在 Python 的开发过程中，社区起到了重要的作用。吉多自认为自己不是全能型的程序员，随着 Python 使用用户的增加，逐渐形成了 Python 社区，进而拥有了自己的网站（https://www.python.org/）和基金（Python software foundation），Python 转为完全开源的开发方式，也获得了更加高速的发展。

Python 的社区很发达，Python 本身的一些功能以及大部分的标准库都来自社区。即使一些小众的应用场景，Python 往往也有对应的开源模块来提供解决方案。Python 相当开放，又容易拓展，所以当用户不满足于现有功能时，很容易对 Python 进行拓展或改造。由于 Python 的开发者来自不同领域，他们将不同领域的优点带给了 Python，使 Python 具有脚本语言中最丰富和强大的类库，这些类库被形象地称为"Battery Included（内置电池）"。由于 Python 标准库的体系已经稳定，所以后来 Python 的生态系统开始拓展到第三方包，如 Web 应用框架 Django、Flask，数据处理包 NumPy、pandas，图形可视化包 Matplotlib，机器学习库 Scikit-learn 等，将 Python 升级成了物种丰富的热带雨林。目前，Python 类库和第三方包已经覆盖了文件 I/O（input/output，输入 / 输出）、GUI（graphical user interface，图形用户界面）、网络编程、数据库访问、文本操作、数据挖掘、人工智能等绝大部分应用场景。

2.1.3　Python 的版本

1. Python 2.0

2000 年发布的 Python 2.0 标志着 Python 的框架基本确定，有以下特点。

（1）简单明确。在设计 Python 语言时，开发者倾向于选择没有或者很少有歧义的语法。由于这种设计观念的差异，Python 源代码通常被认为比 Perl 具备更好的可读性，并且能够支撑大规模的软件开发。

（2）面向对象。任何 Python 的元素都可以视为对象，包括数据类型、类、函数、实例化元素等，完全支持继承、重载关系，这有益于增强代码的可复用性。

（3）动态类型。任何对象的数据类型都无须提前定义，拿来即用。即使在之前已经预先定义，后期也可随时修改。

（4）胶水特性。Python 本身被设计为可扩展的，并非所有的特性和功能都集成到语言核心。Python 提供了丰富的 API 和工具，以便程序员能够轻松地使用 C、C++、Cython 来编写扩充模块。例如，Google Engine 使用 C++ 编写对性能要求极高的部分，然后用 Python 或 Java/Go 调用相应的模块。

（5）可嵌入。可以把 Python 的功能嵌入到 C/C++ 程序中，从而实现 Python 功能在其他语言中的功能实现。

（6）生态系统。Python 有强大的标准库，同时支持第三方库和包的扩展应用，甚至可以自定义任何库和包。Pypi（https://pypi.org/）是其第三方库的仓库，在这里几乎可以找到任何领域内的功能库。

（7）解释器机制。Python 支持多种解释器，例如 CPython（官方版本，基于 C 语言开发，也是使用最广的 Python 解释器）、IPython（基于 CPython 的一个交互式解释器）、PyPy（一个追求执行速度的 Python 解释器，采用 JIT（just in time，准时制）技术对 Python 代码进行动态编译）、Jython（运行在 Java 平台上的 Python 解释器，可以直接把 Python 代码编译成 Java 字节码执行）、IronPython（和 Jython 类似，只不过运行在微软 .Net 平台上）。

2. Python 3.0

2008 年 12 月，Python 发布了 3.0 版本（也被称为 Python 3000 或简称 Py3k）。Python 3.0 是一次重大的升级。为了避免引入历史包袱，Python 3.0 没有考虑与 Python 2.x 的兼容，所以从 2.x 到 3.0 的过渡并不容易。毕竟大势不可抵挡，开发者逐渐发现 Python 3.x 更简洁、更方便，现在绝大部分开发者已经从 Python 2.x 转移到 Python 3.x，Python 3.x 版本及发布时间如表 2.1 所示。而且，从 2020 年 1 月 1 日起，Python 停止了对 2.x 的维护，与之对应的是主流第三方库也不会再提供针对 Python 2.x 版本的开发支持。因此，本书将基于 Python 3.9 介绍 Python 编程。本书中的代码示例可以向前兼容 Python 3.x，但可能无法在 Python 2.x 中运行。

表 2.1　Python 3.x 版本

发 布 时 间	版　　　本
2009 年 6 月	Python 3.1
2011 年 2 月	Python 3.2
2012 年 9 月	Python 3.3
2014 年 3 月	Python 3.4
2015 年 9 月	Python 3.5
2016 年 12 月	Python 3.6
2018 年 2 月	Python 3.7
2019 年 2 月	Python 3.8
2019 年 11 月	Python 3.9
2020 年 10 月	Python 3.10
2021 年 10 月	Python 3.11

这一时期，Python 继续以其独特魅力吸引更多的开发者加入，但真正让 Python 大放异彩的是人工智能（artificial intelligence，AI）的爆发，如计算机视觉、语音识别、

自然语言理解、个性化推荐、AI 游戏和竞技。在 AI 领域，Python 拥有很多相关库和框架，全球 IT 企业的标杆 Facebook 和 Google 分别基于 Python 开发了各自的 AI 库——PyTorch 和 TensorFlow，已经成为目前最流行的 AI 库。其中，PyTorch 由 Facebook 于 2016 年发布，它基于曾经非常流行的 Torch 框架而来，为深度学习的普及迈出了重要一步。目前为止，它是人们用来做学术研究的首选方案。TensorFlow 是 Google 于 2015 年研发的第二代人工智能学习系统，借助 Google 的强大号召力以及在人工智能领域的技术实力，它已经成为目前企业真实生产环境中最流行的开源 AI 框架，同时也是第一个经过真实大规模生产环境检验过的框架。

2.1.4　使用 Python 进行数据分析的原因

不同于专门解决统计分析和矩阵操作等具体问题的工具（如 R、MATLAB），经过三十年的发展，Python 几乎包含了大数据科学家所需要的全部技能集合，成长为一个成熟的、可用于数据处理和分析的专业软件。Python 已经成为大数据科学家不可或缺的工具，主要原因如下。

（1）Python 为数据分析和机器学习提供了一个大型的、成熟的软件系统，可提供数据分析课程需要的一切工具。

（2）Python 可方便地集成不同的工具，为多种编程语言、数据策略和学习算法提供真正的统一平台。这些学习算法结合在一起，能帮助数据科学家制定功能强大的解决方案。有些工具包可以通过其他语言（如 Java、C、Fortran、R 和 Julia）进行调用，由这些语言分担一些计算任务，从而来提高 Python 编程的性能。

（3）Python 是通用的。不管是什么编程背景和风格（面向对象、面向过程或者函数式编程），都适合使用 Python 编程。

（4）Python 是跨平台的。Python 解决方案可完美兼容 Windows、Linux 和 macOS 等操作系统，不用担心它的可移植性。

（5）Python 处理速度快。虽然 Python 是解释性语言，但与其他主流数据分析语言（如 R 和 MATLAB）相比具有毋庸置疑的速度优势，尽管还不能与 C、Java 和新出现的 Julia 语言的速度相媲美。此外，还可以通过静态编译器 Cython 或即时编译器 PyPy 将 Python 代码转换成效率更高的 C 代码。

（6）Python 具有极小的内存占用和优秀的内存管理能力，可以处理内存中的大数据。当进行数据加载、转换、切块、切片、保存或丢弃时，它会使用循环或再循环垃圾回收器自动清理内存中的数据。

（7）Python 非常简单，易学易用。掌握了基础知识之后就可以立即开始编程，没有比这更好的学习方式了。

（8）使用 Python 的数据科学家在不断增多。Python 社区每天都会发布新的工具包或者相应改进，这使 Python 的生态系统日益丰富。

2.2　Python 的安装与运行

Python 是一种面向对象的解释型计算机程序设计语言，具有跨平台的特点，可以在 Linux、macOS 以及 Windows 系统中搭建环境并使用。由于每个人使用 Python 的应用场景不一样，设置 Python 安装附加包没有统一的解决方案。本书旨在利用 Python 进行大数据分析，推荐安装免费的 Anaconda 科学发行版，并利用基于 IPython 的 Jupyter Notebook 运行 Python 代码。

2.2.1　Anaconda 简介及安装

Anaconda 是由 Continuum Analytics 提供的科学计算发行版，是一个开源的 Python 发行版本，其包含了 180 多个科学包及依赖项，如 Conda、NumPy、SciPy 等，其目标是进行大规模的数据处理、预测分析和科学计算。Anaconda 的个人版是免费的，下载网址为 https://www.anaconda.com/products/distribution；具有高级功能的商业版需要单独收费。

对没有使用过 Python 的数据分析新手而言，手动创建基于 Python 的工作环境是很费时的操作。首先需要安装 Python，然后逐个安装所需要的库，有时安装过程并不像想象中那么顺利。相反，安装 Anaconda 科学发行版将大大减轻程序安装的负担，非常适合初学者。但因为包含了大量的科学包，Anaconda 的下载文件比较大，约为 500 MB，所需空间大小约为 3 GB。

Anaconda 是跨平台的，有 Windows、macOS、Linux 版本，32 位或 64 位系统均可。目前，Anaconda 官方网站提供了基于 Python 3.9 的安装包，如图 2.1 所示。如果需要安装之前版本，可通过 https://repo.anaconda.com/archive/ 来选择，如图 2.2 所示。

图 2.1　Anaconda 安装包

Index of /

Filename	Size	Last Modified	MD5
.winzip/	-		<directory>
Anaconda-1.4.0-Linux-x86.sh	220.5M	2013-03-09 16:46:53	d5826bb10bb25d2f03639f841ef2f65f
Anaconda-1.4.0-Linux-x86_64.sh	286.9M	2013-03-09 16:46:38	9be0e7340f0cd2d2cbd5acbe8e988f45
Anaconda-1.4.0-MacOSX-x86_64.sh	156.4M	2013-03-09 16:46:57	db8779f0a663e025da1b19755f372a57
Anaconda-1.4.0-Windows-x86.exe	210.1M	2013-03-09 16:55:45	797f4a28462db075de4d21e7977f32a5
Anaconda-1.4.0-Windows-x86_64.exe	241.4M	2013-03-09 16:57:09	7e4ff5278e86cc88852abb5da453ae7a
Anaconda-1.5.0-Linux-x86.sh	238.8M	2013-05-08 09:18:43	2a75cab6536838635fd38ee7fd3e2411
Anaconda-1.5.0-Linux-x86_64.sh	306.7M	2013-05-08 09:18:36	8319288082262fefbe322451aeae06ce
Anaconda-1.5.0-MacOSX-x86_64.sh	166.2M	2013-05-08 09:18:44	6fe90601dbcecb29a2afcaf44aeb37f6
Anaconda-1.5.0-Windows-x86.exe	236.0M	2013-05-08 09:18:44	871f9f4f2321cede8d25ff83f24e70da
Anaconda-1.5.0-Windows-x86_64.exe	280.4M	2013-05-08 09:20:08	058a62bb0fbaf53870b92798453e718a
Anaconda-1.5.1-MacOSX-x86_64.sh	166.2M	2013-05-09 14:26:20	03942512daf1b39eb3ff9016fc7efa0c
Anaconda-1.6.0-Linux-x86.sh	241.6M	2013-06-21 14:23:39	7a7f1f53684d38a7aa36935e34af30a3
Anaconda-1.6.0-Linux-x86_64.sh	309.5M	2013-06-21 14:23:51	207a0b4ebde49bcde67925ac8c72fe37
Anaconda-1.6.0-MacOSX-x86_64.sh	169.0M	2013-06-21 14:26:14	cccdd0353bfd46d3a93143fc6e47d728
Anaconda-1.6.0-Windows-x86.exe	244.9M	2013-06-21 14:36:46	156a48269ae6b2bfc0bede9c3ff719cc
Anaconda-1.6.0-Windows-x86_64.exe	290.4M	2013-06-21 14:38:20	d215a5aca9515f1875cf131b0c35d78d
Anaconda-1.6.1-Linux-x86.sh	247.1M	2013-07-02 11:59:07	06412ae8de02c87b8de7d7e6d35ed092
Anaconda-1.6.1-Linux-x86_64.sh	317.6M	2013-07-02 11:57:42	70a1294c01e3ab5925fc52f2603de159
Anaconda-1.6.1-MacOSX-x86_64.pkg	197.3M	2013-07-02 17:30:12	01fe24a1c6605bec8d482dcda9de314a
Anaconda-1.6.1-MacOSX-x86_64.sh	170.0M	2013-07-02 11:59:25	4b60123e71864c447a0adc16398d5386

图 2.2　Anaconda 早期版本安装包

1. Windows 环境下安装 Anaconda

根据用户计算机操作系统的情况，选择 64-Bit Graphical Installer（594 MB）或 32-Bit Graphical Installer（488 MB）进行下载。完成之后双击下载文件，启动安装程序，根据提示进行安装即可。其中有以下几点注意事项。

（1）如果在安装过程中遇到任何问题，可暂时关闭杀毒软件，并在安装程序完成之后再打开。

（2）如果在安装时选择了"为所有用户安装"，应卸载 Anaconda 然后重新安装，选择"为我这个用户"安装。

（3）在 Advanced Installation Options 中 不 要 勾 选 Add Anaconda to my PATH environment variable（添加 Anaconda 至我的环境变量）。如果勾选，将会影响其他程序的使用。除非你打算使用多个版本的 Anaconda 或者多个版本的 Python，否则勾选 Register Anaconda as my default Python 3.9 即可。

安装结束后测试安装结果，通过"开始"→ Anaconda3 → Anaconda Navigator，若可以成功启动 Anaconda Navigator 则说明安装成功，如图 2.3 所示。

2. macOS 环境下安装 Anaconda

macOS 环境下有两种安装方式：图形界面安装方式（graphical installer）和命令行安装方式（command line installer）。推荐初学者使用图形界面方式，本书也仅对此种方式进行详细讲解。

根据 macOS 操作系统版本下载相应的安装包。完成下载之后，双击下载文件，在对话框中，Introduction Read Me License 部分可直接单击"下一步"，Destination

Select 部分选择 Install for me only 并单击"下一步"，如图 2.4 所示。Installation Type 部分，可以单击 Change Install Location 来改变安装位置。等待 Installation 部分结束后，在 Summary 部分若看到 The installation was completed successfully. 说明安装成功，直接单击 Close 按钮关闭对话框。在 Launchpad（启动台）中单击 Anaconda-Navigator 的图标，若 Anaconda-Navigator 成功启动，则说明成功地安装了 Anaconda。

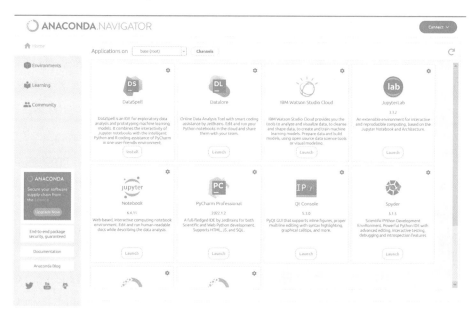

图 2.3　Anaconda Navigator

图 2.4　macOS 环境下安装 Anaconda

3. Linux 环境下安装 Anaconda

以 Linux x86 为例，选择 64-Bit(x86) Installer（659 MB）进行下载，下载文件名为 Anaconda3-2022.05-Linux-x86_64.sh，安装步骤如下。

（1）启动终端，在终端中输入命令 md5sum /path/filename 或 sha256sum /path/filename。

> 注意：将该步骤命令中的 /path/filename 替换为文件的实际下载路径和文件名，其中 path 是路径，filename 为文件名。

（2）在终端输入命令：bash ～ /Downloads/Anaconda3-2022.05-Linux-x86_64.sh。

> 注意：① 首词 bash 需要输入，无论是否使用 Bash shell。② 如果下载路径是自定义的，那么把该步骤路径中的～ /Downloads 替换成自己的下载路径。③ 除非被要求使用 root 权限，否则均选择 Install Anaconda as a user。

（3）在安装过程中，若看到提示 In order to continue the installation process, please review the license agreement.（请浏览许可证协议以便继续安装），单击 Enter 按钮查看"许可证协议"。

（4）在"许可证协议"界面将屏幕滚动至底部，输入 yes 表示同意许可证协议内容，然后进行下一步。

（5）在安装过程中，会提示 Press Enter to accept the default install location, Ctrl-C to cancel the installation or specify an alternate installation directory.（按 Enter 键确认安装路径，按 Ctrl+C 快捷键取消安装或者指定安装目录）。如果接受默认安装路径，则会显示 PREFIX=/home/<user>/anaconda 3 并且继续安装。安装过程大约需要几分钟的时间。建议直接接受默认安装路径。

（6）安装器若提示 Do you wish the installer to prepend the Anaconda 3 install location to PATH in your /home/<user>/.bashrc，建议输入 yes。

（7）当看到 Thank you for installing Anaconda 3，说明已经成功完成安装。

（8）关闭终端，然后再打开终端以使安装后的 Anaconda 启动；或者直接在终端中输入 source ～ /.bashrc 也可完成启动。

（9）验证安装结果，可选用以下任意一种方法。

① 在终端中输入命令 condal list。如果 Anaconda 被成功安装，则会显示已经安装的包名和版本号。

② 在终端中输入 python。这条命令将会启动 Python 交互界面。如果 Anaconda 被成功安装并且可以运行，则会在 Python 版本号的右边显示 Anaconda custom (64-bit)。退出 Python 交互界面，只需输入 exit() 或 quit() 即可。

③ 在终端中输入 anaconda-navigator。如果 Anaconda 被成功安装，则 Anaconda Navigator 将会被启动。

2.2.2 Python 的运行

Python 自带的交互式解释器可以很方便地执行小程序，可以逐行输入命令然后立刻查看结果。但利用 Python 做数据分析的话，则推荐使用 Ipython 和 Jupyter Notebook，可以实现写一段代码然后迭代测试、调试，有助于在交互情况下操作数据，确认特定数据集成功实现了其功能。本书中的 Python 代码示例均推荐使用 Jupyter Notebook 运行。

1. Python 解释器

Python 是一种解释型语言，Python 解释器通过一次执行一条语句来运行程序。标准的交互式 Python 解释器可以通过在终端命令行（macOS 操作系统用 Terminal，Windows 操作系统用 cmd）输入 python 命令（按 Enter 键）来启动。其中，终端是连接计算机内核与交互界面的一座桥，它允许用户在交互界面上打开一个窗口。在其中输入命令，系统会直接给出反馈。它允许用户通过命令行控制计算机系统内核，也就是系统的大脑。示例代码如下：

```
$ python
Python 3.9.12 (main, Apr  5 2022, 01:52:34)
[Clang 12.0.0 ] :: Anaconda, Inc. on darwin
Type "help", "copyright", "credits" or "license" for more information.
>>> a=5
>>> print(a)
5
```

在命令行中看到的 >>> 提示符是需要键入代码的地方，输入 Python 语句然后按 Enter 键运行。上述代码创建了一个变量 a 并将其赋值为 5，通过 print(a) 命令打印变量 a，得到输出结果为 5。

通过 Python 命令，还可以执行写好的 Python 命名文件。假设已经完成了一个名为 hello_world.py 的文件：

```
print('Hello world')
```

可以执行以下命令去运行该程序（hello_world.py 必须在命令行的当前路径下），得到结果为 Hello world：

```
$ python hello_world.py
Hello world
```

需要退出 Python 解释器回到命令行提示符时，可以输入 exit() 或者按 Ctrl+D。

2. IPython

IPython 是 Interactive Python 的缩写，是一个加强版的 Python 解释器，旨在解决 Python 堆栈的不足，向用户提供用于数据调查的编程接口，这样就更容易将科学方法融入数据探索和分析过程中。类似启动标准 Python 解释器那样，通过在终端命令行中输入 ipython 命令就可以启动 IPython。默认的 IPython 提示符采用 In[ ]，而不是标准的 >>> 提示符。使用命令 %run，IPython 会在同一个进程内执行指定文件中的代码，如下所示：

```
$ Ipython
Python 3.9.12 (main, Apr  5 2022, 01:52:34)
Type 'copyright', 'credits' or 'license' for more information
IPython 8.3.0 — An enhanced Interactive Python. Type '?' for help.

In [1]: a=5
In [2]: print(a)
5
In [3]: %run hello_world.py
Hello world
```

3. Jupyter Notebook

Jupyter Notebook 的前身是 IPython Notebook，它拓展了 IPython 的可用性，适用于多种编程语言，如 R、Julia。Jupyter Notebook 是在 IPython 基础上开发的一个基于网页的代码界面，可以简单地描述为由控制台或网络 Notebook 操控的交互式工具，可以用于编写代码，也可用于编写说明文档以及进行数据可视化或其他输出。

Jupyter Notebook 是以网页的形式打开的，可以在网页页面中编写和运行代码，运行结果会直接显示在代码下面的空间中。同时，Jupyter Notebook 还可以在同一个页面中直接编写说明文档，将代码、注释、公式、图表、交互绘图和图像、视频等丰富的媒体信息组合在一起。Jupyter Notebook 就像一个能够融合所有实验和结果的科学画板，利用它可同时实现生成程序文档、演示如何进行数据分析、说明它的前提和假设、显示中间结果和最终结果，并将其展示给相关人员等。

Jupyter Notebook 的主要特点有：

① 编程时具有语法高亮、缩进、tab 补全的功能。

② 可直接通过浏览器运行代码，同时在代码块下方展示运行结果。代码可以局部运行，也可以全部运行，非常便捷。

③ 对代码编写说明文档或语句时，支持 Markdown 语法。

④ 支持使用 LaTeX 编写数学性说明。

⑤ 以多媒体的形式记录工作，可以是文本、代码和图像的组合，并可将其输出为 Python 脚本、HTML、LaTex、Markdown、PDF 甚至幻灯片。

在终端命令行中运行 jupyter notebook 命令，可以启动 Jupyter Notebook，示例代码如下：

```
$ jupyter notebook
[I 17:53:48.857 NotebookApp] notebooks 运行所在的本地路径:
/Users/Administrator
[I 17:53:48.857 NotebookApp] Jupyter Notebook 6.4.11 is running at:
http://localhost:8888/?token=ee55e47b7aed27634c57b77f8fa7240117c9dd02ce2
623fe
[I 17:53:48.857 NotebookApp]  or
http://127.0.0.1:8888/?token=ee55e47b7aed27634c57b77f8fa7240117c9dd02ce2
623fe
[I 17:53:48.857 NotebookApp] 使用 Control-C 停止此服务器并关闭所有内核（连续操
作两次便可跳过确认界面）
[C 17:53:48.864 NotebookApp]
```

一般而言，Jupyter 会自动打开计算机默认的浏览器（除非使用了 --no-browser 命令）。也可以通过 http 地址来浏览 Notebook，地址是 http://localhost:8888/。此外，还可以利用 Anaconda Navigator 的可视化界面，在 Jupyter Notebook 图标中单击 Launch 按钮（见图 2.5），系统会自动打开终端并执行打开 Jupyter Notebook 的命令。图 2.6 是打开的 Jupyter Notebook 登录界面。值得注意的是，之后在 Jupyter Notebook 的所有操作，都请保持终端不要关闭，因为一旦关闭终端，就会断开与本地服务器的连接，将无法在 Jupyter Notebook 中进行操作。

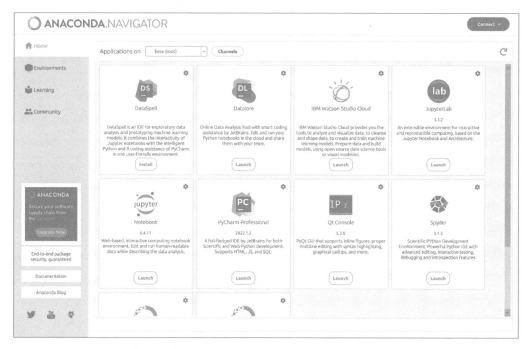

图 2.5　利用 Anaconda Navigator 打开 Jupyter Notebook

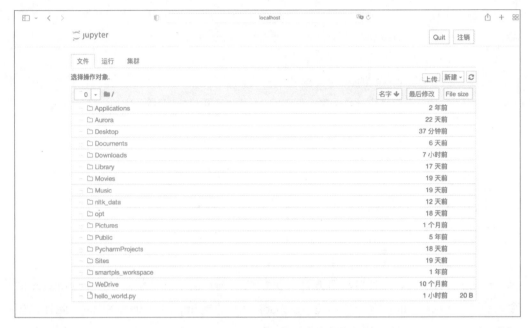

图 2.6　Jupyter Notebook 的登录界面

　　单击右上角的"新建"按钮，选择 Python 3(ipykernel) 即可创建一个笔记本，如图 2.7 所示。Jupyter Notebook 界面的组成部分有：① notebook 的名称。② 菜单栏，提供了文件、编辑、查看、插入、单元格、内核等菜单功能。③ 工具栏。④ notebook 编辑区。在编辑区中，In [ ] 所对应的框称作一个单元格（cell）。此外，窗口右上角、Python 图标下方的小圆圈表示内核的状态。如果圆圈是填满状态，表示内核正忙；如果圆圈是空的（见图 2.7），表示内核空闲，可以运行任何代码。

图 2.7　在 Jupyter Notebook 中新建笔记本

　　单击空的单元格，输入一段 Python 代码，按下工具栏中的"▶运行"键来执行代码，结果就直接显示在单元格下方。因此，可以把整个 Python 代码分成一段段的单元格输入，然后逐个单元格地运行，查看每个中间结果；或者也可以只运行代码的某部分。此外，可以通过工具栏中的"＋"键来新增单位格，还可以利用"↑""↓"键来调整单元格的上下位置。

值得注意的是，可以使用工具栏中的下拉列表 代码 ，将当前单元格的状态设置为"代码"（Code）、Markdown、"标题"（Heading）或 Raw NBConvert 状态（默认为"代码"状态）。其中，"代码"即正常的 Python 代码格式，运行"代码"状态的单元格后显示代码结果；Markdown 是一种非常简单、能够快速掌握的标记语言，使用 Markdown 语言能够轻松标注笔记，也可以插入 LaTex 公式，运行 Markdown 状态的单元格会显示所编辑的文本；"标题"用于将 Markdown 的文本设置为标题格式，以 # 标记开头，具体标记格式为"#：一级标题 ##：二级标题 ###：三级标题 ..."；原生 NBConvert 不常用，此处不做讲解。

通过快捷键中的 ▣ 键来保存 Jupyter 笔记本，会自动生成一个后缀名为 .ipynb 的 JSON 格式的文件，该文件包含笔记本中当前的所有内容（包括已经产生的代码输出）。这些内容可以被其他的 Jupyter 用户打开和编辑，方便与他人共享。同时，还可以通过工具栏中的"文件"→"保存"生成后缀名为 .ipynb 的文件，或者通过"文件"→"另存为"将其保存为 Python 脚本 (.py)、PDF（.pdf）、HTML（.html）、LaTex（.tex）等格式的文件。

如果要打开一个已经存在的笔记本，可以将文件放在启动终端命令行的路径及其子文件夹下，然后在 Jupyter Notebook 登录界面双击文件名即可。图 2.8 展示了一个已经存在的笔记本。

图 2.8 通过 Jupyter 打开已有笔记本

2.2.3 小结

本节为想要利用 Python 进行数据分析的人士推荐了一套合适的环境配置与运行方案。但若要利用 Python 进行软件开发，则建议选择功能更丰富的集成开发环境（Integrated Development Environment，IDE），例如。

- PyDev（免费）：基于 Eclipse 平台的 IDE。
- PyCharm：由 Jetbrains 公司开发，社区版本免费，专业版收费，但学生可以申请免费的专业版。
- Spyder（免费）：Anaconda 集成的 IDE。
- Python Tools for Visual Studio：适合 Windows 用户。

2.3 Python 语言基础

对 Python 初学者而言，首先需要了解 Python 内建数据结构的特性以及 Python 最基本的代码结构。如果读者已经具有一定的 Python 语言基础，可以跳过本节。

2.3.1 数据结构

1. 变量

变量是编程的起始点，Python 程序用到的各种数据都是存储在变量内的。Python 是一门弱类型语言，在定义变量时有两个特性：

① 所有的变量无须声明即可使用，对从未用过的变量赋值就是声明了该变量；

② 变量的数据类型可以随时改变，同一个变量可先后成为数值型和字符串类型。

（1）变量赋值。Python 使用 "=" 作为赋值运算符。例如，"a=20" 用于将 20 装入变量 a 中，这个过程就被称为赋值，将 20 赋值给变量 a。此后，如果改变变量 a 的值，只要将新的值赋给变量 a 即可，新赋的值会覆盖原来的值。可以使用 Python 的 print() 函数输出变量值，并可利用 type() 函数查看变量类型，代码如下：

```
In [1]: a=20

In [2]: a
Out[2]: 20

In [3]: a='Hello Python'
        print(a)

        Hello Python

In [4]: type(a)
Out[4]: str
```

此外，print() 函数还可以同时输出多个变量，其详细语法格式如下：

```
print (value, ..., sep=' ', end='\n', file=sys.stdout, flush=False)
```

其中，value 参数是输出值，可以接收任意多个变量或值；sep 参数用于设定输出变量间的间隔符，默认为空格；end 参数是输出结束后的间隔符，默认值为换行符 '\n'.

例如，print() 函数输出多个变量的代码如下：

```
In [5]: user_name ='Charlie'
        user_age = 8
        print('读者名:',user_name,'年龄:',user_age)

        读者名: Charlie 年龄: 8
```

print() 函数默认以空格隔开多个变量。如果希望改变默认的分隔符，可通过改变 sep 参数的值进行设置。例如，以"|"进行分隔，代码如下：

```
In [6]: print('读者名:',user_name,'年龄:',user_age,sep='|')
        读者名:|Charlie|年龄:|8
```

print() 函数默认输出之后总会换行。如果输出后不想换行则需要改变 end 参数的值，例如：

```
In [7]: print(40)
        print(50)
        print(60)
        print(40,end='\t')
        print(50,end='\t')
        print(60,end='\t')

        40
        50
        60
        40      50      60
```

（2）变量命名规则。Python 需要使用标识符给变量命名。标识符是用于给程序中的变量、类、方法命名的符号。简言之，标识符就是合法的名字。为变量命名需要遵循 Python 的标识符命名规则：

① 标识符只能由字母、数字和下画线（_）组成。其中，字母并不局限于 26 个英文字母，可以包含中文字符、日文字符等。值得注意的是，Python 语言区分大小写，abc 和 Abc 是两个不同的标识符。

② 标识符不允许以数字开头，不能包含空格、#、$、& 等非法字符。

③ 标识符不能是 Python 保留的关键字，如果使用关键字命名，程序会报错。同时，不建议采用 Python 内置函数的名字为变量命名，这样会覆盖 Python 原有的内置函数，导致内置函数不可用。例如，以 print 作为某变量名，将导致 print() 函数无法实现输出功能。

Python 关键字如下所示：

False	None	True	and	as	assert
break	class	continue	def	del	elif
else	except	finally	for	from	global
if	import	in	Is	lambda	nonlocal
not	or	pass	raise	return	try
while	with	yield			

表 2.2 列举了一些合法的变量名以及一些非法的变量名。

表 2.2　变量名示例

合法的变量名	非法的变量名
abc_xyz	1abc（不能以数字开头）
A_1_b_c_	abc#xyz（包含非法字符 #）
_abc	abc xyz（不能包含空格）
abc1	if（Python 关键字不能作为变量名）

2. 内置数据类型

（1）主要数据类型。表 2.3 列举了 Python 标准库中主要的数据类型，用来处理数值数据、字符串、布尔值（True 或 False）以及日期和时间。

表 2.3　主要数据类型

类　　型	描　　述
int	整数型（无符号、任意精度）
float	双精度 64 位浮点数值
str	字符串类型
bool	True 或 False
bytes	ASCII 字节（或 Unicode 编码字节）
None	Python 的 null 值（唯一实例）
datetime	日期和时间类型

其中，最基础的数值类型是 int 和 float。int 可以存储任意大小的数字，float（浮点数）是双精度 64 位数值，可以用小数表示，也可以用科学计数法表示。数值变量之间可以进行一定运算。示例代码如下：

```
In [8]:  ival=123456789
         ival**6

Out[8]:  3540705968149597751242378595390670323015412790761

In [9]:  fval=0.00234
         fval

Out[9]:  0.00234

In [10]: fval2=2.34e-3
         fval2

Out[10]: 0.00234
```

Python 常用的算术运算符如表 2.4 所示。

表 2.4　Python 常用的算术运算符

运 算 符	描　　述	示　　例	运 算 结 果
+	加法	4 + 3	7
−	减法	4 − 3	1
*	乘法	4 * 3	12

大数据应用基础教程 BIG DATA

运 算 符	描 述	示 例	运算结果
/	浮点数除法	5 / 2	2.5
//	整数除法	5 // 2	2
%	模（求余）	5 % 2	1
**	幂	5 ** 2	25

可以使用单引号 ' 或双引号 " 创建字符串，包含换行的字符串可以用三个单引号 ''' 或三个双引号 """。同时，可以利用"+"将多个字符串或字符串变量拼接起来。示例代码如下：

```
In [11]: s1='Hello world!'
         s2="Hello Python!"
         print(s1+s2)

         Hello world!Hello Python!

In [12]: s3='''
         This is a longer string that
         spans multiple lines.
         '''
         print(s3)

         This is a longer string that
         spans multiple lines.
```

此外，Python 允许对某些字符进行转义操作，转义符为反斜线符号"\"。在字符前面添加转义符号"\"会使该字符的意义发生改变。如在字符 n 前添加转义符号变为 \n，代表换行；\t 为制表符，可以将当前字符串长度补全到 8 的整数倍，用于对齐。有时，也需要用 \' 和 \" 来表示字符串中的单引号和双引号，尤其是该字符串由相同类型的引号包裹时。

示例代码如下：

```
In [13]: print("学生成绩表\n学号\t姓名\t成绩")
         print("2017001\t曹操\t99")
         print("2017002\t周瑜\t92")
         print("2017008\t黄盖\t77")

         学生成绩表
         学号     姓名     成绩
         2017001  曹操     99
         2017002  周瑜     92
         2017008  黄盖     77

In [14]: s4='"Let\'s go", said Charlie.'
         print(s4)

         "Let's go", said Charlie.

In [15]: s5="\"Let's go\", said Charlie."
         print(s5)

         "Let's go", said Charlie.
```

如果字符串中包含反斜线"\"，如 Windows 的文件路径 D:\publish\codes\02，为了不让程序将字符串中的反斜线"\"理解为转义符，需要在文件路径中的反斜线"\"前再添加一个反斜线"\"，写成 D:\\publish\\codes\\02。但这样看上去很烦琐，这时可以借助于原始字符串解决问题。原始字符串以 r 开头，将文件路径写为

"r'D:\publish\codes\02'", 就不会把其中的 "\" 理解为转义符了。示例代码如下：

```
In [16]: s6='D:\\publish\\codes\\02'
         print(s6)

         D:\publish\codes\02
```

```
In [17]: s7=r'D:\publish\codes\02'
         print(s7)

         D:\publish\codes\02
```

（2）类型转换。数据类型之间可以进行转换，如 str、bool、int 和 float 既是数据类型，同时也是可以将其他数据转换为这些类型的函数。示例代码如下：

```
In [18]: a=5.12
         type(a)
Out[18]: float

In [19]: int(a)
Out[19]: 5

In [20]: bool(a)
Out[20]: True

In [21]: bool(0)
Out[21]: False

In [22]: b=str(a)
         type(b)
Out[22]: str

In [23]: float(b)
Out[23]: 5.12
```

3. 元组和列表

Python 有两种主要的序列结构：元组（tuple）和列表（list）。它们都可以包含零个或多个元素，且不要求所含元素的种类相同，每个元素都可以是任何 Python 类型的对象。两者的区别在于：元组是不可变的，而列表是可变的。当给元组赋值之后，这些值便被固定在了元组里，再也无法修改；而列表是可变的，可以随时插入、删除、修改其中的元素。

（1）创建元组。元组是一种固定长度、不可变的 Python 对象序列。创建元组最简单的方法是用逗号分隔序列值，Python 解释器在输出元组时会自动添加一对圆括号。在创建元组时也可以用圆括号把每个元素包裹起来，使程序更清晰，但定义元组真正靠的是每个元素的后缀逗号。同时，也可以用 () 创建空元组，或使用 tuple() 函数将其他序列格式转换为元组。

示例代码如下：

```
In [24]: empty_tup=()
         a_tup=1,2,3,'Monday','Tuesday','Wednesday'
         tup=tuple('Monday')
         print(empty_tup)
         print(a_tup)
         print(tup)

         ()
         (1, 2, 3, 'Monday', 'Tuesday', 'Wednesday')
         ('M', 'o', 'n', 'd', 'a', 'y')
```

（2）创建列表。列表可以由零个或多个元素组成，元素之间用逗号分开，使用 []
或 list() 创建列表。

示例代码如下：

```
In [25]: empty_list=[]
         anther_empty_list=list()
         a_list=[1,2,3,'Monday','Tuesday','Wednesday']
         print(empty_list)
         print(anther_empty_list)
         print(a_list)

         []
         []
         [1, 2, 3, 'Monday', 'Tuesday', 'Wednesday']
```

（3）通用方法。

① 通过索引提取元素。元组和列表都可通过索引访问其中的元素，索引从 0 开始。
第 1 个元素的索引为 0，第 2 个元素的索引为 1，……以此类推。也支持负数索引，倒
数第 1 个元素的索引为 −1，倒数第 2 个元素的索引为 −2，……以此类推。

对于元组中的元素，程序只能使用它的值，不能对它重新赋值；对于列表中的
元素，程序既可使用它，也可修改它。

示例代码如下：

```
In [26]: a_tup=1,2,3,'Monday','Tuesday','Wednesday'
         print(a_tup)
         print(a_tup[0])
         print(a_tup[3])
         print(a_tup[-1])
         print(a_tup[-3])

         (1, 2, 3, 'Monday', 'Tuesday', 'Wednesday')
         1
         Monday
         Wednesday
         Monday
```

```
In [27]: a_list=[1,2,3,'Monday','Tuesday','Wednesday']
         print(a_list)
         print(a_list[0])
         print(a_list[3])
         print(a_list[-1])
         print(a_list[-3])

         [1, 2, 3, 'Monday', 'Tuesday', 'Wednesday']
         1
         Monday
         Wednesday
         Monday
```

```
In [28]: a_list[0]=5
         a_list[3]='Friday'
         print(a_list)

         [5, 2, 3, 'Friday', 'Tuesday', 'Wednesday']
```

② 通过切片提取元素。切片（slice）的完整语法为：[start: end: step]，该语法可
以提取从 start 索引的元素开始、到 end 索引的元素结束（不包含 end 索引的元素）的
所有元素，step 用于指定提取元素的步长。其中，step 可省略，默认步长为 1，即提
取从 start 到 end 的每一个元素。当省略 start 或 end 时，默认为从头开始或到尾结束。

示例代码如下：

```
In [29]: a_tup=1,2,3,'Monday','Tuesday','Wednesday'
         print(a_tup[0:5])
         print(a_tup[0:-1])
         print(a_tup[0:5:2])
         print(a_tup[0:5:3])

         (1, 2, 3, 'Monday', 'Tuesday')
         (1, 2, 3, 'Monday', 'Tuesday')
         (1, 3, 'Tuesday')
         (1, 'Monday')
```

```
In [30]: a_list=[1,2,3,'Monday','Tuesday','Wednesday']
         print(a_list[:5])
         print(a_list[2:])
         print(a_list[:])
         print(a_list[::2])

         [1, 2, 3, 'Monday', 'Tuesday']
         [3, 'Monday', 'Tuesday', 'Wednesday']
         [1, 2, 3, 'Monday', 'Tuesday', 'Wednesday']
         [1, 3, 'Tuesday']
```

③ 加法和乘法。元组和列表支持加法和乘法运算。加法是把两个元组 / 列表中的元素连接起来，形成一个更长的元组 / 列表；元组 / 列表与整数 N 相乘是指把其中的元素重复 N 次。但是，一个元组和一个列表不能直接相加或相乘。

示例代码如下：

```
In [31]: tup1=1,2,3,4,5
         tup2='Monday','Tuesday','Wednesday','Tuesday','Friday'
         print(tup1+tup2)
         print(tup1*2)

         (1, 2, 3, 4, 5, 'Monday', 'Tuesday', 'Wednesday', 'Tuesday', 'Friday')
         (1, 2, 3, 4, 5, 1, 2, 3, 4, 5)
```

④ in 运算符。in 运算符用于判断列表或元组是否包含某个元素，结果为 True 或 False。in 可与 not 关键字结合使用，"not in"表示不在。

示例代码如下：

```
In [32]: a_list=[1,2,3,'Monday','Tuesday','Wednesday']
         print(1 in a_list)
         print(1 not in a_list)
         print(4 in a_list)
         print('Monday' in a_list)
         print('Friday' in a_list)
         print('Friday' not in a_list)

         True
         False
         False
         True
         False
         True
```

⑤ 长度、最大值和最小值。Python 通过内置函数 len()、max()、min() 来获取元组或列表的长度、最大值和最小值。

示例代码如下：

```
In [33]: a_tup='Monday','Tuesday','Wednesday','Tuesday','Friday','Saturday','Sunday'
         len(a_tup)

Out[33]: 7
```

```
In [34]: a_list=[1,2,3,4,5,6,7]
         len(a_list)

Out[34]: 7
```

```
In [35]: print(min(a_list))
         print(max(a_list))

         1
         7
```

⑥ 序列解包。Python 程序允许将序列（元组或列表等）直接赋值给多个变量，此时序列的各元素会被依次赋值给每个变量（要求序列的元素个数和变量个数相等），这种功能被称为序列解包。嵌套元组 / 列表也可以解包。

示例代码如下：

```
In [36]: tup=4,5,6
         a,b,c=tup
         print(a)
         print(b)
         print(c)

         4
         5
         6
```

```
In [37]: tup=4,5,(6,7)
         a,b,(c,d)=tup
         print(a)
         print(b)
         print(c)
         print(d)

         4
         5
         6
         7
```

在序列解包时也可以只解出部分元素，剩下的依然使用元组 / 列表保存。为了使用这种解包方式，Python 允许在变量之前添加 *。带 * 的变量就代表一个元组 / 列表，可以保存多个元素。

示例代码如下：

```
In [38]: a_list=[1,2,3,4,[5,6,7]]
         a,b,*rest=a_list
         print(a)
         print(b)
         print(rest)

         1
         2
         [3, 4, [5, 6, 7]]
```

```
In [39]: *begin,[z1,z2,z3]=rest
         print(begin)
         print(z1)
         print(z2)
         print(z3)

         [3, 4]
         5
         6
         7
```

序列解包的一个常用场景是遍历元组或列表组成的序列，另一常用场景是从函数返回多个值。相关内容将在 2.3.2 节进行详细介绍。

（4）列表方法。

① 增加元素。为列表增加元素可采用 append() 方法，该方法会把传入的参数追加到列表的最后面。append() 方法既可接收单个值，也可接收元组 / 列表，但该方法只是把元组 / 列表当成单个元素，这样就会形成在列表中嵌套元组 / 列表。如果希望不将追加的列表嵌套，而只是追加列表中的元素，则可使用列表的 extend() 方法。

示例代码如下：

```
In [40]: x=[0,1,2,3,4,5]
         x.append(6)
         print(x)

         [0, 1, 2, 3, 4, 5, 6]
```

```
In [41]: x.append([7,8,9])
         print(x)
         x.extend([7,8,9])
         print(x)

         [0, 1, 2, 3, 4, 5, 6, [7, 8, 9]]
         [0, 1, 2, 3, 4, 5, 6, [7, 8, 9], 7, 8, 9]
```

② 插入和删除元素。如果希望在列表中间插入元素，则可使用 insert() 方法。使

用此方法时要指定将元素插入列表的哪个位置。insert() 的反操作是 pop()，用于将指定位置的元素移除，并返回被移除的元素。

示例代码如下：

```
In [42]: x=['red','orange','yellow','blue','purple']
         x.insert(3,'green')
         x
Out[42]: ['red', 'orange', 'yellow', 'green', 'blue', 'purple']

In [43]: x.pop(3)
         x
Out[43]: ['red', 'orange', 'yellow', 'blue', 'purple']
```

删除列表元素还可以使用 del 语句（没有返回值），既可删除列表中的单个元素，也可直接删除列表的中间一段。同时，del 语句不仅可以删除列表元素，也可以删除普通变量。

示例代码如下：

```
In [44]: y=[0,1,2,3,4,5]
         del y[5]
         y
Out[44]: [0, 1, 2, 3, 4]

In [45]: del y[1:3]
         y
Out[45]: [0, 3, 4]

In [46]: del y
```

此外，还可以通过 remove() 方法移除列表中某元素，该方法会定位第一个符合要求的值并移除它。可以通过 clear() 方法清空列表的所有元素。

示例代码如下：

```
In [47]: z=['A','B','C','A','B','C']
         z.remove('A')
         z
Out[47]: ['B', 'C', 'A', 'B', 'C']

In [48]: z.remove('B')
         z
Out[48]: ['C', 'A', 'B', 'C']

In [49]: z.clear()
         z
Out[49]: []
```

③ 其他方法。除了上面提到的方法，列表还包含了其他一些常用方法，如下所示。

copy()：用于复制。

count()：用于统计列表中某个元素出现的次数。

index()：用于判断某个元素在列表中出现的位置。

reverse()：用于将列表中的元素反向存放。

sort()：用于对列表元素进行排序。

示例代码如下：

```
In [50]:  a=[1,2,3,1,2,3,1,2,3]
          b=a.copy()
          b
Out[50]:  [1, 2, 3, 1, 2, 3, 1, 2, 3]

In [51]:  a.count(1)
Out[51]:  3

In [52]:  a.index(1)
Out[52]:  0

In [53]:  a.reverse()
          a
Out[53]:  [3, 2, 1, 3, 2, 1, 3, 2, 1]

In [54]:  a.sort()
          a
Out[54]:  [1, 1, 1, 2, 2, 2, 3, 3, 3]
```

4. 字典

字典是一种重要的 Python 内建数据结构，用于存放具有映射关系的数据对，在其他语言中也被称为哈希表或关系型数组。例如成绩数据中的语文为 80、数学为 92、英语为 87，就可用字典来进行存储。字典是键（key）值（value）对的集合，相当于保存了两组数据，一组数据是不能重复的键（key）；另一组数据是键对应的值（value），值可通过 key 来访问，如图 2.9 所示。

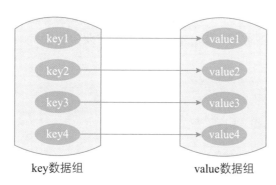

图 2.9　字典的数据结构

（1）创建字典。用大括号 {} 将一系列以逗号隔开的键值对包裹起来（如 {key1:value1, key2:value2}），即可创建字典。也可利用 {} 创建空字典。

示例代码如下：

```
In [55]:  dic={'语文':80,'数学':92,'英语':87}
          dic
Out[55]:  {'语文': 80, '数学': 92, '英语': 87}

In [56]:  empty_dic={}
          empty_dic
Out[56]:  {}
```

（2）获取元素。使用 [key] 获取字典中对应 key 的 value 值。也可使用 keys() 方法获取字典中的所有键，使用 values() 方法获取字典中的所有值，使用 items() 方法获取所有键值对。

示例代码如下：

```
In [57]: dic['语文']
Out[57]: 80

In [58]: list(dic.keys())
Out[58]: ['语文', '数学', '英语']

In [59]: list(dic.values())
Out[59]: [80, 92, 87]

In [60]: list(dic.items())
Out[60]: [('语文', 80), ('数学', 92), ('英语', 87)]
```

（3）添加或修改元素。向字典中添加元素非常简单，只需指定该元素的键并赋予相应的值即可。如果该元素的键并未在字典中出现，则会被加入字典；如果该元素的键已经存在于字典中，那么该键对应的旧值会被新值取代。

示例代码如下：

```
In [61]: dic['体育']=85
         dic
Out[61]: {'语文': 80, '数学': 92, '英语': 87, '体育': 85}

In [62]: dic['语文']=90
         dic
Out[62]: {'语文': 90, '数学': 92, '英语': 87, '体育': 85}
```

（4）删除元素。使用 del 或 pop() 方法删除字典中的元素。

示例代码如下：

```
In [63]: del dic['体育']
         dic
Out[63]: {'语文': 90, '数学': 92, '英语': 87}

In [64]: dic.pop('语文')
         dic
Out[64]: {'数学': 92, '英语': 87}
```

5. 集合

集合（set）是一种无序且元素唯一的数据结构，就像仅保留了键（key）的字典，且键与键之间也不允许重复。不能使用索引访问集合中的元素。集合有两种创建方式：大括号 "{}" 或 set() 函数。set() 函数的参数可以是列表、元组、字符串、字典等类型的数据。

示例代码如下：

```
In [65]: s={1,2,3,4,5,6,7,8,9}
         s
Out[65]: {1, 2, 3, 4, 5, 6, 7, 8, 9}

In [66]: s=set([1,3,2,4,5,4,3,2,1])
         s
Out[66]: {1, 2, 3, 4, 5}
```

集合支持数学上的集合操作，如合并、交集、差集等。表 2.5 列举了常用的集合操作。

表 2.5　常用的集合函数

函　　数	二 元 操 作	描　　述
s.add(a)		将元素 a 加入集合 s
s.clear()		清空集合 s
s.remove(a)		将元素 a 从集合 s 移除
s.union(x)	s|x	返回两个集合 s 和 x 的并集
s.update(x)	s|=x	得到两个集合 s 和 x 的并集并将结果赋值给 s
s.intersection(x)	s&x	返回两个集合 s 和 x 的交集
s.intersection_update(x)	s&=x	得到两个集合 s 和 x 的交集并将结果赋值给 s
s.difference(x)	s−x	返回两个集合 s 和 x 的差集（在 s 中而不在 x 中的元素）
s.difference_update(x)	s−=x	得到两个集合 s 和 x 的差集并将结果赋值给 s
s.symmetric_difference(x)	s^x	返回两个集合 s 和 x 的异或集（在 s 中或在 x 中但不同时在两个集合中的元素）
s.symmetric_difference_update(x)	s^=x	得到两个集合 s 和 x 的异或集并将结果赋值给 s
s.isdisjoint(x)		如果集合 s 和 x 没有交集返回 True，否则返回 False
s.issubset(x)		如果集合 s 是 x 的子集，即 s 包含于 x 中，返回 True
s.issuperset(x)		如果集合 s 是 x 的超集，即 s 包含 x，返回 True

集合之间的并集操作可通过 union() 方法或二元操作符"｜"实现，或者通过 update() 方法直接更新原集合。

示例代码如下：

```
In [69]: s={1,2,3,4,5,6}
         x={4,5,6,7,8,9}
         s1=s.union(x)
         s2=s|x
         print(s)
         print(s1)
         print(s2)

         {1, 2, 3, 4, 5, 6}
         {1, 2, 3, 4, 5, 6, 7, 8, 9}
         {1, 2, 3, 4, 5, 6, 7, 8, 9}

In [70]: s.update(x)
         print(s)

         {1, 2, 3, 4, 5, 6, 7, 8, 9}
```

集合之间还可以进行取交集、差集、异或集的操作。

示例代码如下：

```
In [71]: s={1,2,3,4,5,6}
         x={4,5,6,7,8,9}
         s.intersection_update(x)
         s

Out[71]: {4, 5, 6}

In [72]: s={1,2,3,4,5,6}
         x={4,5,6,7,8,9}
         s.difference_update(x)
         s

Out[72]: {1, 2, 3}
```

```
In [73]: s={1,2,3,4,5,6}
         x={4,5,6,7,8,9}
         s.symmetric_difference_update(x)
         s
Out[73]: {1, 2, 3, 7, 8, 9}
```

还可以判断集合之间是否具有交集，或者是否存在包含、被包含的关系。

示例代码如下：

```
In [74]: s={1,2,3,4,5,6}
         x={1,2,3}
         s.issubset(x)
Out[74]: False

In [75]: s.issuperset(x)
Out[75]: True

In [76]: s.isdisjoint(x)
Out[76]: False
```

6. 建立大型数据结构

前面已经介绍了基本的数据类型——布尔型、数值、字符串、布尔类型等，以及基本的数据结构——元组、列表、集合、字典。在 Python 中，还可以将这些内置的数据结构自由地组合成更大、更复杂的结构。例如，以列表为元素，可以形成元组；以列表为值，可以形成字典。

示例代码如下：

```
In [77]: num=[1,2,3,4,5,6,7]
         weeks=['Monday','Tuesday','Wednesday','Tuesday','Friday','Saturday','Sunday']
         seasons=['Spring','Summer','Autumn','Winter']

In [78]: tup_of_lists=num,weeks,seasons
         tup_of_lists
Out[78]: ([1, 2, 3, 4, 5, 6, 7],
          ['Monday', 'Tuesday', 'Wednesday', 'Tuesday', 'Friday', 'Saturday', 'Sunday'],
          ['Spring', 'Summer', 'Autumn', 'Winter'])

In [79]: dic_of_lists={'num':num,'weeks':weeks,'seasons':seasons}
         dic_of_lists
Out[79]: {'num': [1, 2, 3, 4, 5, 6, 7],
          'weeks': ['Monday',
           'Tuesday',
           'Wednesday',
           'Tuesday',
           'Friday',
           'Saturday',
           'Sunday'],
          'seasons': ['Spring', 'Summer', 'Autumn', 'Winter']}
```

2.3.2 代码结构

1. 注释

注释是程序中会被 Python 解释器忽略的一段文本。通过使用注释，可以标注 Python 代码的功能，提高程序的可读性。在 Python 中使用 # 字符标记注释，可以把注释作为单独的一行，也可以把注释和代码放在同一行，这种情况适用于单行注释。当需要将代码中的多行文字或代码注释掉时，可使用三个单引号 ''' 或三个双引号 """。

示例代码如下：

```
In [80]:  #创建一个变量a
          a = 3
          b=[1,2,3,4,5]        #创建一个列表b
          '''
          这是一个多行注释,
          这是一个多行注释。
          '''
          """
          这是另一个多行注释,
          这是另一个多行注释。
          """
```

2. 连接

在 Python 程序中，一行代码的最大长度建议为 80 个字符。如果代码过长，建议用多行来写，并使用连接符反斜杠"\"连接。将连接符放在一行的结束位置，Python可将其所在的行与下面一行解释为同一行，即 Python 将两行视为同一逻辑行。这个特性在写很长的字符串时很有用。例如，一个 list 元素包含内容过长，可将其拆为两行书写，并使用连接符连接即可。示例代码如下：

```
In [81]:  months = ['January', 'Februray', 'March', 'April', 'June', 'July', 'August', \
                    'September', 'October', 'November', 'December']
          months

Out[81]:  ['January',
           'Februray',
           'March',
           'April',
           'June',
           'July',
           'August',
           'September',
           'October',
           'November',
           'December']
```

3. 流程控制

如果 Python 程序的多行代码之间没有任何流程控制，程序总是自上向下一行行地执行，排在前面的代码先执行，排在后面的代码后执行。下面将介绍两种最基本的流程控制结构——分支结构和循环结构。其中，分支结构用于实现根据条件来选择性地执行某段代码；循环结构用于实现根据循环条件重复执行某段代码。

（1）if、elif 和 else。if 语句是最广为人知的流程控制语句。Python 的 if 语句有如下三种格式。

if，格式如下：

```
if expression :
    statements…
```

if…else，格式如下：

```
if expression :
    statements…
else :
    statements…
```

if…elif…else，格式如下：

```
if expression :
    statements…
elif expression :
    statements…
…（可以有零条或多条 elif 语句）
else :
    statements…
```

在 Python 的控制结构中，使用冒号和缩进（4 个空格）组织代码块，具有相同缩进的多行代码属于同一个代码块。在上面的语句中，"if expression ： ""elif expression ： ""else ： "之后缩进的多行代码被称为代码块，一个代码块通常被当成一个整体来执行（除非在运行过程中遇到 return、break、continue 等关键字）。

在上述 if 分支语句中，if 后面是控制条件。如果条件为"真"（True），则执行后面的代码块，否则会依次判断 elif 条件（如果有）；如果条件为真程序会执行 elif 后面的代码块……如果前面所有条件都为"假"（False），程序就会执行 else 后面的代码块（如果有）。

示例代码如下：

```
In [82]: a = 3
         b = [1,2,3,4,5]
         if a > 1:
             print(b)
         print(a)

         [1, 2, 3, 4, 5]
         3

In [83]: if a < 1:
             print(b)
         else:
             b.append(6)
             print(b)

         [1, 2, 3, 4, 5, 6]
```

在代码 [82] 中，"a=3""b=[1,2,3,4,5]"和"if a>1:"左顶格，代表它们属于同一个代码块，语句会依次执行；语句"print(b)"缩进，表示新的代码块（仅 1 条语句）开始了，该代码块仅在表达式"a>1"时执行；语句"print(a)"左顶格，表示并非 if 语句的代码块，if 语句执行结束后执行该语句。在代码 [83] 中，子句"else"不再缩进，表示新的代码块开始了；该子句的冒号也引导了一个用缩进表示的代码块（2 条语句），该代码块仅在表达式"a>1"不成立时执行。

控制条件中常用到比较操作符。Python 中常用的比较操作符如表 2.6 所示。

表 2.6　Python 中常用的比较操作符

相　　等	==
不等于	!=
小于	<
小于或等于	<=

相　　等	==
大于	>
大于或等于	>=
属于	in
不属于	not in

如果想同时进行逻辑判断，可以使用逻辑运算符 and、or 或者 not，来决定最终表达式的布尔取值。

and：与。前后两个操作数必须都是 True 才返回 True，否则返回 False。

or：或。只要两个操作数中有一个是 True，就可以返回 True；否则返回 False。

not：非，只需要一个操作数。如果操作数为 True，则返回 False；如果操作数为 False，则返回 True。

示例代码如下：

```
In [84]: a=3
         b=[1,2,3,4,5]
         if a in b and a<1:
             b.remove(1)
             print(b)
         else:
             print(b)

         [1, 2, 3, 4, 5]

In [85]: if a in b or a<1:
             b.remove(1)
             print(b)
         else:
             print(b)

         [2, 3, 4, 5]
```

一个 if 语句可以连接多个 elif 代码块和一个 else 代码块。当一个 elif 后面的条件为 True 时，其后面的 elif 和 else 不予执行。示例代码如下：

```
In [86]: a=3
         if a<0:
             print('a is negative.')
         elif a==0:
             print('a equals to zero.')
         elif 0<a<5:
             print('a is positive but smaller than 5.')
         else:
             print('a is positive and larger than 5.')

         a is positive but smaller than 5.
```

（2）while 循环。while 循环的语法格式如下：

```
[init_statements]
while test_espression :
    body_statements
    [iteration_statements]
```

其中，init_sataments 为初始化语句，是指一条或多条语句，用于完成初始化工作，在循环开始之前执行；test_espression 为循环条件，是一个布尔表达式，决定是否执行循环体；body_statements 为循环的主题，如果循环条件允许，该代码块将被重复执行；iteration_statements 为迭代语句，通常用于控制循环条件中的变量，使循环能在合适的时候结束。

　　while 循环是 Python 最简单的循环结构，只要 while 后面逻辑表达式的值为 True，循环体内的代码块就会一直执行。break 语句会使循环提前结束。示例代码如下：

```
In [87]: count = 1
         while count <= 5:
             print(count)
             count = count+1

         1
         2
         3
         4
         5
```

```
In [88]: count = 1
         while count <= 5:
             print(count)
             count = count+1
             if count==4:
                 break

         1
         2
         3
```

　　有时并不想结束整个循环，仅仅想跳到下一轮循环的开始，则可以使用 continue。考虑这样一种情形：让用户输入一个整数，如果它是奇数，则输出它的平方数；如果是偶数则跳过。这时可使用 q 来结束循环，示例代码如下：

```
In [89]: while True:
             value = input("Integer, please [type q to quit]: ")
             if value == 'q': # 停止循环
                 break
             number = int(value)
             if number % 2 == 0: # 判断偶数
                 continue
             print(number, "squared is", number*number)

         Integer, please [type q to quit]: 1
         1 squared is 1
         Integer, please [type q to quit]: 2
         Integer, please [type q to quit]: 3
         3 squared is 9
         Integer, please [type q to quit]: q
```

　　（3）for 循环。for 循环用于遍历一个可迭代对象（如列表、元组、字典等）包含的元素，它允许在数据结构长度未知的情况下遍历整个数据结构。for-in 循环的语法格式如下：

```
for 变量 in 列表 | 元组 | 字典等:
    statements
```

　　类似 while 循环，使用 continue 可以跳到下一轮循环，使用 break 可以结束循环。示例代码如下：

```
In [90]: weeks=['Monday','Tuesday','Wednesday','Tuesday','Friday','Saturday','Sunday']
         for day in weeks:
             if day in ['Saturday','Sunday']:
                 continue
             print(day)

         Monday
         Tuesday
         Wednesday
         Tuesday
         Friday
```

```
In [91]: seq=[1,2,0,None,4,None,5]
         for value in seq:
             if value is None:
                 break
             print(value)

         1
         2
         0
```

对于循环结构来说，有一个重要的函数 range()。该函数可生成一个等差整数序列。range() 函数的用法类似于切片：range(start, stop, step)，其中 stop 是必需的参数，start 默认为 0，step 默认为 1。值得注意的是，range() 产生的整数包含起始但并不包含结尾。示例代码如下：

```
In [92]: list(range(5))
Out[92]: [0, 1, 2, 3, 4]

In [93]: for i in range(5):
             print(i)

         0
         1
         2
         3
         4

In [94]: for i in range(0,10,2):
             print(i)

         0
         2
         4
         6
         8
```

如果是由元组或列表组成的复杂序列，可以利用 for 循环进行序列解包，也可以通过 for 循环同时提取字典中的键和值。示例代码如下：

```
In [95]: seq = [(1,2,3),(4,5,6),(7,8,9)]
         for a,b,c in seq:
             print('a=',a,end='\t')
             print('b=',b,end='\t')
             print('c=',c)

         a= 1     b= 2     c= 3
         a= 4     b= 5     c= 6
         a= 7     b= 8     c= 9

In [96]: dic={1:'Monday',2:'Tuesday',3:'Wednesday',4:'Tuesday',5:'Friday'}
         for key,value in dic.items():
             print(key,value)

         1 Monday
         2 Tuesday
         3 Wednesday
         4 Tuesday
         5 Friday
```

（4）推导式。推导式是从一个或者多个可迭代对象中快速简洁地创建数据结构的一种方法。它可以将循环和条件判断结合，从而避免语法冗长的代码。

创建列表推导式的简单语法为 [expression for item in iterable]。此外，推导式还可以加上条件表达式 [expression for item in iterable if condition]。示例代码如下：

```
In [97]: num_list=[i*i for i in range(1,7)]
         num_list
Out[97]: [1, 4, 9, 16, 25, 36]

In [98]: num_list=[i*i for i in range(1,7) if i%2==0]
         num_list
Out[98]: [4, 16, 36]
```

集合和字典也有自己的推导式。集合推导式的语法为 {expression for expression in iterable }，字典的语法为 { key_expression : value_expression for expression in iterable }。

```
In [99]:   a_set={number for number in range(1,7) if number%2==1}
           a_set

Out[99]:   {1, 3, 5}

In [100]:  word='letters'
           letter_counts={l: word.count(l) for l in word}
           letter_counts

Out[100]:  {'l': 1, 'e': 2, 't': 2, 'r': 1, 's': 1}
```

4. 函数

函数是 Python 中最基础的代码组织和代码复用方式，前面已经用过大量内置函数，如 len()、print() 等。函数就是为一段实现特定功能的代码"取"一个名字，以后即可通过该名字来执行（调用）该函数。函数可被重复调用，尤其是当需要多次重复相同代码块时，编写函数是非常有必要的。

（1）定义和调用。定义函数的语句为"def 函数名 (参数)："。其中，函数命名规范与变量命名相同，仅能包含字母、数字、下画线（_），且不能使用数字开头。函数可以接收任何数字或者其他类型的输入作为参数，也可以没有参数。函数定义好后，通过函数名和参数便可调用函数，示例代码如下：

```
In [101]:  #定义函数make_a_sound
           def make_a_sound():
               print('quack')

In [102]:  make_a_sound()        #调用函数make_a_sound

           quack

In [103]:  #定义函数product, 可以输出两个参数的乘积
           def product(x,y):
               print(x*y)

In [104]:  product(2,3)          #调用函数product

           6
```

函数也可以有返回值，返回时使用 return 关键字。函数可以返回任何数值或者其他类型的结果。如果函数在运行过程中没有执行到 return 关键字，则默认返回 None。示例代码如下：

```
In [105]:  #定义函数my_function, 其功能是计算(x+y)/z的值
           def my_function(x,y,z):
               if z==0:
                   print('The last number could not be zero.')
               else:
                   return (x+y)/z

In [106]:  a=my_function(2,4,0)
           print(a)
           b=my_function(2,4,2)
           print(b)

           The last number could not be zero.
           None
           3.0
```

对于使用者来说，函数就像一个"黑盒子"。将零个或多个参数传入这个"黑盒子"，经过一番计算可得到零个或多个返回值，如图 2.10 所示。

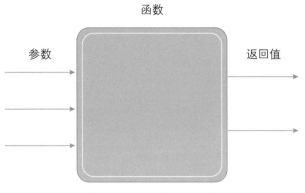

函数

参数　　　　　　　　　　　　返回值

图 2.10　函数调用示意图

（2）位置参数和关键字参数。Python 处理参数的方式比其他语言灵活。函数有两种参数类型：位置参数和关键字参数。上面实例中的参数都是位置参数。位置参数是指传入参数的值是按照顺序依次赋值的，这时就需要编程者在调用函数时熟记每个位置参数的含义。

当参数较多时，为了避免位置参数带来的混乱，可以在定义函数时指定对应参数的名字，使编程者在调用函数时可通过参数名字为对应参数赋值。具有名字的参数称为关键字参数。利用关键字参数，就无须记忆函数定义时参数的顺序。此外，关键字参数是可选参数，它还有一个重要作用是指定默认值。如果编程者在调用函数时没有提供对应的关键字参数值，则采用函数定义中的默认关键字参数值；如果提供了关键字参数值，在调用时会代替默认值。

值得注意的是，在定义及调用函数时，如果函数参数中既有位置参数也有关键字参数，那么关键字参数必须放在位置参数后面。换句话说，一旦某个参数使用了关键字参数，后面的参数都必须是关键字参数。示例代码如下：

```
In [107]:  #定义函数another_function, 计算(x+a)的幂, a为常数, 默认为0, 默认幂为2
           def another_function(x,a=0,power=2):    #x为位置参数, a和power为关键字参数
               return((x+a)**power)

In [108]:  another_function(2)
Out[108]:  4

In [109]:  another_function(2,power=3)
Out[109]:  8

In [110]:  another_function(2,power=3,a=1)
Out[110]:  27

In [111]:  another_function(x=2,a=1,power=3) #也可利用关键字参数向位置参数传参, 提高可读性
Out[111]:  27
```

（3）返回多个值。如果函数需要有多个返回值，则既可将多个值包装成列表之后返回，也可直接返回多个值，这时会自动将多个返回值封装成元组。示例代码如下：

以上代码定义的函数 sum_and_avg() 返回了多个值。当调用该函数时，函数返回

```
In [112]:  #定义函数sum_and_avg，输入列表，输出列表中数值的总和、平均值
           def sum_and_avg (list) :
               sum = 0
               count = 0
               for e in list:
                   #判断e是数值型数据
                   if isinstance(e,int) or isinstance(e,float):
                       count += 1
                       sum += e
               return sum, sum/count
```

```
In [113]:  my_list = [10,15,2.8,'a',32,1.6]
           tup = sum_and_avg(my_list)
           print(tup)

           (61.4, 12.28)
```

的多个值将会被自动封装成元组。因此，在以上代码中，tup 是一个包含两个元素（由于被调用函数返回了两个值）的元组。此外，也可使用 Python 提供的序列解包功能，直接使用多个变量接收函数返回的多个值。示例代码如下：

```
In [114]:  s,avg = sum_and_avg(my_list)
           print(s)
           print(avg)

           61.4
           12.28
```

（4）变量作用域。在程序中定义一个变量时，这个变量是有作用范围的。变量的作用范围被称为它的作用域。根据定义变量的位置，变量分为两种：局部变量和全局变量。

① 局部变量。在函数中定义的变量（包括参数）都被称为局部变量。每个函数在执行时，系统都会为该函数分配一块"临时内存空间"，所有的局部变量都被保存在这块临时内存空间内。当函数执行完成后，这块内存空间就被释放，局部变量失效，因此离开函数之后就不能再访问局部变量了。

示例代码如下：

```
In [115]:  def func():
               f_list = []
               for i in range(5):
                   f_list.append(i)
               return f_list
```

```
In [116]:  print(func())

           [0, 1, 2, 3, 4]
```

```
In [117]:  print(f_list)

           ---------------------------------------------------------------------------
           NameError                                 Traceback (most recent call last)
           Input In [117], in <cell line: 1>()
           ----> 1 print(f_list)

           NameError: name 'f_list' is not defined
```

在以上代码中，当调用 func() 函数时，空列表类型的局部变量 f_list 被创建。经过函数内的一系列计算，f_list 的内容被多次更新。但该函数运行结束后，f_list 随它所在的空间被销毁。所以，当执行 print(f_list) 命令时，程序会报错。

② 全局变量。在函数外面、全局范围内定义的变量被称为全局变量。全局变量默认可以在所有函数内被访问。但如果在函数中定义了与全局变量同名的变量，就会发生局部变量遮蔽（hide）全局变量的情形。如下所示：

```
In [118]: name = 'Charlie'
          def test ():
              print(name)  # Charlie
          test()

          Charlie
```

```
In [119]: name = 'Charlie'
          def test ():
              name = '孙悟空'
              print(name) # 孙悟空
          test()
          print(name) # Charlie

          孙悟空
          Charlie
```

Python 语法规定：在函数内部对函数内不存在的变量赋值时，默认就是重新定义新的局部变量。因此，[119] 代码相当于重新定义了 name 局部变量，这样 name 全局变量就被遮蔽了。此时，需要为局部变量取一个与全局变量不重复的新名字。除此以外，还可以采取以下两种方法避免全局变量被遮蔽。

① 利用 globals() 函数访问被遮蔽的全局变量。不管是局部变量还是全局变量，这些变量和它们的值就像一个看不见的字典，其中变量名就是字典的 key，变量值就是字典的 value，可利用工具函数 globals()、locals() 分别查看全局 "变量字典"、局部 "变量字典"。因此，在函数内部可以利用 globals() 函数访问全局变量。示例代码如下：

```
In [120]: name = 'Charlie'
          def test ():
              name = '孙悟空'
              print(name)  # 孙悟空
              print(locals()['name'])  # 孙悟空
              print(globals()['name']) # Charlie
          test()
          print(name)  # Charlie

          孙悟空
          孙悟空
          Charlie
          Charlie
```

② 在函数中声明全局变量。使用 global 语句来声明某变量为全局变量，在函数内外都可用。示例代码如下：

```
In [121]: name = 'Charlie'
          def test ():
              global name
              name = '孙悟空'
              print(name)  # 孙悟空
          test()
          print(name)   # 孙悟空

          孙悟空
          孙悟空
```

（5）递归函数。在一个函数体内调用它自身[1] 时，被称为函数递归。函数递归包

---

[1]　假设有 a 和 b 两个函数，a 调用 a 称为直接递归，a 调用 b 而 b 又调用 a，称为间接递归。

含了一种隐式循环，它会重复执行某段代码。例如有一道数学题：已知有一个数列，$f(0)=1$，$f(1)=4$，$f(n+2)=2*f(n+1)+f(n)$，其中 n 是大于 0 的整数，求 $f(10)$ 的值。这道题可以使用递归函数来求解，代码如下：

```
In [122]: #定义递归函数f
          def f(n):
              if n == 0:
                  return 1
              elif n == 1:
                  return 4
              else:
                  return 2 * f(n - 1) + f(n - 2)
          #输出f(10)的结果
          print('f(10)的结果是',f(10))

          f(10)的结果是 10497
```

在上面的 $f(n)$ 函数体中，它调用了它自身：return 2 * $f(n-1)$ + $f(n-2)$，这就是函数递归。将递归过程拆解可发现，对于 $f(10)$，它等于 $2*f(9)+f(8)$，其中 $f(9)$ 又等于 $2*f(8)+f(7)$，……，以此类推，最终会计算到 $f(2)$ 等于 $2*f(1)+f(0)$。由于 $f(n)$ 定义了 $f(0)$ 和 $f(1)$ 的值（分别为 1 和 4），因此 $f(2)$ 是可计算的（值为 9），不再需要继续调用自身。因此递归带来的隐式循环结束，然后一路反算回去，就可以得到 $f(10)$ 的值。

值得注意的是，当一个函数不断地调用它自身时，在某个时刻，函数的返回值必须是确定的，即不再调用它自身；否则，这种递归就变成了无穷递归，相当于进入了死循环。因此，在定义递归函数时有一条最重要的规定：递归一定要向已知方向进行。

（6）匿名函数：lambda 函数。lambda 函数是用一个语句表达的匿名函数，可以用它来代替小的函数。lambda 表达式的语法格式如下：

lambda [parameter_list] ：表达式

lambda 表达式有三个要点：

① lambda 表达式必须使用 lambda 关键字定义；

② 在 lambda 关键字之后，冒号左边的是参数列表，可以没有参数，也可以有多个参数。如果有多个参数，则需要用逗号隔开；

③ 冒号右边是该 lambda 表达式的返回值。

lambda 表达式可以写成函数的形式。例如，lambda x, y：x + y 可改写为如下函数形式：

```
def add(x,y):
    return x+y
```

lambda 函数的示例代码如下：

```
In [123]: #定义函数edit_story, 遍历words中单词, 并予以某种变化
          def edit_story(words,func):
              for word in words:
                  print(func(word))
```

```
In [124]: #定义函数enliven, 将每个单词的首字母变为大写, 然后在末尾加上感叹号
          def enliven(word):
              return word.capitalize()+'!'
```

```
In [125]: strings=['foo','card','bar','abab']
          edit_story(strings,enliven)
```

```
        Foo!
        Card!
        Bar!
        Abab!

In [126]: edit_story(strings,lambda word: word.capitalize()+'!')
        Foo!
        Card!
        Bar!
        Abab!
```

在以上代码中，利用 lambda 表达式可以替代函数 enliven()，无需 [124] 代码，即可实现将单词首字母大写并在末尾添加感叹号。

lambda 表达式只能创建简单的函数对象，只适合函数体为单行的情形，但 lambda 表达式依然有两个用途：

① 对于单行函数，使用 lambda 表达式可以省去定义函数的过程，让代码更加简洁；

② 对于不需要多次复用的函数，使用 lambda 表达式可以在用完之后立即释放，提高了函数性能。

2.3.3　小结

本节介绍了 Python 基础，包括 Python 内置的数据类型、常使用的数据结构（元组、列表、字典、集合）以及利用 Python 语言如何进行流程控制和编写函数。其他的相关知识，如面向对象程序设计，也对数据分析有很大帮助，读者可以通过专门的 Python 编程书籍作进一步学习。

2.4　Python 数据分析的常用类库

在进行数据分析之前，通常需要把凌乱的数据整理为更结构化的形式。本书主要介绍 Python 用于数据处理和数据分析的两个基本库——NumPy 和 pandas。NumPy（Numeric Python）是 Python 科学计算的基础工具包，它为用户提供了多维数组 ndarray 的数据格式，以及对这些数组进行多种数学操作的大型函数集。pandas（Python data analysis library）的主要作用是进行数据分析和预处理，借助其特有的数据结构 Series 和 DataFrame，pandas 可以处理包含不同类型数据的复杂表格和时间序列。

2.4.1　NumPy 简介

NumPy 最重要的一个特点就是其 N 维数组对象 ndarray。该对象是一个快速而灵活的大数据集容器，可对这些数组进行多种操作，包括数学、逻辑、排序、选择、基本线性代数、基本统计运算、随机模拟等。NumPy 是 Python 的第三方库，在使用之前需要用 import numpy as np 导入 NumPy 并将其别名指定为 np。

1. ndarray：一种多维数组对象

ndarray 是一个通用的同构数据多维容器，所有元素必须是相同类型。NumPy 的

array 函数可以返回一个 ndarray 对象。每个 ndarray 都有一个 shape 属性（用于查看数据形状）和一个 dtype 属性（用于查看数据类型）。示例代码如下：

```
In [1]: #导入NumPy库
        import numpy as np
        data = np.array([[1,2,3],[4,5,6]])
        data
Out[1]: array([[1, 2, 3],
               [4, 5, 6]])

In [2]: data.shape
Out[2]: (2, 3)

In [3]: data.dtype
Out[3]: dtype('int64')
```

还可以通过 arange、zeros、ones、random 等创建具有一定规则的数组，同时还可以指定所创建数组的数据类型 dtype。dtype 的引用方式为：类型名加上表明每个元素位数的数字。一个标准的双精度浮点数（float）占用 64 位（或 8 字节）存储空间，这个类型在 NumPy 中表示为 float64。示例代码如下：

```
In [4]: #生成包含10个整数的一维数组
        arr1 = np.arange(10)
        arr1
Out[4]: array([0, 1, 2, 3, 4, 5, 6, 7, 8, 9])

In [5]: #生成一个两行三列数组，且数值全为0，将其类型指定为float64
        arr2 = np.zeros((2,3),dtype=np.float64)
        arr2
Out[5]: array([[0., 0., 0.],
               [0., 0., 0.]])

In [6]: arr2.dtype
Out[6]: dtype('float64')

In [7]: #生成一个二行四列数据，数组元素为0~1的随机数
        arr3 = np.random.rand(2,4)
        arr3
Out[7]: array([[0.15986715, 0.56673935, 0.61604227, 0.0263899 ],
               [0.64301068, 0.1797288 , 0.11793379, 0.93379666]])

In [8]: #生成一个二行四列数据，数组元素为0~10的随机整数
        arr4 = np.random.randint(0,10,size=(2,4))
        arr4
Out[8]: array([[4, 6, 8, 7],
               [8, 9, 7, 3]])
```

表 2.7 列举了 numpy.random 模块下的常用函数，用于生成随机数组。

表 2.7　numpy.random 中的常用函数

函 数 名	描　　述
seed	向随机数生成器传递随机状态种子
permutation	返回一个序列的随机排列，或者返回一个乱序的整数范围序列
shuffle	随机排列一个序列
rand	从 0 ～ 1 范围内随机抽取数值
randint	根据给定的由低到高的范围抽取随机整数

函 数 名	描　　述
randn	从均值为 0、方差为 1 的正态分布中抽取数值
binomial	从二项分布中随机抽取数值
normal	从正态分布中随机抽取数值
beta	从 beta 分布中随机抽取数值
chisquare	从卡方分布中随机抽取数值
gamma	从伽马分布中随机抽取数值
uniform	从均匀分布 [0,1) 中随机抽取数值

2. 索引和切片

一维数组的操作与 Python 的列表类似，用数组名和方括号中的索引获取元素，如 arr[1] 表示数组中的第 2 个元素（索引从 0 开始）。可利用 arr[start: end: step] 获取切片。如果用一个数值给数组中的切片赋值，则数值被赋值给了整个切片中的每个元素。

示例代码如下：

```
In [9]: arr = np.arange(10)
        arr
Out[9]: array([0, 1, 2, 3, 4, 5, 6, 7, 8, 9])

In [10]: arr[5]
Out[10]: 5

In [11]: arr[5:8]
Out[11]: array([5, 6, 7])

In [12]: arr[5:8] = 12
         arr
Out[12]: array([ 0,  1,  2,  3,  4, 12, 12, 12,  8,  9])
```

在二维数组中，每个索引值对应的元素不再是一个值，而是一个一维数组。单个元素可以通过递归的方式获得。示例代码如下：

```
In [13]: #新建一个3*3的二维数组
         arr2d=np.array([[1,2,3],[4,5,6],[7,8,9]])
         arr2d
Out[13]: array([[1, 2, 3],
               [4, 5, 6],
               [7, 8, 9]])

In [14]: arr2d[0]
Out[14]: array([1, 2, 3])

In [15]: arr2d[0][0]
Out[15]: 1
```

类似地，在更高维的数组中，索引值返回的对象是降低一个维度的数组。示例代码如下：

```
In [16]: #新建一个2*2*3的三维数组
         arr3d=np.array([[[1,2,3],[4,5,6]],[[7,8,9],[10,11,12]]])
         arr3d

Out[16]: array([[[ 1,  2,  3],
                 [ 4,  5,  6]],

                [[ 7,  8,  9],
                 [10, 11, 12]]])
```

```
In [17]: arr3d[0]

Out[17]: array([[1, 2, 3],
                [4, 5, 6]])
```

```
In [18]: arr3d[0][0]

Out[18]: array([1, 2, 3])
```

```
In [19]: arr3d[0][0][0:2]

Out[19]: array([1, 2])
```

```
In [20]: arr3d[0] = 1
         arr3d

Out[20]: array([[[ 1,  1,  1],
                 [ 1,  1,  1]],

                [[ 7,  8,  9],
                 [10, 11, 12]]])
```

还可以通过以下方式获取高维数组中的元素，即在数组名后的方括号"[]"中依次指定从高到低维度的索引值，以逗号分隔。例如，arr3d[0,0] 等同于 arr3d[0][0]。同时，也可以使用切片。示例代码如下：

```
In [21]: arr3d[0,0]

Out[21]: array([1, 1, 1])
```

```
In [22]: arr3d[0,0,0:2]

Out[22]: array([1, 1])
```

3. 通用函数

通用函数（universal function，ufun）是一种在 ndarray 数据中进行逐元素操作的函数。一些函数针对单个数组的元素进行操作，称为一元通用函数，如 sqrt()、exp()。示例代码如下：

```
In [23]: arr = np.random.rand(5)*5
         arr

Out[23]: array([3.14120742, 1.87005538, 4.75638083, 3.3094866 , 4.52787218])
```

```
In [24]: np.sqrt(arr)

Out[24]: array([1.77234518, 1.36749968, 2.18091284, 1.81919944, 2.12787974])
```

```
In [25]: np.ceil(arr)

Out[25]: array([4., 2., 5., 4., 5.])
```

```
In [26]: x = np.random.randn(3,3)
         y = np.random.randn(3,3)
```

```
In [27]: x

Out[27]: array([[-1.44921016, -0.54308684, -0.24839411],
               [ 0.35384913,  0.5485615 , -0.21973973],
               [-1.23567102, -0.81764408,  0.66819654]])
```

```
In [28]: y
Out[28]: array([[-0.7461303 ,  0.90816541,  0.7046826 ],
                [-0.41513152, -0.11142271, -1.83828137],
                [ 0.09242945, -1.12648807, -0.14927055]])

In [29]: np.add(x,y)
Out[29]: array([[-2.19534046,  0.36507858,  0.45628849],
                [-0.0612824 ,  0.43713879, -2.05802111],
                [-1.14324157, -1.94413215,  0.51892599]])

In [30]: np.greater(x,y)
Out[30]: array([[False, False, False],
                [ True,  True,  True],
                [False,  True,  True]])
```

一些常用的一元通用函数如表 2.8 所示。

表 2.8　一元通用函数

函 数 名	描　　述
abs, fabs	计算每个元素的绝对值
sqrt	计算每个元素的平方根
square	计算每个元素的平方
exp	计算每个元素的自然指数值 e^x
log, log10, log2, log1p	自然对数、以 10 为底的对数、以 2 为底的对数、log(1+x)
sign	计算每个元素的符号值，1 表示整数，0 表示 0，-1 表示复数
ceil	计算每个元素的最高整数值
floor	计算每个元素的最小整数值
rint	保留每个元素的整数位，并保持 dtype 不改变
modf	以数组形式分别返回数组的小数部分和整数部分
isnan	数组中的元素是否为 NaN，返回布尔值数组
isfinite, isinf	数组中的元素是否为有限（非 inf、非 NaN），返回布尔值数组
cos, cosh, sin, sinh, tan, tanh	常规双曲三角函数
arccos, arccosh, arcsin, arcsinh, arctan, arctanh	反三角函数
logical_not	数组中的元素按位取反（与 ～ arr 效果一致）

还有一些通用函数，如 add、maximun，则会接收两个数组并返回一个数组结果，称为二元通用函数，如表 2.9 所示。

表 2.9　二元通用函数

函 数 名	描　　述
add	将数组对应的元素相加
subtract	在第二个数组中，将第一个数组中包含的元素去除

续表

函 数 名	描 述
multiply	将数组的对应元素相乘
divide, floor_divide	将数组的对应元素相乘、相除或整除
power	将第二个数组的元素作为第一个数组的幂
maximum, fmax	计算两个数组中对应元素的最大值，fmax 忽略 NaN
minimum, fmin	计算两个数组中对应元素的最小值，fmin 忽略 NaN
mod	对数组的对应元素求模（整除取余数）
copysign	将第一个数组的符号值改为第二个数组的符号值
greater, greater_equal, less, less_equal, equal, not_equal	逐个比较两数组中的对应元素，返回布尔值数组（与数学操作符 >, >=, <, <=, ==, != 效果一致）
logical_and, logical_or, logical_xor	逐个元素的逻辑操作

4. 线性代数

还可以对二维数组进行线性代数的矩阵运算，如矩阵求和、矩阵点积、矩阵转置。示例代码如下：

```
In [31]: arr1 = np.array([[1,2,3],[4,5,6],[7,8,9]])
         arr1
Out[31]: array([[1, 2, 3],
                [4, 5, 6],
                [7, 8, 9]])

In [32]: arr2 = np.array([[0,4,1],[7,2,12],[3,5,9]])
         arr2
Out[32]: array([[ 0,  4,  1],
                [ 7,  2, 12],
                [ 3,  5,  9]])

In [33]: #矩阵的和
         arr1+arr2
Out[33]: array([[ 1,  6,  4],
                [11,  7, 18],
                [10, 13, 18]])

In [34]: #矩阵点积
         np.dot(arr1,arr2)
Out[34]: array([[ 23,  23,  52],
                [ 53,  56, 118],
                [ 83,  89, 184]])

In [35]: #矩阵点积
         arr1 @ arr2
Out[35]: array([[ 23,  23,  52],
                [ 53,  56, 118],
                [ 83,  89, 184]])

In [36]: #矩阵转置
         arr1.T
Out[36]: array([[1, 4, 7],
                [2, 5, 8],
                [3, 6, 9]])
```

此外，NumPy 的子模块 linalg 是专门用于线性代数计算的库。通过 from numpy import linalg 引入 linalg 子模块，就可以使用其中的函数了。示例代码如下：

```
In [37]:  from numpy import linalg
          #计算方阵的特征值和特征向量
          linalg.eig(arr1)

Out[37]:  (array([ 1.61168440e+01, -1.11684397e+00, -8.58274334e-16]),
          array([[-0.23197069, -0.78583024,  0.40824829],
                 [-0.52532209, -0.08675134, -0.81649658],
                 [-0.8186735 ,  0.61232756,  0.40824829]]))
```

需要进行线性代数计算的读者可自行通过官方文档学习 linalg。

5. meshgrid() 函数

meshgrid() 函数可根据坐标向量生成坐标矩阵，常用于在二维或三维空间中绘制网格，如图 2.11 所示。

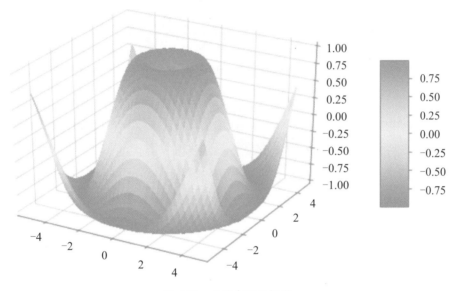

图 2.11 三维空间网格图

meshgrid() 函数的必要参数是代表坐标向量的（两个或多个）一维数组，其基本语句为 numpy.meshgrid(*x_i)。其中，$x_1, x_2, \cdots, x_n$ 为数组格式（array_like），每个 x_i 为代表坐标向量的一维数组。可传入多个一维数组的值，两个一维数组代表二维空间，三个一维数组则代表三维空间，以此类推。

meshgrid() 函数的返回值为多维数组（ndarray）$X_1, X_2, \cdots, X_n$。给 meshgrid() 函数提供的参数 x_i 有几个，则生成几个多维数组，每个多维数组 X_i 的形状（shape）由作为参数的一维数组的长度决定。以二维数组 X_1、X_2 为例，所提供的参数是两个一维数组 x_1 和 x_2。设 x_1 的长度为 N，x_2 的长度为 M，那么 meshgrid() 函数的返回值是一个 list 列表，里面存放着两个矩阵 X_1 和 X_2，可通过解包的方式获取两个矩阵，返回的二维数组 X_1 和 X_2 的形状是 (M,N)（当其他参数均为默认值时）。在二维图中，矩阵 X_1 为横坐标矩阵，X_2 为纵坐标矩阵，从 X_1 和 X_2 抽取对应值即可得到网格中每个格点的坐标。对于三维数组 X_1、X_2、X_3 来说，参数是 3 个一维数组，设其长度分别是 N、M、P，则返回的三维数组 X_1、X_2、X_3 的形状都是 (M,N,P)。示例代码如下：

```
In [38]: x = np.array([1,2,3])    #X_{x} = 3
         y = np.array([4,5,6,7])   #X_{y} = 4
         xv,yv = np.meshgrid(x,y)
         print(xv.shape)
         print(yv.shape)
         print(xv)
         print(yv)

         (4, 3)
         (4, 3)
         [[1 2 3]
          [1 2 3]
          [1 2 3]
          [1 2 3]]
         [[4 4 4]
          [5 5 5]
          [6 6 6]
          [7 7 7]]
```

在上述代码中，为 meshgrid() 函数提供的参数为两个一维数组 X 和 Y，其中 X 的长度为 3，Y 的长度为 4。meshgrid() 函数的返回值为两个二维数组 X_v 和 Y_v，且两者的形状均为（4，3）。其中，X_v 存放的是网格的横坐标矩阵，Y_v 存放的是网格的纵坐标矩阵。分别从 X_v 和 Y_v 中取出对应元素，则代表每一个格点的坐标。有了这些坐标，就可以绘制二维空间网格图了。

2.4.2　pandas 简介

pandas 支持大部分 NumPy 语言风格的数组计算，最大的不同是 pandas 可用来处理表格型或异质型数据。pandas 有两个重要的数据结构：Series 和 DataFrame，本节将重点讲解 DataFrame 格式。要使用这两个数据库，首先要用 import pandas as pd 导入 pandas 库。

1. Series

Series 是一种一维数组型对象，包含一个值序列（与 NumPy 中的类型相似），以及数据标签（称为索引，index）。不设置索引的情况下，默认生成长度为 $0 \sim N\text{-}1$（N 为数据长度）的索引。可通过 values 属性和 index 属性查看 Series 的值和索引，示例代码如下：

```
In [39]: import pandas as pd
         obj = pd.Series([2,4,8,-2])
         obj

Out[39]: 0    2
         1    4
         2    8
         3   -2
         dtype: int64

In [40]: obj.values

Out[40]: array([ 2,  4,  8, -2])

In [41]: obj.index # 与range(4)类似

Out[41]: RangeIndex(start=0, stop=4, step=1)


In [42]: obj2 = pd.Series([2,4,8,-2],index=['a','b','c','d'])
         obj2

Out[42]: a    2
         b    4
         c    8
         d   -2
         dtype: int64
```

```
In [43]: obj2.values
Out[43]: array([ 2,  4,  8, -2])

In [44]: obj2.index
Out[44]: Index(['a', 'b', 'c', 'd'], dtype='object')
```

可以通过索引选择或修改数据，也可以按位置赋值的方式改变索引，示例代码如下：

```
In [45]: obj2['a']
Out[45]: 2

In [46]: obj2[['b','c']]
Out[46]: b    4
         c    8
         dtype: int64

In [47]: obj2[obj2>0]
Out[47]: a    2
         b    4
         c    8
         dtype: int64

In [48]: obj2['d']=7
         obj2
Out[48]: a    2
         b    4
         c    8
         d    7
         dtype: int64

In [49]: obj2.index = ['first','second','third','fourth']
         obj2
Out[49]: first     2
         second    4
         third     8
         fourth    7
         dtype: int64
```

也可通过字典创建 Series，示例代码如下：

```
In [50]: data = {1:'one',2:'two',3:'three',4:'four',5:'five'}
         obj3 = pd.Series(data)
         obj3
Out[50]: 1    one
         2    two
         3    three
         4    four
         5    five
         dtype: object

In [51]: 0 in obj3
Out[51]: False

In [52]: 2 in obj3
Out[52]: True
```

2. DataFrame

（1）创建 DataFrame。DataFrame 表示矩阵形式的数据表，既有行索引也有列索引，而且每一列的数据都可以是不同类型的，如数值、字符串或布尔型。创建 DataFrame 的方式很多，最常用的是利用字典来生成 DataFrame。该字典的每个值需要为长度相等的列表或 NumPy 数组。示例代码如下：

```
In [53]: #通过列表构成的字典创建DataFrame
         data = {'city':['Beijing','Beijing','Beijing','Shenzhen','Shenzhen','Shenzhen'],
                 'year':[2001,2002,2003,2001,2002,2003],
                 'pop':[3.5,3.7,4.2,1.5,1.7,2.2]}
         frame = pd.DataFrame(data)
         frame
```

Out[53]:

	city	year	pop
0	Beijing	2001	3.5
1	Beijing	2002	3.7
2	Beijing	2003	4.2
3	Shenzhen	2001	1.5
4	Shenzhen	2002	1.7
5	Shenzhen	2003	2.2

通过以上代码可以看出，与 Series 类似，如果创建 DataFrame 时未指定索引，会默认生成长度为从 0 到 $N–1$（N 为数据的行数 / 列数）的索引。在创建 DataFrame 时，可以通过 index 参数设置行索引，还可以通过 columns 参数指定列的顺序（如果所传的列不在字典中，将会在结果中显示缺失值）。示例代码如下：

```
In [54]: frame1 = pd.DataFrame(data,columns=['year','city','pop'])
         frame1
```

Out[54]:

	year	city	pop
0	2001	Beijing	3.5
1	2002	Beijing	3.7
2	2003	Beijing	4.2
3	2001	Shenzhen	1.5
4	2002	Shenzhen	1.7
5	2003	Shenzhen	2.2

```
In [55]: frame2 = pd.DataFrame(data,columns=['year','city','pop','debt'],
                                index=['one','two','three','four','five','six'])
         frame2
```

Out[55]:

	year	city	pop	debt
one	2001	Beijing	3.5	NaN
two	2002	Beijing	3.7	NaN
three	2003	Beijing	4.2	NaN
four	2001	Shenzhen	1.5	NaN
five	2002	Shenzhen	1.7	NaN
six	2003	Shenzhen	2.2	NaN

表 2.10 列举了可以用来构造 DataFrame 的常用数据格式。

表 2.10　构造 DataFrame 的常用数据格式

数 据 格 式	注　　释
二维数组 / 二维 ndarray	数据矩阵，行和列的标签是可选参数
列表或元组构成的列表	构造 DataFrame 的方式与二维 ndarray 一致
数组、列表和元组构成的字典	每个序列称为 DataFrame 的一列，所有的序列必须等长度

BIG DATA

数 据 格 式	注　　释
Series 构成的字典	每个 Series 称为一列，每个 Series 的索引联合起来形成结果的行索引
字典构成的字典	每个内部字典称为一列，键联合起来形成结果的行索引
其他 DataFrame	如果不设定索引，则会使用原 DataFrame 的索引

以下代码分别展示了如何利用二维数组以及字典构成的字典创建 DataFrame。

```
In [56]: arr = np.random.randn(2,3)
         arr
Out[56]: array([[ 1.1376614 , -2.34559342,  0.90050124],
                [ 2.03771272, -0.48265838,  0.72356012]])
```

```
In [57]: #通过二维数组创建DataFrame
         frame3 = pd.DataFrame(arr)
         frame3
Out[57]:
```

	0	1	2
0	1.137661	-2.345593	0.900501
1	2.037713	-0.482658	0.723560

```
In [58]: #通过字典构成的字典创建DataFrame
         pop = {'Beijing':{2001:3.5,2002:3.7,2003:2.9},
                'Shenzhen':{2001:1.5,2002:1.7,2003:2.2}}
         frame4 = pd.DataFrame(pop)
         frame4
Out[58]:
```

	Beijing	Shenzhen
2001	3.5	1.5
2002	3.7	1.7
2003	2.9	2.2

（2）DataFrame 的属性。

① 行名、列名、行列数。对于已经生成的 DataFrame，可通过 index 方法查看或修改行名，通过 columns 方法查看或修改列名，通过 shape 方法查看行列数。示例代码如下：

```
In [59]: data = {'city':['Beijing','Beijing','Beijing','Shenzhen','Shenzhen','Shenzhen'],
                 'year':[2001,2002,2003,2001,2002,2003],
                 'pop':[3.5,3.7,4.2,1.5,1.7,2.2]}
         frame = pd.DataFrame(data)
         frame
Out[59]:
```

	city	year	pop
0	Beijing	2001	3.5
1	Beijing	2002	3.7
2	Beijing	2003	4.2
3	Shenzhen	2001	1.5
4	Shenzhen	2002	1.7
5	Shenzhen	2003	2.2

```
In [60]: frame.index    #与Series的index方法相同
Out[60]: RangeIndex(start=0, stop=6, step=1)

In [61]: frame.index = ['one','two','three','four','five','sixe']
         frame
Out[61]:
```

	city	year	pop
one	Beijing	2001	3.5
two	Beijing	2002	3.7
three	Beijing	2003	4.2
four	Shenzhen	2001	1.5
five	Shenzhen	2002	1.7
sixe	Shenzhen	2003	2.2

```
In [62]: frame.columns
Out[62]: Index(['city', 'year', 'pop'], dtype='object')

In [63]: frame.columns = ['城市','年份','人口']
         frame
Out[63]:
```

	城市	年份	人口
one	Beijing	2001	3.5
two	Beijing	2002	3.7
three	Beijing	2003	4.2
four	Shenzhen	2001	1.5
five	Shenzhen	2002	1.7
sixe	Shenzhen	2003	2.2

```
In [64]: frame.shape    #6行3列
Out[64]: (6, 3)
```

② 查看列。对于 DataFrame 数据表中的某一列，可以按字典标记查看，或者将列名作为属性进行查看，返回结果为 Series 类型。还可以通过多个列名构成的列表同时查看多个列。示例代码如下：

```
In [65]: frame['城市']
Out[65]: one        Beijing
         two        Beijing
         three      Beijing
         four       Shenzhen
         five       Shenzhen
         sixe       Shenzhen
         Name: 城市, dtype: object

In [66]: frame.城市
Out[66]: one        Beijing
         two        Beijing
         three      Beijing
         four       Shenzhen
         five       Shenzhen
         sixe       Shenzhen
         Name: 城市, dtype: object
```

```
In [67]: frame[['城市','年份']]
```
Out[67]:

	城市	年份
one	Beijing	2001
two	Beijing	2002
three	Beijing	2003
four	Shenzhen	2001
five	Shenzhen	2002
sixe	Shenzhen	2003

③ 查看行。通过 head() 和 tail() 方法会选出数据表的开头和末尾几行，默认为 5 行；也可指定其他行数。示例代码如下：

```
In [68]: #创建数值为1-10整数的二维数组，并生成DataFrame
arr = np.random.randint(1,10,size=(10,5))
frame1 = pd.DataFrame(arr,columns=['col1','col2','col3','col4','col5'])
frame1
```
Out[68]:

	col1	col2	col3	col4	col5
0	4	8	7	2	8
1	9	3	4	5	1
2	2	8	5	9	5
3	3	8	8	5	1
4	7	3	2	2	4
5	1	5	6	6	8
6	9	3	7	5	9
7	1	4	8	4	7
8	3	2	3	2	4
9	3	4	9	2	2

```
In [69]: frame1.head()
```
Out[69]:

	col1	col2	col3	col4	col5
0	4	8	7	2	8
1	9	3	4	5	1
2	2	8	5	9	5
3	3	8	8	5	1
4	7	3	2	2	4

```
In [70]: frame1.head(2)
```
Out[70]:

	col1	col2	col3	col4	col5
0	4	8	7	2	8
1	9	3	4	5	1

```
In [71]: frame1.tail(2)
```
Out[71]:

	col1	col2	col3	col4	col5
8	3	2	3	2	4
9	3	4	9	2	2

也可以通过切片指定查看哪几行或者通过某些控制条件查看某些行。示例代码如下：

```
In [72]: frame1[0:3]
Out[72]:
```

	col1	col2	col3	col4	col5
0	4	8	7	2	8
1	9	3	4	5	1
2	2	8	5	9	5

```
In [73]: frame1[frame1['col1']>5]    # col1列中数值大于5的那些行
Out[73]:
```

	col1	col2	col3	col4	col5
1	9	3	4	5	1
4	7	3	2	2	4
6	9	3	7	5	9

④ 使用 loc 和 iloc 选择数据。loc 和 iloc 是特殊的索引符号，用于以 NumPy 风格的语法从 DataFrame 中选出数组中的某些行与列。其中，loc 通过标签进行索引，iloc 通过数字进行索引。示例代码如下：

```
In [74]: data = {'city':['Beijing','Beijing','Beijing','Shenzhen','Shenzhen','Shenzhen'],
              'year':[2001,2002,2003,2001,2002,2003],
              'pop':[3.5,3.7,4.2,1.5,1.7,2.2]}
         frame = pd.DataFrame(data,index=['one','two','three','four','five','six'])
         frame
Out[74]:
```

	city	year	pop
one	Beijing	2001	3.5
two	Beijing	2002	3.7
three	Beijing	2003	4.2
four	Shenzhen	2001	1.5
five	Shenzhen	2002	1.7
six	Shenzhen	2003	2.2

```
In [75]: frame.loc['one']    # one行
Out[75]: city     Beijing
         year        2001
         pop          3.5
         Name: one, dtype: object
```

```
In [76]: frame.loc['one','pop']  # one行, pop列
Out[76]: 3.5
```

```
In [77]: frame.loc['one':'six','pop']         # one到six行, pop列
Out[77]: one      3.5
         two      3.7
         three    4.2
         four     1.5
         five     1.7
         six      2.2
         Name: pop, dtype: float64
```

```
In [78]: frame.loc[['one','two','three'],['year','pop']]   # one、two、three行, year、pop列
Out[78]:
```

	year	pop
one	2001	3.5
two	2002	3.7
three	2003	4.2

```
In [79]: frame.iloc[0]                 # 第1行
Out[79]: city      Beijing
         year        2001
         pop          3.5
         Name: one, dtype: object
```

```
In [80]: frame.iloc[0,2]               # 第1行, 第3列
Out[80]: 3.5
```

```
In [81]: frame.iloc[:,2]               # 所有行, 第3列
Out[81]: one      3.5
         two      3.7
         three    4.2
         four     1.5
         five     1.7
         six      2.2
         Name: pop, dtype: float64
```

```
In [82]: frame.iloc[[0,1,2],[1,2]]  # 第1、2、3行, 第2、3列
Out[82]:
```

	year	pop
one	2001	3.5
two	2002	3.7
three	2003	4.2

⑤ 选取单个元素。DataFrame 提供了 at 和 iat 方法来选择其中的单个元素，其中 at 通过标签进行索引，iat 通过数字进行索引。此外，还可以通过 frame[][] 方法选择某个元素。示例代码如下：

```
In [83]: frame.at['one','pop']
Out[83]: 3.5
```

```
In [84]: frame.at['one','pop'] = 4
         frame.at['one','pop']
Out[84]: 4.0
```

```
In [85]: frame.iat[0,2]
Out[85]: 4.0
```

```
In [86]: frame['pop']['one']
Out[86]: 4.0
```

DataFrame 中的索引方法非常灵活，表 2.11 总结了常用的索引方法。

表 2.11　DataFrame 中常用索引方法

类　型	描　述
df[val]	从 DataFrame 中选择单列或一组列；也可提供特殊便利，如用于过滤行、生成切片行、生成布尔值 DataFrame
df.loc[val]	根据行标签 val 选择单行或多行
df.loc[:, val]	根据列标签 val 选择单列或多列
df.loc[val1, val2]	根据行标签 val1 和列标签 val2 选择行和列
df.iloc[where]	根据整数位置选择单行或多行
df.iloc[:, where]	根据整数位置选择单列或多列
df.iloc[where_i, where_j]	根据整数位置选择行和列
df.at[label_i, label_j]	根据行、列标签选择单个元素值
df.iat[i, j]	根据行、列整数位置选择单个元素值

（3）DataFrame 的操作。

① 增加列。扩充列可以像扩充字典一样，但列名需对应一个 list（注意 list 的长度要跟 index 的长度一致）。示例代码如下：

```
In [87]: data = {'city':['Beijing','Beijing','Beijing','Shenzhen','Shenzhen','Shenzhen'],
                  'year':[2001,2002,2003,2001,2002,2003],
                  'pop':[3.5,3.7,4.2,1.5,1.7,2.2]}
         frame = pd.DataFrame(data,index=['one','two','three','four','five','six'])
         frame
```

Out[87]:

	city	year	pop
one	Beijing	2001	3.5
two	Beijing	2002	3.7
three	Beijing	2003	4.2
four	Shenzhen	2001	1.5
five	Shenzhen	2002	1.7
six	Shenzhen	2003	2.2

```
In [88]: frame['debt'] = [2.2, 2, 2.5, 1.7, 1.6, 1.9]
         frame
```

Out[88]:

	city	year	pop	debt
one	Beijing	2001	3.5	2.2
two	Beijing	2002	3.7	2.0
three	Beijing	2003	4.2	2.5
four	Shenzhen	2001	1.5	1.7
five	Shenzhen	2002	1.7	1.6
six	Shenzhen	2003	2.2	1.9

扩充列时若仅指定一个值，则全列均为该值。示例代码如下：

```
In [89]: frame['test'] = 1
         frame
Out[89]:
```

	city	year	pop	debt	test
one	Beijing	2001	3.5	2.2	1
two	Beijing	2002	3.7	2.0	1
three	Beijing	2003	4.2	2.5	1
four	Shenzhen	2001	1.5	1.7	1
five	Shenzhen	2002	1.7	1.6	1
six	Shenzhen	2003	2.2	1.9	1

还可以使用 insert() 方法。该方法可以在指定位置插入列，其他的列顺延。insert() 方法的语句如下：

```
Dataframe.insert(loc, column, value, allow_duplicates=False)
```

参数说明如下。

loc: int 型，表示第几列。若在第 1 列插入数据，则 loc=0。

column: 给插入的列取名，如 column=' 新的一列 '。

value：插入列的值，可为数字、array、series 等。

allow_duplicates: 是否允许列名重复，默认为 False，选择 Ture 表示允许新的列名与已存在的列名重复。

示例代码如下：

```
In [90]: frame.insert(1,column='new',[1,2,3,4,5,6])
         frame
Out[90]:
```

	city	new	year	pop	debt	test
one	Beijing	1	2001	3.5	2.2	1
two	Beijing	2	2002	3.7	2.0	1
three	Beijing	3	2003	4.2	2.5	1
four	Shenzhen	4	2001	1.5	1.7	1
five	Shenzhen	5	2002	1.7	1.6	1
six	Shenzhen	6	2003	2.2	1.9	1

② 删除。drop() 方法可以删除 DataFrame 的行或列，该方法的语句如下：

```
DataFrame.drop(labels=None, axis=0, index=None, columns=None,
inplace=False)
```

参数说明如下。

labels：要删除的行 / 列的名字，多行 / 列时可用列表给定。

axis：默认为 0，用于删除行。指定 axis=1 时删除列。

index：直接指定要删除的行。

columns：直接指定要删除的列。

inplace=False：默认该删除操作不改变原数据，而是返回一个执行删除操作后的新 DataFrame。指定 inplace=True 时，则会直接在原数据上进行删除。

因此，可通过指定 label 和 axis 值的方式删除行 / 列，或者直接指定 index 的值删除行，直接指定 columns 的值删除列。示例代码如下：

```
In [91]: frame.drop('six',axis=0)    # 指定label, axis=0, 删除行
Out[91]:
```

	city	new	year	pop	debt	test
one	Beijing	1	2001	3.5	2.2	1
two	Beijing	2	2002	3.7	2.0	1
three	Beijing	3	2003	4.2	2.5	1
four	Shenzhen	4	2001	1.5	1.7	1
five	Shenzhen	5	2002	1.7	1.6	1

```
In [92]: frame.drop(index='six')    # 指定index, 删除行
Out[92]:
```

	city	new	year	pop	debt	test
one	Beijing	1	2001	3.5	2.2	1
two	Beijing	2	2002	3.7	2.0	1
three	Beijing	3	2003	4.2	2.5	1
four	Shenzhen	4	2001	1.5	1.7	1
five	Shenzhen	5	2002	1.7	1.6	1

```
In [93]: frame.drop('test',axis=1)    # 指定label和axis=1, 删除列
Out[93]:
```

	city	new	year	pop	debt
one	Beijing	1	2001	3.5	2.2
two	Beijing	2	2002	3.7	2.0
three	Beijing	3	2003	4.2	2.5
four	Shenzhen	4	2001	1.5	1.7
five	Shenzhen	5	2002	1.7	1.6
six	Shenzhen	6	2003	2.2	1.9

```
In [94]: frame.drop(columns=['test','new'],inplace=True)    #指定columns, 删除列
         frame
Out[94]:
```

	city	year	pop	debt
one	Beijing	2001	3.5	2.2
two	Beijing	2002	3.7	2.0
three	Beijing	2003	4.2	2.5
four	Shenzhen	2001	1.5	1.7
five	Shenzhen	2002	1.7	1.6
six	Shenzhen	2003	2.2	1.9

需要去掉数据表中的重复行时，可采用 drop_dupicates() 去除重复值，具体方法如下：

```
drop_duplicates(subset=None, keep='first', inplace=False)
```

参数说明如下。

subset：指定是哪列或哪几列的值重复，不指定则全部列的值都相同才算重复。

keep：去重后留下第几行 {'first'，'last'，False}，默认为 first，保留第一行。如果是 False，则去除全部重复的行。

inplace：是否在原来的 DataFrame 上操作，默认为 False。

示例代码如下：

```
In [95]: frame.drop_duplicates(subset='year',keep='first')
Out[95]:
```

	city	year	pop	debt
one	Beijing	2001	3.5	2.2
two	Beijing	2002	3.7	2.0
three	Beijing	2003	4.2	2.5

上述代码删除了代码 [94]year 重复的行，保留第一行数据，结果保留 Beijing 的前三个年份的数据。

③ 数据表拼接。两个 DataFrame 格式的数据表可以进行拼接，主要有 concat()、join() 和 merge() 三种方法。

a. concat() 方法。concat() 用于对两个数据表进行轴向拼接，单纯地把两个表拼在一起，形成一个新数据表，详细语法如下：

```
pd.concat(objs, axis=0, join='outer', join_axes=None, ignore_
index=False, keys=None, levels=None, names=None, verify_integrity=False,
copy=True)
```

其中，axis 默认为 0，即进行行合并；join() 默认为取两个数据表的并集，即外拼接 outer，拼接之后新数据表中的空缺值显示为 NaN。

示例代码如下：

```
In [96]: frame1 = pd.DataFrame(np.random.randint(1,6,size=(3,4)))
         frame1
Out[96]:
```

	0	1	2	3
0	1	5	5	5
1	2	2	5	1
2	4	1	1	5

```
In [97]: frame2 = pd.DataFrame(np.random.randint(6,10,size=(3,4)))
         frame2
```

```
Out[97]:
```

	0	1	2	3
0	7	9	7	9
1	6	9	7	7
2	6	7	8	8

可先后对两个 DataFrame 格式的数据表进行了行合并和列合并。其中，axis=0（或默认不赋值）时进行行合并，合并方向 index 作列表相加，非合并方向 columns 取并集；axis=1 时进行列合并，合并方向 columns 作列表相加，非合并方向 index 取并集。示例代码如下：

```
In [98]: pd.concat([frame1,frame2])
Out[98]:
```

	0	1	2	3
0	1	5	5	5
1	2	2	5	1
2	4	1	1	5
0	7	9	7	9
1	6	9	7	7
2	6	7	8	8

```
In [99]: pd.concat([frame1,frame2],axis=1)
Out[99]:
```

	0	1	2	3	0	1	2	3
0	1	5	5	5	7	9	7	9
1	2	2	5	1	6	9	7	7
2	4	1	1	5	6	7	8	8

此外，两个数据表的拼接方式除了取并集外，还可以取交集（join='inner'）。下面对第二个数据表 frame2 的行、列进行重命名，演示通过不同拼接方式拼接数据表时的不同，示例代码如下：

```
In [100]: frame2.index=['one','two','three']
          frame2.columns=['one','two','three','four']
          frame2
Out[100]:
```

	one	two	three	four
one	7	9	7	9
two	6	9	7	7
three	6	7	8	8

代码 [101] 对 frame1 和 frame2 两个数据表进行行拼接，其中 frame1 的行为 0、1、2，frame2 的行为 one、two、three。当拼接方式为取并集（join='outer'）时，结果保留了两个数据表中所有的行，空缺值以 NaN 进行填充。

```
In [101]: pd.concat([frame1,frame2],join='outer')          # 行拼接, 取并集
Out[101]:
```

	0	1	2	3	one	two	three	four
0	1.0	5.0	5.0	5.0	NaN	NaN	NaN	NaN
1	2.0	2.0	5.0	1.0	NaN	NaN	NaN	NaN
2	4.0	1.0	1.0	5.0	NaN	NaN	NaN	NaN
one	NaN	NaN	NaN	NaN	7.0	9.0	7.0	9.0
two	NaN	NaN	NaN	NaN	6.0	9.0	7.0	7.0
three	NaN	NaN	NaN	NaN	6.0	7.0	8.0	8.0

代码 [102] 将拼接方式改变为取交集（join='inner'）。由于 frame1 的行为 0、1、2，frame2 的行为 one、two、three，两者并没有同样的行，因此交集为空。

```
In [102]: pd.concat([frame1,frame2],join='inner')          # 行拼接, 取交集
Out[102]:
```

0
1
2
one
two
three

代码 [103] 和 [104] 对 frame1 和 frame2 两个数据表进行了列拼接，其中 frame2 的列为 0、1、2、3，frame2 的列为 one、two、three、four。当拼接方式为取并集（join='outer'）时，结果包含两个数据表中的所有列；当拼接方式为取交集（join='inner'）时，结果为空。

```
In [103]: pd.concat([frame1,frame2],axis=1,join='outer')    # 列拼接, 取并集
Out[103]:
```

	0	1	2	3	one	two	three	four
0	1.0	5.0	5.0	5.0	NaN	NaN	NaN	NaN
1	2.0	2.0	5.0	1.0	NaN	NaN	NaN	NaN
2	4.0	1.0	1.0	5.0	NaN	NaN	NaN	NaN
one	NaN	NaN	NaN	NaN	7.0	9.0	7.0	9.0
two	NaN	NaN	NaN	NaN	6.0	9.0	7.0	7.0
three	NaN	NaN	NaN	NaN	6.0	7.0	8.0	8.0

```
In [104]: pd.concat([frame1,frame2],axis=1,join='inner')    # 列拼接, 取交集
Out[104]:
```

0	1	2	3	one	two	three	four

b. join() 方法。join() 用于列拼接，基于行索引对两个数据表进行列拼接。该方法利用参数 how 指定拼接两个数据表的方式。how 共有四个状态：outer（外连接），inner（内连接），left（左外连接），right（右外连接），默认为左外连接。考虑为

大
数
据
应
用
基
础
教
程

BIG DATA

以下两个 DataFrame 数据表进行 join() 拼接，示例代码如下：

```
In [105]: frame1
Out[105]:
```

	0	1	2	3
0	1	5	5	5
1	2	2	5	1
2	4	1	1	5

```
In [106]: frame2
Out[106]:
```

	one	two	three	four
one	7	9	7	9
two	6	9	7	7
three	6	7	8	8

```
In [107]: frame1.join(frame2,how='left')
Out[107]:
```

	0	1	2	3	one	two	three	four
0	1	5	5	5	NaN	NaN	NaN	NaN
1	2	2	5	1	NaN	NaN	NaN	NaN
2	4	1	1	5	NaN	NaN	NaN	NaN

```
In [108]: frame1.join(frame2,how='outer')
Out[108]:
```

	0	1	2	3	one	two	three	four
0	1.0	5.0	5.0	5.0	NaN	NaN	NaN	NaN
1	2.0	2.0	5.0	1.0	NaN	NaN	NaN	NaN
2	4.0	1.0	1.0	5.0	NaN	NaN	NaN	NaN
one	NaN	NaN	NaN	NaN	7.0	9.0	7.0	9.0
three	NaN	NaN	NaN	NaN	6.0	7.0	8.0	8.0
two	NaN	NaN	NaN	NaN	6.0	9.0	7.0	7.0

```
In [109]: frame1.join(frame2,how='inner')
Out[109]:
```

	0	1	2	3	one	two	three	four

```
In [110]: frame1.join(frame2,how='right')
Out[110]:
```

	0	1	2	3	one	two	three	four
one	NaN	NaN	NaN	NaN	7	9	7	9
two	NaN	NaN	NaN	NaN	6	9	7	7
three	NaN	NaN	NaN	NaN	6	7	8	8

当两个数据表中有重复的列名时，需要对两个数据表中同名字的两列进行区分，指定 lsuffix、rsuffix 参数，分别在两个数据表的同名列加相应后缀。示例代码如下：

```
In [111]: frame2.columns=[0,1,2,3]
          frame2.index=[0,1,2]
          frame2
```

Out[111]:

	0	1	2	3
0	7	9	7	9
1	6	9	7	7
2	6	7	8	8

```
In [112]: frame1.join(frame2,lsuffix='_l', rsuffix='_r')
```

Out[112]:

	0_l	1_l	2_l	3_l	0_r	1_r	2_r	3_r
0	1	5	5	5	7	9	7	9
1	2	2	5	1	6	9	7	7
2	4	1	1	5	6	7	8	8

c. merge() 方法。区别于 concat() 和 join() 方法，merge() 可以根据一个或多个键将不同数据表合并起来。merge 的语法如下：

```
merge(left, right, how='inner', on=None, left_on=None, right_
on=None, left_index=False, right_index=False, sort=True, suffixes=('_x',
'_y'), copy=True, indicator=False)
```

参数说明如下。

left, right：需要合并的两个数据表。

how：合并方式，共有四种，分别为 inner（内连接）、outer（外连接）、left（左外连接）、right（右外连接），默认为 inner。

on：用于连接两个数据表的列名，也可以多键连接（传入列表）。

left_on：左侧 DataFrame 中用作连接键的列名；当两个数据表中用于连接的列名不一样时，需要分别指定左侧和右侧 DataFrame 用于连接的列名。

right_on：右侧 DataFrame 中用作连接键的列名。

left_index：使用左侧 DataFrame 中的行索引作为连接键。

right_index：使用右侧 DataFrame 中的行索引作为连接键。

sort：默认为 True，将合并的数据进行排序。设置为 False 时可提高性能。

suffixes：字符串值组成的元组，用于指定当左右 DataFrame 存在相同列名时在列名后面附加的后缀名称，默认为 ('_x','_y')。

copy：默认为 True，总是将结果作为副本进行复制。设置为 False 时可以提高性能。

indicator：显示合并数据的来源，如只来自左边（left_only）、两者（both）。

示例代码如下：

```
In [113]: frame1['key']=['a','b','c']
          frame1
```

```
Out[113]:
```

	0	1	2	3	key
0	1	5	5	5	a
1	2	2	5	1	b
2	4	1	1	5	c

```
In [114]: frame2['key']=['a','c','e']
          frame2
Out[114]:
```

	0	1	2	3	key
0	7	9	7	9	a
1	6	9	7	7	c
2	6	7	8	8	e

```
In [115]: pd.merge(frame1,frame2,on='key')
Out[115]:
```

	0_x	1_x	2_x	3_x	key	0_y	1_y	2_y	3_y
0	1	5	5	5	a	7	9	7	9
1	4	1	1	5	c	6	9	7	7

```
In [116]: pd.merge(frame1,frame2,on='key',how='outer')
Out[116]:
```

	0_x	1_x	2_x	3_x	key	0_y	1_y	2_y	3_y
0	1.0	5.0	5.0	5.0	a	7.0	9.0	7.0	9.0
1	2.0	2.0	5.0	1.0	b	NaN	NaN	NaN	NaN
2	4.0	1.0	1.0	5.0	c	6.0	9.0	7.0	7.0
3	NaN	NaN	NaN	NaN	e	6.0	7.0	8.0	8.0

```
In [117]: pd.merge(frame1,frame2,on='key',how='left')
Out[117]:
```

	0_x	1_x	2_x	3_x	key	0_y	1_y	2_y	3_y
0	1	5	5	5	a	7.0	9.0	7.0	9.0
1	2	2	5	1	b	NaN	NaN	NaN	NaN
2	4	1	1	5	c	6.0	9.0	7.0	7.0

```
In [118]: pd.merge(frame1,frame2,on='key',how='right')
Out[118]:
```

	0_x	1_x	2_x	3_x	key	0_y	1_y	2_y	3_y
0	1.0	5.0	5.0	5.0	a	7	9	7	9
1	4.0	1.0	1.0	5.0	c	6	9	7	7
2	NaN	NaN	NaN	NaN	e	6	7	8	8

④ 运算。DataFrame 中的运算非常灵活，可以将一个 DataFrame 数据表跟一个数值或多个数值进行运算，也可以对两个数据表进行运算。表 2.12 列出了可对 DataFrame 数据表进行的运算。其中每个方法都有一个以 r 开头的副本，表示参数和

数据表的运算关系是翻转的。例如，sub(2) 计算数据表各元素减去 2 得到的结果，rsub(2) 计算 2 减去数据表各元素得到的结果。

表 2.12　DataFrame 数据表的运算方法

方　　法	描　　述
add, radd	加法 (+)
sub, rsub	减法 (−)
div, rdiv	除法 (/)
floordiv, rfloordiv	整除 (//)
mul, rmul	乘法 (*)
pow, rpow	幂次方 (**)

示例代码如下：

```
In [119]: frame3 = pd.DataFrame(np.random.randint(1,6,size=(3,4)),
                                columns=['one','two','three','four'])
          frame3
Out[119]:
```

	one	two	three	four
0	5	2	3	2
1	4	5	1	4
2	1	3	2	1

```
In [120]: frame3.add(2)
Out[120]:
```

	one	two	three	four
0	7	4	5	4
1	6	7	3	6
2	3	5	4	3

```
In [121]: frame3.add([1,2,3,4])
Out[121]:
```

	one	two	three	four
0	6	4	6	6
1	5	7	4	8
2	2	5	5	5

```
In [122]: frame3.add(frame3)          #等同于 frame3+frame3
Out[122]:
```

	one	two	three	four
0	10	4	6	4
1	8	10	2	8
2	2	6	4	2

```
In [123]: frame3.div(frame3)
```

```
Out[123]:
        one   two   three   four
   0    1.0   1.0    1.0    1.0
   1    1.0   1.0    1.0    1.0
   2    1.0   1.0    1.0    1.0
```

```
In [124]: frame3.sub(2)
```
```
Out[124]:
        one   two   three   four
   0     3    0      1      0
   1     2    3     -1      2
   2    -1    1      0     -1
```

```
In [125]: frame3.rsub(2)
```
```
Out[125]:
        one   two   three   four
   0    -3    0     -1      0
   1    -2   -3      1     -2
   2     1   -1      0      1
```

　　pandas 自带了一个常用的数学、统计学方法集合，可以从 DataFrame 中抽取一个 Series 进行数学运算，如求和（sum）、取平均值（mean）。这些方法在应用时有三个可选参数：axis、skipna、level。其中，axis 为计算轴，0 为按行计算，1 为按列计算，默认为 1；参数 skipna 为是否排除缺失值，默认为 False；如果轴是多层索引的（MultiIndex），level 参数可用于缩减分组层级。

　　示例代码如下：

```
In [126]: frame3.count()
```
```
Out[126]: one      3
          two      3
          three    3
          four     3
          dtype: int64
```

```
In [127]: frame3.sum()
```
```
Out[127]: one      10
          two      10
          three     6
          four      7
          dtype: int64
```

```
In [128]: frame3.describe()
```
```
Out[128]:
              one        two      three      four
   count   3.000000   3.000000    3.0     3.000000
   mean    3.333333   3.333333    2.0     2.333333
   std     2.081666   1.527525    1.0     1.527525
   min     1.000000   2.000000    1.0     1.000000
   25%     2.500000   2.500000    1.5     1.500000
   50%     4.000000   3.000000    2.0     2.000000
   75%     4.500000   4.000000    2.5     3.000000
   max     5.000000   5.000000    3.0     4.000000
```

```
In [129]: frame3.mean(axis=1)
Out[129]: 0    3.00
          1    3.50
          2    1.75
          dtype: float64
```

表 2.13 给出了常用的描述性统计方法。

表 2.13　常用的描述性统计方法

方　　法	描　　述
count	非缺失值的个数
describe	计算 Series 或 DataFrame 各列的汇总统计集合
min, max	计算最大值、最小值
argmin, argmax	分别计算最小值、最大值所在的索引位置（整数）
idxmin, idxmax	分别计算最小值、最大值所在的索引标签
quantile	计算分位数，默认为二分位数，可指定 0 ～ 1 的分位数
sum	求和
mean	均值
median	中位数
mad	平均值的平均绝对偏差
prod	所有值的积
Var	样本方差
Std	样本标准差
skew	偏度值
kurt	峰度值
cumsum	累计值
cummin, cummax	累计值的最小值，累计值的最大值
cumprod	值的累计积
Diff	计算第一个算术差值（对时间序列有用）
pct_change	计算百分比

2.4.3　小结

本节分别讲解了 NumPy 和 pandas 的基本用法，以便读者理解后续章节。更全面的用法请参考 NumPy 官方文档和 pandas 官方文档。

本章小结

本章主要介绍了 Python 语言的历史、安装与运行、Python 语言基础以及利用 Python 进行数据分析时的常用类库及基本用法，为后续章节的学习奠定了基础。

本章首先概述了 Python 语言的诞生过程以及版本的更迭（在此过程中形成的 Python 社区对推动 Python 的发展起到了重要作用），同时阐述了使用 Python 进行数据分析的原因。其次，为想要利用 Python 进行数据分析的人士推荐了一套合适的环境配置 Anaconda，并分别介绍了其如何在 Windows、macOS、Linux 系统下进行安装和使用。推荐使用 Jupyter Notebook 运行 Python，并介绍了 Jupyter Notebook 的基本用法。再次，为没有接触过 Python 语言的读者提供了一些 Python 编程基础，包括 Python 内置的数据类型和常使用的数据结构（元组、列表、字典、集合），讲解了如何创建和操作不同数据结构，以及如何进行流程控制和编写函数。最后介绍了 Python 用于数据处理和数据分析的两个基本库：NumPy 和 pandas。其中，NumPy 主要提供了多维数组 ndarray 的数据格式，pandas 主要提供了一维数组 Series 和数据表 DataFrame 的数据格式。针对每一种数据格式，讲解了其基本特性和基础操作方法。

习题

1. 使用循环输出九九乘法表，结果如下所示：

```
1*1=1
1*2=2,   2*2=4
1*3=3,   2*3=6,   3*3=9
1*4=4,   2*4=8,   3*4=12,  4*4=16
1*5=5,   2*5=10,  3*5=15,  4*5=20,  5*5=25
1*6=6,   2*6=12,  3*6=18,  4*6=24,  5*6=30,  6*6=36
1*7=7,   2*7=14,  3*7=21,  4*7=28,  5*7=35,  6*7=42,  7*7=49
1*8=8,   2*8=16,  3*8=24,  4*8=32,  5*8=40,  6*8=48,  7*8=56,  8*8=64
1*9=9,   2*9=18,  3*9=27,  4*9=36,  5*9=45,  6*9=54,  7*9=63,  8*9=72,  9*9=81
```

2. 用户输入自己的成绩，程序会自动判断该成绩的类型： 成绩 >=90 分用 A 表示，80～89 分用 B 表示，70～79 分用 C 表示，其他的用 D 表示。

3. 定义一个 is_leap(year) 函数，该函数可判断 year 是否为闰年。若是闰年，则返回 True，否则返回 False。

4. 定义一个函数 remove_duplication(list)，该函数可接收一个 list 作为参数，用于去除 list 中重复的元素。

5. 定义一个 get_integers(n) 函数，该函数返回一个包含 *n* 个不重复的、0～100 整数的元组。

6. 利用 NumPy 的 random() 函数创建两个 5 行 5 列的数据表 DataFrame，表中的每一个元素为 [1,100] 的任意整数，两个数据表分别记为 frame1、frame2，对两个数据表进行如下操作：

（1）将两个数据表进行行合并，合并为一个 10 行 5 列的数据表。

（2）将两个数据表进行列合并，合并为一个 5 行 10 列的数据表。

（3）将两个数据表按照 index 进行 merge() 合并，将合并方式分别设置为 inner、outer、left、right，并查看合并结果。

Fundamentals of Big Data

of Big

Data

Application

数据分析篇

第 **3** 章

数据获取

3.1 数据来源

在当今的大数据时代，数据的来源往往是高度多样化的，而不同的数据源通常需要采用不同的采集手段有针对性地获取。精准的目标数据是数据分析合理有效的前提。数据来源的分类方法有多种，获取方式也多种多样。例如，按数据源与使用者的权属关系不同，数据可以分为内部数据和外部数据。对平台运营者来说，通过网络交互不断产生的海量数据属于内部数据，运营者可以根据决策分析需求从数据库中抽取、汇总或集成这些数据；对于其他组织来讲，这些数据属于外部数据，仅在得到授权的情况下，才能使用部分或全部数据。

1. 内部数据

根据内部数据产生方法的不同，数据来源分为以下三类。

（1）观测数据。观测数据指通过直接调查或测量而收集的数据。几乎所有与社会经济现象有关的统计数据都是观测数据，如 GDP（国内生产总值）、CPI（居民消费价格指数）、房价等。通过用户调研或访谈的方式收集用户意愿时，调查问卷方式的使用最为广泛。调查问卷的形式分为纸质调查问卷和在线调查问卷。纸质调查问卷是传统的问卷方式，需要通过人工来分发和回收这些纸质问卷，如图 3.1 所示，发放与回收效率低，数据的结果统计与分析实现复杂，成本相对较高。如今，在线调查问卷已日益成为主流问卷方式，如图 3.2 所示，用户可以便捷地进行问卷设计、发放收集、分类统计与分析。市场上有很多专门的在线调查工具，如问卷星、腾讯问卷、优考试等。

（2）监测数据。监测数据指借助感知设备监测关注对象及其所处环境而收集到的数据。以一个小区为例：

① 在出入口会产生行人出入、车辆出入等数据；

② 在能源方面，会产生住户的水、电、煤气、暖气（独立计量的情况下）、公共区域照明、通风等电能消耗及设备状态数据；

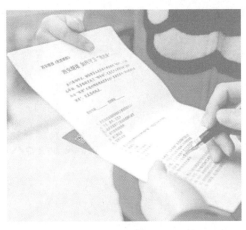

* 1.您在建筑行业的从业时间为?

　A.2年以下

　B.3~5年

　C.6~10年

　D.11年以上

* 2.您所在地市:[选择题]

图 3.1　利用纸质调查问卷获取数据　　　　图 3.2　利用在线调查问卷获取数据

③ 在消防方面会有温度、设备状态等数据。

建筑工地则需要采集风速、温度、各区域的工人数量、区域入侵情况、设备运行状态等数据。

这些数据一般通过各类传感器进行采集,然后传送到服务器进行存储和处理(有的智能设备也可以处理部分数据),应用程序根据这些数据做出决策,下达的指令又通过服务器传递到设备中。一个简单监测数据控制系统架构如图 3.3 所示。

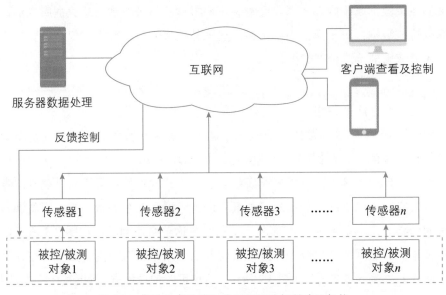

图 3.3　基于传感器获取监测数据的控制系统架构

(3)平台数据。平台数据是指各类网络平台、应用系统在使用过程中不断积累的数据,如企业内部积累的销售数据、考勤数据、财务数据;京东、淘宝、拼多多等平台积累的各类店铺交易及评价数据;微博、知乎等平台的用户发帖或评论数据;金融领域积累的银行交易、股价浮动数据等。对于平台运营者来说,这些通过网络交互不断产生的海量数据都属于数据的直接来源,存储在不同的服务器数据库中。管理者可以根据需求从数据库中抽取、汇总或集成这些数据，为进一步处理、分析做准备。

2. 外部数据

研究外部数据时，首先需要通过合法的方式取得数据，并严格遵守使用协议。外部数据的获取方法有以下几种。

（1）外部购买数据。不断增长的数据需求催生了很多专门做数据交易的平台。用户从平台上购买需要的数据或者相关服务是一种常见的数据获取方式。例如优易数据是由国家信息中心发起的、拥有国家级信息资源的数据平台，在国内处于领先地位。平台有 B2B（机构对机构）和 B2C（机构对个人）两种交易模式，拥有包含政务、社会、社交、教育、消费、交通、能源、金融、健康等多领域的数据资源。再如数据堂，专注于互联网综合数据交易，拥有包含语音识别、医疗健康、交通地理、电子商务、社交网络、图像识别等方面的数据，可提供数据定制、标注、训练等一系列服务。

（2）网络采集数据。在网络上采集数据主要是通过网络爬虫、第三方采集器和自动化工具实现的。网络爬虫通过计算机程序模拟人类使用浏览器访问互联网的行为，获取相应的数据，解析（获得有效内容）处理后保存成文件或存储到数据库中供用户使用。可以使用爬虫免费爬取某些网站上的数据，也可以付费后通过网站提供的数据接口进行爬取，以便获得更高的效率。有关网络数据爬取的具体实现方法详见 3.2 节。网络数据的获取也可以采用第三方采集器，用法更加简单，适合实现一些基本的爬取需求，操作细节见 3.3 节。更灵活的方式是采用自动化工具配合 Python 代码获取数据，详见 3.4 节。

（3）免费开放数据。互联网上通常会有一些"开放数据"来源，如政府机构、非营利组织和企业会免费提供一些数据，用户可以根据需求免费下载。例如，中华人民共和国国家统计局官网会定期更新我国社会、经济等多方面的数据，并且月度、季度、年度都有覆盖，全面权威；来自亚马逊的云数据平台拥有包含化学、生物、经济等多个领域的数据集。

党的十八大以来，我国新设立了数百个省、市级别的大数据局，依法公开政府数据，这些数据有很高的权威性，价值密度也比较高，能够进一步促进全社会的大数据应用。

3.2　网络数据爬取

3.2.1　网络爬虫概述

爬虫又被称为网页蜘蛛、网络机器人，是一种按照一定的规则自动抓取互联网信息的程序或者脚本。Python 很适合开发爬虫程序，一方面 Python 有大量开源类库；另一方面它又擅长对数据进行处理。如果法律允许，爬虫可以爬取到在网页上看到的、任何想要获得的数据。当然，网站会通过 Robots 协议声明哪些页面可以爬取，哪些页面不能爬取。

爬虫分为"善意爬虫"和"恶意爬虫"两种。百度等搜索引擎使用爬虫持续不断地到各个网站获取信息，然后存储在自己的数据库中等待用户检索。网站拥有者通常希望被搜索引擎的爬虫获取信息，以便网站的推广，因此百度爬虫被称为"善意爬虫"。

抢票软件通过使用无数个爬虫模拟不同用户的查询余票操作，高频率读取 12306 平台的火车余票数量，发现有票后会立即模拟单击"预订"按钮的操作锁定票源，然后发出信息让用户及时付款。航空公司会随机放出一些特价机票来吸引游客，但票贩子利用爬虫不断访问其票务系统，一旦出现特价机票就立即预订。如果有人通过票贩子预订该航班，票贩子就会在售票系统里放弃这张票，然后在极短的时间内通过代码用预订者的名字预订这张票并付款；如果在半小时内没有人通过票贩子预订该机票，该机票就会因为未付款而自动回到票池继续出售，爬虫会在那一刻重新预订该机票。有些爬虫还可以自动打开某些微博，刷到某一条就通过代码进行关注、点赞或者留言，代替了僵尸粉手工完成的工作。火车票抢票软件、机票贩子、僵尸粉使用的爬虫会高频访问网络，既增加了服务器负荷，也有失公平，被定义为"恶意爬虫"。

如图 3.4 所示，从爬虫在各类目标行业（全球范围）的流量分布[①] 情况可以看出，出行类网站爬虫所占的流量是最多的，其次是社交网站，再次是电商网站，有关搜索引擎的善意爬虫流量占比仅为 3.47%。

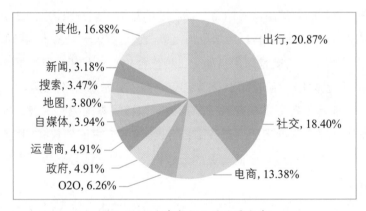

图 3.4　爬虫在各行业的流量分布

3.2.2　网页访问的基础知识

1. 网页代码构成

网页的源代码信息一般由三部分组成。

（1）HTML。描述页面的内容结构。HTML（hyper text markup language，超文本标记语言），以＜＞标签形式呈现内容，通过标签将网络上的文档格式统一，使分散的网络资源连接为一个逻辑整体。HTML 文档包含文字、图像、动画、声音、表格、链接等元素。在数据获取时，基于标签名称可以找到对应的元素内容。

（2）CSS。描述页面的排版布局、样式效果。CSS（cascading style sheet，层叠样式

---

① 数据来源于腾讯云鼎实验室。

表）通过标签选择器、class 选择器、id 选择器等方式选择页面元素的控制样式，不仅可以静态地修饰网页，还可以配合各种脚本语言动态地对网页元素进行格式化。基于 CSS 选择器同样可以获取页面中元素的内容。

（3）JavaScript。描述页面的事件处理，即鼠标或键盘在网页上操作后告诉页面具体怎么执行程序。JavaScript 是一种具有函数优先的轻量级、解释型或即时编译型的编程语言，作为开发 Web 页面的脚本语言，支持面向对象、命令式、声明式、函数式编程范式。目前大多数网页是在页面加载时通过 JavaScript ajax 等技术连接服务器端后台程序 API 动态获取数据并将其显示到网页中的。

2. 通过浏览器访问网页的过程

通常情况下，用户浏览网页时，首先在浏览器中输入网址，访问目标 Web 服务器，然后才能看到网页内容。访问过程如图 3.5 所示。

图 3.5　浏览器访问 Web 服务器的过程

通过浏览器访问网页的具体步骤如下。

（1）打开浏览器，在地址栏输入 URL（uniform resource locator，统一资源定位符），浏览器根据 URL 地址，向对应的 Web 服务器发起 HTTP 请求。

（2）服务器将处理后的响应结果封装成 HTTP 响应报文，并将 HTML 代码返回给浏览器。

（3）浏览器接收到 HTML 代码后，根据代码解析和渲染页面，获取到需要调用的 JavaScript 文件、CSS 文件、图片资源 URL 列表。如果解析时遇到新的资源需要，浏览器会再次向服务器发起请求，最终将一个完整的网页呈现给用户。

例如，在浏览器中输入链家济南二手房的 URL 地址 https://jn.lianjia.com/ershoufang/，将会显示如图 3.6 所示的页面内容。

图 3.6 给出的是整个济南市的二手房数据首页，页面中显示当前时刻共有 56763 条房源信息，按行政区分成历下、莱芜、市中、天桥、历城、槐荫等 12 个区，用户可根据需要按区查看。当前的房源列表中包含要关注的房源信息，但是可能并不完整，单击每个房源可展开详情页查看信息详情。列表页中每页显示 30 条房源信息，不带页号的 URL 对应显示第一页信息，第一页之后的各页 URL 只需要在第一页 URL 后加上字符串 "pg*/" 即可，其中 * 表示当前是第几页（单击最下方页号列表中的 4 和在浏览器地址栏输入地址 https://jn.lianjia.com/ershoufang/pg4/ 是等价的）。

在打开的网页中右击，选择"检查"（或者直接用快捷键 F12），可以看到如图 3.7
所示的（当前为 Chrome 浏览器）、在网页右侧的"Web 开发者工具"。其中第一项
为"Elements"，选中时可以看到当前网页的 HTML 源代码。单击带有指向右侧的三
角标记展开选中标记项，根据 HTML 代码结构可以层层展开，最终可以找到任何关
注的数据使用的标记。选中标记所包含的内容，网页会出现阴影及对应的 CSS 样式名
称，同时下方出现对应标记的 CSS 样式代码。当然，HTML 源代码中也可能包含若
干 JavaScript 文件和 CSS 文件。若从服务器端获取数据的接口，则 HTML 源代码可能
会以 JavaScript 代码的形式动态生成。

图 3.6　济南链家二手房页面信息

图 3.7　网页开发者工具

通过开发者工具，可以根据网页代码结构找到真正关心的页面数据。读者首先要
理解页面元素对应标记的嵌套关系、一些重要的属性、CSS 的 class 值或 id 值等，获
取页面的 HTML 源代码后需要根据这些结构进行数据的解析。

3. URL 的作用

URL 俗称"网址",是对从互联网上得到资源位置和访问方法的一种简洁表示,主要包括协议、主机路径、资源相对路径。URL 的具体组成形式如下:

```
scheme://host[:port#]/path/…/[?query-string]
```

参数说明如下。

scheme:协议,例如 HTTP、HTTPS、FTP。

host:服务器的 IP 地址或者域名。

port:服务器的端口号。

path:访问资源的路径,例如各类文件或接口。

query-string:参数,是发送给服务器的数据,比如搜索关键字。

例如,http://www.abc.com:4000/file/part01/1.2.html 是一个 URL,其中 www.abc.com 为域名,需要客户端先请求域名服务器获取 IP 地址后再去访问 Web 服务器;4000 为 Web 服务器中执行 Web 服务的端口号;file/part01/1.2.html 指资源文件所在的路径及文件名。该 URL 无访问参数。

通过浏览器访问网页所在的 Web 服务器时,需要遵循 HTTP 协议。HTTP 的默认端口号是 80。HTTPS(hyper transfer protocol secure,超文本传输安全协议)指的是 HTTP + SSL(secure socket layer,安全套接层),默认端口号是 443。HTTPS 比 HTTP 更安全,但是访问性能更低。目前两类协议的应用都很普及,有些网站会同时提供两类协议的访问方式。

打开 Chrome 浏览器开发者工具下的 Network 栏目(若不能直接看到,单击向右的箭头从下拉项中选择),刷新页面,过滤选择 All 选项,如图 3.8 所示。查看 Name 栏目,可以看到一次刷新产生了很多发往服务器的 URL 请求,包括 HTML 文件、图片文件、CSS 文件、JavaScript 文件、服务器端获取数据的接口等。所有请求响应回来的内容由浏览器解释执行后共同构成整个济南链家二手房第一页的网页内容。

图 3.8　构造单网页内容的多个 URL

4. HTTP 的请求头信息

请求头页面如图 3.9 所示，从 All 选项下 Name 栏目选中一个请求链接，在右侧 Headers 栏中可以看到该请求的具体信息。

图 3.9　请求接口的 Headers 信息

拖动滚动条，选择 Headers 下的 View source，能看到这个请求的请求头信息如图 3.10 所示。

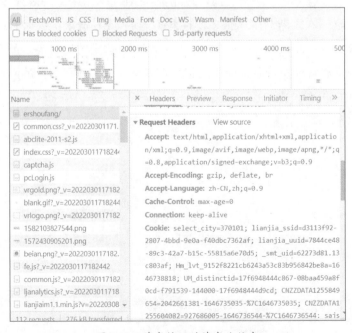

图 3.10　请求接口的请求头信息

请求头一般包括如下内容。

请求方法（GET/POST）/ 网址 / 协议（HTTP/HTTPS）版本号（1.1）。

Host：浏览器请求的主机和端口号。

Connection：连接类型，如 Keep-Alive/close。

Upgrade-Insecure-Requests：升级为 HTTPS 的请求（1/0）。

User-Agent：浏览器内核名称。

Accept：浏览器可以接收的文件类型。

Referer：页面跳转处，即从哪个页面跳转到该页面的。

Accept-Encoding：浏览器可以接收的文件编解码格式。

Accept-Language：浏览器可以接收的语言和国家。

Cookie：浏览器暂存的服务器发送信息。

x-requested-with:XMLHttpRequest：表示是 Ajax 异步请求。

Date：发送请求的时间。

GET 和 POST 方法是 HTTP 中的两种发送请求的方法，其中 GET 方法用于直接获取数据，POST 方法可以携带更多的提交数据，例如用户注册通常应该使用 POST 方法。Headers 右侧如果有 Payload 选项，就表示请求服务器携带的参数。

3.2.3 网页数据爬取

1. 网页访问过程

当用户（真实的人，非爬虫）去访问一个网页要获取某些内容时，需要如下步骤。

（1）打开浏览器，输入要访问的网址，通过 HTTP 发起请求。

（2）等待服务器响应并返回数据，通过浏览器加载网页。

（3）从网页中找到自己需要的数据，如文本、图片、文件等。

（4）保存自己需要的数据。

爬虫模仿人类请求网页的过程也需要类似步骤，但是又稍有不同。首先，对于步骤（1）和（2），可以用爬虫实现请求；其次，对于步骤（3），需要用到爬虫代码解析服务器端响应的网页源代码；最后，对于步骤（4），要使用爬虫代码实现保存数据的功能。

进行网页爬取解析时，通常会基于 HTML 标记名称或者 CSS 的选择器名称选择关注的内容。Web 服务器返回的 HTML 源代码是语法较为严格的文本文件，不同的标签有不同的内容。可根据相关标签以及数据特征解析出需要的数据或者链接，根据获取的链接可以对子页面做进一步的爬取。

2. Python 代码爬取

Python 的第三方类库 requests 可以很方便地发起 HTTP 请求。requests 类库安装完成之后直接导入 Python 代码中就能够使用。

1）安装 requests 类库

pip 是 Python 标准库中的一个包，用于管理 Python 标准库中的其他包。在已经安装了 Anaconda 以及 Jupyter Notebook 环境的计算机中，要安装 requests 类库时，启动 Anaconda Prompt 终端命令行，输入以下指令：

```
pip install requests
```

运行效果如图 3.11 所示。

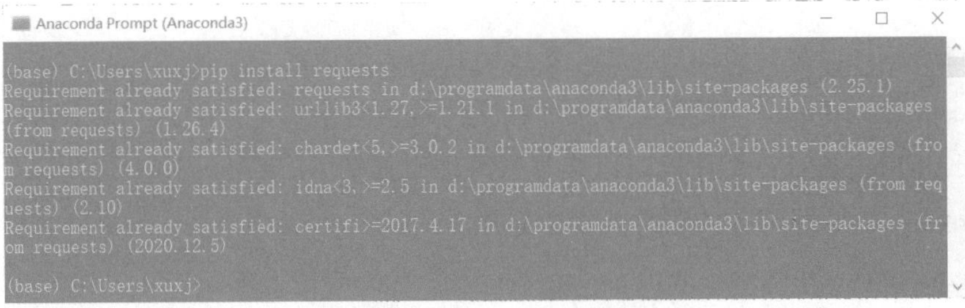

图 3.11　安装 requests 类库

成功安装 requests 类库后在命令行中输入 python 后按 Enter 键，进入 Python 交互环境，然后输入以下代码并运行：

```
import requests
```

若不报错，就表示安装成功。

2）使用 requests 类库请求网页

在 Juputer Notebook 编辑器中新建 python 文件，输入源程序 3.1。第 1 行声明文件字符的编码设置为 utf-8；第 2 行引入 requests 包；第 3 行使用 requests 类库，以 GET 方法请求 URL，并将服务器响应的返回结果封装成一个对象[①]，用变量 resp 来接收；第 4 行根据 HTTP 请求后的响应状态码来判断是否请求成功，正常的状态码是 200，异常状态码有很多，如 404（找不到网页）、301（重定向）等；第 5 行打印网页的源代码。浏览器访问网页在获取到 HTML 源代码之后，还会进一步地请求获取源代码中引用的图片等各种信息。

```
1 #coding=utf-8
2 import requests
3 response=requests.get('https://jn.lianjia.com/ershoufang/') ##请求获
  取济南链家二手房第一页的 HTML 源代码
4 print(response) # 打印请求结果的状态码
5 print(response.text) # 打印请求到的网页源代码
```

源程序 3.1　基于 requests 库的单网页整体 HTML 代码爬取

[①]　本章所有源程序需要从互联网上获取数据，随着页面内容更新，读者运行程序得到的数据与本章所列出的结果可能不同。另外，后期可能会因为目标网站修改网页代码出现源程序运行异常，如遇到问题，需要根据新的网页代码结构自行调整源程序或者联系作者索取更新程序。

运行代码后，首先输出状态码为 200，表明 GET 请求正常；同时也输出了链家济南二手房信息第一页的 HTML 源代码。由于源代码量较大（约为 14 000 字符），由于运行结果中 HTML 源代码过长，图 3.12 仅列出了一部分，主要展示了选中的一条房源信息的 HTML 文档树结构的内容。爬取网页后，在解析数据时，需要根据 HTML 文档树选择各节点元素。

```
<!DOCTYPE html><html><head><meta http-equiv="Content-Type" content="text/html; charset=utf-8">
......
<li class="clear LOGVIEWDATA LOGCLICKDATA" data-lj_view_evtid="21625" data-lj_evtid="21624"
data-lj_view_event="ItemExpo" data-lj_click_event="SearchClick" data-lj_action_source_type="链家_PC
_二手列表页卡片" data-lj_action_click_position="0" data-lj_action_fb_expo_id='553718757500002304' dat
a-lj_action_fb_query_id='553718757424504832' data-lj_action_resblock_id="457121907756265" data-lj_acti
on_housedel_id="103119412768" ><a class="noresultRecommend img LOGCLICKDATA" href="https://j
n.lianjia.com/ershoufang/103119412768.html" target="_blank" data-log_index="1"data-el="ershoufang" data
-housecode="103119412768" data-is_focus=""data-sl=""><!-- 热推标签、埋点 --><img src="https://s1.ljcd
n.com/feroot/pc/asset/img/vr/vrgold.png?_v=20220301171 82442" class="vr_item"><img class="lj-lazy" src
="https://s1.ljcdn.com/feroot/pc/asset/img/blank.gif?_v=2022030117182442" data-original="https://image1.ljc
dn.com/110000-inspection/pc1_Yd9o6YYyg_1.jpg.296x216.jpg" alt="济南历下佛山街"></a><div class="in
fo clear"><div class="title"><a class="" href="https://jn.lianjia.com/ershoufang/103119412768.html" target
="_blank" data-log_index="1" data-el="ershoufang" data-housecode="103119412768" data-is_focus="" da
ta-sl="">有电梯 有车位 地下室 三室两厅两卫 精装修采光好</a><!-- 拆分标签 只留一个优先级最高
的标签--><span class="goodhouse_tag tagBlock">必看好房</span></div><div class="flood"><div class="
positionInfo"><span class="positionIcon"></span><a href="https://jn.lianjia.com/xiaoqu/457121907756265/"
target="_blank" data-log_index="1" data-el="region">棋盘小区四区 </a> - <a href="https://jn.lianji
a.com/ershoufang/foshanjie/" target="_blank">佛山街</a> </div></div><div class="address"><div class="
houseInfo"><span class="houseIcon"></span>3 室 2 厅 | 130.91 平米 | 南 | 精装 | 高楼层(共 6 层) | 199
7 年建 | 板楼</div></div><div class="followInfo"><span class="starIcon"></span>9 人关注 / 5 天以前发
布</div><div class="tag"><span class="isVrFutureHome">VR 看装修</span><span class="taxfree">房本
满五年</span><span class="haskey">随时看房</span></div><div class="priceInfo"><div class="totalPrice
totalPrice2"><i> </i><span>335</span><i>万</i></div><div class="unitPrice" data-hid="103119412768"
data-rid="457121907756265" data-price="25591"><span>25,591 元/平</span></div></div></div><div class
="listButtonContainer"><div class="btn-follow followBtn" data-hid="103119412768"><span class="follow-
text">关注</span></div><div class="compareBtn LOGCLICK" data-hid="103119412768" log-mod="1031
19412768" data-log_evtid="10230">加入对比</div></div></li>
......
```

图 3.12　源程序 3.1 运行结果（部分）

给出的 HTML 源代码两个省略号之间的内容为第一条房源信息，可以看到由很多的标记和属性构成，具体房源信息就包含在这些标记之间。方框标出的内容为 class 名称，在数据解析时需要重点关注。

3.2.4　网页内容解析

获取网页源代码后就需要进行解析，以获得有效数据。Python 解析网页源代码有很多种方法，如 Beautiful Soup、正则表达式、pyquery、XPath 等。本节仅介绍 Beautiful Soup。

网页源代码解析器 Beautiful Soup 简单易用，容易理解，它的版本 4 简称为 BS4。Beautiful Soup 可自动将输入文档转换为 Unicode 编码，输出文档转换为 utf-8 编码。Beautiful Soup 支持 Python 标准库中的 HTML 解析器，还支持一些第三方的解析器。

使用 BS4 通常需要安装另一个类库 lxml，用来代替 BS4 默认的解析器。lxml 解析器相对更加强大，解析速度更快。

在 Anaconda Prompt 终端命令行中输入并运行以下指令，安装 BS4 和 lxml：

```
pip install beautifulsoup4
pip install lxml
```

输入 Python 进入交互环境，引用 BS4 和 lxml 类库：

```
import bs4
import lxml
```

若不报错，就表示安装成功。

如图 3.13 所示，可以看到一条房源信息的 HTML 源代码结构。这里需要注意的是各个 div 标记的 class 值，解析时需要根据嵌套结构及 class 名称找到关注的数据项。

图 3.13　房源数据结构

在 Python 类库 Beautiful Soup 中，最常用的方法包括 find() 方法、find_all() 方法和 select() 方法。find() 方法将返回符合条件的第一个 Tag。当只需要或一个标签而不是一组时，通常使用 find() 方法。使用 find_all() 方法也可实现。find_all() 方法本来的用途是获取一组具有相同标签的内容。若只需要一个，传入一个 limit=1 的参数，然后再取出第一个值也是可以的。select() 方法相对更加灵活，不仅支持标签名称选择，还支持 class 和 id 选择器、标签属性选择器等若干类选择器的选取方式。select() 方法最常用的标签内容获取方式如下。

- 通过标签名查找：bs.select('div')。
- 通过 class 名查找：bs.select('.mnav')。

- 通过 id 查找：bs.select('#u1')。
- 组合查找：bs.select('div .bri')。
- 属性查找：bs.select('a[class="bri"]')。

    bs.select('a[href="http://tieba.baidu.com"]')。
- 直接子标签查找：bs.select("head > title")。
- 兄弟节点标签查找：bs.select(".mnav ~ .bri")。
- 获取标签包含的内容：bs.select('title')[0].get_text()。

借助于这些方法，可以轻松地获取任意页面元素中包含的内容。关于其他方法，可以参考 BS4 的官方文档（https://beautifulsoup.readthedocs.io/zh_CN/latest/）。

若想获取链家济南二手房最新发布的第一页房源数据，需要将源程序 3.1 改写为源程序 3.2。其中，第 3 行引入解析时要使用的类库 beautifulsoup4；第 5 行将爬取的网页源代码转换为 Beautiful Soup 对象，便于操作；第 6 行的 bsobj.select() 方法表示从 Beautiful Soup 对象中提取出所有的房源信息形成列表；第 7 ~ 16 行遍历获取每个房源的详细数据，并输出到控制台。在第 7 ~ 16 行中，select() 方法的参数为 CSS 选择器，均从图 3.12 所示的标记结构中获取，表示 class 值为 "..." 的 div 标记；后边加 [0] 是因为 HTML 文档中的 class 值不具有唯一性，根据 class 值获取的元素可能有多项，即使在一次列表循环中只有一项，也要当作数组对待；stripped_strings 属性是用来获取目标元素下嵌套的所有非标签字符串，并自动去除空白字符。

```
1  #coding=utf-8
2  import requests
3  from bs4 import BeautifulSoup
4  response=requests.get( 'https://jn.lianjia.com/ershoufang/' )
   # 请求获取济南链家二手房第一页的 HTML 源代码
5  bsobj=BeautifulSoup(response.text,'lxml')    # 以网页源代码生成 BeautifulSoup
   对象
6  sellLists=bsobj.select('.sellListContent li.LOGCLICKDATA')
   选择 #HTML 源代码中 li 的 class 名称 对应内容
7  for sell in sellLists:    # 循环取出第一页中的每一条房源信息
8    title =sell.select('div.title a')[0].string# 获取房源的描述性标题
9    houseInfo =  list(sell.select('div.houseInfo')[0].stripped_strings)
     [0]# 获取房源信息
10   print(houseInfo )
11   positionInfo = ''.join(list(sell.select('div.positionInfo')[0].
     stripped_strings))# 获取房源地址信息
12   print(positionInfo)
13   totalPrice = ''.join(list(sell.select('div.totalPrice')[0].
     stripped_strings))# 获取房源总价
14   print(' 总价: '+totalPrice)
15   unitPrice = ''.join(list(sell.select('div.unitPrice')[0].stripped_
     strings))# 获取房源单价
16   print(' 单价: '+unitPrice)
```

源程序 3.2 单页面代码爬取及所需内容解析

运行代码，可以打印出第一页的所有房源信息。图 3.14 仅展示出如下三条房源信息的具体内容。

```
......
3 室 1 厅 | 118.78 m² | 南 北 | 其他 | 中楼层（共 28 层） | 2017 年建 | 板楼
高新绿城玉兰花园 - 汉峪
总价：375 万      单价：31,571 元 / m²
1 室 1 厅 | 54.74 m² | 南 | 其他 | 低楼层（共 30 层） | 2018 年建 | 板楼
恒大城 - 王舍人
总价：70 万      单价：12,788 元 / m²
1 室 0 厅 | 26 m² | 南 | 其他 | 低楼层（共 25 层） | 暂无数据
中铁奥体 26 方 - 经十东路
总价：34 万      单价：13,077 元 / m²
......
```

图 3.14　源代码 3.2 产生的部分数据

上述示例仅爬取并解析了链家济南二手房网站首页信息并且没有存储数据。真正要获取数据时通常是全部的数据，解析出关注的所有特征数据，并将数据进行保存。保存爬取数据的形式一般有 CSV 文件、excel 文件、数据库表、文本文件、二进制文件（包括图片）等。为方便后期预处理，类似链家二手房这种多项信息的数据通常保存到 CSV 文件或者数据库中。另外，由于房源的具体信息在一个字段中以"|"分隔，还需要通过代码进行拆分，再加上房源信息存在分页，还需要把源程序 3.2 进一步改写为源程序 3.3。其中，第 18 ～ 20 行专门做含有"年建"字符串的判定是因为很多房源没有给出建造年份；第 26 行使用 with…as…来打开文件，如果不存在文件，会自动新建，操作完成后会自动关闭文件。

```
1 #coding=utf-8
2 import requests
3 from bs4 import BeautifulSoup
4 for page in range(1,6):    # 循环获取每一页，这里假定爬取 5 页数据，实际中要
   # 根据房源总量除以 30 得到总页数
5 if page == 1:
6 url = 'https://jn.lianjia.com/ershoufang/'
   # 济南链家二手房信息第一页的 URL
7 else:
8 url = 'https://jn.lianjia.com/ershoufang/pg' + str(page)+'/'
   # 第二页及以上
9 resp=requests.get(url)  # 请求 URL 获取网页信息
10 bsobj=BeautifulSoup(resp.text,'lxml')  # 将网页源代码构造成 BeautifulSoup
   对象
11 sellLists=bsobj.select('.sellListContent li.LOGCLICKDATA')
12 for sell in sellLists:  # 循环取出每一页中每一条房源信息
13    title =sell.select('div.title a')[0].string  # 获取房源描述性标题
```

源程序 3.3　多页面内容的爬取、解析及存储

```
14    houseInfo =  list(sell.select('div.houseInfo')[0].stripped_strings)
      [0].split('|') #div 信息
15    house_type=houseInfo[0]    # 获取房源户型
16    house_area=houseInfo[1]    # 获取房源面积
17    house_orient=houseInfo[2]   # 获取房源朝向
18    if houseInfo[5].count('年建')>=1:
19      building_year=houseInfo[5]   # 获取倒数第二项房源的建造时间
20    else:
21      building_year= '暂无'   # 若没有房源建造时间，写入 '暂无'
22    positionInfo = ''.join(list(sell.select('div.positionInfo')[0].
      stripped_strings))# 房源地址
23    totalPrice = ''.join(list(sell.select('div.totalPrice')[0].
      stripped_strings))# 房源总价
24    unitPrice = list(sell.select('div.unitPrice')[0].stripped_strings)
      [0] # 房源单价
25    h_list = [title, house_type, house_area, house_orient, building_
      year, positionInfo, totalPrice, unitPrice]
26    with open('house.csv', mode='a', encoding='utf-8') as f:
27      for house in h_list:
28        f.write(house + ",")
29        f.write('\n')
```

源程序 3.3 多页面内容的爬取、解析及存储（续）

运行源程序 3.3 可以发现，当前路径下多了名为 house.csv 的文件。打开文件后，能够看到程序运行提取出来的所有房源信息，如图 3.15 所示。

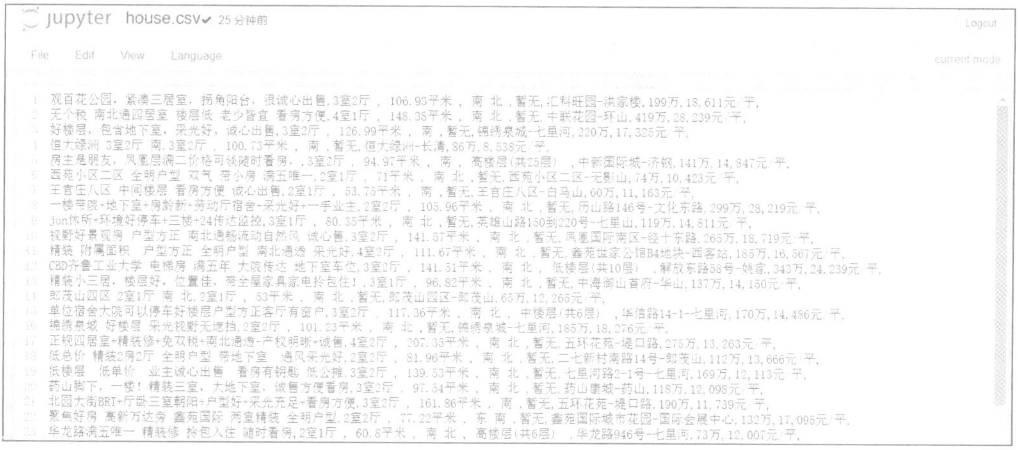

图 3.15 存储到 CSV 文件中的房源信息

3.2.5 常见的"爬取与反爬"攻防策略

网络爬虫爬取数据时要大量消耗目标网站的服务器资源，很多网站采取了反爬防守措施。而爬虫程序为了快速获取海量数据，也不断改进进攻手段。常见的爬虫程序与反爬策略之间的"攻防"过程如图 3.16 所示。

爬虫程序采用多种技术手段应对目标网站的反爬策略，其中 UA（user-agent）伪装和代理 IP 是两种简单的"欺骗"目标网站的技术。

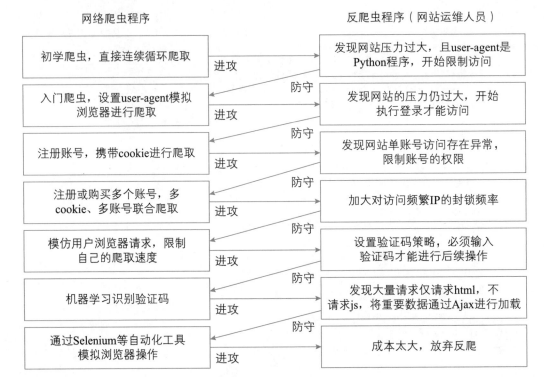

图 3.16　爬虫进攻手段与反爬应对策略

1. UA 伪装

User-Agent 参数简称 UA。正常的浏览器在访问网页的时候都会带上浏览器自身的 UA 信息作为 Request Headers 下的一个参数发给请求网站。如图 3.17 所示，从图中展示的信息可以看出这是一个 Chrome 浏览器发出的访问请求。

```
Host: jn.lianjia.com
sec-ch-ua: " Not;A Brand";v="99", "Google Chrome";v="97", "Chromium";v="97"
sec-ch-ua-mobile: ?0
sec-ch-ua-platform: "Windows"
Sec-Fetch-Dest: document
Sec-Fetch-Mode: navigate
Sec-Fetch-Site: none
Sec-Fetch-User: ?1
Upgrade-Insecure-Requests: 1
User-Agent: Mozilla/5.0 (Windows NT 10.0; Win64; x64) AppleWebKit/537.36 (KHTML, like Gecko)
Chrome/97.0.4692.99 Safari/537.36
```

图 3.17　访问链家二手房网页时 headers 中的 UA 信息

有些网站会通过辨别请求的 UA 来判别该请求的载体是否为爬虫程序。若为爬虫程序，则不会给该请求返回响应，爬虫程序也无法通过请求爬取到该网站中的数据，这也是反爬虫的一种初级技术手段。为了防止该问题的出现，可以对爬虫程序的 UA 进行伪装，伪装成某款浏览器的身份标识，因此 UA 伪装也被称为浏览器伪装。源程序 3.4 同样使用 requests 库中的 GET 方法，通过 headers 参数将爬虫代码伪装成 Chrome 浏览器进行网站访问。

```
1 #将获取到的浏览器的UA数据封装到一个字典中。该UA值可以通过抓包工具或者浏览器自
   带的开发者工具获取某请求,从中获取UA的值
2 headers={'User-Agent': 'Mozilla/5.0 (Macintosh; Intel macOS X
   10_12_0) AppleWebKit/537.36
   (KHTML, like Gecko) Chrome/68.0.3440.106 Safari/537.36'}
3 # 自定义一个请求对象
4 # 参数: url 为请求的 URL, headers 为 UA 的值
5 Response=requests.get(url,headers=headers)
```

源程序 3.4　模拟浏览器 UA 反爬应对

若仅模拟一种浏览器,仍然有可能被网站拒绝访问。可以进一步使用多种 UA 随机选择的方法避过反爬,即每次向 Web 服务器发出请求时都随机更换 UA。也就是随机模拟各类浏览器访问网站,实现方法见源程序 3.5。该程序的第 3 行表示每次请求从给定的一系列 USER_AGENTS 中随机选择一个。

```
1 import random
2 userAgents = [
    'Mozilla/5.0 (X11; U; Linux i686; en-US; rv:1.8.0.12)
   Gecko/20070731 Ubuntu/dapper-security Firefox/1.5.0.12',
    'Mozilla/4.0 (compatible; MSIE 7.0; Windows NT 6.0; Acoo Browser;
   SLCC1; .NET CLR 2.0.50727; Media Center PC 5.0; .NET CLR 3.0.04506)',
    'Mozilla/5.0 (Windows NT 6.1; WOW64) AppleWebKit/535.11 (KHTML,
   like Gecko) Chrome/17.0.963.56 Safari/535.11',
    'Mozilla/5.0 (Macintosh; Intel macOS X 10_7_3) AppleWebKit/535.20
   (KHTML, like Gecko) Chrome/19.0.1036.7 Safari/535.20',
    'Mozilla/5.0 (X11; U; Linux i686; en-US; rv:1.9.0.8) Gecko Fedora/
   1.9.0.8-1.fc10 Kazehakase/0.5.6',
    'Mozilla/5.0 (compatible; MSIE 9.0; Windows NT 6.1; WOW64;
   Trident/5.0; SLCC2; .NET CLR 2.0.50727; .NET CLR 3.5.30729;
   .NET CLR 3.0.30729; Media Center PC 6.0; .NET4.0C; .NET4.0E;
   QQBrowser/7.0.3698.400)',
    'Mozilla/4.0 (compatible; MSIE 6.0; Windows NT 5.1; SV1;
   QQDownload 732; .NET4.0C; .NET4.0E)']
3 UA= random.choice(USER_AGENTS)
4 #将获取到的浏览器的UA数据封装到一个字典中。该UA值可以通过抓包工具或者浏览器自
   带的开发者工具获取某请求,从中获取UA的值
5 headers={'User-Agent': UA}
6 # 自定义一个请求对象
7 # 参数: url 为请求的 URL, headers 为 UA 的值
8 url = 'https://www.baidu.com/s?wd=User-Agent'
9 response=requests.get(url=url,headers=headers)
```

源程序 3.5　多 UA 随机选择反爬应对

2. 代理 IP

代理 IP 的类型必须和请求 URL 的协议头保持一致。源程序 3.6 采用 61.7.170.240 作为代理 IP。使用 requests 库中的 GET 方法,通过 proxies 参数引入 IP 代理,使爬虫代码可以借用代理的 IP 地址访问网站信息。更有效的做法是构建 IP 池,爬取时随机选择不同 IP,防止某 IP 因持续访问而被目标网站封杀。

```
1 url = 'https://www.baidu.com/s?wd=ip'
2 # 在请求中加一个参数 proxies 字典，或者单独建立一个多代理 IP 的字典，随机抽取一个
3 page_text = requests.get(url=url,headers=headers,proxies={'https':
  '61.7.170.240:8080'}).text
```

源程序 3.6 使用 IP 代理反爬应对

3.3 网络数据采集器

3.3.1 常见采集器

除了采用爬虫代码编程实现数据的定制化爬取外，更简单的方式是使用采集器产品。目前市面上比较知名的网络数据采集器包括八爪鱼、火车头和后羿等。

（1）八爪鱼采集器。八爪鱼采集器是整合了网页数据采集、移动互联网数据及 API 服务（包括数据爬虫、数据优化、数据挖掘、数据存储、数据备份）等服务为一体的数据服务平台。用户无须掌握网络爬虫技术，也能使用该采集器高效完成数据采集。

（2）火车头采集器。火车头采集器属于国内老牌数据采集软件，凭借灵活的配置与强大的性能领先国内同类产品。使用火车头采集器几乎可以采集所有网页和所有格式的文件，不管是什么语言、什么编码的网页。同时该软件还具有"舆情雷达监测与测控系统"，可精准监控网络数据的信息安全，及时对不利或危情信息进行预警处理。

（3）后羿采集器。后羿采集器由前谷歌技术团队倾力打造，基于人工智能技术，支持智能模式和流程图模式采集。该软件使用简单，只需输入网址就能智能识别列表数据、表格数据和分页按钮，不需要配置任何采集规则，可一键采集，并且支持 Linux、Windows 和 macOS 三大操作系统，还支持多种导出格式。

3.3.2 八爪鱼采集案例

下面以八爪鱼采集器为例介绍采集器的使用步骤。

1. 下载并安装采集器

八爪鱼采集器的下载网址为 https://www.bazhuayu.com/download/windows。如图 3.18 所示，单击"立即下载"按钮即可下载八爪鱼采集器客户端，安装时选择指定路径，安装步骤可以接受默认设置。

2. 注册使用

启动八爪鱼采集器客户端，若还没有对应账号，需要先单击注册页面，用邮箱或手机号进行注册。注册成功后打开客户端，首次输入登录信息时会出现完善个人信息的页面。根据个人需要选择后开启应用界面首页，如图 3.19 所示。首页中包含了常用

图 3.18 八爪鱼采集器下载

网站的热门采集模板和教程信息。八爪鱼采集器模拟人的操作方式（如打开网页、单击网页中的某个按钮等）对网页数据进行全自动提取。

图 3.19　八爪鱼采集器首页

3. 模板数据采集

同 3.2 节，本节仍然选择链家济南二手房网站作为采集的数据源。首先在图 3.19 的输入框中输入"链家"二字，下拉出有关链家的所有模板；选中"链家二手房房源信息采集"，进入采集模板页；单击"立即使用"按钮进入参数配置界面，如图 3.20 所示。输入要采集的网址 https://jn.lianjia.com/ershoufang/（如需采集多个城市，每个网址之间通过按 Enter 键进行换行）；再输入要翻页的次数，即单击"下一页"按钮的次数。例如，若输入 5，则只采集前 5 页的内容；若需要采集全部信息，则不填写该参数。

图 3.20　参数配置界面

所有参数设置完毕后，单击"保存并启动"按钮，开始实际的数据采集，如图 3.21 所示。

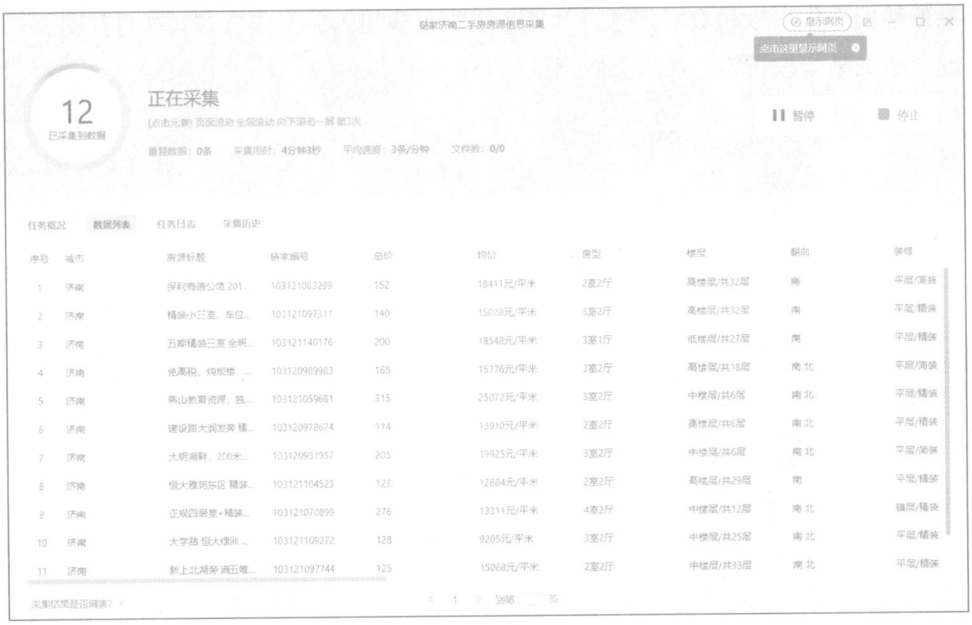

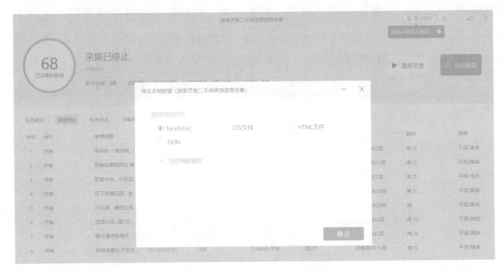

图 3.21　链家济南二手房房源信息数据采集

4. 数据导出

采集停止或完成后,将数据导出为需要的指定格式,以便后期使用,如图 3.22 所示。

图 3.22　采集数据导出

5. 手动配置采集

同样以链家济南二手房为例，在客户端首页文本框输入 https://jn.lianjia.com/ershoufang/，单击"开始采集"按钮，系统会打开链家济南二手房网页，并自动识别出可能要采集的数据，如图 3.23 所示。当前默认采集 15 个字段，双击字段名称可进行修改，点中字段名称拖动可以调整字段顺序，右击可以对不关心的字段根据需要进行去除。另外也可通过设置翻页形式指明采集多页内容。针对一些常用的网站数据采集，八爪鱼网站也给出了具体的视频教程实现方法，网址为 https://www.bazhuayu.com/tutorial/videotutorial/szalpx。

图 3.23　自动识别数据采集

若自动识别的数据采集不能满足要求，例如，需要输入关键字或者需要指定循环的页数等，可以展开采集流程图进行编辑，如图 3.24 所示。

图 3.24　采集流程图

图 3.24 中的每个流程步骤可以看作对网页的一次操作；循环列表是指循环获取每个二手房房源的信息数据，单击流程步骤可执行该步骤；可以逐个执行流程步骤，观察网页和预览数据变化来验证采集设置是否正确；可以对每个步骤的设置从下方进行修改，也可添加新的步骤。若有搜索需求，可在打开网页的下方添加输入文本流程，选中当前流程，下方输入需求的搜索信息，单击"应用"按钮，自动填入网页搜索栏执行搜索。所有设置完成后，单击"采集"按钮，同模板采集一样进入采集界面。

3.4 使用 Selenium 获取数据

3.4.1 安装 Selenium

通常前端通过 JavaScript 函数发送请求，向后端请求数据，然后再渲染数据。若仅采用 Python 中的 requests 库简单地发送请求，目标网站的反爬措施可能会导致爬虫仅能得到一些 JavaScript 代码而看不到数据。爬虫可以采用 Selenium 自动化工具驱动浏览器执行特定的动作，如单击按钮、单击超链接、下拉框选择、文本框输入值提交、页面切换或关闭等操作。Selenium 为用户提供了一套测试函数，能够完成界面元素定位、窗口跳转、结果比较等。对于一些 JavaScript 渲染的页面来说，这种抓取方式非常有效。下面给出 Selenium 的安装过程。

1. 安装 Selenium 库

在 Anaconda Prompt 终端命令行，使用 pip 指令安装 Selenium 库，如下所示：

```
pip install selenium
```

2. 安装浏览器驱动

Selenium 支持多种浏览器，如 Chrome、Firefox、Edge 等计算机端浏览器，还支持 Android、BlackBerry 等手机端浏览器。针对不同的浏览器，需要使用不同方式安装驱动，并需要分别用如下方式对不同浏览器进行初始化：

```
from selenium import webdriver
browser = webdriver.Chrome()
browser = webdriver.Firefox()
browser = webdriver.Edge()
browser = webdriver.Safari()
browser = webdriver.Android()
browser = webdriver.Ie()
browser = webdriver.Opera()
browser = webdriver.PhantomJS()
```

假定选择使用 Chrome 游览器，应安装 Chrome 浏览器对应版本的 ChromeDriver，才能驱动 Chrome 浏览器完成相应的操作。首先需要找到本机 Chrome 的版本号，单击 Chrome 菜单下的 "帮助"→"关于 Google Chrome"，查看 Chrome 的版本号，如图 3.25 所示。

基于 ChromeDriver Mirror 驱动程序，查找本机 Chrome 对应版本的驱动（相近的版本也可以），镜像文件列表网址为：https://registry.npmmirror.com/binary.html?path=chromedriver/。

图 3.25　Chrome 浏览器的版本信息

如图 3.26 所示，可以看到与当前 Chrome 浏览器最相近的版本是 97.0.4692.71。但双击版本名称还不能直接下载文件，只是打开查看当前在线文件夹资源，其中又包含若干文件。

96.0.4664.35/	2022-07-09T20:00:00Z	-
96.0.4664.45/	2022-07-09T20:00:00Z	-
97.0.4692.20/	2022-07-09T20:00:00Z	-
97.0.4692.36/	2022-07-09T20:00:00Z	-
97.0.4692.71/	2022-07-09T20:00:00Z	-
98.0.4758.102/	2022-07-09T20:00:00Z	-
98.0.4758.48/	2022-07-09T20:00:00Z	-
98.0.4758.80/	2022-07-09T20:00:00Z	-
99.0.4844.17/	2022-07-09T20:00:00Z	-
99.0.4844.35/	2022-07-09T20:00:00Z	-
99.0.4844.51/	2022-07-09T20:00:00Z	-
icons/	2022-07-09T20:00:00Z	-
index.html	2013-09-25T16:59:18.911Z	10.33KB
LATEST_RELEASE	2022-06-22T08:33:57.642Z	13
LATEST_RELEASE_100	2022-03-30T07:06:45.792Z	13
LATEST_RELEASE_100.0.4896	2022-03-30T07:06:43.815Z	13

图 3.26　ChromeDriver 驱动版本选择

在线文件夹中还包含不同的操作系统版本，如 Windows、Linux、macOS 系列的不同版本，需要根据计算机的操作系统版本做出选择。如本机安装了 Windows 系统，就只能选择下载 Windows 版，但 Windows 版不管是 32 位还是 64 位系统均使用相同驱动。下载 Windows 系统对应驱动的 URL 为 https://cdn.npmmirror.com/binaries/chromedriver/97.0.4692.71/chromedriver_win32.zip。

下载成功后对解压出来的 chromedriver.exe 文件进行环境变量配置（"我的电脑 / 此电脑"→"属性"→"高级系统设置"→"环境变量"→"系统变量"中找到 Path 变量），单击"编辑"按钮，查看 Path 内容，如图 3.27 所示。单击"新建"按钮，将 chromedriver.exe 所在目录插入进来（或者将 chromedriver.exe 文件复制到已经配置过的 Anacondas3 安装路径中），后期就不需要在程序源代码中指定路径，而可以直接使用该驱动。

图 3.27　ChromeDriver 驱动环境变量配置

3. 验证安装

在 Anaconda Prompt 命令行中输入如下指令：

```
chromedriver
```

安装启动成功的响应：

```
Starting ChromeDriver 97.0.4692.71 (adefa7837d02a07a604c1e6eff0b3a09
422ab88d-refs/branch-heads/4692@{#1247}) on port 9515
Only local connections are allowed.
Please see https://chromedriver.chromium.org/security-considerations
for suggestions on keeping ChromeDriver safe.
ChromeDriver was started successfully.
```

输入 python 进入交互界面，输入并运行以下代码：

```
from selenium import webdriver
browser = webdriver.Chrome()
```

运行后若弹出一个空白的 Chrome 浏览器，证明所有的配置都没有问题。否则可能是选择安装的 ChromeDriver 版本和本机 Chrome 浏览器版本不兼容，或者本地可能安装了多个 Chrome 游览器，需要检查处理。

3.4.2　使用 Selenium 获取页面元素

使用 Selenium 自动化方法获取数据或控制某些页面元素时，可使用 WebDriver 中的 find_element() 方法来查找元素，并返回 WebElement 对象。具体获取或操作页面节点元素的方法包含多种，下面介绍几种比较常用的方法。

1. 通过 id 查找

假设页面包含 <input type=“text”name=“userName” id=“user”/>，基于 id 获取 user 文本框元素节点的方法为：

```
element = driver.find_element(By.ID,'user')
```

2. 通过 name 查找

基于上例中的 **user** 文本框节点元素，通过 **name** 查找获取页面节点元素的方法为：

```
element = driver.find_element(By.NAME,'userName')
```

3. 通过 XPath 路径查找

1）XPath 路径表达式

XPath 通过路径表达式（Path Expression）来选择 HTML 文档树中的任何一个节点。在形式上，"路径表达式"与传统的文件系统非常类似。

（1）斜杠（/）作为路径内部的分隔符。

（2）同一个节点有绝对路径和相对路径两种写法。

（3）绝对路径（absolute path）必须用 "/" 起首，后面紧跟根节点，如 /step/step/...。

（4）相对路径（relative path）则是除了绝对路径以外的其他写法，如 step/step，也就是不使用 "/" 起首。

（5）"." 表示当前节点。

（6）".." 表示当前节点的父节点。

2）选择节点的基本规则

（1）nodename（节点名称）：表示选择该节点的所有子节点。

（2）"/"：表示选择根节点。

（3）"//"：表示选择任意位置的某个节点。

（4）"@"： 表示选择某个属性。

基于 XPath 路径选择节点元素的方式如下：

```
element =driver.find_element(By.XPATH,"//input[@id='user']")
```

4. 通过 class 名称查找

假设页面包含如下代码：

```
<div class="top">
<span>Head</span></div><div class="top"><span>HeadName</span>
</div>
```

通过 class 名称查找页面元素列表的方法为：

```
top= driver.find_element(By.CLASS_NAME,'top')
```

5. 通过超链接查找

假设页面元素包含如下代码：

```
<a href="http://www.baidu.com">baidu</a>
```

可以通过链接中包含的文字查找链接节点：

```
WebElement baidu=driver.find_element(LINK_TEXT,'baidu');
```

6. 通过输入框查找

（1）获取输入框元素：WebElement element = driver.find_element(By.ID,'passwd-id')。

（2）在输入框中输入内容：element.send_keys('text')。

（3）将输入框清空：element.clear()。

（4）获取输入框的文本内容：element.getText()。

7. 通过下拉菜单查找

（1）获取下拉选择框的元素：Select select = new Select(driver.find_element(By.ID, 'select'))。

（2）选择对应的选择项：select.selectByVisibleText('testName') 或 elect.selectBy Value('name')。

（3）不选择对应的选择项：

① select.deselectAll()。

② select.deselectByValue('name')。

③ select.deselectByVisibleText(' 姓名 ')。

（4）或者获取选择项的值：

① select.getAllSelectedOptions()。

② select.getFirstSelectedOption()。

8. 通过单选框查找

（1）获取单选框元素：WebElement sex = driver.find_element(By.ID,'gender')。

（2）选择某个单选项：gender.click()。

（3）清空某个单选项：gender.clear()。

（4）判断某个单选项是否已经被选择：gender.is_selected()。

9. 通过复选框查找

（1）多选框的操作和单选框差不多，首先获取复选框元素：WebElement area = driver.find_element(By.ID,'area')。

（2）选择某个复选项：area .click()。

（3）清空某个复选项：area .clear()。

（4）判断某个复选选项是否已经被选择：area.is_selected()。

10. 通过按钮查找

（1）获取按钮元素：WebElement saveButton = driver.find_element(By.ID,'save')。

（2）单击按钮：saveButton.click()。

（3）判断按钮是否可用：saveButton.is_enabled ()。

3.4.3　Selenium 应用：链家二手房数据获取

仍然以获取链家济南二手房数据为例，使用 Python 代码结合 Selenium 自动化工具进行数据的采集。先来获取房源列表元素，可以选择采用 XPath 路径表达式查找所有列表节点。获取 XPath 路径表达式的方法如图 3.28 所示，首先找到列表元素并右击，找到 Copy 下的 Copy XPath，就可以复制当前元素在 HTML 代码中的层次路径：

"//*[@id="content"]/div[1]/ul/li"。其中，开头的"//"表示任意位置的节点；通过后边的 @ 及 id 属性唯一确定所有房源的 div 节点位置；中间每个"/"代表所有房源内容区文档树的结构层次；div 加 [1] 是为了防止上层节点下可能出现多个 div 节点。

图 3.28 获取每条房源信息 XPath 路径

在 Jupyter Notebook 编辑器中创建源程序 3.7。由于首页 URL 不同于其他页，因此需要分别设定。另外，除了基于 XPath 路径表达式的获取要求节点外，也选择了基于 class 名称获取节点元素，如每个房源的位置信息和房源各关键属性的详细描述信息。

```
1 from selenium import webdriver  # 导入浏览器驱动包
2 from selenium.webdriver.common.by import By # 导入获取元素用的 By 包
3 web=webdriver.Chrome()  # 使用 Chrome 浏览器模拟获取数据
4 for page in range(1, 5):  # 获取前 5 页数据，实际应用基于总页数
5     if page == 1:
6         url = 'https://jn.lianjia.com/ershoufang/'  # 首页 URL
7     else:
8         url = 'https://jn.lianjia.com/ershoufang/pg' + str(page)+'/'
   # 其他页 URL，页数拼接
9     web.get(url)  # 在 Chrome 浏览器中打开，URL 对应网页的内容
10    web.implicitly_wait(10)  # 等待 10 秒，假定网页数据加载完成
11    lis=web.find_elements(By.XPATH,'//*[@id="content"]/div[1]/ul/
   li') # 基于 XPath 路径找到当前页所有房源放入列表
12    for li in lis: # 循环每一条房源信息
13        try: # 异常判定
14            title=li.find_element(By.CLASS_NAME,'positionInfo').
   text #class 名获取房源位置
15            info=li.find_element(By.CLASS_NAME,'houseInfo').text
   #class 名获取房源信息
16            price=li.find_element(By.XPATH,'//*[@id="content"]/
   div[1]/ul/li[1]/div[1]/div[6]/div[1] /span').text
```

源程序 3.7 基于 Selenium 的链家济南二手房多页数据获取

```
      # 以 XPath 路径方式获取房源总价
17              print(f"{title}, {info}, 总价: {price} 万 ")  # 获取的信息没
   做分割、分割及存储同源代码3.3
18        except:  # 不做异常处理
19              pass
20 web.close()  # 获取指定条件数据后关闭 Chrome 浏览器当前页
```

源程序 3.7　基于 Selenium 的链家济南二手房多页数据获取（续）

如果希望模拟单击页码栏中的"下一页"按钮进行翻页，而不是直接使用不同页的 URL 获取页面数据，可以通过 XPath 路径找到"下一页"按钮元素，然后自动模拟单击操作，自动进入下一页而不再需要新的 URL。因此需要先找到"下一页"按钮的 XPath 路径（最近的 CSS 选择器结构）。获取方法如图 3.29 所示，先找到链家济南二手房页面下方的页码栏，在下一页位置处右击"检查"，可在开发者工具里看到"下一页"超链接的源代码；然后再右击，出现 Copy 选项，展开找到 Copy XPath，就可以获取"下一页"按钮的 XPath 路径了：//*[@id="content"]/div[1]/div[7]/div[2]/div/a[5]。

图 3.29　获取下一页 XPath 路径

基于模拟单击翻页对源程序 3.7 进行改写，仅需要给出首页 URL，其他各页依次自动翻页，进一步细化获取的各房源特征属性，并将获取数据保存到 CSV 文件中，得到源程序 3.8，如图 3.30 所示。

```
1 from selenium import webdriver              #导入浏览器驱动包
2 from selenium.webdriver.common.by import By  #导入获取元素用的 By 包
3 import csv
4 web=webdriver.Chrome()  # 使用 Chrome 浏览器模拟获取数据
5 web.get('https://jn.lianjia.com/ershoufang/')#在Chrome浏览器中打开URL
   #对应网页的内容
6 firstline_list = ['title', 'house_type', 'house_area', 'house_
   orient', 'floor_number', 'building_year', 'is_two_
   five', 'unitPrice','totalPrice']       #表头首行房源属性名
7 with open('E0501.csv', mode='w', encoding='utf-8',newline='') as f:
                                          #重写方式打开文件，文件命
   # 名为 E0501 是因为在第 5 章中要使用该数据集
```

源程序 3.8　基于 Selenium 的链家济南二手房模拟翻页数据获取

```
 8       writer = csv.DictWriter(f, fieldnames=firstline_list)
                                            # 写字典的方法
 9       writer.writeheader()               # 写表头的方法
10  for _ in range(2):                      # 按给定页数实现循环，考虑
    # 代码执行时长，这里取 2，实际使用时应取更大值
11      web.implicitly_wait(3)              # 等待 3 秒，假定新网页数据加载完成
12      lis=web.find_elements(By.XPATH,'//*[@id="content"]/div[1]/ul/li')
                                            #XPath 方式获取房源列表
13      for li in lis:                      # 循环每一页的各房源列表
14          try:
15              title=li.find_element(By.CLASS_NAME,'positionInfo').text
                                            #class 名获取房源位置
16              Info=li.find_element(By.CLASS_NAME,'houseInfo').text
                                            #class 名获取房源描述
17              houseInfo = Info.split('|')  # 房源描述信息拆分
18              house_type=houseInfo[0]      # 获取房源户型
19              house_area=houseInfo[1]      # 获取房源面积
20              house_orient=houseInfo[2]    # 获取房源朝向
21              floor_number=houseInfo[4]    # 获取楼层
22              if houseInfo[5].count(' 年建 ')>=1:
23                  building_year =houseInfo[5] # 获取房源建造时间
24              else:
25                  building_year = ' 暂无 '     # 若没有房源建造时间，写入暂无
26              is_two_five=li.find_element(By.CLASS_NAME,'taxfree').text
                                            # 房源是否满两年或五年
27              unitPrice=li.find_element(By.CLASS_NAME,'unitPrice').
    text.replace
    (',','',1).replace(' 元 / 平 ','',1)
    # 获取房源单价 , 去掉 "," 和 " 元 / 平 "
28              totalPrice=li.find_element(By.CLASS_NAME,'totalPrice' ).
    find_element(By.TAG_NAME, 'span').text # 获取房源总价中的数字部分
29          h_list = [title,house_type, house_area,house_orient,
    floor_number,
    building_year, is_two_five, unitPrice,totalPrice]
30              with open('E0501.csv', mode='a', encoding='utf-8',newline='')
    as f:              # 追加方式打开文件
31                  writer = csv.writer(f,delimiter=',')
    # 以逗号进行数据项分割写入一行
32                  writer.writerow(h_list)
33          except:
34              pass
35      #XPath 方式获取下一页
36      next = web.find_elements(By.XPATH,'//*[@id="content"]/div[1]/
    div[7]/div[2]/div/a[last()]')[0]
37      web.execute_script('window.scrollBy(0，8000)') # 窗口滚动到最下方
38      next.click()                        # 单击下一页按钮
39  web.close()
```

源程序 3.8　基于 Selenium 的链家济南二手房模拟翻页数据获取（续）

运行源程序 3.8，可以看到自动打开 Chrome 浏览器、自动新建 CSV 文件获取数据并不断追加存储、写完一页自动翻页获取数据并进行存储的过程。存储结果（部分数据）如图 3.30 所示，其中 totalPrice 是以万元为单位的。

图 3.30　Python+Selenium 获取的部分数据

本章小结

　　本章首先对数据来源进行阐述，给出了不同的内部数据产生方法分类，同时也给出了不同的外部数据获取方式分类。其次，为了获取外部的网络数据，介绍了网页结构的构成、浏览器获取网页数据的流程；为了模拟浏览器获取数据，给出了基于 Python 库采集网页数据的简单实现方法，即通过 Python 代码爬取、解析并存储数据。最后，为了更加快捷和灵活地获取数据，引入第三方采集器获取数据，并基于 Selenium 自动化工具配合 Python 获取数据，并给出了对应的案例实现。

习题

　　1. 请概述数据来源及分类。
　　2. 请分析网页数据请求的过程。
　　3. 试用八爪鱼采集器爬取京东商品评论。
　　4. 试用 Selenium 结合 Python 程序爬取并解析京东商品评论。

第 **4** 章

数据存储

自计算机产生之后，人们就希望用它对数据进行存储和管理。最初对数据的管理是以文件方式进行的，也就是通过编写应用程序来实现对数据的存储和管理。后来，随着数据量越来越大，人们对数据的要求越来越高，文件管理方式已经很难满足人们对数据存储和管理的需求了。数据库提供了一种统一、高效的方式来存储和管理数据。关系数据库一度是主流的数据库模型，但随着大数据的深入应用，与之对应的非关系数据库也开始蓬勃发展。

4.1 文件

20 世纪 50 年代后期到 60 年代中期，计算机在硬件方面已经有了磁盘等可直接存取的外部存储设备；在软件方面，操作系统中已经有了专门的数据管理软件，一般称为文件（file）管理系统。数据可以在文件中长期保留，应用程序（字处理软件或自行开发的程序）调用操作系统的功能，可以对文件中的数据进行查询、修改、插入和删除等操作。图 4.1 展示了应用程序和文件的关系。

数据

文件　　　　　　操作系统　　　　　　应用程序

图 4.1　应用程序和文件的关系

在日常生活中，人们用自然语言来描述事物。一个房源的信息可能是这样的：该房源位于万卷府小区中，总价 140 万元、单价 15 028 元、户型为 3 室 2 厅、楼层为高楼层 / 共 32 层、朝向为南、装修状况为精装、面积为 93.16 m^2。

图 4.2 所示的文件（文件名为 E0401.txt）保存了多套二手房信息，它的 10 列数据分别代表房源、总价（万元）、单价（元 /m²）、房型、楼层、朝向、装修和面积（m²）、联系人和联系电话等数据项。

保利海德公馆	152	18 411	2 室 2 厅	高楼层 / 共 32 层	南	简装	82.56	王	13***77
万卷府	140	15 028	3 室 2 厅	高楼层 / 共 32 层	南	精装	93.16	王	13***77
二七新村	114	13 910	2 室 2 厅	高楼层 / 共 6 层	南北	精装	81.96	王	13***78
恒大雅苑	123	12 884	2 室 2 厅	高楼层 / 共 29 层	南	精装	95.47	李	13***88
五环花苑	276	13 311	4 室 2 厅	中楼层 / 共 12 层	南北	精装	207.35	李	13***88
恒大绿洲	128	9205	3 室 2 厅	中楼层 / 共 25 层	南北	精装	139.06	赵	13***99
鑫苑名家	125	15 068	2 室 2 厅	中楼层 / 共 33 层	南北	精装	82.96	赵	13***99

图 4.2　用文本文件保存二手房信息

可以使用记事本、WPS 或 Word 等字处理软件存取文本文件，也可使用 Python 编写应用软件来管理文件。源程序 4.1 的第 2 行以 UTF8 编码打开名为 "E0401.txt" 的文件；第 7 ～ 13 行读出每行数据，把文件内容保存到二维列表 apartments 中；第 20 行，通过 apartments[1][1] 读取了第 1 行（行号和列号都从 0 开始）的总价数据项；第 21 行通过 apartments[1][7] 读取了第 1 行的面积数据项。

```
1  # 以 UTF8 编码打开文件
2  f=open('E0401.txt', encoding='UTF8')
3
4  # 使用列表保存所有房源信息
5  apartments =[]
6  # 把文件的每一行逐一读入变量 line
7  for line in f:
8      # 删除 line 首尾的空格或换行符
9      line = line.strip()
10      # 将读取的行以制表符拆分，保存到列表 items 中
11      items = line.split('\t')
12      # 把行添加到房源信息列表中
13      apartments.append(items)
14 f.close() # 关闭文件
15 # 打印每个房源信息
16 for row in apartments:
17     print(row)
18
19 # 打印万卷府的总价格（第 1 行第 1 个数据）
20 print(' 万卷府的总价格 =',apartments[1][1])
21 print(' 万卷府的面积 =',apartments[1][7])
```

源程序 4.1　读取文本文件中的数据

除了读取信息，应用程序还可以调用操作系统中的其他功能，对文件中的数据进行删除或修改。文件可以根据事先约定的规则保存或读取数据，但使用文件系统来保

存数据仍存在诸多缺点。

在文件系统中，一个（或一组）文件基本上对应一个应用程序，即文件仍然是面向应用的。当不同的应用程序具有部分相同的数据时，也必须建立各自的文件，而不能共享相同的数据，因此数据的冗余度大、浪费存储空间。同时由于相同数据的重复存储、各自管理，容易造成数据的不一致性，给数据维护带来了困难。

文件系统把文件作为一个整体来管理，没有提供对数据项的管理，只能根据约定的格式来访问数据项。如源程序 4.1 第 20 行和 21 行中，要事先记住 apartments 的第 1 列代表总价数据项，第 7 列代表面积数据项，才能正确访问。当数据的逻辑结构改变（如列的含义发生变化）时，应用程序中对数据的访问也要改变，因此数据依赖于应用程序，缺乏独立性，不适合管理较大规模的数据。

4.2 传统数据库技术

20 世纪 60 年代后期以来，计算机管理的对象规模越来越大，应用范围越来越广泛，数据量急剧增长，人们对多种应用共享数据集合的要求越来越强烈。同时硬件价格下降，软件价格上升，为编制和维护系统软件及应用程序所需的成本相对增加。在这种背景下，以文件系统作为数据管理手段已经不能满足需求了。为解决多用户、多应用共享数据的需求，使数据为尽可能多的应用服务，数据库（database）技术应运而生，出现了统一管理数据的软件系统——数据库管理系统（database management system，DBMS）。

4.2.1 数据库管理系统

文件和数据库都是长期存储数据的载体，但数据库是有组织的、可以被不同应用程序以统一方式存取的大量数据的集合。如图 4.3 所示，数据库管理系统管理着数据库中所有信息，也为应用软件提供了一个统一的访问方式。

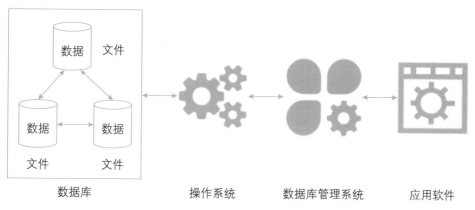

图 4.3　数据库管理系统

数据库管理系统的主要功能包括以下几方面。

（1）数据库的建立与维护功能。包括创建数据库及对数据库空间的维护、数据库的备份与恢复功能、数据库的重组功能、数据库的性能监视与调整功能等。这些功能一般是通过数据库管理系统中提供的一些实用工具实现的。

（2）数据定义功能。包括定义数据库中的对象，如表、视图、存储过程等。

（3）数据组织、存储和管理功能。为提高数据的存取效率，数据库管理系统需要对数据进行分类存储和管理。数据库管理系统要确定这些数据的存储结构、存取方法、存储位置以及如何实现数据之间的关联，以提高存储空间利用率和存取效率。

（4）数据操作功能。包括对数据库数据的查询、插入、删除和更改操作。

（5）其他功能。包括与其他软件的网络通信功能、不同数据库管理系统间的数据传输功能以及互访问功能等。

4.2.2　数据库的概念模型

概念模型指从用户的角度来对数据进行建模，主要用于数据库设计。表 4.1 展示了从某房屋中介网站搜索得到的 7 条房源信息，每条信息又有不同的数据项。

表 4.1　房源信息

房源标题	总价/万元	单价/（元/m²）	房型	楼层	朝向	装修	面积/m²	联系人	联系电话
保利海德公馆	152	18 411	2室2厅	高楼层/共32层	南	简装	82.56	王	13***77
万卷府	140	15 028	3室2厅	高楼层/共32层	南	精装	93.16	王	13***77
二七新村	114	13 910	2室2厅	高楼层/共6层	南北	精装	81.96	王	13***77
恒大雅苑	123	12 884	2室2厅	高楼层/共29层	南	精装	95.47	李	13***88
五环花苑	276	13 311	4室2厅	中楼层/共12层	南北	精装	207.35	李	13***88
恒大绿洲	128	9205	3室2厅	中楼层/共25层	南北	精装	139.06	赵	13***99
鑫苑名家	125	15 068	2室2厅	中楼层/共33层	南北	精装	82.96	赵	13***99

概念模型也称信息模型，涉及的基本概念如下所示，如某只老虎。实体集是同一类型实体的集合，某动物园的所有老虎是一个实体集。

实体（entity）：客观存在并可相互区别的事物。在划分实体时，首先要按现实世界中事物的自然划分来定义。例如，每条房源信息是客观存在的、可以相互区别的事物，可以被划分为一个实体。

属性（attribute）：实体具有的某一特性被称为属性。一个实体可以由若干属性来描述，如房源信息有房源标题、总价（万元）、单价（元/m²）、房型、楼层、总楼层、朝向、装修和面积（m²）、联系人、联系人电话等 10 个属性。

码（key）：用于唯一标识实体的属性集。在房源信息中，没有能唯一标识实体的属性集。

域（domain）：属性的取值范围称为域。例如，房屋面积假设在 1 ～ 1000 m²，面积属性的域就是（1 ～ 1000）；而楼层只能是"高楼层""中楼层"和"低楼层"三个值，因此，楼层属性的域就是（高楼层、中楼层、低楼层）。

4.2.3　关系型数据库

关系型数据库（relational database）采用二维表格来存储数据，是一种按行与列排列的、具有相关信息的逻辑组。在用户看来，一个关系模型的逻辑结构是一张二维表，由行和列组成。这个二维表就叫关系。通俗地说，一个关系对应一张表。一个数据库可以包含任意多个数据表。

关系模型中有以下几个基本术语。

（1）关系。关系（relation）就是二维表，它满足以下条件。

① 关系中的每一列都是不可再分的基本属性。例如，表 4.1 所示的表格不符合关系条件，因为"楼层"列不是基本属性，它包含了房源楼层和楼层总数。这个关系可以表示为：（房源标题、总价（万元）、单价（元/m²）、房型、楼层、总楼层、朝向、装修、面积（m²）、联系人和联系人电话）。

② 一个关系中的各属性不能重名。

③ 关系中的行、列次序并不重要，如交换列的前后顺序（如在表 4.1 中，将"朝向"放置在"装修"的后边）不影响其表达的语义。交换第一行和第二行也不影响语义。

（2）元组。元组（tuple）是事物特征的组合，用来描述一个具体的事物。关系中的每一行数据称为一个元组。

关系是元组的集合。如果关系有 n 个列，则称该关系是 n 元关系。关系中的元组不允许完全相同，因为存储值完全相同的两行或多行数据并没有实际意义。

在数据库中有两套标准术语，一套用的是表、行、列；另外一套即关系（对应表）、元组（对应行）和属性（对应列），它们是等价的。

（3）主键和外键。主键（primary key，PK）也称为主关键字，是关系中用于唯一确定一个元组的一个属性或最小的属性组。主键可以由一个属性组成，也可以由多个属性共同组成。例如，学号可以唯一地确定一个学生，学生表就可以以学号作为主键。一个学生可以选修多门课程，而一门课程也可以有多个学生选修，将学号、课程号组合起来才能共同确定一个选课，这种多个属性共同组成的主键称为复合主键。选课表中使用了学生表中的主键和课程表中的课程号主键，这两个来自其他表的主键被称为选课表的外部主键，简称外键（foreign key，FK）。

学生表和课程表中的主键都有业务含义，这种主键被称为业务主键或自然主键。主键经常在其他表中使用（如选课表中使用了学生表和课程表的主键）。如果它被修改（如学号增加了1位），在其他表中作为外键的学号也要同步修改。为了减小主键修改对业务系统的影响，近年来倾向于采用一个与当前表中逻辑信息无关的字段作为其主键，称为逻辑主键或代理主键。如果关系没有业务主键，也需要为其增加一个属性作为逻辑主键。

表4.2是根据表4.1形成的关系，添加了一个名为"id"的属性作为逻辑主键（值取自递增的数字可以不连续，但不能重复），以唯一地确定一个元组。

表 4.2　房源表（关系）

id	房源标题	总价 / 万元	单价 / （元 /m²）	房型	楼层	总楼层	朝向	装修	面积 / m²	联系人	联系 电话
1	保利海德 公馆	152	18 411	2 室 2 厅	高楼层	共 32 层	南	简装	82.56	王	13***77
2	万卷府	140	15 028	3 室 2 厅	高楼层	共 32 层	南	精装	93.16	王	13***77
6	二七新村	114	13 910	2 室 2 厅	高楼层	共 6 层	南北	精装	81.96	王	13***77
7	恒大雅苑	123	12 884	2 室 2 厅	高楼层	共 29 层	南	精装	95.47	李	13***88
9	五环花苑	276	13 311	4 室 2 厅	中楼层	共 12 层	南北	精装	207.35	李	13***88
10	恒大绿洲	128	9205	3 室 2 厅	中楼层	共 25 层	南北	精装	139.06	赵	13***99
15	鑫苑名家	125	15 068	2 室 2 厅	中楼层	共 33 层	南北	精装	82.96	赵	13***99

表4.2的设计并没有完全遵循关系型数据表的设计原则，后两列出现了大量重复数据，实际上应形成第二个关系——"联系人"表，供房源表引用。为简单起见，这里仅使用一个表来表达房源信息。

4.2.4　结构化查询语言 SQL

SQL（structured query language，结构化查询语言）是处理关系数据库的标准语言。SQL 可用于插入、搜索、更新和删除数据库记录；也可以执行许多其他操作，包括优化和维护数据库。

SQL 按照实现的功能不同，主要分为 4 类：数据定义语言、数据查询语言、数据操纵语言和数据控制语言。其中每类语言对应的语句如表 4.3 所示。

表 4.3 SQL 的 4 类语言及对应的语句

SQL 的 4 类语言	语　　句
数据定义语言	CREATE、DROP、ALTER
数据查询语言	SELECT
数据操纵语言	INSERT、UPDATE、DELETE
数据控制语言	GRANT、REVOKE

下面分别介绍 SQL 的 4 类语言。

（1）数据定义语言。在数据定义语言 (data definition language，DDL) 中，CREATE 负责数据库对象的建立，如数据库、数据表、数据库索引、视图等对象都可以用 CREATE 语句来建立；ALTER 负责数据库对象的修改，用户依照要修改的程序来决定使用的参数；DROP 用于删除数据库对象，用户只需要指定要删除的数据库对象名称即可。

（2）数据查询语言。数据查询语言（data query language，DQL）只有 SELECT 一个语句，主要用于查询数据库中的各种数据对象，其基本结构是 SELECT 子句、FROM 子句和 WHERE 子句组成的查询块，如下所示：

```
SELECT  <字段名>
FROM    <表或视图名>
WHERE   <查询条件>;
```

即根据查询条件，从表或视图中提取需要的字段。

（3）数据操纵语言。数据操纵语言（data manipulation language，DML）主要用于处理数据库中的数据，包括 INSERT、UPDATE 和 DELETE 3 个语句，供用户对数据库中的数据进行插入、更新和删除操作。其中 INSERT 用于向数据表中插入数据，可以一次插入一条数据，也可以将 SELECT 查询子句的结果集插入指定数据表；UPDATE 用于依据给定条件，将数据表中符合条件的数据更新为新值；DELETE 用于从数据库对象中删除数据。语句可以用 WHERE 子句来指定数据范围；若不加 WHERE 子句，则访问全部数据。

（4）数据控制语言。数据控制语言（data control language，DCL）用于控制数据的访问权限和修改数据库结构的操作权限，由 GRANT 和 REVOKE 两个语句组成。用户可通过授权和取消授权语句来实现相关数据的存取控制，以保证数据库的安全性。

4.2.5 MySQL 数据库管理

MySQL 是一款安全、跨平台、高效的数据库管理系统，其社区版是开源数据库，可以免费使用。MySQL 最新版本（2022 年）为 8.0，但 MySQL 5.5 的安装比较简单，适合初学者使用。

1. MySQL 服务器程序的下载和运行

由于 MySQL 5.5 服务器[①]（如果无特别说明，MySQL 指服务器程序）不是最新版本，故只能在 archives 栏目中下载。

在浏览器地址键入 https://downloads.mysql.com/archives/community/，进入下载界面，如图 4.4 所示。建议选择 5.5.58 版本。操作系统及相应位数请读者根据自己的实际情况选择。MSI Installer 版本的程序需要安装。ZIP 版本的程序无须安装，解压即可以使用。

图 4.4　MySQL 社区版下载界面

将下载的文件解压（以 ZIP 版本、C 盘根目录为例）。为了操作方便，将新生成的目录命名为 mysql55，结果如图 4.5 所示。其中 bin 目录保存用来操作数据的可执行文件。

如图 4.6 所示，右击左下角的"开始"按钮，选择 Windows PowerShell 命令。

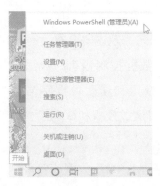

图 4.5　MySQL 的主目录　　　图 4.6　以管理员身份打开 Windows PowerShell 窗口

---

① 安装数据库服务器程序的计算机被称为数据库服务器。服务器在不同语境下有不同的含义，可以指软件，也可以指硬件。

进入 Windows PowerShell 窗口，初始界面表示当前的目录是 C:\WINDOWS\system32，如图 4.7 所示。

图 4.7　Windows PowerShell 窗口的初始界面

如图 4.8 所示，输入"cd \mysql55"（注意 cd 后面有空格），按 Enter 键，将 MySQL 的主目录 C:\mysql55 设置为当前目录。

输入 cd \bin，按 Enter 键，将 bin 目录设置为当前目录。

输入".\mysqld --install mysql55"，按 Enter 键（注意第一个字符是"."，表示运行当前目录下的程序），运行 bin 目录中的 mysqld 程序，将 MySQL 注册成名为 mysql55 的服务（服务名不一定和 MySQL 主目录同名）。如果成功，则提示 Service successfully installed。

图 4.8　运行 bin 目录中的 mysqld 程序安装服务

如果该服务已经安装，结果如图 4.9 所示，显示"The service already exists！"并提示当前服务的安装路径。

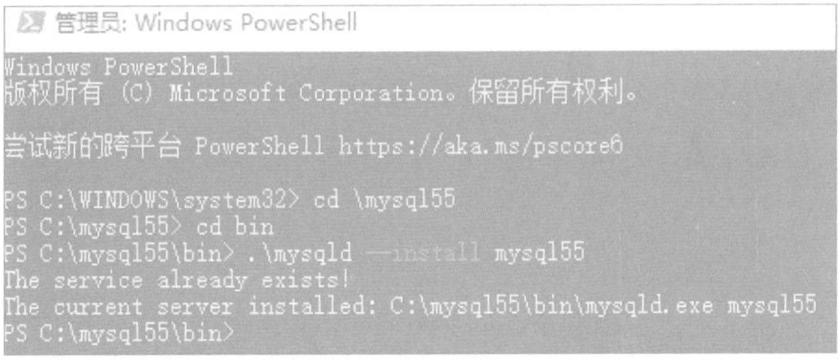

图 4.9　服务已经安装

输入"net start mysql55"，启动名为 mysql55 的 MySQL 服务，成功后会提示："服务已经启动成功"，如图 4.10 所示。

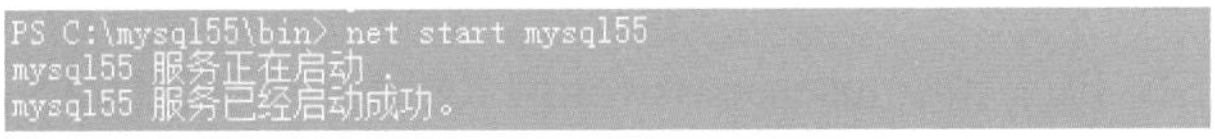

图 4.10　启动 MySQL 服务

继续在命令窗口输入"services.msc"来查看服务情况。如图 4.11 所示，服务 mysql55 正在运行，其启动类型为"自动"（在 Windows 系统启动后自动启动）。可以通过左侧的菜单对服务进行"停止""暂停"和"重启动"操作。

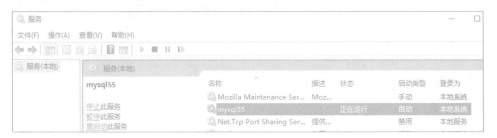

图 4.11　通过 Windows 界面查看服务运行情况

可以使用".\mysql –version"来查看安装成功的 MySQL 的版本。

如果不再需要 MySQL，可以停止服务并删除服务。在 PowerShell 窗口中，停止服务的命令是"net stop mysql55"。只能在 PowerShell 窗口中删除服务，其命令是".\mysqld --remove mysql55"。

2. 首次使用 MySQL 服务器

MySQL 安装成功后，只有一个超级用户 root，而且它的密码为空。

MySQL monitor 是一个基于命令行的客户端。可以在 bin 目录下输入".\mysql -uroot -p"按 Enter 键后出现"enter password"。由于没有密码，就直接以超级用户身份登录服务器。

成功登录后，会出现如图 4.12 所示的欢迎界面。界面仍然是基于命令行的，但提示符已经变成 mysql>，说明已经准备好接收数据库操作命令了。

```
Welcome to the MySQL monitor.  Commands end with ; or \g.
Your MySQL connection id is 2
Server version: 5.5.58 MySQL Community Server (GPL)

Copyright (c) 2000, 2017, Oracle and/or its affiliates. All rights reserved.

Oracle is a registered trademark of Oracle Corporation and/or its
affiliates. Other names may be trademarks of their respective
owners.

Type 'help;' or '\h' for help. Type '\c' to clear the current input statement.

mysql>
```

图 4.12　MySQL monitor 的欢迎界面

为了保证安全，要为 root 用户设置密码。设置步骤如下。

（1）输入"use mysql;"（注意命令以分号结尾，下同），打开 mysql 数据库。

（2）输入"UPDATE user SET password=PASSWORD("xxxx") WHERE user = 'root';"修改 root 用户的密码，其中"xxxx"为新密码。

（3）输入"flush privileges;"，使新密码生效。

（4）输入"SELECT host, user, password FROM user WHERE user = 'root';"可以查看生效情况。在图 4.13 中，密码不为空，表示密码已经生效（以密文显示）。

```
mysql> SELECT host, user, password FROM user WHERE user = 'root';

| host      | user | password                                  |

| localhost | root | *F9DB6D466DBF97FE0D451E715F4DB9B479E39ABA |
| 127.0.0.1 | root | *F9DB6D466DBF97FE0D451E715F4DB9B479E39ABA |
| ::1       | root | *F9DB6D466DBF97FE0D451E715F4DB9B479E39ABA |

3 rows in set (0.04 sec)
```

图 4.13　root 密码修改生效

以后再登录 MySQL，可以输入".\mysql -uroot -p"按 Enter 键后出现"enter password"时，输入设置的密码即可。

为了简单起见，本书使用 root 账户来操作数据库。但在生产环境中，一般用户不能使用 root 账户。

3. MySQL 服务器和客户端

MySQL 服务器安装成功后，要通过客户端连接服务器并发送命令来操作数据库（见图 4.14）。MySQL 常用的客户端有 3 个：MySQL monitor 是和安装程序一起被安装的，可以直接使用（上文中利用该程序完成了 root 用户的密码修改）。MySQL Workbench 是 MySQL 提供的一个图形界面的免费客户端程序；HeidiSQL（https://www.heidisql.com/download.php）是一个第三方的、基于图形界面的免费客户端程序。

在教学环境中，服务器程序和客户端程序被安装在同一台计算机上，但读者要理解它们是完全不同的概念。

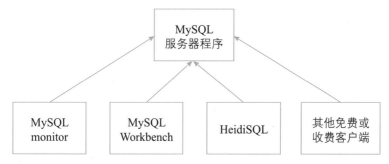

图 4.14　MySQL 的服务器程序和客户端

4.2.6　基于 MySQL monitor 的基本数据库操作

1. 数据库管理

（1）创建数据库。在 MySQL 中，创建数据库的语法格式[①]如下：

```
CREATE DATABASE | SCHEMA  [ IF NOT EXISTS ]  <db_name>
[ [ DEFAULT ]  CHARACTER  SET  <charset_name> ]
```

---

① 在命令语法中，"|"前后选项取且仅取其一，方括号包围起来的部分是可选项，尖括号包围起来的部分是必选项。

语法格式说明如下。

① CREATE DATABASE | SCHEMA 是创建数据库的命令。创建数据库时，使用 DATABASE 和 SCHEMA 其中的一个即可。

② IF NOT EXISTS 的作用是当要创建的数据库名已经存在时，会给出错误信息。创建数据库时，为了避免和已有的数据库重名，可以加上 IF NOT EXISTS。

③ db_name 是数据库名。

④ [DEFAULT] CHARACTER SET <charset_name> 是指为数据库设置默认字符集，其中 charset_name 可以替换为具体的字符集。

如果在创建数据库时省略了上述字符集和校对规则的设置，MySQL 将采用当前服务器在数据库级别上的默认字符集和默认校对规则。

通过以下命令创建名称为 apartments 的数据库，设置默认字符集为 utf-8：

```
CREATE DATABASE IF NOT EXISTS apartments DEFAULT CHARACTER SET utf-8
```

（2）删除数据库。删除数据库是指在数据库系统中删除已经存在的数据库。删除成功之后，原来分配的空间将被收回。如果数据库中已经包含了数据表和数据，则删除数据库时，这些内容也会被删除。因此，删除数据库之前最好先对数据库进行备份操作。

删除数据库的语法格式如下：

```
DROP  DATABASE  [ IF EXISTS ]  db_name;
```

通过以下命令删除数据库 apartments：

```
DROP DATABASE IF EXISTS apartments;
```

2. MySQL 数据表管理

（1）创建数据表。创建数据表就是定义数据表的结构。数据表由行和列组成，创建数据表的过程就是定义数据表中列的过程，即定义字段的过程。

创建数据表使用 CREATE TABLE 语句，其基本语法格式如下：

```
CREATE  TABLE  [ IF NOT EXISTS ]  <表名>
[ ( [ <字段定义>], …, | [<索引定义>] ) ]
```

语法格式说明如下。

① IF NOT EXISTS：用于判断数据库中是否已经存在同名的表，若不存在则执行 CREATE TABLE 操作。若数据库中已经存在同名表，则创建数据表时会出错。为避免此情况，可使用 IF NOT EXISTS。

② <表名>：要创建的表名，最多可有 64 个字符，不区分大小写，不允许重名，不能使用 MySQL 中的关键字。

③ <字段定义> 的书写格式如下：

```
<字段名> <数据类型>  [AUTO_INCREMENT]
```

其中 AUTO_INCREMENT 用于设置自增属性值。

以下 SQL 命令可以在 apartments 数据库中建立房源表 for_sales，以便保存表 4.2 中的数据。

```
CREATE TABLE IF NOT EXISTS 'for_sales'(
    'id' INT AUTO_INCREMENT,
    'biaoti' VARCHAR(100),
    'zongjia' FLOAT,
    'danjia ' FLOAT,
    'fangxing' VARCHAR(20),
    'louceng' VARCHAR(20),
    'zonglouceng' VARCHAR(10),
    'chaoxiang' VARCHAR(10),
    'zhuangxiu' VARCHAR(20),
    'mianji' FLOAT,
    'xingming' VARCHAR(50),
    'dianhua' VARCHAR(20),
    PRIMARY KEY ( 'id')
);
```

执行该语句后，便创建了房源表 for_sales。该数据表中含有 12 个字段，其中第 2 行的 AUTO_INCREMENT 表示 id 字段的值是自动增长的，可以不输入；最后一行表示 id 字段是该表的主键。

（2）删除数据表。若某个表不再使用，可将其删除。删除后，该表的结构和数据均会被删除。在 MySQL 中，使用 DROP TABLE 可以删除一个或多个表，语法格式如下：

```
DROP  TABLE  [ IF EXISTS ]  <表名 >;
```

其中，IF EXISTS 为可选项，用于在删除前判断被删除的表是否存在。若不存在，SQL 语句可以顺利执行，但会发出警告。若不加 IF EXISTS 且被删除的表不存在，MySQL 会报错。

以下命令会删除表 for_sales：

```
DROP TABLE IF EXISTS for_sales;
```

3. 数据表中数据的操纵

如果要对数据进行各种更新操作，包括添加新数据、修改数据和删除数据，则要使用数据操纵语句 INSERT、UPDATE 和 DELETE 来完成。数据操纵语句可修改数据库中的数据，但不返回结果集。

（1）添加数据。MySQL 使用 INSERT 语句添加数据。可以添加一行记录的所有数据，也可以添加一行记录的部分数据，还可以添加多行数据。

在数据表中添加一行新记录的数据的语法格式如下：

```
INSERT INTO <表名 > [(<字段名 1>[,<字段名 2>…])] VALUES (<值 >);
```

其中，<表名 > 是指要添加新记录的表；< 字段名 n> 是可选项，指定待添加数据的字段；VALUES 子句指定待添加数据的具体值。字段名的排列顺序不一定要和表定义时的顺序一致，但当指定字段时，VALUES 子句中值的排列顺序必须和指定字段名的排列顺序一致，个数相等，数据类型一一对应。

以下语句可以将表 4.2 的内容全部添加到 for_sales 表中。

```
INSERT INTO for_sales VALUES(1,'保利海德公馆',152,18411,'2室2厅','高
楼层','共32层','南','简装',82.56,'王','13***77');
INSERT INTO for_sales VALUES(2,'万卷府',140,15028,'3室2厅','高楼层',
'共32层','南','精装',93.16,'王','13***77');
INSERT INTO for_sales VALUES(6,'二七新村',114,13910,'2室2厅','高楼
层','共6层','南北','精装',81.96,'王','13***78');
INSERT INTO for_sales VALUES(7,'恒大雅苑',123,12884,'2室2厅','高楼
层','共29层','南','精装',95.47,'李','1.3**88');
INSERT INTO for_sales VALUES(9,'五环花苑',276,13311,'4室2厅','中楼
层','共12层','南北','精装',207.35,'李','1.3**88');
INSERT INTO for_sales VALUES(10,'恒大绿洲',128,9205,'3室2厅','中楼
层','共25层','南北','精装',139.06,'赵','1.3**99');
INSERT INTO for_sales VALUES(15,'鑫苑名家',125,15068,'2室2厅','中楼
层','共33层','南北','精装',82.96,'赵','1.3*99');
```

> 注意：
>
> ① 必须用逗号将各个数据分开，字符型数据要用引号括起来。
>
> ② 如果 INTO 子句中没有指定字段名，则新添加的记录必须在每个字段上均有值，且 VALUES 子句中的值的排列顺序要和表中各个字段的排列顺序一致。
>
> ③ 自增型的 id 可以指定值，也可以不指定。如果不指定，就要在 VALUES 子句之前列举 11 个字段名，并用括号包围起来。

（2）修改数据。修改数据即对数据表中已经存在的数据进行修改。在 MySQL 中，使用 SQL 语句修改数据表中数据的格式如下：

```
UPDATE <表名>
SET <字段名>=<表达式>[,<字段名>=<表达式>]...
[WHERE <条件>]
```

其中，<表名> 指要修改的表；SET 子句给出要修改的字段及其修改后的值；WHERE 子句指定待修改的记录应当满足的条件，WHERE 子句省略时，修改表中的所有记录。

如果想将所有"中楼层"改成"中"，可以运行以下语句：

```
UPDATE for_sales SET louceng='中'  WHERE louceng = '中楼层'
```

（3）删除数据。删除数据是指删除数据表中已经存在的数据。在 MySQL 中，用户可以用 SQL 语句中的 DELETE 语句来删除数据表中的一行或多行记录。

使用 SQL 语句删除数据的语法格式如下：

```
DELETE
FROM <表名>
[ WHERE <条件> ]
```

如果想将所有总价和单价都小于 1 的记录删除，可以运行以下语句：

```
DELETE FROM for_sales WHERE zongjia < 1 AND danjia  < 1
```

即使删除了所有记录，表仍然是存在的。

4. 数据表中数据的查询

数据查询是数据库中最常用的操作，用户通过查询操作可得到所需的信息。关系（表）的 SELECT 语句的一般语法格式如下：

```
SELECT [ALL|DISTINCT] <字段名> [AS 别名] [{,<字段名> [AS 别名]}]
FROM <表名或者视图名> [[AS] 表别名]
[WHERE <检索条件>]
[ORDER BY <列名> [ASC | DESC]]
```

整个 SELECT 语句的含义是：根据 WHERE 子句的条件表达式从 FROM 子句指定的基本表或视图中找出满足条件的记录，再按 SELECT 子句中的目标列表达式选出记录中的属性值形成结果表。与添加、修改和删除语句不同，SELECT 语句不改变表的状态。

如果有 ORDER BY 子句，则结果表还要按 <列名> 值的升序或降序排序（默认为升序）。

运行以下 SQL 语句，可以按总价升序查询所有面积大于 90 m^2 的房源：

```
SELECT biaoti, mianji, zongjia, louceng
   FROM for_sales WHERE mianji > 90
   ORDER BY zongjia
```

4.2.7 基于 HeidiSQL 的基本数据库操作

HeidiSQL 是一个免费的开源数据库管理工具，可以查看和编辑多种类型的数据库，如 MariaDB、MySQL、Microsoft SQL、PostgreSQL 和 SQLite。它可以连接到多个本地和 / 或远程数据库服务器。

1. 下载和安装

访问 https://www.heidisql.com/，单击主菜单中的 Downloads，可以看到不同形式的安装包，如图 4.15 所示。Portable 版本是一个压缩包，解压后，可以直接运行其中的可执行文件，无须安装。

图 4.15　下载 Portable-64 版本

单击 Portable-64，会出现如图 4.16 所示的界面，单击 64-bit（适用于 64 位的 Windows 系统），可以得到一个名为 HeidiSQL_XX.X_64_Portable.zip 的文件（其中 XX.X 为版本号）。

图 4.16　下载 64 位的 Portable 版本

解压压缩包，运行 heidisql.exe 文件即可启动数据库客户端。

2. 连接

打开客户端，如果没有和数据库连接，会出现如图 4.17 所示的界面，用户需要创建一个会话（连接）。单击左下角的"新建"按钮，会创建一个名为 Unnamed 的会话。

图 4.17　创建会话

如图 4.18 所示，在会话上右击，选择"重命名"命令，将会话名称修改为 MySQL55，右侧信息保持默认，在"密码"一栏中输入 root 账户对应的密码，单击"打开"按钮，即可和数据库建立连接。

图 4.18　重命名会话、建立和数据库服务器的连接

如图 4.19 所示，客户端会显示所有数据库。单击前面章节创建的数据库 apartments 左侧的三角符号，可以显示数据库表 for_sales。单击该表，右侧会显示它的基本信息，同时底部也会显示操作所对应的 SQL 语句。可以修改字段的信息，单击"保存"按钮来保存修改的内容。

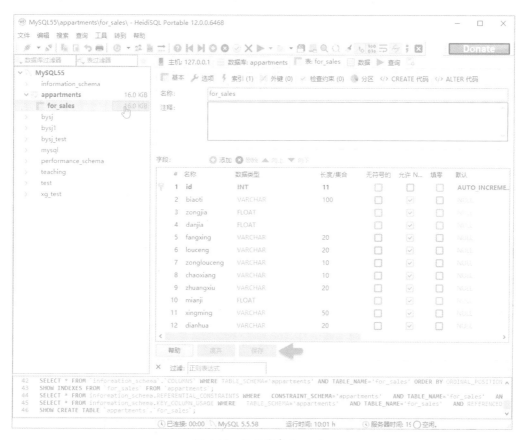

图 4.19　数据库表 for_sales

单击"数据"选项卡，可以看到要查询的所有记录，同时在底部出现相应的 SQL 语句，如图 4.20 所示。可以双击每个需要修改的字段值，完成信息修改。

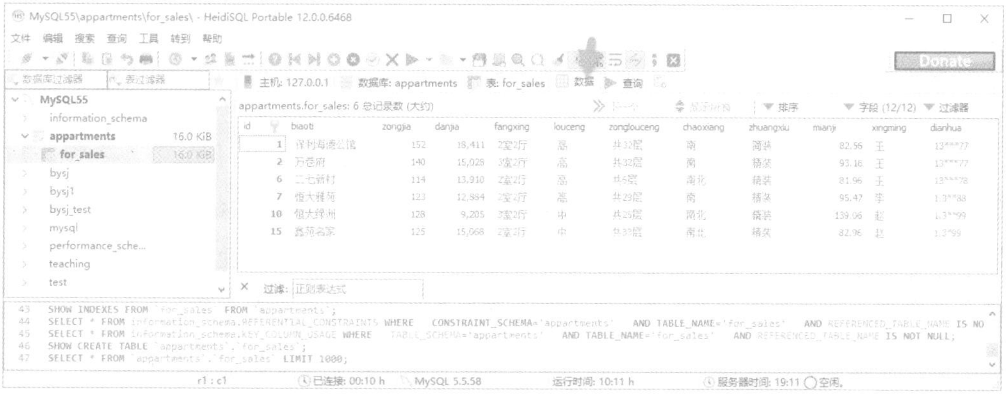

图 4.20　查看所有的记录

单击"查询"选项卡，可以打开 SQL 命令窗口，在窗口中输入以下命令：

```
SELECT biaoti, mianji, zongjia, louceng
    FROM for_sales WHERE mianji > 90
    ORDER BY zongjia
```

单击查询（指向右侧的蓝色三角）按钮，即可运行该命令，结果在中间窗口显示出来，如图 4.21 所示。

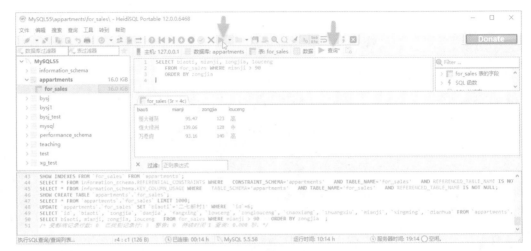

图 4.21　使用"查询"窗口

HeidiSQL 提供了基于图形界面管理数据库的功能，用户不需要记忆 SQL 命令，就可以完成数据管理。

4.3　NoSQL 数据库

在大数据时代，数据类型繁多，半结构化和非结构化的数据成为主流数据形式。关系型数据库由于模型不够灵活，已经无法满足大规模半结构化及非结构化数据的存储要求。NoSQL（not only SQL）是对非关系型数据的统称。NoSQL 数据库基于键值、列族、文档等非关系模型来组织数据，没有固定的表结构，数据约束也比较宽松，更适合海量的非结构化数据存储。

4.3.1　NoSQL 的发展背景

关系型数据具有高可靠性，特别适合银行、企业信息系统等应用场景。在 Web 2.0 时代，每个用户都是信息的生产者，其购物、社交、搜索等网络行为都会产生大量数据。主流的社交平台或电子商务平台每天可以产生数以亿计的数据，使用关系型数据库处理海量数据，效率十分低下。同时，平台的实时性要求信息时刻变化，每秒钟可能会产生数万次数据访问，这也对关系型数据库提出了难以应对的挑战。而且，某些平台数据可能在短时间内呈现出爆发性的增长，例如，因为热点事件而导致数据库负荷急剧上升，需要数据库能在短时间内迅速提升性能来应对这些突发事件，而关系型数据库难以通过增加设备来扩展性能。Web 2.0 系统通常对数据一致性不十分敏感，如社交媒体用户发送信息后不能马上被读取，也不会造成重大影响，没必要利用关系型数据库的关键优势。

总之，当前数据管理的需求已经和传统信息系统有了明显的区别，关系型数据库解决 Web 2.0 时代的存储需求时出现了"既不可能，也不必要"的匹配错位问题，而 NoSQL 为这一问题的解决提供了新的解决方案。

4.3.2　NoSQL 数据库的类型

当前，主流的 NoSQL 数据库有 Redis、MongoDB、Memcache、LevelDB、Cassandra、HBase 等。一般将 NoSQL 数据库分为键值数据库、列族数据库、文档数据库和图数据库。

1. 键值数据库

键值（key-value）数据库将数据存储为键值对集合，其中键作为唯一标识符。键和值都可以是从简单对象到复杂复合对象的任何内容。键值数据库的优势是在大量写操作时速度非常快，劣势是条件查询效率较低。键值数据库具有良好的伸缩性，理论上几乎可以实现数据量的无限扩展。键值数据库可以进一步划分为内存键值数据库和持久化（persistent）键值数据库，其中内存键值数据库把数据保存在内存中，如 Redis 和 Memcached；持久化键值数据库在外存（磁盘或固态盘）中保存数据，如 BerkeleyDB、Voldemort 和 Riak。

表 4.1 所示的房源信息的部分数据可以定义成如表 4.4 所示的键值对。键由实体名称、id 及属性名组成，值为对应的属性值。

表 4.4　房源信息中部分键值的对应关系

键	值
for_sales:1:biaoti	保利海德公馆
for_sales:2:biaoti	万卷府
for_sales:6:biaoti	二七新村
for_sales:1:zongjia	152
for_sales:2:zongjia	140
for_sales:6:zongjia	114

2. 列族数据库

列族（column family）数据库由多个行组成，每行数据包含多个列族，行键是每行数据的唯一标识符。不同的行可以有不同数量的列族，属于同一列族的数据会被存放在一起。列族数据库查找速度快，可扩展性强，复杂性低，代表性的软件有

HBase、Cassandra 等。

表 4.1 所示的房源信息的部分数据可以定义成如表 4.5 所示的列族数据库。每一行有一个行键作为唯一标识符，第 1 个列族"房源信息"有 8 个列，第 2 个列族"联系人"有 2 个列。

表 4.5　房源信息列族数据库表示

行键	房源信息								联系人	
	房源标题	总价/万元	单价/（元/m²）	房型	楼层	朝向	装修	面积/m²	姓名	电话
1	保利海德公馆	152	18 411	2室2厅	高楼层/共32层	南	简装	82.56	王	13***77
2	万卷府	140	15 028	3室2厅	高楼层/共32层	南	精装	93.16	王	13***77
6	二七新村	114	13 910	2室2厅	高楼层/共6层	南北	精装	81.96	王	13***77
7	恒大雅苑	123	12 884	2室2厅	高楼层/共29层	南	精装	95.47	李	13***88
9	五环花苑	276	13 311	4室2厅	中楼层/共12层	南北	精装	207.35	李	13***88
10	恒大绿洲	128	9205	3室2厅	中楼层/共25层	南北	精装	139.06	赵	13***99
15	鑫苑名家	125	15 068	2室2厅	中楼层/共33层	南北	精装	82.96	赵	13***99

3. 文档数据库

文档（document）数据库是以 JSON（JavaScript object notation，JS 对象标记）、XML（extensible markup language，可扩展标记语言）或其他格式形成的文档作为存储的基本单位，多个文档构成一个集合。文档数据库可以非常方便地保存复杂的数据结构（如嵌套对象），代表性的软件有 MongoDB、CouchDB 等。

表 4.1 所示的房源信息可用一个如图 4.22 所示的集合来表示。该集合包含两个文档，分别代表第 1 个和第 2 个房源，其中 _id 属性是唯一标识符。

4. 图数据库

图（graph）数据库是一个数学概念，包括顶点及连接顶点的边。图数据库专门用于处理具有高度关联关系的数据，比较适合于社交网络、模式识别、依赖分析、推荐分析及路径分析等问题。图数据库在复杂关系相关的应用中具有很高的性能，代表性软件有 Neo4J、OrientDB 等。

基于 Neo4J 图数据库，表 4.1 中 id 为 1 的房源信息可用图 4.23 所示的方式保存。

```
{
    "_id": "1",
    "房源": {
        "房源标题": "保利海德公馆",
        "总价": "152",
        "单价": "18411",
        "房型": "2 室 2 厅",
        "楼层": "高楼层",
        "总楼层": "共 32 层",
        "朝向": "南",
        "装修": "简装",
        "面积": "82.56"
    },
    "联系人": {
        "姓名": "王",
        "电话": "13***77"
    }
}

{
    "_id": "2",
    "房源": {
        "房源标题": "万卷府",
        "总价": "140",
        "单价": "15028",
        "房型": "3 室 2 厅",
        "楼层": "高楼层",
        "总楼层": "共 32 层",
        "朝向": "南",
        "装修": "精装",
        "面积": "93.16"
    },
    "联系人": {
        "姓名": "王",
        "电话": "13***77"
    }
}
```

图 4.22　使用文档数据库保存的房源信息

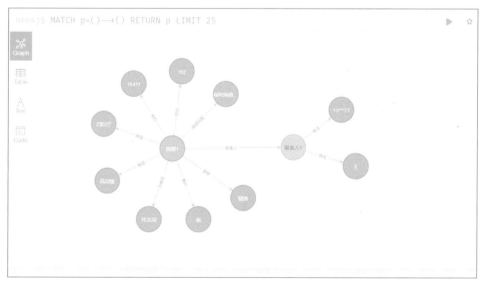

图 4.23　使用 Neo4 J 保存 id 为 1 的房源信息

　　Neo4J 自带的语句操作效率很低，生产环境中往往使用 Python 进行大规模处理，读者可以参考其他资料进行学习。

本章小结

　　本章介绍了数据存储技术，内容包括文件、传统数据库技术和 NoSQL 数据库。文件可在外部存储器中长期保存数据，但它没有使用统一的结构，一般只能被指定的应用程序访问，共享性不好，不适合管理大规模数据。数据库是有组织的大量数据集合，以统一的方式被不同应用程序共享。数据库管理系统是数据管理软件，它有数据定义、组织、存储、管理、操纵等功能。关系型数据库是传统数据库的主流形式，它用二维表来组织数据。SQL 是处理关系数据库的标准语言，包括数据查询语言、数据定义语言、数据操纵语言和数据控制语言四类。MySQL 是一款常用的数据库管理系统，可以通过 MySQL monitor 或其他客户端来访问数据库。在 Web 2.0 时代，数据量的高速增长、数据类型的日益多样化对关系型数据库提出了严峻的挑战，也催生了以灵活结构、高响应速度为特征的 NoSQL 数据库。NoSQL 数据库可以分为四大类：键值数据库、列族数据库、文档数据库和图数据库。

习题

　　1. 请简述使用文件存储数据的劣势。

　　2. 和文件相比，数据库管理和存储数据的优势在哪里？

　　3. 数据库服务器的概念是什么（从软件和硬件两个角度进行分析）？

　　4. 如何安装数据库服务器软件 MySQL 5.5？

　　5. 请写出 SQL 命令，查询表 for_sales 中总价在 150 万元以上的房源，以面积升序排序。

　　6. NoSQL 数据库兴起的原因是什么？

　　7. 请简述各类 NoSQL 数据库的主要特点。

第 **5** 章

数据预处理

高质量的决策依赖于高质量的数据。然而，从现实世界中直接采集到的数据大多是不完整、结构不一致、含噪声的数据，无法直接用于数据分析或挖掘，为了分析出有效的知识，就需要用到大数据关键技术中最容易被忽略却也极其重要的一项——数据预处理，以便得到高质量的数据。数据预处理往往要在一个大数据项目中花费 60% 左右的时间。

5.1 数据质量问题

5.1.1 现实世界的"脏"数据

因采集设备、采集环境和传输过程中的噪声以及重复录入、错误录入等问题，产生的无效数据被称为"脏"数据。这些数据不能为企业带来价值，反而会占据存储空间，还会"污染"其他数据。处理"脏"数据的工作十分重要，而且越早开始越好。常见的"脏"数据有以下几种。

1. 缺失数据

导致数据缺失的原因有很多种，如系统问题、人为问题等。数据中出现缺失值会影响分析结果，如数值字段中存在空值，可能会导致无法计算。数据的缺失主要包含记录的缺失和记录中某个字段信息的缺失，两者都会造成统计结果的不准确。例如源程序 3.3 获取的链家济南二手房数据，显然存在房源建造年份的缺失。如果出现了数据缺失情况，为了不影响数据分析结果的准确性，在数据分析时就需要进行补值，或者将空值排除在分析范围之外。

排除空值会减少数据分析的样本总量，这时可以选择性地纳入一些平均数、比例随机数等。若系统中还留有缺失数据的相关记录，可以通过系统再次引入；若系统中也没有这些数据记录，就只能补录或者直接放弃这部分数据。

2. 重复数据

相同的数据出现多次的情况相对而言更容易处理，因为只需要去除重复数据即可。但假如数据出现不完全重复的情况，例如某酒店 VIP 会员数据中，除了住址、姓名不一样，其余的大多数数据都是一样的，这种重复数据的处理就比较麻烦了。假如数据中有时间、日期，仍然可以以此作为判断标准来解决；但假如没有时间、日期这些数据，就只能通过人工筛选或自定义策略来处理了。

3. 错误数据

错误数据一般是因为数据没有按照既定规则进行记录而出现的。异常值是一种错误数据，如某个产品价格为 1 ～ 100 元，而统计中却出现了 200 元；格式错误也是常见的错误，如将文本内容录入为日期格式：2022/1/1。对于异常值，可以通过限定区间的方法进行排除；对于格式错误，需要通过系统内部的逻辑结构进行查找。

错误或异常数据的产生原因可能是数据采集设备有问题、在数据录入过程发生人为或计算机错误、数据传输过程中出现错误等。有时异常数据并不意味着是需要去除的错误数据，有些领域中异常数据是有用的，不可以作为噪声处理掉。若异常范围超出当前场景下属性可取值的范围，这样的异常值可以当作缺失值处理。

4. 不一致数据

不一致性主要包括数据记录的规范和数据逻辑的不一致性。数据记录不规范通常出现在相同数据有多个版本的情况下，存在数据不一致、数据内容冲突的问题。如不同数据库表中字段（性别）取值规则的不一致性，会造成数据合并困难。

A 数据表：male=1，female=2

B 数据表：male='男'，female='女'

C 数据表：male='M'，female='F'

数据逻辑一致性主要是指标统计和计算的一致性，例如优秀的分值应大于良好的分值。由于规则不同，85 这个分值在有的数据表中可能属于优秀，在有的表中却属于良好。

对于数据不一致性，很难从系统方面去解决，因为它并不属于真正的"错误"，系统并不能判断出"男"和 M 属于同一"事物"，因此只能通过人工干预的方法，做出匹配规则，用规则表去关联原始表。例如，一旦出现 M 这个数据就直接匹配到"男"。

5. 无效数据

虽然通常来说分析数据的实时性要求并不是太高，但并不意味着就没有要求。相关人员可以接受当天的数据要第二天才能查看，但如果数据要延时两三天才能出来，或者每周的数据分析报告要两周后才能出来，那么分析的结论可能已经失去时效性。另外，某些实时分析和决策需要用到小时或者分钟级的数据，这些需求对数据的时效性要求更高。因此，时效性要求也是数据质量的组成要素之一。

6. 不可用数据

有些数据虽然正确但却无法使用。例如地址为"上海浦东新区"，想要对"省""直辖市"级别的数据进行处理时，需要将"上海"拆分出来；想要对"区"级别的数据进行分析时，还需要将"浦东"拆分出来。这种情况的解决方案通常是用关键词匹配的方法，有时也不一定能够得到完美解决。

5.1.2 数据质量问题的产生原因

各类系统在运行过程中不断积累着数据。随着数据类型、数据来源的不断丰富以及数据量级的快速增长，在数据管理工作和数据流程中会面临越来越多的数据质量问题。

影响数据质量的因素包括客观因素和主观因素。客观因素指的是在数据各环节的流转过程中，由于系统异常和流程设置不当等因素而引起的数据质量问题。主观因素指的是在数据各环节的处理过程中，由于人员素质低、管理缺陷及操作不当等因素而引起的数据质量问题。数据质量问题可能产生于从数据源头到数据存储介质的各个环节。在数据采集阶段，数据的真实性、准确性、完整性、时效性都会影响数据质量。数据的加工、存储过程都有可能涉及对原始数据的修改，也可能引发数据的质量问题。因此，技术、业务、管理等多方面的因素都有可能会影响到数据质量。一般来讲，数据质量问题的产生原因有以下三方面。

1. 技术方面

（1）数据模型设计带来的质量问题。例如数据库表结构、数据库约束条件、数据校验规则的设计不合理，造成数据录入后无法校验或校验不当，引起数据重复、不完整、不准确。

（2）数据源存在质量问题。例如在信息系统中，数据的产生过程就存在重复、不完整、不准确等问题，这种情况比较常见。

（3）数据采集过程引发的质量问题。例如采集点、采集频率、采集内容、映射关系等采集参数和流程设置不正确，数据采集接口效率低，导致数据采集失败、数据丢失、数据映射和转换失败等。

（4）数据传输过程中产生的问题。例如数据接口本身存在问题、数据接口参数配置错误、网络不可靠等都会造成数据在传输过程中产生质量问题。

（5）数据存储过程产生的质量问题。例如数据存储设计不合理、数据存储能力有限及人为调整数据引起的数据丢失、数据失效、数据失真、记录重复等。

2. 业务方面

（1）业务需求不清晰。例如数据的业务描述、业务规则不清晰，导致无法构建出合理、正确的数据模型。

（2）业务需求的变更。这个问题通常对数据质量影响非常大。需求变更后，数据模型设计、数据录入、数据采集、数据传输、数据装载、数据存储等环节都会受到影响，稍有不慎就会导致数据质量问题的发生。

（3）业务端数据输入不规范。常见的数据录入问题有大小写、全半角、特殊字符等。人工录入的数据质量与业务人员密切相关。录入数据的人员工作严谨、认真，数据质量就相对较好，反之就较差。

（4）数据作假。相关人员为了提高或降低考核指标，会对一些数据进行调整处理，使数据的真实性无法得以保证。

3. 管理方面

（1）认知问题。企业管理缺乏数据思维，没有认识到数据质量的重要性，重系统而轻数据，认为系统是万能的，数据质量差些也没关系。

（2）缺乏数据认责机制。没有明确的数据归口管理部门或岗位，出现数据质量问题找不到负责人。

（3）缺乏数据规划。没有明确的数据质量目标，没有制定与数据质量相关的政策和制度。

（4）数据输入规范不统一。不同的业务部门、不同的时间甚至在处理相同业务的时候，由于数据输入规范不同，造成数据冲突或矛盾。

（5）缺乏有效的数据质量问题处理机制。数据质量问题的发现、指派、处理、优化没有统一的流程和制度支撑，数据质量问题无法形成闭环。

（6）缺乏有效的数据管控机制。对历史数据质量检查、新增数据质量校验没有明确和有效的控制措施，出现数据质量问题无法考核。

5.1.3 数据质量审核

不准确、不完整、不一致或者失去时效性的原始数据是很多已有数据集存在的共通性问题，需要通过不同方式的审核来发现。

1. 完整性审核

记录的完整性一般使用统计的记录数和唯一值个数进行审核。比如网站每天的日志记录数是相对稳定的，大概在 1000 万上下波动；若某天的日志记录数下降到了只有 100 万，那很有可能是日志记录缺失了。或者网站的访问记录应该在一天的 24 小时均有分布；如果某个时间段完全没有用户访问记录，那么很有可能网站在当时出了问题或者那个时刻的日志记录传输出现了问题。再如统计访客的地域分布时，一般会包括全国的 34 个省级行政区，如果统计的省级行政区个数少于 34，那么很有可能数据也存在缺失。

记录中字段的数据缺失情况，可以使用统计信息中空值（NULL）的个数进行审核。如果某个字段的值在理论上必然存在，比如访问的页面地址、购买的商品 ID 等，那么这些字段的空值个数的统计就应该是 0。对于这些字段，可以使用非空约束来保证数据的完整性。对于某些允许空的字段，比如用户的 Cookie 信息不一定存在（用户禁用 Cookie），但空值的占比基本恒定，比如 Cookie 为空的用户比例通常为 2%～3%。对于这些字段，同样可以使用统计的空值个数来计算空值占比。如果空值的占比明显增大，很有可能这个字段的记录出现了问题，信息出现缺失。

2. 准确性审核

数据的准确性可能存在于个别记录中，也可能存在于整个数据集中。如果整个数据集某个字段的数据存在错误，比如常见的数量级记录错误（万、千万混淆等）相对容易发现，利用数据的平均数和中位数就可以发现这类问题。当数据集中存在个别异常值时，可以使用最大值和最小值的统计量去审核。还有一些错误，如字符乱码或者字符被截断等，可以使用分布规律来发现这类问题。一般的数据记录基本符合正态分布或者类正态分布，那么那些占比异常小的数据项很可能存在问题。比如某个字符记录占总体的比例只有 0.1%（如爱吃的水果中可能出现了个别内容为面包），而其他字符记录的占比都在 3% 以上，那么很有可能这个字符记录有异常。采用一些专用的工具进行数据质量审核会自动标识出这类占比异常小的记录值。对于数值范围既定的数据，可以设立有效性范围限制，超过数据有效值域定义的数据记录则认为存在错误。

有时数据并没有显著异常，但记录的值仍然可能是错误的，只是这些值与正常的值比较接近。这类数据的准确性检验最困难，一般只能通过与其他来源或者统计结果进行比对来发现问题。例如，如果同时使用多套数据收集系统或者网站分析工具，那么通过不同来源的数据比对可以发现一些数据记录的准确性问题。

3. 一致性审核

如果数据记录格式有标准的编码规则，对数据记录的一致性检验就比较容易实现，只需要验证所有记录是否满足该编码规则即可，如使用字段的长度、唯一值个数等统计量。例如，假如用户 ID 的编码是 15 位数字，那么字段的最长和最短字符数都必须是 15；如果商品 ID 是字符 P 后面跟 10 位数字，那么所有数据都必须满足该标准；如果字段必须保证唯一，那么字段的唯一值个数跟记录总数应该是一致的，比如用户的注册邮箱。再如，省级行政区是统一编码的，那么记录的一定是"上海"而不是"上海市"，是"浙江"而不是"浙江省"。可以把这些唯一值映射到有效的 34 个省级行政区列表。如果无法映射，那么字段是通不过一致性检验的。

一致性审核中逻辑规则的验证相对比较复杂，很多时候指标统计逻辑的一致性验证需要原始数据。经常出现的一致性错误问题就是汇总数据和细分数据之和不一致，导致这类问题最可能的原因就是在数据细分的时候把那些无法明确归到某个细分项的数据给排除了。例如在细分访问来源的时候，如果无法将某些非直接进入的来源明确地归到"外部链接""搜索引擎""广告"等这些给定的来源分类，也不应该直接过滤掉这些数据，而应该给一个"未知来源"或"其他"的分类，以保证根据来源细分之后的数据加起来与总体的数据量保持一致。要审核这些数据逻辑的一致性，还可以建立一些"有效性规则"，比如已知 $A \geqslant B$，$C=B/A$，那么 C 的值就应该在 $[0,1]$ 的范围内。若数据无法满足这些规则，就无法通过一致性检验。

4. 适用性和时效性审核

对于通过其他渠道取得的二手数据，除了对其完整性、准确性、一致性进行审核外，还应该注重审核数据的适用性和时效性。二手数据可以来自多种渠道，对于使用者来说，首先应该清楚数据的来源、数据的口径以及相关的背景资料，以便确定这些资料是否符合自己分析研究的需要，是否需要重新加工整理等。数据的时效性有时也非常重要。对于时效性较强的数据，如果取得的数据过于滞后，可能已经失去了研究的意义。一般来说，应尽可能使用最新的统计数据。数据经审核后，确认适合于实际需要，才有必要做进一步的加工整理。

通过审核发现数据质量问题就需要对这些问题进行预处理，以提升数据质量。目前，有关大数据的研究大都集中在算法的探讨而忽视对数据处理的研究。事实上，数据预处理对数据的分析挖掘十分重要，一些成熟的算法通常对其处理的数据集有较高的要求，如要求数据的完整性好，冗余性小，属性的相关性小等。高质量的决策源于高质量的数据，因此数据预处理是整个数据分析与知识发现过程中的一个重要步骤，能够进一步提升数据质量。

5.2 数据预处理技术

数据预处理技术主要有数据清洗、数据集成、数据变换、数据归约等。这些数据处理技术在数据分析之前使用，可提升模型构建的质量。

5.2.1 数据清洗

数据清洗（data cleansing）负责检测和去除数据集中的无关数据，处理缺失数据，解决数据的一致性、重复性等问题，将"脏"数据变成"干净"数据，提高数据集质量。

1. 缺失值的常用数据清洗方法

（1）删除有缺失值的记录。若一条记录中有属性值被遗漏了，则应将整条记录排除在数据分析之外。但是当某类属性的空缺值所占百分比很大时，直接删除对应记录可能会使分析性能变差。

（2）手工填充。手工填充是指根据相关记录估算填充。这种方式工作量大，效率低，可行性差。

（3）使用属性平均值填充。如根据顾客的平均收入，由程序自动填充所有缺失值。

（4）使用分类属性中同一类别的平均值。要求有类别相关属性。

（5）使用全局变量填充。使用全局变量填充是指取一个合适的常量填充缺失值。由于很难选择合适的常量，因此这种方式一般效果不好，通常不推荐采用。

（6）使用最可能的值填充。通过回归、贝叶斯分类、判定树等（见第 7 章）归纳分析方法推断出最可能的缺失值，然后进行填充。

2. 错误或异常值的数据清洗方法

错误或异常值的数据清洗方法包括。

（1）计算机和人工检查结合。用计算机检测可疑数据，然后对它们进行人工判断。

（2）使用回归或聚类算法（见第 7 章）。利用回归分析方法所获得的拟合函数可以判定出超出正常范围的离群点，或者选择聚类算法进行聚类判定出离群点，发现异常值。

3. 处理不一致数据的方法

（1）人工更正。人工更正是指对不一致数据进行人工核对和更正处理，通常效率非常低下。

（2）利用知识。如果知道属性间的函数依赖关系，可以据此查找违反函数依赖的值。

（3）利用统一的数据字典。例如，在对不同数据库中的数据进行集成时，可能存在一个表中用户姓名为 Bill，在另一个表中却是"比尔"。对此，可以定义统一的数据字典，根据字典中提供的信息进行更正，消除不一致性。

5.2.2　数据集成

大数据分析所需的数据集往往涉及多个数据源，因此在信息处理之前需要合并这些数据源。数据集成（data integration）是指将多个数据源中的数据进行合并，存放在一个数据集中。数据集成把不同来源、格式、特点、性质的数据在逻辑上或物理上有机地集中，从而为用户提供更为全面的、更为抽象的数据共享。在企业级数据集成领域，已经有了很多成熟的框架可以利用。这些框架有着不同的侧重点，使用时应根据具体应用选取不同的技术进行数据共享，为企业提供决策支持。数据集成的主要目的是增大样本数据量。例如，数据拼接在数据库操作中较为常见，它将多个数据集合为一个数据集，数据拼接依赖的是不同数据集间的相同属性（如关键字或其他的特征）。

数据集成过程中涉及的关键问题如下：

（1）实体识别。实体识别问题是数据集成中的首要问题，因为来自多个信息源的现实世界的等价实体才能匹配。例如，在数据集成时，需要考虑的问题是如何判断一个数据库中的 customer_id（客户编号）和另一数据库中的 cust_no（客户编号）是相同的属性。

（2）数据冗余。冗余是数据集成中需要解决的另一个重要问题。如果一个属性能够由另一个或另一组属性值推导出来，则这个属性一般是冗余的。例如，二手房数据中有房源面积信息、总价信息、单价信息等，由前两个属性值可计算出最后一个属性值。有些冗余属性可能并不能简单判断出来，可以通过相关性分析（见第 7 章）进行检测，通过计算评估属性间的相关性。此外，属性命名不一致也可能导致结果数据集中的冗余。

（3）元组重复。除了检查属性的冗余之外，还要检测重复的元组。例如，同时爬取了链家和安居客的二手房数据，很多房源可能是重复的。在进行数据集成时，就需要判定重复元组。

（4）数据值冲突检测与处理。数据集成还涉及数据值冲突的检测与处理。例如不同学校的学生交换信息时，由于不同学校有各自的课程计划和评分方案，同一门课的成绩所采取的评分规则也有可能不同，有的采用十分制，有的采用百分制，这时就需要统一评分规则。

5.2.3　数据变换

如果原始数据的形式不适合信息处理算法的需要，就需要进行数据变换（data transformation）。数据变换指的是对数据进行规范化操作或改变数据的特征，将其转换成适合数据挖掘的形式。常见的数据变换方法包括数据离散化、数据规范化（也称为标准化）、特征转换与创建、数据泛化等。

1. 数据离散化

数据离散化是数据变换的一种方式，也是数据预处理中一种经常用到的变换。当用户不太关心数据值的小范围变化或者想要将连续属性当成离散属性处理时，可以使用数据离散化方法简化计算，提高模型准确率。

一般来说，数据离散化是指将排序数据划分为多个空间，例如将 [0,10] 离散为 [0,2)、[2,4)、[4,6)、[6,8)、[8,10]，这样就可以将一个连续取值的属性转换为离散取值的属性来处理。另外，还可以将一个取值比较“密”的离散属性进一步离散化。例如一个离散属性的取值集合为 {0,1,2,3,4,5,6,7,8,9,10}，那么可以将该取值集合进一步离散化为 {0,1,2}、{3,4,5}、{6,7,8}、{9,10}。在实际应用时，对于标量型取值，可以将每个离散区间用一个新的值表示，新值采用取中位值或是求平均值等方法获取；而对于标称型取值（如类别、编码或状态，是非定量），可以重新定义一组标称型取值。例如 { 极差，差，较差 }{ 一般 }{ 较好，好，极好 } 可以重新定义成 { 下 }{ 中 }{ 上 }；也可以选取其中一个值来代替整体，如 { 差 }{ 一般 }{ 好 }。

离散化过程需要考虑两点：① 确定离散区间（集合）的个数。② 将取值映射到离散化后的区间（集合）中。

二元化是离散化的一种特例。二元化是指用二元属性来表示一个多元属性，使其变成两种特征值。例如将体重值二元化后，变为胖、瘦两个特征值。

2. 数据规范化

数据规范化是指调整属性取值的一些特征，如取值范围、均值或方差统计量等。常用的数据规范化方法包括。

1）最小-最大规范化

最小-最大规范化也称为离散标准化，是指对原始数据进行线性变换，将数据值映射到 [0, 1] 之间。令 $minA$ 和 $maxA$ 表示某一属性 A 的最小值和最大值，利用最小-最大值规范化方法，可将值 v_i 映射为 v_i' 的范围是 [new_$minA$, new_$maxA$]，变换方式为

$$v_i' = \frac{v_i - minA}{maxA - minA}(new_{maxA} - new_{minA}) + new_{minA} \tag{5.1}$$

最小－最大值标准化方法保留了原有数据值的关系。如果后来输入的标准化数据落在了原有数据区间的外面，将会发生过界的错误。

假定用户收入属性的最小值和最大值分别是 12 000 元和 98 000 元，利用最小－最大值规范化方法可将收入属性映射到范围 [0.0, 1.0] 上，则 73 600 元的收入标准化后为 (73 600–12 000)/(98 000–12 000)=0.72，也就是 73 600 元规范化后为 0.72。

2）零－均值规范化（z-score 标准化）

零－均值规范化也称标准差标准化，是当前用得最多的数据标准化方式。基于属性 A 的平均值和标准差来实现零－均值规范化，计算公式为

$$v_i' = \frac{v_i - \bar{A}}{\sigma_A} \tag{5.2}$$

其中 $\bar{A}$ 和 σ_A 是属性 A 的均值和标准差。

在实际的最小值和最大值未知或者离群点主导了最小－最大值的标准化时，这种方法很有用。

假定用户收入属性的均值和标准差是 54 000 元和 16 000 元。使用零－均值规范化方法，则 73 600 元的收入被转换为（73 600–54 000）/16 000=1.225，也就是 73 600 元规范化后为 1.225。

总之，规范化过程也是一种函数变换过程，可以根据需求选择合适的函数来处理数据。例如当属性取值较大时，也可能会采用对数运算来处理数据，极大地缩小数据量级。

3. 特征转换与创建

特征转换与创建是指对现有特征进行计算，将其处理成新的特征，也称之为属性构造。例如，在密度＝质量／体积公式中，可以将"质量"和"体积"特征转换成"密度"特征；又如，在销售额－成本＝利润公式中，可将"销售额"和"成本"特征转换成"利润"特征。

4. 数据泛化

数据泛化可由标称型数据产生概念分层，将属性泛化到较高的概念层，如所属街道可以泛化到所属城市或所属省份。许多标称型属性的概念分层都蕴含在数据库的逻辑模式中，可以基于逻辑模式自动判定。

数据泛化可以理解为数据合并。如以城市为例，令 1 表示沈阳，2 表示大连，3 表示盘锦，4 表示抚顺，5 表示广州，6 表示深圳，7 表示珠海，8 表示佛山，可以通过数据合并，将 1 ～ 4 合并为辽宁省，5 ～ 8 合并为广东省。

5.2.4 数据归约

数据分析时往往数据量非常大，建模和调参过程通常会花费很长的时间。数据归约（data reduction）指在尽可能保持数据完整性的基础上，最大限度地精简数据集。

也就是说，在归约后的数据集上挖掘将更有效，而且仍会产生相同或相似的分析结果。数据归约的目的是减少数据量，降低数据的维度，删除冗余信息，提升分析准确性，减少计算量。数据归约的方法包含数据聚集、数据抽样、维归约等。

1. 数据聚集

数据聚集是指将多个数据对象汇总合并成一个数据对象，以减少数据量及计算量，同时也可以得到更加稳定的特征。聚集时需要考虑的问题是如何合并所有数据记录每个属性上的值，可以采用对所有记录每个属性上的值求和、求平均（也可以加权重）的方式，也可以依据应用场景采用其他方式。例如某家全球零售商，如果统计一天之中全球范围内所有店的全部销售数据，那么数据量会比较大且不是很有必要。此时可以将每个店内一天的销售数据进行聚集，得到一条或有限条目的销售数据，然后再汇总。

2. 数据抽样

抽样就是抽取数据样本中的一部分用于计算，以减少计算量。常见的抽样方法包括随机抽样、等距抽样和分层抽样。采用随机抽样方式时，数据集中的每组观测值都有相同的被抽样概率。如若按 10% 的比例随机抽样，则每个观测值都有 10% 的机会被抽到。对于等距抽样，如按 5% 的比例对一个有 100 个观测值的数据集进行等距抽样，则有 100/5=20，即取第 20、40、60、80 和 100 个观测值。分层抽样首先将样本总体分成若干层次（或者说分成若干子集），对每个层次中的观测值可设定相同的抽样概率，也可设定不同的抽样概率，这样的抽样结果通常具有更好的代表性，使模型具有更好的拟合精度。

3. 维归约

维归约是指数据降维，从原有的数据中删除不重要或不相关的属性，或者通过对属性进行重组来减少属性的个数。维归约的目的是找到最小的属性子集，且该子集的概率分布尽可能地接近原数据集的概率分布。维归约的方法有很多，常见的降维方法有 SVD（奇异值分解）、PCA（主成分分析）、LDA（线性判别式分析）。有兴趣的读者，可参考网络资源。

5.3 预处理案例

数据预处理没有标准的流程，通常根据不同的任务和不同的数据集属性而有所不同。数据预处理过程通常包含去除唯一属性、处理缺失值、属性编码、数据标准化及正则化、特征选择等。

以链家济南二手房数据为例，原始数据 CSV 文件的部分内容如图 5.1 所示（由源程序 3.8 运行所得）。

```
jupyter E0501.csv a few seconds ago
File Edit View Language

title,house_type,house_area,house_orient,floor_number,building_year,is_two_five,unitPrice,totalPrice
文华园 - 文化东路,2室2厅 , 115.86平米 , 南 北 , 高楼层(共24层) , 2010年建 ,房本满五年,27620,320
凯旋新城东区 - 营市街,2室2厅 , 99.15平米 , 南 北 , 低楼层(共6层) , 2013年建 ,房本满五年,19668,195
东青龙街住宅 - 青后,2室1厅 , 50.03平米 , 南 , 低楼层(共6层) , 1998年建 ,房本满五年,26984,135
重汽翡翠郡南区 - 长途汽车站,3室2厅 , 139.34平米 , 南 北 , 高楼层(共17层) , 2008年建 ,房本满五年,18301,255
连城水岸 - 段店,3室2厅 , 130平米 , 南 , 低楼层(共18层) , 2012年建 ,房本满五年,13370,173.8
凯旋公馆 - 化纤厂路,3室2厅 , 125.87平米 , 南 北 , 高楼层(共30层) , 2015年建 ,房本满五年,20021,252
富翔天地 - 祝甸,3室2厅 , 109.31平米 , 南 北 , 中楼层(共6层) , 2004年建 ,房本满五年,16925,185
恒大绿洲 - 长清,3室2厅 , 116.94平米 , 南 北 , 中楼层(共32层) , 2018年建 ,房本满五年,7526,88
经三路56号 - 大观园,2室1厅 , 56.01平米 , 南 北 , 低楼层(共6层) , 1995年建 ,房本满五年,14462,81
师东小区 - 文化东路,2室2厅 , 87.54平米 , 南 北 , 中楼层(共6层) , 1995年建 ,房本满五年,19763,173
鲁邦奥林逸城 - 汉峪,4室2厅 , 193.03平米 , 南 北 , 高楼层(共26层) , 2014年建 ,房本满五年,19479,376
鲁邦奥林逸城 - 汉峪,4室2厅 , 193.03平米 , 南 北 , 高楼层(共26层) , 2014年建 ,房本满五年,19479,376
鑫苑国际城市花园 - 国际会展中心,3室2厅 , 121.03平米 , 南 北 , 高楼层(共9层) , 2009年建 ,房本满五年,17352,210
南辛庄东路 - 南辛庄,3室1厅 , 59.98平米 , 南 北 , 低楼层(共5层) , 1990年建 ,房本满五年,14172,85
```

图 5.1　链家济南二手房网站爬取的部分数据

由该文件可知，从链家济南二手房网站上直接爬取得到的二手房数据存在空值、数据不完整、重复值、数据不规范等问题，并不能直接用作数据分析。在分析之前要进行数据清洗，主要从以下几方面进行。

（1）缺失值处理。含有缺失值的行会影响数据分析的效果，使用 pandas 包的 dropna() 方法直接删除空的数据。户型结构、建筑类型等多个属性可能都有空值，因为不好判断空值的取值进行填充，所以选择直接删除空数据所在的行。

（2）去除重复数据。使用 drop_duplicates() 方法删除重复的行。

（3）去除经审核判定为无用的数据。以房源数据为例：特小特大的房型数据为无效数据，因为过大房型可能含有车位和别墅，不应同普通住宅一起作分析。

（4）进行数据转换。使用 replace() 方法根据值的内容进行替换，利用函数和映射进行数据转换，如将房屋朝向替换为便于处理的数值。

数据预处理通常会用到 Python 的第三方科学计算包 pandas。对链家济南二手房数据进行简单数据清洗的实现程序见源程序 5.1。

```
import pandas as pd  # 导入 pandas 包
df = pd.read_csv(r'lianjia.csv',header=0) # 读取 csv 文件，内容赋值给
                                        # DataFrame 对象 df，"," 为分隔符
# 去除空缺数据，axis=0 表示行，1 表示列；how=any 表示只要有元素缺失就删除；
# all 表示行或列全部缺失才删除
df.dropna(axis=0, how='any')
# 去除重复数据，keep=first 表示第一行保留，last 表示最后一行；
# inplace=True/False 表示是否修改原始 DataFrame 对象
df.drop_duplicates(keep="first", inplace=True)
# 去除年份为暂无的数据
df=df[df['building_year']!=' 暂无 ']
# 面积去除汉字转换为浮点型数据类型
df['house_area']= df['house_area'].str.replace(' 平米 ','')
df['house_area']=df['house_area'].astype('float64')
# 去除过大过小的房子（通常别墅约大于 300 平，车位、公寓等约小于 40 平）
df=df[(df['house_area']<300)&(df['house_area']>40)]
# 输出清洗完成的数据
df.to_csv("lianjia_cleaned.csv", index=False)
```

源程序 5.1　链家济南二手房数据清洗

数据清洗后的部分内容如图 5.2 所示。

```
jupyter E0502.csv✔ a few seconds ago
File  Edit  View  Language

title,house_type,house_area,house_orient,floor_number,building_year,is_two_five,unitPrice,totalPrice
文华园 - 文化东路,2室2厅 ,115.86, 南 北 , 高楼层(共24层) , 2010年建 ,房本满五年,27620,320.0
凯旋新城东区 - 营市街,2室2厅 ,99.15, 南 北 , 低楼层(共6层) , 2013年建 ,房本满五年,19668,195.0
东青龙街住宅 - 青后,2室1厅 ,50.03, 南 , 低楼层(共6层) , 1998年建 ,房本满五年,26984,135.0
重汽翡翠郡南区 - 长途汽车站,3室2厅 ,139.34, 南 北 , 高楼层(共17层) , 2008年建 ,房本满五年,18301,255.0
连城水岸 - 段店,3室2厅 ,130.0, 南 , 低楼层(共18层) , 2012年建 ,房本满五年,13370,173.8
凯旋公馆 - 化纤厂路,3室2厅 ,125.87, 南 北 , 高楼层(共30层) , 2015年建 ,房本满五年,20021,252.0
富翔天地 - 祝甸,3室2厅 ,109.31, 南 北 , 中楼层(共6层) , 2004年建 ,房本满五年,16925,185.0
恒大绿洲 - 长清,3室2厅 ,116.94, 南 北 , 中楼层(共32层) , 2018年建 ,房本满五年,7526,88.0
经三路56号 - 大观园,2室1厅 ,56.01, 南 北 , 低楼层(共6层) , 1995年建 ,房本满五年,14462,81.0
师东小区 - 文化东路,2室2厅 ,87.54, 南 北 , 中楼层(共6层) , 1995年建 ,房本满五年,19763,173.0
鲁邦奥林逸城 - 汉峪,4室2厅 ,193.03, 南 北 , 高楼层(共26层) , 2014年建 ,房本满五年,19479,376.0
鑫苑国际城市花园 - 国际会展中心,3室2厅 ,121.03, 南 北 , 高楼层(共9层) , 2009年建 ,房本满五年,17352,210.0
南辛庄东路 - 南辛庄,3室1厅 ,59.98, 南 北 , 低楼层(共5层) , 1990年建 ,房本满五年,14172,85.0
绿地国际花都 - 腊山,2室2厅 ,85.41, 南 北 , 中楼层(共32层) , 2012年建 ,房本满五年,10421,89.0
```

图 5.2　数据清洗后的部分数据

注意：表格中的 is_two_five 标签表示房源是否满五年或两年。这一列若为空，表示房源尚没有满两年。

数据预处理涉及 pandas 的一些数据操作。

（1）数据归约。去除无用数据列，也就是去掉无用特征，实现降维。

（2）特征转换。特征转换也就是特征数值化，即将一些非数值元素转换为数值元素。如将建筑时间“2017 年建”转换为房龄 5 年；将一列拆分为多列，如户型“4 室 2 厅，拆分为 4 和 2 两列数据；对一列数据做加权运算，如房屋朝向南加权为 3，北加权为 -2 等，以便分析时通过加权计算对房屋的评分。

具体实现数据归约和特征转换的源程序 5.2 如下所示。

```
import pandas as pd  # 导入 pandas 包
# 读文件内容到 Data Frame 对象
df = pd.read_csv(r'E0502.csv', sep=',')
# 去除无用数据列 title
df.drop("title", axis=1, inplace=True)
# 特征数值化，将文本替换为数字
df.replace({"is_two_five": ""}, 0, inplace=True)
df.replace({"is_two_five": " 房本满两年 "}, 2, inplace=True)
df.replace({"is_two_five": " 房本满五年 "}, 5, inplace=True)
# 房屋朝向的数值化
df_house_orient_group = df.groupby(by='house_orient')
  # 分组拆分对象成多个集合
house_orient_list = list(df_house_orient_group.groups.keys())
  # 从组名映射到方向列表
house_orient_dict = {" 东南 ": 2, " 南 ": 3, " 西南 ": 1, " 西 ": -1,
  " 西北 ": -1.5, " 北 ": -2, " 东北 ": 0, " 东 ": 1}
# 将 li 中的房屋朝向，通过索引 dic 的方式转换为权重值 val
def split_house_orient_list(*li, **dic):
    lis = []
    for it in li:
```

源程序 5.2　链家济南二手房数据预处理

```
18          v = 0
19          for k in it.split():
20              if k in dic.keys():
21                  v += dic[k]   # 累加所有朝向的组合分数
22          lis.append(v)
23      return lis
24  # 房屋朝向权重列表
25  house_orient_data = split_house_orient_list(*house_orient_list,
    **house_orient_dict)
26  # 房屋朝向替换为权重值 val
27  for item, val in zip(df_house_orient_group.groups.keys(), house_
    orient_data):
28      df.replace({"house_orient": item}, val, inplace=True)
29  # 房屋户型取出室数和厅数生成新列
30  df[['bedroom', 'living_room']] = df["house_type"].str.extract
    ('(\d+) 室 (\d+) 厅 ',expand=False)
31  df.drop("house_type", axis=1, inplace=True) # 去除房屋类型列，属维归约
32  # 楼层
33  df["floor_number"] = df["floor_number"].str.extract(' 共 (\d+) 层 ',
    expand=False)
34  # 建筑年份去除 " 年建 "
35  df['building_year']= df['building_year'].str.replace(' 年建 ','')
36  # 建筑年份转为楼龄
37  df["building_year"] = df["building_year"].map(lambda x: 2022 - x)
38  df.rename(columns={'building_year': 'house_age'}, inplace=True)
39  # 写文件
40  df.to_csv("E0503.csv", index=False)
```

源程序 5.2　链家济南二手房数据预处理（续）

经过预处理后的部分数据如图 5.3 所示。

图 5.3　预处理后的部分数据

可以看到，通过初步的数据预处理后产生了全部为数值型的二手房房源特征数据，更加便于数据分析使用。

本章小结

本章首先介绍了现实世界会产生各类"脏"数据,分析使用时需要进行数据预处理,同时给出了数据质量问题产生的原因以及数据质量审核方式;其次介绍了常用的数据预处理方法,详细讲述了数据清洗、数据集成、数据变换、数据归约的概念及简单处理方式;最后基于链家济南二手房网站所爬取的数据,给出了一个初步的数据预处理实现案例。

习题

1. 为什么要进行数据预处理?
2. 数据质量问题产生原因是什么?
3. 概述数据预处理的常用方法和步骤。

BIG
DATA

第6章
数据可视化

数据可视化是指利用图形展现数据中隐含的信息并发掘其中规律。基于 Python 的 Matplotlib、pandas、seaborn、pyecharts 等数据可视化库，功能齐全，高效易用，接口统一。可以帮助数据分析人员使用少量代码，高效地将数据转换为图形。本章首先向读者介绍数据可视化的概念、常用的数据可视化工具、Python 数据可视化工具库，然后介绍利用各类 Python 数据可视化工具库绘制图形的方法。

6.1 数据可视化概述

大数据不仅体量巨大，而且种类繁多，结构复杂。如何借助图形化的方式发现数据中蕴藏的价值，清晰地表达所要沟通的信息，以及如何对业务进行数据分析并做出决策，已经成为数据科学领域非常重要的研究课题。

6.1.1 什么是数据可视化

数据可视化是指以图形化方式表示数据，让决策者可以通过图形直观地看到数据分析结果，从而更容易理解业务变化的趋势或发现新的业务模式。

数据可视化的作用如下。

（1）化繁为简。一图胜千言，将信息可视化能有效地抓住人们的注意力。有的信息如果通过单纯的数字和文字来传达，可能需要花费数分钟甚至几小时，甚至可能无法传达。但是通过颜色、布局、标记和其他元素的融合，图形能够在几秒钟之内完成信息传达。例如，在某高校潍坊市新生生源地分布图（见图 6.1）中，根据地图中左下角的图例可以大概看出各区县新生生源的数量。将鼠标放到地图上某个区县时，可清楚地看到该区县具体的新生生源数量。

（2）强化关联。在错综复杂的数据中很难发现数据关联关系或变化趋势，通过

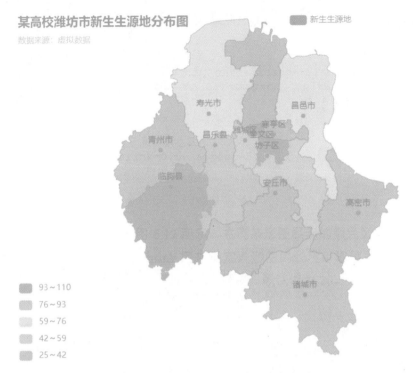

图 6.1　某高校潍坊市新生生源地分布图

数据可视化的方式则可以初步发现其中的规律。例如，日本有一家啤酒厂收集了近 30 年的气象资料，将其与当月的啤酒销售情况相联系后，绘出了"啤酒气温曲线"。通过该曲线图发现，在市场趋于饱和的情况下，气温成了决定啤酒销量升降的主要因素。于是，这家啤酒厂根据天气情况合理安排生产，收到了良好效果。

（3）发现异常。异常值是指数据中存在的个别数值明显偏离其余数据的值。异常值的存在会严重干扰数据分析的结果。借助数据可视化，人们可根据数据构建不同图表，从不同角度观察数据分析结果，有助于确定需要进一步调查的异常值、差距、趋势和有趣的数据点，例如销售门店的异常销售值、生产车间的产量波动等。

6.1.2　常用的数据可视化工具

目前，常用的数据可视化工具有 Microsoft Excel、Tableau、Power BI、R 语言、Python 语言等。

（1）Microsoft Excel。Microsoft Excel（以下简称 Excel）是最简单、最常用的数据可视化工具之一，可进行各种数据的处理、统计分析和辅助决策操作，广泛应用于管理、金融等众多领域。

Excel 学习成本低且容易上手。利用 Excel 的图表库可绘制基本的可视化图形，但 Excel 的局限性在于它一次所能处理的数据量较少。

（2）Tableau。Tableau 是桌面系统中最简单的商业智能工具之一，它灵活易用，可以让业务人员直接参与报表开发与数据分析进程，通过自助式可视化分析深入挖掘商业价值并提出自己的见解。

Tableau Desktop 是基于斯坦福大学突破性技术的应用程序。它可以生动地分析实际存在的任何结构化数据，可以在几分钟内生成美观的图表、坐标图、仪表盘与报告。利用 Tableau 简单的拖放式界面可以自定义视图、布局、形状、颜色等。

（3）Power BI。Power BI 是一款商业分析工具，可以从各种数据源中提取数据，对数据进行整理分析，然后生成美观的交互式报表并进行发布，还可以在 Web 端和移动端与他人共享。Power BI 简单且快速，每个人都可创建个性化仪表板，获取针对其业务的全方位独特见解。同时，它还可以在企业内实现扩展、进行内置管理并提高安全性。

Power BI 整合了 Power Query、Power Pivot、Power View、Power Map 等一系列工具，操作简单，使用方便，经常被作为除 Excel 之外最实用的数据分析入门工具。

（4）R 语言。R 语言是由新西兰奥克兰大学的 Ross Ihaka 和 Robert Gentleman 开发的、用于统计分析和绘图的语言和操作环境，是一款免费、开源的软件。在 R 语言中，对象存储在物理内存中。与 Python 相比，解决同样规模的问题时，R 语言使用的内存更多，而且 R 语言比 Python 语言慢得多，所以不是大数据处理的理想选择。

（5）Python 语言。Python 语言拥有 Matplotlib、pandas、seaborn、pyecharts 等多个功能齐全、高效易用、接口统一的科学计算库和数据可视化库，不仅可以绘制传统的 2D 图形，还可以绘制 3D 立体图形。

6.1.3　Python 可视化工具库

Python 常用的数据可视化工具库有 Matplotlib、pandas、seaborn、pyecharts 等。

（1）Matplotlib。Matplotlib 是 Python 编程语言的开源绘图库，是 Python 可视化软件包中性能最突出、使用最广泛的绘图工具。

（2）pandas。pandas 是 Python 的数据分析核心库，其绘图功能基于 Matplotlib，是对 Matplotlib 的二次封装。使用 Matplotlib 绘图时代码相对复杂，使用 pandas 绘制基本图表则相对比较简单，更加方便。

（3）seaborn。seaborn 在 Matplotlib 基础上提供了一个用于绘制统计图形的高级接口，使绘图更加容易。使用 Matplotlib 最大的困难是其默认的各种参数，而 seaborn 避免了这一问题。但是，如果需要复杂的自定义图形，还是要使用 Matplotlib。

（4）pyecharts。ECharts 是一个开源的数据可视化工具，pyecharts 是基于 ECharts 的 Python 可视化库。pyecharts 可以展示动态交互图。当鼠标指针悬停在图上时，即可显示数值、标签等。pyecharts 支持主流 Notebook 环境，如 Jupyter Notebook；还可集成至 Flask、Django 等主流 Web 框架中；拥有高度灵活的配置项，可高效绘制精美的图形。

6.2 Matplotlib 数据可视化

Matplotlib 是比较基础的 Python 数据可视化库，功能非常强大，在科学计算领域得到了广泛的应用。Matplotlib 中应用最广的是 matplotlib.pyplot 模块。使用 pyplot 模块前需先进行导入，通常使用 plt 作为其别名，导入语句为：

```
import matplotlib.pyplot as plt
```

6.2.1 Matplotlib 绘图基础

1. 创建画布与绘制子图

Matplotlib 所绘制的图形位于图片（figure）对象中，创建画布与绘制子图的方法见表 6.1。

表 6.1 创建画布与绘制子图的方法

函 数 名 称	函 数 作 用
plt.figure	创建一个空白画布，可以指定画布的大小、像素
figure.add_subplot	绘制并选中子图，可指定子图的行数、列数选中图片的编号

源程序 6.1 实现了创建画布和绘制子图的功能，其中第 4 行创建画布，第 6～8 行绘制 3 个子图，第 10～12 行在子图中绘制曲线，第 14 行显示创建的所有图像。

```
1  #导入 matplotlib 库的 pyplot 模块，别名为 plt
2  import matplotlib.pyplot as plt
3  #创建画布
4  fig = plt.figure()
5  #不能使用空白的 figure 绘图，需要绘制子图
6  ax1 = fig.add_subplot(2,2,1)    #参数为：行数，列数，编号
7  ax2 = fig.add_subplot(2,2,2)
8  ax4 = fig.add_subplot(2,2,4)
9  #在子图中绘制曲线
10 ax1.plot([9,2,7,4])
11 ax2.plot([1.2,2.3,-1,3.2,0])
12 ax4.plot([0,2,4,6,8])
13 #显示创建的所有图像
14 plt.show()
```

源程序 6.1 创建画布与绘制子图

源程序 6.1 的运行结果如图 6.2 所示，每个子图中横轴数值表示点的序号，纵轴数值分别对应第 10～12 行中的数据。

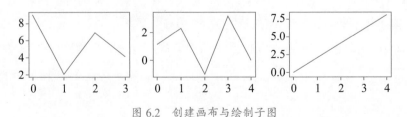

图 6.2 创建画布与绘制子图

2. 设置图形属性

在画布上绘制图形，需要设置图形的一些属性，如标题、轴标签等。添加标题、坐标轴名称、绘制图形等步骤是并列的，没有先后顺序，但是添加图例必须要在绘制图形之后。在 pyplot 模块中设置图形属性的函数见表 6.2。

表 6.2　设置图形属性的函数

函 数 名 称	函 数 作 用
plt.title	设定标题，可以指定标题的名称、位置、颜色、字体大小等参数
plt.xlabel	设定 x 轴名称，可以指定位置、颜色、字体大小等参数
plt.ylabel	设定 y 轴名称，可以指定位置、颜色、字体大小等参数
plt.xlim	设定 x 轴的范围，只能确定一个数值区间，无法使用字符串标识
plt.ylim	设定 y 轴的范围，只能确定一个数值区间，无法使用字符串标识
plt.xticks	设定 x 轴刻度的数目与取值
plt.yticks	设定 y 轴刻度的数目与取值
plt.legend	设定当前图形的图例，可以指定图例的大小、位置、标签

源程序 6.2 对图形属性进行了设置。其中第 5 行通过 NumPy 库中的 arange 函数创建了一组数据；第 7 行配置中文显示，使图中可显示汉字；第 9 行设置图形的标题内容；第 11 ～ 15 行分别设置 x 轴、y 轴的名称及刻度的数目与取值；第 17 行设置刻度值字体的大小；第 19、20 行通过 plot 绘制曲线；第 22 行指定图例。其中，第 9 ～ 22 行语句的顺序可以调整，但第 22 行必须在第 19、20 行之后，否则会影响图形绘制结果。

```
1 import matplotlib.pyplot as plt
2 # 导入 NumPy 库，别名为 np
3 import numpy as np
4 # 通过 arange 函数创建一组数据，初始值为 0，终值为 5，步长为 0.1
5 data = np.arange(0,5,0.1)
6 # 配置中文显示
7 plt.rcParams['font.family'] = ['SimHei']
8 # 设置图形的标题
9 plt.title(' 设置图形属性的实例 ')
10 # 设置图形 x 轴、y 轴的名称
11 plt.xlabel('x')
12 plt.ylabel('y')
13 # 指定 x 轴、y 轴刻度的数目与取值
14 plt.xticks([0,1,2,3,4,5])
15 plt.yticks([0,25,50,75,100,125])
16 # 设置刻度值的字体大小
17 plt.tick_params(labelsize = 12)
18 # 绘制曲线图
19 plt.plot(data,data*10)
20 plt.plot(data,data**3)
21 # 指定当前图形的图例
22 plt.legend(['y = 10x','y = x^3'])
23 plt.show()
```

源程序 6.2　图形属性的设置

源程序 6.2 的运行结果如图 6.3 所示，图形上方为标题，左上角灰色矩形框内的内容为当前图形的图例。

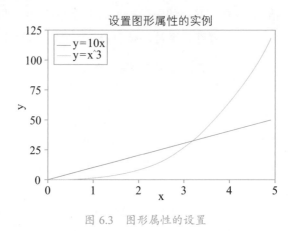

设置图形属性的实例

图 6.3　图形属性的设置

6.2.2　Matplotlib 常用绘图

在 Matplotlib 中可以很方便地绘制各类图形，包括折线图、散点图、饼图、柱状图、甘特图等。下面以北方某市某年各个月份的降水量、平均低温和平均高温数据为例（见表 6.3），介绍这几种常用图形的绘制方法。

表 6.3　北方某市某年各月份的降水量、平均低温和平均高温

月份	降水量 /mm	平均低温 /℃	平均高温 /℃
1	7.17	−4	6
2	64.32	1	12
3	16.41	5	16
4	25.06	10	20
5	16.78	16	27
6	60.18	23	33
7	206.72	24	32
8	75.27	21	29
9	47.83	19	27
10	17.54	10	19
11	10.07	4	14
12	8.24	−1	9

1. 折线图

折线图（line chart）是一种将数据点按照顺序连接起来的图形，其主要功能是查看因变量 y 随着自变量 x 改变的趋势。在 pyplot 模块中，使用 plot() 函数绘制折线图，其基本格式如下：

```
matplotlib.pyplot.plot(*args, **kwargs)
```

plot() 函数的主要参数见表 6.4。

表 6.4　plot() 函数的主要参数

参　　数	说　　明
x，y	表示 x 轴和 y 轴对应的数据，无默认
color	设定线条的颜色，默认为 None
linestyle	设定线条类型，默认为 "-"
marker	设定绘制的点的类型，默认为 None
alpha	设定点的透明度，默认为 None

color 参数的 8 种常用颜色缩写见表 6.5。

表 6.5　color 参数的常用颜色缩写

字　　符	代表的颜色	字　　符	代表的颜色
'b'	蓝色	'm'	品红色
'g'	绿色	'y'	黄色
'r'	红色	'k'	黑色
'c'	青色	'w'	白色

linestyle 参数的取值见表 6.6。

表 6.6　linestyle 参数的取值

字　　符	意　　义	字　　符	意　　义
'-'	实线	'-.'	点线
'--'	长虚线	':'	短虚线

marker 参数的取值见表 6.7。

表 6.7　marker 参数的取值

字　　符	意　　义	字　　符	意　　义
'.'	点	'v'	一角向下的三角形
','	像素	'^'	一角向上的三角形
'o'	圆圈	'<'	一角向左的三角形
'h'	六边形 1	'>'	一角向右的三角形
'H'	六边形 2	'p'	五边形
'|'	竖线	's'	正方形
'_'	水平线	'D'	菱形
'+'	加号	'd'	小菱形
'x'	x	'8'	八边形
'*'	星号	'None'	无

源程序 6.3 实现了绘制折线图的功能。其中第 4 行设置正常显示负号，否则气温数据为负数值时，无法正常显示；第 8、9 行分别为 1 ～ 12 月份的平均低温和平均高温数据值；第 11、12 行绘制折线图，通过参数对点的样式、线宽、线型样式、线条颜色进行设置；第 19 行设置图例，并通过 loc 参数设置图例显示的位置；第 21 行设置网格背景。

```
1 import matplotlib.pyplot as plt
2 plt.rcParams['font.family'] = ['SimHei']
3 #用来正常显示负号
4 plt.rcParams['axes.unicode_minus'] = False
5 #x 轴数据
6 x = ['1','2','3','4','5','6','7','8','9','10','11','12']
7 #1-12 月平均低温、平均高温
8 low = [-4,1,5,10,16,23,24,21,19,10,4,-1]
9 high = [6,12,16,20,27,33,32,29,27,19,14,9]
10 # marker 表示数据点样式，linewidth 表示线宽，linestyle 表示线型样式，color
   表示颜色
11 plt.plot(x, low, marker='*', linewidth=1, linestyle='--',
   color='m')
12 plt.plot(x, high, marker='+', linestyle=':', color='b')
13 #设置标题
14 plt.title(' 北方某市某年各月份的平均低温、平均高温 ',fontsize=15)
15 #x 轴、y 轴标签及字号
16 plt.xlabel(' 月份 ',fontsize=12)
17 plt.ylabel(' 平均低温、平均高温 /℃ ',fontsize=12)
18 #设置图例，loc 为图例显示的位置（右上侧）
19 plt.legend(['low','high'], loc='upper right')
20 # 网格背景
21 plt.grid(True)
22 plt.show()
```

源程序 6.3　绘制折线图

源程序 6.3 的运行结果如图 6.4 所示，右上角的图例显示位置由第 19 行的 loc 参数指定。

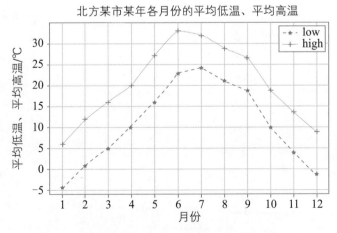

图 6.4　折线图

2. 散点图

散点图（scatter diagram）是以一个特征为横坐标，另一个特征为纵坐标，使用坐标点（散点）的分布形态反映特征间统计关系的一种图形。值由点在图表中的位置表示，类别由图表中的不同标记表示。在 pyplot 模块中，使用 scatter() 函数绘制散点图，其基本格式如下：

```
matplotlib.pyplot.scatter(x, y, s=None, c=None, marker=None,
alpha=None, **kwargs)
```

scatter() 函数的主要参数见表 6.8。

表 6.8 scatter() 函数的主要参数

参　　数	说　　明
x，y	x 轴和 y 轴对应的数据，无默认
s	设定点的大小。若传入一维 array 则表示每个点的大小，默认为 None
c	设定点的颜色。若传入一维 array 则表示每个点的颜色，默认为 None
marker	设定绘制的点的类型，默认为 None
alpha	设定点的透明度，默认为 None

源程序 6.4 实现了绘制散点图的功能。第 14、15 行绘制散点图，其中参数 s 用于设定点的大小，参数 c 用于设定点的颜色，参数 alpha 用于设定点的透明度。可自行修改参数值，观测其变化。

```
1 import matplotlib.pyplot as plt
2 plt.rcParams['font.family'] = ['SimHei']
3 plt.rcParams['axes.unicode_minus'] = False
4 #x 轴数据
5 x = ['1','2','3','4','5','6','7','8','9','10','11','12']
6 #1-12 月平均低温、平均高温
7 low = [-4,1,5,10,16,23,24,21,19,10,4,-1]
8 #high = [6,12,16,20,27,33,32,29,27,19,14,9]
9 ax1 = plt.subplot(1,1,1)
10 plt.title(' 北方某市某年各月份的平均低温、平均高温 ',fontsize=15)
11 plt.xlabel(' 月份 ')
12 plt.ylabel(' 平均低温、平均高温 /℃ ')
13 # 绘制平均低温、平均高温散点图
14 ax1.scatter(x, low, c = 'r', s = 100, alpha = 0.5, marker = 'o')
15 ax1.scatter(x, high, c = 'g', s = 50, marker = '+')
16 # 设置图例，显示在左上侧
17 plt.legend(['low','high'], loc='upper left')
18 plt.show()
```

源程序 6.4 绘制散点图

源程序 6.4 的运行结果如图 6.5 所示，其中点的类型由参数 marker 设定，点的颜色由参数 c 设定。

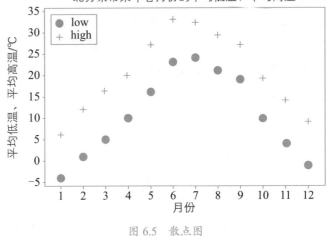

图 6.5　散点图

3. 饼图

饼图（pie graph）用于表示不同分类的占比情况，通过弧度大小来对比各种分类。饼图可以比较清楚地反映出部分与部分、部分与整体之间的比例关系，易于显示每组数据相对于总数的大小，而且呈现方式直观。在 pyplot 模块中，使用 pie() 函数绘制饼图，其基本格式如下：

```
matplotlib.pyplot.pie(x,explode=None,labels=None,autopct=None,pctdistance=
0.6, labeldistance=1.1, startangle=None, radius=None, … )
```

pie() 函数的常用参数见表 6.9。

表 6.9　pie() 函数的常用参数

参　　数	说　　明
x	用于绘制饼图的数据，无默认
explode	设定每一项距离饼图圆心为 n 个半径，默认为 None
labels	设定每一项的名称，默认为 None
autopct	设定数值的显示方式，默认为 None
pctdistance	设定每一项的比例和距离饼图圆心的半径数，默认为 0.6
labeldistance	设定每一项的名称和距离饼图圆心的半径数，默认为 1.1
radius	设定饼图的半径，默认为 1

源程序 6.5 实现了绘制饼图的功能。其中第 7 行为各月降水量的数据；第 9 行为饼图外围显示的月份数据；第 11 行通过 explode 参数设置各月份分离的距离，去掉该行数据饼图不分离；第 11、12 行绘制饼图，并通过各参数设置饼图显示的样式。

```
1 import matplotlib.pyplot as plt
2 plt.rcParams['font.family'] = ['SimHei']
3 # 降水量数据
```

源程序 6.5　绘制饼图

```
4 data = [7.17,64.32,16.41,25.06,16.78,60.18,206.72,75.27,47.83,17.54,
  10.07,8.24]
5 #月份
6 label = ['1月','2月','3月','4月','5月','6月','7月','8月','9月','10
  月','11月','12月']
7 #控制各月份分离的距离，默认饼图不分离
8 explode = (0.05,0.05,0.05,0.05,0.05,0.05,0.05,0.05,0.05,0.05,0.05,
  0.05)
9 #pctdistance:数据距离圆心距离为0.85倍的半径，labeldistance:标签距离圆心
  距离为1.15倍的半径
10 #startangle:起始角度，autopct: 数据显示格式，两位小数的浮点数，百分比形式
11 plt.pie(data,labels = label,explode = explode,startangle =
  0,pctdistance = 0.85
12      labeldistance = 1.15,autopct = '%.2f%%')
13 #设置标题
14 plt.title('北方某市某年各月份的降水量')
15 plt.show()
```

源程序 6.5　绘制饼图（续）

源程序 6.5 的运行结果如图 6.6 所示。饼图中的数据为第 4 行数据的百分比显示，由第 12 行中的 autopct 参数设定数据的显示格式。

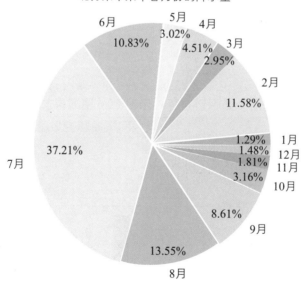

图 6.6　饼图

4. 柱状图

柱状图（histogram）也称条状图（bar graph），是一种以长方形的长度为变量的统计报告图，用一系列高度不等的纵向条纹（亦可横向排列）表示数据分布的情况，用来比较两个或两个以上的数值（不同时间或者不同条件）。柱状图只有一个变量，通常用于较小的数据集分析。在 pyplot 模块中，使用 bar() 函数绘制柱状图，其基本格式如下：

```
matplotlib.pyplot.bar(x,height,width=0.8,bottom=None, *,
align='center',data=None, **kwargs)
```

bar() 函数的常用参数见表 6.10。

表 6.10　bar() 函数的常用参数

参　　数	说　　明
x	x 轴的位置序列，无默认值
height	x 轴所代表的数据的值（长方形高度），无默认值
width	设定柱的宽度，默认为 0.8

源程序 6.6 实现了绘制柱状图的功能，其中，第 13 行绘制柱形图，各个柱的高度（数据值）和宽度分别由参数 height 和 width 进行设置。

```
1 import matplotlib.pyplot as plt
2 plt.rcParams['font.family'] = ['SimHei']
3 # 降水量数据
4 data = [7.17,64.32,16.41,25.06,16.78,60.18,206.72,75.27,47.83,17.54,
  10.07,8.24]
5 # 月份
6 label = ['1','2','3','4','5','6','7','8','9','10','11','12']
7 # 设置 x 轴、y 轴标签
8 plt.xlabel('月份')
9 plt.ylabel('降水量/mm')
10 # 设置标题
11 plt.title('北方某市某年各月份的降水量')
12 # 绘制柱形图
13 plt.bar(x = label,height = data,width = 0.6,color = 'red')
14 plt.show()
```

源程序 6.6　绘制柱状图

源程序 6.6 的运行结果如图 6.7 所示。

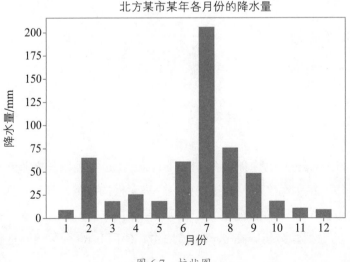

图 6.7　柱状图

5. 甘特图

甘特图（gantt chart）又称为条形图 (bar chart)，它通过活动列表和时间刻度表示特定项目的顺序与持续时间。甘特图一般以时间为横轴，以项目为纵轴，可直观地展示每个项目的进展情况，便于管理者了解项目的剩余任务及评估工作进度。在 pyplot 模块中，使用 barh() 函数绘制甘特图，其基本格式如下：

```
matplotlib.pyplot. barh(y, width, left=0, height=0.8, edgecolor)
```

barh() 函数的常用参数见表 6.11。

表 6.11　barh() 函数的常用参数

参　　数	说　　明
y	在 y 轴上的位置
width	条形图的宽度（从左到右）
left	开始绘制的 x 坐标
edgecolor	图形边缘的颜色

源程序 6.7 实现了绘制某工程任务甘特图的功能。该工程任务及时间安排如下：环境配置 3 天，安装调试 2 天，数据初始化 3 天，系统上线 5 天，跟踪测试 7 天，售后服务 10 天。源程序 6.7 中第 6 行构建了六项任务的数组；第 8 行通过 np.array() 生成 [1 ～ 6] 六个数据；第 10 行为各项任务所用时间；第 12 行绘制甘特图，通过参数 left 设置各项任务开始绘制的 x 坐标值，参数 color 用于指定图形颜色，参数 edgecolor 用于指定图形边缘的颜色；第 16 行对 x 轴设置网格线。

```
1 import numpy as np
2 import matplotlib.pyplot as plt
3 plt.rcParams['font.sans-serif'] = ['SimHei']
4 # 构建任务列表的数组
5 ticks = np.array([' 环境配置 ',' 安装调试 ',' 数据初始化 ',' 系统上线 ',' 跟踪
   测试 ',' 售后服务 '])
6 # 生成 [1,6] 六个数据
7 y_data = np.arange(1, 7)
8 # 各项任务所用时间 / 天
9 x_data = np.array([3, 2, 3, 5, 7, 10])
10 fig,ax = plt.subplots(1, 1)
11 ax.barh(y_data, x_data, tick_label=ticks, left=[ 0, 3, 5, 8, 13,
   20], color='g',edgecolor='r')
12 ax.set_title(" 任务甘特图 ",fontsize=15)
13 ax.set_xlabel(" 天数 ",fontsize=12)
14 # 对 x 轴设置网格线
15 ax.grid(alpha=0.5, axis='x')
16 plt.show()
```

源程序 6.7　绘制甘特图

源程序 6.7 的运行结果如图 6.8 所示，任务自下向上，所用时间从左向右。根据图形显示，可看出各项任务所用的时间及先后顺序。

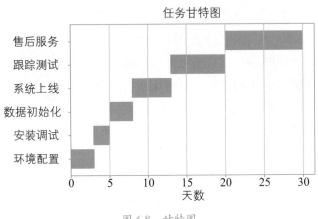

图 6.8　甘特图

6.2.3　使用 mplot3d 绘制 3D 图形

mplot3d 是 Matplotlib 中专门绘制 3D 图形的工具包，它主要包含一个继承自 Axes 的子类 Axes3D。使用 Axes3D 类可以构建一个三维坐标系的绘图区域。Matplotlib 可以通过两种方法创建 Axes3D 类的对象。

（1）Axes3D() 方法。Axes3D() 是构造方法，它直接用于构建一个 Axes3D 类的对象。

源程序 6.8 采用 Axes3D() 方法创建 Axes3D 类的对象，其中第 5 行创建画布，第 7 行创建 Axes3D 对象。

```
1 # 导入需要的工具库
2 import matplotlib.pyplot as plt
3 from mpl_toolkits.mplot3d import Axes3D
4 # 创建画布
5 fig = plt.figure()
6 # 创建 Axes3D 对象，fig 参数表示所属画布
7 ax = Axes3D(fig)
```

源程序 6.8　创建 Axes3D 类对象——Axes3D() 方法

源程序 6.8 的运行结果如图 6.9 所示。

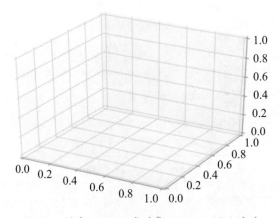

图 6.9　创建 Axes3D 类对象——Axes3D() 方法

（2）add_subplot() 方法。在调用 add_subplot() 方法添加绘图区域时为该方法传入 projection='3d'，即指定坐标系的类型为三维坐标系，返回一个 Axes3D 类的对象。

源程序 6.9 使用 add_subplot() 方法创建 Axes3D 类的对象，其中第 7 行通过设置参数 projection 的值为 3d 指定坐标系的类型为三维坐标系。

```
1 #导入需要的工具库
2 import matplotlib.pyplot as plt
3 from mpl_toolkits.mplot3d import Axes3D
4 #创建画布
5 fig = plt.figure()
6 #相当于subplot(1,1,1)，projection: 投影
7 ax = fig.add_subplot(111, projection='3d')
```

源程序 6.9　创建 Axes3D 类对象——add_subplot() 方法

源程序 6.9 的运行结果如图 6.10 所示。

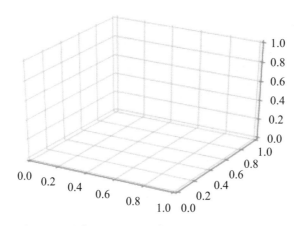

图 6.10　创建 Axes3D 类对象——add_subplot() 方法

通常推荐使用 add_subplot() 方法创建 Axes3D 类的对象。Axes3D 类提供了一些用于设置标题和坐标轴的方法，其常用方法见表 6.12。

表 6.12　Axes3D 类的常用方法

方　　法	说　　明
set_title()	设置标题
set_xlim()	设置 x 轴的刻度范围
set_ylim()	设置 y 轴的刻度范围
set_zlim()	设置 z 轴的刻度范围
set_zlabel()	设置 z 轴的标签
set_zticklabels()	设置 z 轴的刻度标签

常见的 3D 图形包括 3D 线框图、3D 曲面图、3D 柱形图、3D 散点图等。Axes3D 类中提供了一些绘制常见 3D 图形的方法，如表 6.13 所示。

表 6.13　Axes3D 类的常用绘图方法

方　　法	说　　明
plot()	绘制 3D 线图
plot_wireframe()	绘制 3D 线框图
plot_suface()	绘制 3D 曲面图
bar()	绘制 2D 柱形图
bar3d()	绘制 3D 柱形图
scatter()	绘制 2D 散点图
scatter3D()	绘制 3D 散点图
plot_trisurf()	绘制三面图
contour3D()	绘制 3D 等高线图
contourf3D()	绘制 3D 填充等高线图

下面以 3D 线框图、3D 曲面图和 3D 散点图为例，介绍如何使用 mplot3d 绘制 3D 图形。

（1）绘制 3D 线框图。

Axes3D 类的对象使用 plot_wireframe() 方法绘制线框图，该方法中常用参数的含义如下。

X、Y、Z：表示 *x*、*y*、*z* 轴的数据。

rcount、ccount：表示每个坐标轴方向所使用的最大样本量，默认为 50。若输入的样本量较大，则会采用降采样的方式减少样本的数量；若输入的样本量为 0，则不会对相应坐标轴方向的数据进行采样。

rstride、cstride：表示采样的密度。若仅使用参数 rstride 或 cstride 中的任意一个，则另一个参数默认为 0。

需要注意的是，参数 rstride、cstride 与参数 rcount、ccount 是互斥关系，它们不能同时被使用。

源程序 6.10 使用 plot_wireframe() 方法绘制 3D 线框图，其中第 7 行通过设置参数 projection 的值为 3d 指定坐标系的类型为三维坐标系。

```
1 # 导入需要的工具库
2 import matplotlib.pyplot as plt
3 from mpl_toolkits.mplot3d import axes3d
4 import numpy as np
5 # 创建画布
6 fig = plt.figure()
7 # 创建 Axes3D 类的对象 ax
8 ax = fig.add_subplot(111,projection='3d')
9 # 获取测试数据
10 X, Y, Z = axes3d.get_test_data(0.05)
11 # 绘制基本的线框图
12 ax.plot_wireframe(X, Y, Z, color='c', rstride=10, cstride=10)
13 plt.show()
```

源程序 6.10　绘制 3D 线框图

源程序 6.10 的运行结果如图 6.11 所示。可修改第 10 行 get_test_data() 方法中的参数值及第 12 行的参数取值，查看图形变化情况。

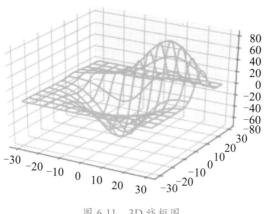

图 6.11　3D 线框图

（2）绘制 3D 曲面图。

Axes3D 类的对象使用 plot_surface() 方法绘制 3D 曲面图，该方法中常用参数的含义如下。

X、Y、Z：表示 x、y、z 轴的数据。

rstride、cstride：表示采样的密度。

color：表示曲面的颜色。

cmap：表示曲面的颜色映射表。

shade：表示是否对曲面进行着色。

源程序 6.11 使用 plot_surface() 方法绘制 3D 曲面图，其中第 7 行创建画布并通过 figsize 参数设置画布大小；第 12 ～ 16 行构建（X,Y,Z）数据；第 19 行通过 plot_surface() 方法绘制 3D 曲面图，并通过各参数设置图形样式；第 21 行设置 z 轴刻度的范围；第 23 行通过 colorbar() 方法添加颜色条形图，用于展示颜色区间。

```
1  # 导入需要的工具库
2  import matplotlib.pyplot as plt
3  from matplotlib import cm
4  from mpl_toolkits.mplot3d import axes3d
5  import numpy as np
6  # 创建画布
7  fig = plt.figure(figsize=(10,6))
8  # 创建 Axes3D 类的对象 ax
9  ax = fig.add_subplot(111,projection='3d')
10 # 构建数据
11 #np.arange(-5,5,0.25)：生成 -5 至 5 范围内数据，间隔为 0.25
12 X = np.arange(-5, 5, 0.25)
13 Y = np.arange(-5, 5, 0.25)
14 X, Y = np.meshgrid(X, Y)
```

源程序 6.11　绘制 3D 曲面图

```
15 R = np.sqrt(X ** 2 + Y ** 2)
16 Z = np.sin(R)
17 # 绘制曲面图
18 # cmap: 绘制使用冷暖色着色的 3D 表面; antialiased=False: 使表面变得不透明
19 surf = ax.plot_surface(X, Y, Z, cmap=cm.coolwarm, linewidth=0,
   antialiased=False)
20 # 设置 z 轴刻度的范围
21 ax.set_zlim(-1.01, 1.01)
22 # 添加一个颜色条形图, 用于展示颜色区间
23 fig.colorbar(surf, shrink=0.5, aspect=5)
24 plt.show()
```

源程序 6.11　绘制 3D 曲面图 (续)

源程序 6.11 的运行结果如图 6.12 所示。右侧条形图展示的颜色区间由第 23 行的 colorbar() 方法生成，其中参数 shrink 用来设定条形图的长度，取值区间为 [0,1]，默认值为 1；参数 aspect 用来设定条形图长 \ 宽的值，默认值为 20。

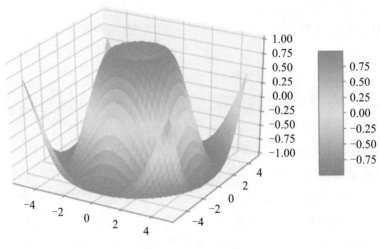

图 6.12　3D 曲面图

（3）绘制 3D 散点图。

Axes3D 类的对象使用 scatter3D() 方法绘制 3D 散点图。源程序 6.12 使用 scatter3D() 方法绘制 3D 散点图。

```
1 # 导入需要的工具包
2 import numpy as np
3 import matplotlib.pyplot as plt
4 from mpl_toolkits.mplot3d import Axes3D
5 # 创建画布
6 fig = plt.figure(figsize=(10,8))
7 # 创建 Axes3D 类的对象 ax
8 ax = fig.add_subplot(111,projection='3d')
9 # 构建数据, randn() 方法产生的随机数服从正态分布
10 z = 6*np.random.randn(500)
```

源程序 6.12　绘制 3D 散点图

```
11 x = np.sin(z)
12 y = np.cos(z)
13 # 绘制散点图，c: 设置颜色
14 ax.scatter3D(x,y,z,c='b')
15 plt.show()
```

源程序 6.12　绘制 3D 散点图（续）

源程序 6.12 的运行结果如图 6.13 所示。

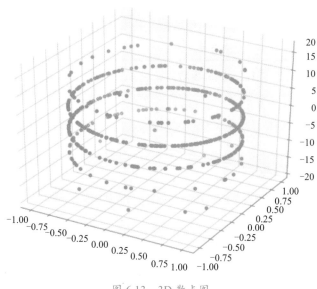

图 6.13　3D 散点图

6.3　pandas 数据可视化

pandas 提供了大量标准数据模型和高效操作大型数据集所需的工具，是使 Python 能够成为高效且强大的数据分析环境的重要因素之一。

使用 pandas 库需要先导入，通常使用 pd 作为其别名，导入语句为：

```
import pandas as pd
```

6.3.1　pandas 绘图基础

pandas 中集成了 Matplotlib 中的基础组件，让绘图更加便捷。pandas 库中的 Series 和 DataFrame 中都有绘制各类图表的 plot 方法。

Series.plot 方法的主要参数见表 6.14。

表 6.14　Series.plot 方法的主要参数

参　　数	说　　明
label	用于图表的标签
style	风格字符串，如 'g—'

参　　数	说　　明
alpha	表示图像的填充不透明度（0,1）
kind	图表类型（如 bar、line、hist、kde 等）
xticks, yticks	设定 x、y 轴的刻度值
xlim, ylim	设定轴界限
grid	显示轴网格线，默认关闭
rot	旋转刻度标签
use_index	将对象的索引用作刻度标签
logy	在 y 轴上使用对数标尺

DataFrame.plot 除了 Series 中的参数外，还有一些独有的选项，见表 6.15。

表 6.15　DataFrame.plot 方法的其他参数

参　　数	说　　明
subplot	将各个 DataFrame 列绘制到单独的 subplot 中
sharex, sharey	共享 x、y 轴
figsize	控制图像大小
title	图像标题
legend	添加图例，默认显示
sort_columns	以字母顺序绘制各列，默认使用当前的顺序

6.3.2　pandas 常用绘图

1. 线形图

线形图可以用来表示增长的趋势或者 y 轴和 x 轴的关系。

（1）在 Series 中绘制线形图。

源程序 6.13 使用 Series 创建的数据绘制线形图，其中第 8、9 行通过 Series 创建数据，并通过 index 设定索引值，与第 12 行的 xticks 属性值相对应。

```
1 import pandas as pd
2 import matplotlib.pyplot as plt
3 plt.rcParams['font.family']=['Sim Hei']
4 # 内嵌绘图，并且可以省略掉 plt.show() 语句
5 %matplotlib inline
6 plt.xlabel(" 月份 ")
7 plt.ylabel(" 降水量 /mm")
8 # 创建 Series, 指定 index
9 data=pd.Series([7.17,64.32,16.41,25.06,16.78,60.18,206.72,75.27,47.83,
    17.54,10.07,8.24],
10              index=pd.Series([1,2,3,4,5,6,7,8,9,10,11,12]))
11 #color: 线条颜色; xlim 和 xticks 设置 x 轴范围和刻度; range: 生成 1 到 12 的数值
12 data.plot(color='r',title=' 北方某市某年各月份的降水量 ',xlim=0,xticks=range(1,13,1))
```

源程序 6.13　在 Series 中绘制线形图

源程序 6.13 的运行结果如图 6.14 所示。

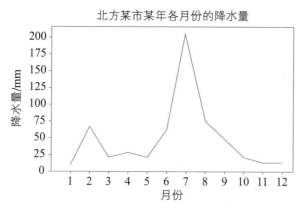

图 6.14　在 Series 中绘制线形图

（2）在 DataFrame 中绘制线形图。

源程序 6.14 使用 DataFrame 创建的数据绘制线形图。

```
1 import matplotlib.pyplot as plt
2 import pandas as pd
3 # 内嵌绘图，并且可以省略掉 plt.show() 语句
4 %matplotlib inline
5 plt.rcParams['font.sans-serif'] = ['SimHei']
6 plt.rcParams['axes.unicode_minus'] = False
7 data={'low':[-4,1,5,10,16,23,24,21,19,10,4,-1],'high':[6,12,16,20,
   27,33,32,29,27,19,14,9]}
8 # 创建平均低温、平均高温的 DataFrame
9 df=pd.DataFrame(data,index=[1,2,3,4,5,6,7,8,9,10,11,12])
10 df.plot(xlim=0,xticks=range(1,13,1),title="北方某市某年各月份的平均低
   温、平均高温 ")
11 plt.xlabel("月份 ")
12 plt.ylabel("平均低温、平均高温 /℃ ")
```

源程序 6.14　在 DataFrame 中绘制线形图

源程序 6.14 的运行结果如图 6.15 所示。

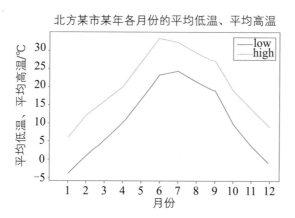

图 6.15　在 DataFrame 中绘制线形图

2. 柱状图

在 pandas 中绘制柱状图需在 plot() 方法中增加参数 kind='bar'。如果类别较多，可以绘制水平柱状图，此时设置参数 kind='barh'。

（1）在 Series 中绘制柱状图。

源程序 6.15 使用 Series 创建的数据绘制柱状图，其中第 12 行中的 kind 参数值为 bar，表示绘制的是柱状图。

```
1 import pandas as pd
2 import matplotlib.pyplot as plt
3 plt.rcParams['font.family']=['Sim Hei']
4 # 内嵌绘图, 并且可以省略掉 plt.show() 语句
5 %matplotlib inline
6 plt.xlabel(" 月份 ")
7 plt.ylabel(" 降水量 /mm")
8 # 创建 Series, 指定 index
9 data=pd.Series([7.17,64.32,16.41,25.06,16.78,60.18,206.72,75.27,47.83,
   17.54,10.07,8.24],
10               index=pd.Series([1,2,3,4,5,6,7,8,9,10,11,12]))
11 #color: 线条颜色, xlim 和 xticks 设置 x 轴的范围和刻度, rot: x 轴标签的旋转
   度数
12 data.plot(kind='bar',rot=30,color='r',title=' 北方某市某年各月份的降水量 ',
13             xlim=0,xticks=range(1,13,1))
```

源程序 6.15　在 Series 中绘制柱状图

源程序 6.15 的运行结果如图 6.16 所示。

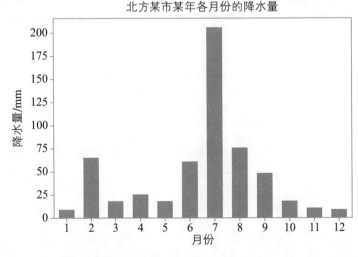

图 6.16　在 Series 中绘制柱状图

（2）在 DataFrame 中绘制柱状图。

源程序 6.16 使用 DataFrame 创建的数据绘制柱状图，其中第 11 行中的 kind 参数值为 bar，表示绘制的是柱状图。

```
1 import matplotlib.pyplot as plt
2 import pandas as pd
3 # 内嵌绘图，并且可以省略掉 plt.show() 语句
4 %matplotlib inline
5 plt.rcParams['font.sans-serif'] = ['SimHei']
6 plt.rcParams['axes.unicode_minus'] = False
7 data={'low':[-4,1,5,10,16,23,24,21,19,10,4,-1],
8       'high':[6,12,16,20,27,33,32,29,27,19,14,9]}
9 # 创建平均低温、平均高温的 DataFrame
10 df=pd.DataFrame(data,index=[1,2,3,4,5,6,7,8,9,10,11,12])
11 df.plot(kind='bar',rot=30,xlim=0,xticks=range(1,13,1))
12 plt.title(" 北方某市某年各月份的平均低温、平均高温 ")
13 plt.xlabel(" 月份 ")
14 plt.ylabel(" 平均低温、平均高温 /℃ ")
```

源程序 6.16　在 DataFrame 中绘制柱状图

源程序 6.16 的运行结果如图 6.17 所示。

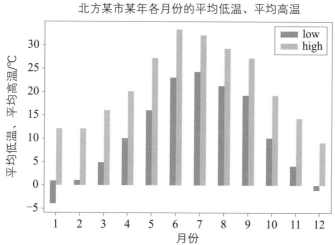

图 6.17　在 DataFrame 中绘制柱状图

3. 散点图

在 pandas 中绘制散点图需在 plot() 方法中设置参数 kind='scatter'。

（1）简单散点图。

源程序 6.17 通过 DataFrame 创建的前两列数据绘制简单的散点图。

```
1 import pandas as pd
2 import numpy as np
3 import matplotlib.pyplot as plt
4 plt.rcParams['font.sans-serif'] = ['SimHei']
5 #rand(50,4) 生成 50 行，4 列的随机数范围是 [0,1)
6 df = pd.DataFrame(np.random.rand(50, 4), columns=['a', 'b', 'c', 'd'])
7 df.plot(kind='scatter',x='a', y='b',color='r',title=' 简单散点图 ')
```

源程序 6.17　绘制简单散点图

源程序 6.17 的运行结果如图 6.18 所示。

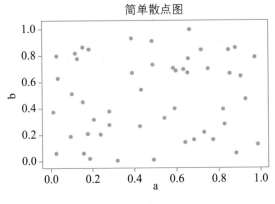

图 6.18　简单散点图

（2）分组散点图。

源程序 6.18 通过 DataFrame 创建的数据绘制分组散点图，其中前两列为一组，后两列为一组。

```
1 import pandas as pd
2 import numpy as np
3 import matplotlib.pyplot as plt
4 plt.rcParams['font.sans-serif'] = ['SimHei']
5 #rand(50,4) 生成 50 行，4 列的随机数范围 [0,1)
6 df = pd.DataFrame(np.random.rand(50, 4), columns=['a', 'b', 'c', 'd'])
7 # 绘制前两列数据的散点图
8 ax = df.plot(kind='scatter',x='a', y='b',color='r',marker='s',label
  ='Group1',title=' 分组散点图 ')
9 # 绘制后两列数据的散点图
10 df.plot(kind='scatter',x='c', y='d',c='none',edgecolors=['black'],
   label='Group2',ax=ax)
```

源程序 6.18　绘制分组散点图

源程序 6.18 的运行结果如图 6.19 所示。

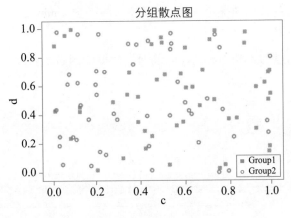

图 6.19　分组散点图

6.4 seaborn 数据可视化

seaborn 是基于 Matplotlib 的 Python 可视化库。seaborn 绘制的图形在色彩、视觉效果上会令人耳目一新，而使用 Matplotlib 可绘制出具有更多特色的图形。所以，seaborn 可视化是对 Matplotlib 可视化的补充，而不是替代物。

使用 seaborn 库需要先导入，通常使用 sns 作为其别名，导入语句为：

```
import seaborn as sns
```

6.4.1 seaborn 绘图基础

在 seaborn 库中可通过主题样式、元素缩放和边框控制等方法设置绘图风格。

1. 默认主题风格

seaborn 通过 set() 函数实现风格设置，通过 set() 函数可以设置背景色、风格、字型、字体等。

set 函数的格式如下：

```
seaborn.set(context='notebook', style='darkgrid', palette='deep',
font='sans-serif', font_scale=1, color_codes=True, rc=None)
```

seaborn.set() 函数的主要参数见表 6.16。

表 6.16 seaborn.set() 函数的主要参数

参　　数	说　　明
context	控制绘图的缩放比例，取值有 paper、notebook、talk、poster
style	控制默认样式，取值为 darkgrid、whitegrid、dark、white、ticks
palette	预设的调色板，取值为 deep（深色）、muted（浅色）、pastel（柔和）、bright（明亮）、dark（暗色）、colorblind（色盲）
font	设置字体
font_scale	设置字体大小
color_codes	不使用调色板，采用颜色缩写，如 g、r、b 等

源程序 6.19 使用 set() 函数设置 seaborn 的默认绘图风格，其中第 6 ～ 10 行为自定义函数 sinplot()，参数为 flip，函数功能为绘制 6 条曲线。

```
1 import numpy as np
2 import matplotlib.pyplot as plt
3 import seaborn as sns
4 # 自定义 sinplot 函数，参数为 flip
5 def sinplot(flip=1):
6     # 线性构造 0-14 之间的 100 个数
7     x = np.linspace(0, 14, 100)
8     # 绘制 6 条曲线
9     for i in range(1, 7):
10         plt.plot(x, np.sin(x + i * 0.5) * (7 - i) * flip)
11 # 使用 set() 函数实现默认绘图风格设置
12 sns.set()
13 # 调用自定义函数 sinplot
14 sinplot()
```

源程序 6.19　用 set() 函数设置 seaborn 默认绘图风格

在源程序 6.19 中，去掉第 12 行语句的运行结果为 Matplotlib 默认参数下的绘图风格，如图 6.20 所示。保留第 12 行，源程序 6.19 的运行结果如图 6.21 所示。通过 sns.set() 语句的执行，可转换为 seaborn 默认的绘图设置。

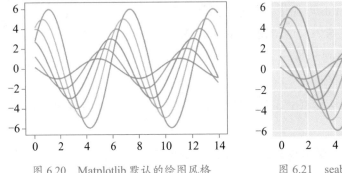

图 6.20　Matplotlib 默认的绘图风格

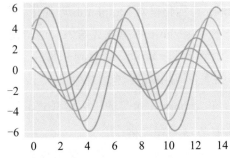

图 6.21　seaborn 默认的绘图风格

在 seaborn 中，可通过修改 set() 函数中的参数进行风格设置。

源程序 6.20 实现了设置 seaborn 绘图风格的功能，其中第 12 行通过 set() 函数的参数对画幅大小、样式、预设调色板和字体大小进行设置。

```
1 import numpy as np
2 import matplotlib.pyplot as plt
3 import seaborn as sns
4 # 自定义 sinplot() 函数，参数为 flip
5 def sinplot(flip=1):
6     # 线性构造 0-14 之间的 100 个数
7     x = np.linspace(0, 14, 100)
8     # 画 6 条线
9     for i in range(1, 7):
10         plt.plot(x, np.sin(x + i * 0.5) * (7 - i) * flip)
11 # 使用 set() 函数实现风格设置
12 sns.set(context='paper',style='whitegrid',palette='colorblind',
   font_scale=1.5)
13 # 调用自定义函数 sinplot()
14 sinplot()
```

源程序 6.20　通过修改 set() 函数中的参数设置绘图风格

源程序 6.20 的运行结果如图 6.22 所示。可自行修改其他参数或参数值，观察各参数及其不同参数值对绘图风格的影响。

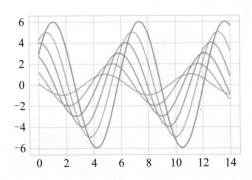

图 6.22　通过修改 set() 函数中的参数设置绘图风格

2. 主题样式

seaborn 中使用 set_style() 方法设置主题样式。

seaborn 库中含有 darkgrid（默认主题，灰色背景 + 白网格）、whitegrid（白色背景 + 黑网格）、dark（仅灰色背景）、white（仅白色背景）和 ticks（坐标轴带刻度）5 种预设的主题。其中，darkgrid 和 whitegrid 主题有助于在绘图时进行定量信息的查找，dark 和 white 主题有助于防止网格与表示数据的线条混淆，ticks 主题有助于体现少量特殊数据元素的结构。

源程序 6.21 实现了设置绘图主题样式的功能，其中第 12 行通过 set_style() 函数设置主题样式为 dark。

```
1  import numpy as np
2  import matplotlib.pyplot as plt
3  import seaborn as sns
4  # 自定义 sinplot() 函数，参数为 flip
5  def sinplot(flip=1):
6      # 线性构造 0-14 之间的 100 个数
7      x = np.linspace(0, 14, 100)
8      # 画 6 条线
9      for i in range(1, 7):
10         plt.plot(x, np.sin(x + i * 0.5) * (7 - i) * flip)
11 # 使用 set_style() 函数设置主题样式
12 sns.set_style("dark")
13 # 调用自定义函数 sinplot()
14 sinplot()
```

源程序 6.21　用 set_style() 函数设置主题样式

源程序 6.21 的运行结果如图 6.23 所示。可自行修改源程序 6.21 中第 12 行代码中的主题参数值，观察各预设主题的不同效果。

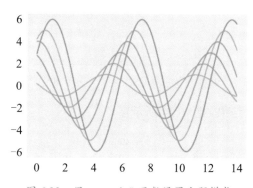

图 6.23　用 set_style() 函数设置主题样式

3. 子图样式

除了选用预设的主题样式外，还可以使用 with 语句，用 axes_style() 方法设置临时绘图参数，实现对子图采用多种不同的主题样式。

源程序 6.22 实现了设置子图主题样式的功能，前面省略了工具库的导入及 sinplot() 函数的定义，可使用源程序 6.21 中第 1 ～ 10 行代码放在最前面；第 2 行创建画布并设置画布大小；在源程序 6.22 中，第 4～27 行通过 with 语句，使用 axes_style() 方法设置了 5 个子图的不同主题样式；第 29～32 行，通过将字典参数传递给 set_style() 方法的参数 rc 对第 6 个子图进行参数设置。

```
1 # 省略工具库的导入及 sinplot() 函数的定义
2 pic = plt.figure(figsize=(12, 8))
3 # 使用 darkgrid 主题
4 with sns.axes_style('darkgrid'):
5     pic.add_subplot(2, 3, 1)
6     sinplot()
7     plt.title('darkgrid')
8 # 使用 whitegrid 主题
9 with sns.axes_style('whitegrid'):
10    pic.add_subplot(2, 3, 2)
11    sinplot()
12    plt.title('whitegrid')
13 # 使用 dark 主题
14 with sns.axes_style('dark'):
15    pic.add_subplot(2, 3, 3)
16    sinplot()
17    plt.title('dark')
18 # 使用 white 主题
19 with sns.axes_style('white'):
20    pic.add_subplot(2, 3, 4)
21    sinplot()
22    plt.title('white')
23 # 使用 ticks 主题
24 with sns.axes_style('ticks'):
25    pic.add_subplot(2, 3, 5)
26    sinplot()
27    plt.title('ticks')
28 # 修改主题中参数，使用字典传递参数，修改字体及网格颜色
29 sns.set_style(style='darkgrid', rc={'font.sans-serif':
   ['MicrosoftYaHei', 'SimHei'],'grid.color': 'yellow'})
30 pic.add_subplot(2, 3, 6)
31 sinplot()
32 plt.title(' 修改参数 ')
33 plt.show()
```

源程序 6.22　用 axes_style() 方法设置子图的主题样式

源程序 6.22 的运行结果如图 6.24 所示。

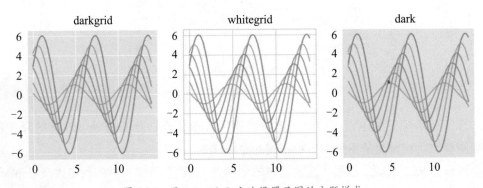

图 6.24　用 set_style() 方法设置子图的主题样式

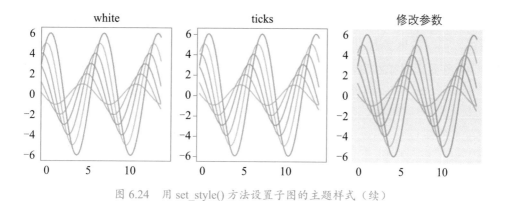

图 6.24 用 set_style() 方法设置子图的主题样式（续）

4. 移除轴线

在 seaborn 中，可以使用 despine() 方法移除图形中顶部和右侧的轴线。

源程序 6.23 使用 despine() 方法移除轴线。若不加参数，默认移除图形中顶部和右侧的轴线。

```
1 import matplotlib.pyplot as plt
2 import numpy as np
3 import seaborn as sns
4 # 新建画布
5 plt.figure(figsize=(6,3))
6 # 设置 x 轴，在 0-14 之间取 100 个数
7 x = np.linspace(0, 14, 100)
8 # 设置绘图风格
9 sns.set_style('ticks')
10 # 绘制 6 条正弦曲线，i 取值为 0-5
11 for i in range(6):
12     plt.plot(x, np.sin(x+i*0.5)*(7-i))
13 # 移除顶部和右侧轴线
14 sns.despine()
15 # 设置标题
16 plt.title('despine')
```

源程序 6.23 移除顶部和右侧的轴线

源程序 6.23 的运行结果如图 6.25 所示，图中移除了顶部和右侧的轴线。

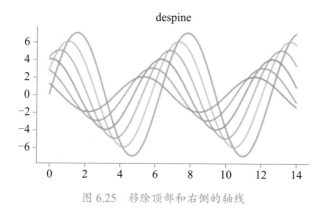

图 6.25 移除顶部和右侧的轴线

使用 sns.despine() 默认的参数可以移除图像顶部和右侧的轴线。如果想自定义移除轴线，可以设置参数，sns.despine(right=True, left=False, top=True, bottom=False) 同样能实现移除顶部和右侧轴线的功能。也可设置参数，移除左侧和右侧的轴线。

源程序 6.24 第 13 行在 despine() 方法中设置相应的参数移除左侧和右侧的轴线。

```
1 import matplotlib.pyplot as plt
2 import numpy as np
3 import seaborn as sns
4 plt.figure(figsize=(6,3))
5 # 设置 x 轴，在 0-14 之间取 100 个数
6 x = np.linspace(0, 14, 100)
7 # 设置绘图风格
8 sns.set_style('ticks')
9 # 绘制 6 条正弦曲线，i 取值为 0-5
10 for i in range(6):
11     plt.plot(x, np.sin(x+i*0.5)*(7-i))
12 # 删除左侧和右侧的轴线
13 sns.despine(right=True, left=True, top=False, bottom=False)
14 # 设置标题
15 plt.title('despine-left,right')
```

源程序 6.24　移除左侧和右侧的轴线

源程序 6.24 的运行结果如图 6.26 所示，图中移除了左侧和右侧的轴线。

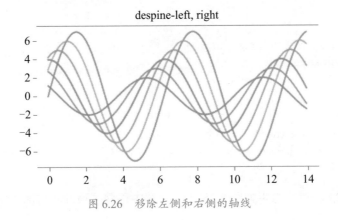

图 6.26　移除左侧和右侧的轴线

5. 设置绘图元素的比例

在 seaborn 中，可以使用 set_context() 方法设置缩放参数，预设的参数有 paper、notebook、talk 和 poster，呈现效果是线条越来越粗，字体越来越大，默认为 notebook。

源程序 6.25 实现了设置不同绘图元素比例的功能，其中第 8 行和第 16 行使用 set_context() 方法修改参数值，设置不同绘图元素的比例。

源程序 6.25 的运行结果如图 6.27 所示，可以看出参数值为 poster 的图形与参数值为 paper 的图形相比，图形中的线条更粗，字体更大。

```
1  import matplotlib.pyplot as plt
2  import numpy as np
3  import seaborn as sns
4  # 创建画布
5  plt.figure(figsize=(6,3))
6  # 在0-14之间取出100个点
7  x = np.linspace(0, 14, 100)
8  sns.set_context('paper')
9  # 绘制正弦曲线
10 for i in range(6):
11     plt.plot(x, np.sin(x+i*0.5)*(7-i))
12 # 设置标题
13 plt.title('context-paper')
14 # 创建画布
15 plt.figure(figsize=(6,3))
16 sns.set_context('poster')
17 # 绘制正弦曲线
18 for i in range(6):
19     plt.plot(x, np.sin(x+i*0.5)*(7-i))
20 # 设置标题
21 plt.title('context-poster')
```

源程序 6.25　设置不同绘图元素的比例

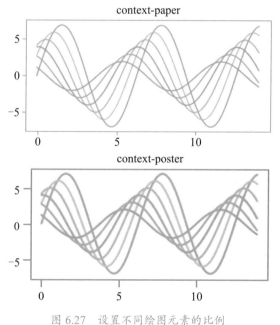

图 6.27　设置不同绘图元素的比例

6.4.2　seaborn 常用绘图

1. 折线图

在 seaborn 中，使用 lineplot() 函数绘制折线图。折线图中传入的数据必须全部是数值型数据。

（1）用 DataFrame 创建的数据绘制折线图。

源程序 6.26 通过 DataFrame 创建的数据绘制折线图,其中第 8 ～ 11 行创建平均低温、平均高温的 DataFrame,第 12 行使用 seaborn 库中的 lineplot() 方法绘制折线图。

```
1 import matplotlib.pyplot as plt
2 import pandas as pd
3 # 导入 seaborn 库,别名 sns
4 import seaborn as sns
5 plt.rcParams['font.sans-serif'] = ['SimHei']
6 plt.rcParams['axes.unicode_minus'] = False
7 plt.xticks(range(1,13))
8 sns.set context('notebook')
9 data={'low':[-4,1,5,10,16,23,24,21,19,10,4,-1],high':[6,12,16,
  20,27,33,32,29,27,19,14,9]}
10 # 创建平均低温、平均高温的 DataFrame
11 df=pd.DataFrame(data,index=[1,2,3,4,5,6,7,8,9,10,11,12])
12 sns.lineplot(data=df)
13 plt.title(" 北方某市某年各月份平均低温、平均高温 ")
14 plt.xlabel(" 月份 ")
15 plt.ylabel(" 平均低温、平均高温 (℃ )")
```

源程序 6.26　用 DataFrame 创建的数据绘制折线图

源程序 6.26 的运行结果如图 6.28 所示。

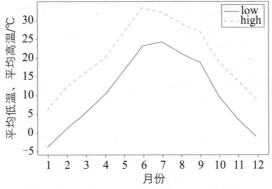

图 6.28　用 DataFrame 创建的数据绘制折线图

(2)用 seaborn 库自带的数据集绘制折线图。

seaborn 内置了十几个示例数据集,通过 load_dataset() 函数可以调用,下面以 tips 数据集为例进行讲解。tips 数据集中的部分数据如图 6.29 所示。

	A	B	C	D	E	F	G
1	total_bill	tip	sex	smoker	day	time	size
2	16.99	1.01	Female	No	Sun	Dinner	2
3	10.34	1.66	Male	No	Sun	Dinner	3
4	21.01	3.5	Male	No	Sun	Dinner	3
5	23.68	3.31	Male	No	Sun	Dinner	2
6	24.59	3.61	Female	No	Sun	Dinner	4
7	25.29	4.71	Male	No	Sun	Dinner	4
8	8.77	2	Male	No	Sun	Dinner	2
9	26.88	3.12	Male	No	Sun	Dinner	4
10	15.04	1.96	Male	No	Sun	Dinner	2

图 6.29　tips 数据集中的部分数据

源程序6.27用seaborn库自带的数据集绘制折线图，其中第4行通过load_dataset()函数加载seaborn库中自带的tips数据集，第6行绘制tips数据集中的total_bill列和tip列数据的折线图。

```
1 # 导入 seaborn 库，别名 sns
2 import seaborn as sns
3 # 加载 seaborn 库自带的数据集 tips
4 tips = sns.load_dataset("tips")
5 # 绘制 tips 数据集的折线图，total_bill 列为账单，tip 列为小费
6 ax = sns.lineplot(x="total_bill", y="tip", data=tips)
```

源程序 6.27　用 tips 数据集绘制折线图

源程序6.27的运行结果如图6.30所示。容易看出小费与账单总金额之间的关系：账单总金额低，小费也较少；账单总金额高，小费也较高。

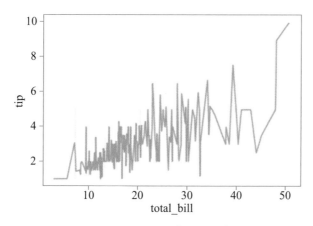

图 6.30　用 tips 数据集绘制折线图

2. 柱状图

在seaborn中，使用barplot()函数绘制柱状图。默认情况下，绘制的y轴是平均值。

源程序6.28用seaborn库自带的数据集绘制柱状图，其中第4行通过load_dataset()加载seaborn库中自带的tips数据集，第6行绘制tips数据集中的day列和total_bill列数据的柱状图。

```
1 # 分析小费与日期的关系
2 import seaborn as sns
3 import matplotlib.pyplot as plt
4 tips = sns.load_dataset("tips")
5 #day 为日期
6 ax = sns.barplot(x="day", y="total_bill", data=tips)
7 plt.show()
```

源程序 6.28　用 barplot() 方法绘制柱状图

源程序6.28的运行结果如图6.31所示，可以看出周日小费较高。

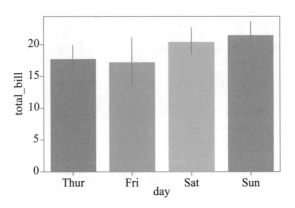

图 6.31　用 barplot() 方法绘制柱状图

3. 散点图

在 seaborn 中，使用 scatterplot() 函数绘制散点图。

源程序 6.29 用 seaborn 库自带的数据集绘制散点图，其中第 6 行通过 load_dataset() 函数加载 seaborn 库中自带的 tips 数据集，第 7 行绘制 tips 数据集中的 total_bill 列和 tip 列数据的散点图。

```
1 # 分析小费与账单总金额的关系
2 import matplotlib.pyplot as plt
3 import seaborn as sns
4 %matplotlib inline
5 # 小费数据集
6 tips = sns.load_dataset('tips')
7 ax = sns.scatterplot(x='total_bill',y='tip',data=tips)
8 plt.show()
```

源程序 6.29　用 tips 数据集绘制散点图

源程序 6.29 的运行结果如图 6.32 所示。容易看出小费与账单总金额之间的关系：账单总金额低，小费也较少；账单总金额高，小费也较高。

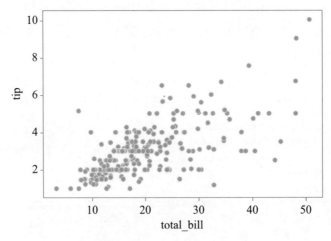

图 6.32　用 tips 数据集绘制散点图

6.5 pyecharts 数据可视化

pyecharts 是一个将 Python 与 ECharts 相结合的强大的数据可视化库。pyecharts 库具有简洁的 API 设计，是 Python 中应用较广的可视化库之一。

pyecharts 主要基于 Web 浏览器进行显示，可绘制的图形比较多，包括折线图、柱状图、饼图、地图等。使用 pyecharts 绘图代码量很少，而且绘制出来的图形较美观。

6.5.1 pyecharts 绘图基础

基本上所有的 pyecharts 图形都是这样绘制的：

```
chart_name = Type()              # 初始化具体类型图表
chart_name.add()                 # 添加数据及配置项
chart_name.render()              # 生成本地文件（html/svg/jpeg/png/pdf/gif）
chart_name.render_notebook()     # 在 Jupyter Notebook 中显示
```

6.5.2 pyecharts 常用绘图

1. 柱状图

pyecharts 使用 Bar 类绘制柱状图。Bar 类的常用方法见表 6.17。

表 6.17 Bar 类的常用方法

方 法	说 明
add_xaxis	加入 x 轴参数
add_yaxis	加入 y 轴参数。可以设置 y 轴参数，也可在全局设置中设置
set_global_opts	设置全局配置
set_series_opts	设置系列配置

源程序 6.30 使用 Bar 类绘制柱状图，其中第 8 ～ 13 行采用链式调用方法调用初始化图表，并添加数据。

```
1 # 导入绘制图形所用到的模块
2 from pyecharts.charts import Bar
3 from pyecharts import options as opts
4 # 内嵌图形
5 %matplotlib inline
6 # V1 版本开始支持链式调用
7 # 初始化图表，添加数据
8 bar = (Bar()
9        .add_xaxis( ['1','2','3','4','5','6','7','8','9','10','11','12'])
10       .add_yaxis("降水量（毫米）",
11            [7.17,64.32,16.41,25.06,16.78,60.18,206.72,75.27,47.83,
   17.54,10.07,8.24])
12       # 设置全局配置
13       .set_global_opts(title_opts = opts.TitleOpts(title = " 北方某
   市某年各月份降水量")) )
14 # 在 Jupyter Notebook 中显示
15 bar.render_notebook()
```

源程序 6.30 使用 Bar 类绘制柱状图

源程序 6.30 的运行结果如图 6.33 所示。

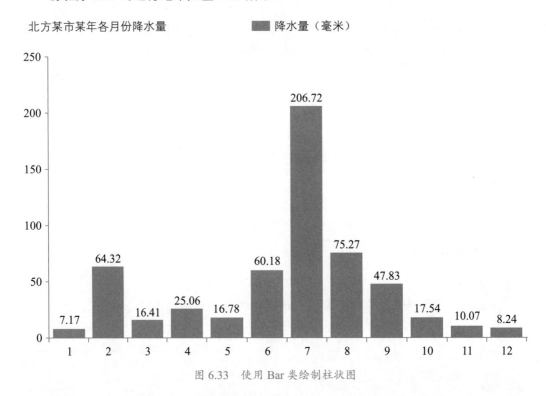

图 6.33　使用 Bar 类绘制柱状图

源程序 6.30 的第 8 ～ 13 行采用了链式调用方法，也可使用单独调用方法，见源
程序 6.31 的第 7 ～ 12 行。

```
1 # 导入绘制图形所用到的模块
2 from pyecharts.charts import Bar
3 from pyecharts import options as opts
4 # 内嵌图形
5 %matplotlib inline
6 # 初始化图表，添加数据
7 bar = Bar()
8 bar.add_xaxis( ['1','2','3','4','5','6','7','8','9','10','11',
  '12'])
9 bar.add_yaxis("降水量（毫米）",
10           [7.17,64.32,16.41,25.06,16.78,60.18,206.72,75.27,47.83,
  17.54,10.07,8.24])
11 # 设置全局配置
12 bar.set_global_opts(title_opts = opts.TitleOpts(title = "北方某市某
  年各月份降水量"))
13 # 在 Jupyter Notebook 中显示
14 bar.render_notebook()
```

源程序 6.31　将链式调用方法改为单独调用方法

可使用多个 add_yaxis() 函数绘制并列柱状图。

源程序 6.32 中第 8、9 行使用多个 add_yaxis() 函数绘制并列柱状图。

```
1 # 导入绘制图形所用到的模块
2 from pyecharts.charts import Bar
3 from pyecharts import options as opts
4 # 内嵌图形
5 %matplotlib inline
6 # 初始化图表，添加数据
7 bar = Bar()
8 bar.add_xaxis( ['1','2','3','4','5','6','7','8','9','10','11',
  '12'])
9 bar.add_yaxis(" 平均低温（℃）", [-4,1,5,10,16,23,24,21,19,10,4,-1],
  color='green')
10 bar.add_yaxis(" 平均高温（℃）", [6,12,16,20,27,33,32,29,27,19,14,9],
  color='pink')
11 # 设置全局配置
12 bar.set_global_opts(title_opts =
13        opts.TitleOpts(title = " 北方某市某年各月份平均低温、平均高温 "))
14 # 设置柱状图上方数字颜色
15 bar.set_series_opts(label_opts=opts.LabelOpts(color='black'))
16 # 在 Jupyter Notebook 中显示
17 bar.render_notebook()
```

源程序 6.32　使用多个 add_yaxis() 函数绘制并列柱状图

源程序 6.32 的运行结果如图 6.34 所示。

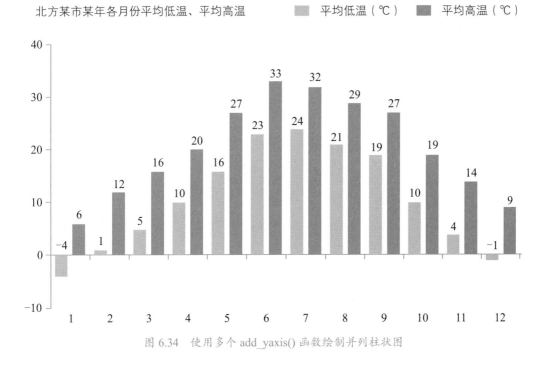

图 6.34　使用多个 add_yaxis() 函数绘制并列柱状图

2. 饼图

pyecharts 使用 Pie 类绘制饼图。源程序 6.33 中第 5 ～ 13 行使用 Pie 类绘制饼图。

```
1  # 导入绘制图形所用到的模块
2  from pyecharts import options as opts
3  from pyecharts.charts import Page, Pie
4  # 初始化图表
5  c = Pie()
6  # 添加数据
7  month=['1','2','3','4','5','6','7','8','9','10','11','12']
8  num   = [7.17,64.32,16.41,25.06,16.78,60.18,206.72,75.27,47.83,17.54,
   10.07,8.24]
9  c.add("", [list(z) for z in zip(month,num)])
10 # 设置全局配置
11 c.set_global_opts(title_opts=opts.TitleOpts(title="北方某市某年降
   水量"))
12 # 设置系列配置，标签为数据的百分比
13 c.set_series_opts(label_opts=opts.LabelOpts(formatter="{b}: {c}"))
14 c.render_notebook()
```

源程序 6.33　使用 Pie 类绘制饼图

源程序 6.33 的运行结果如图 6.35 所示。

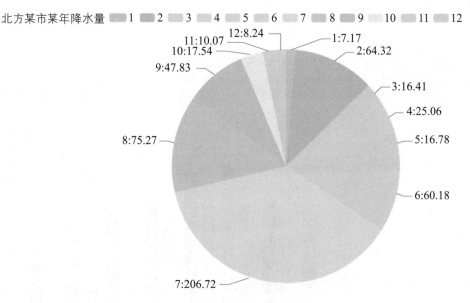

图 6.35　使用 Pie 类绘制饼图

3. 散点图

pyecharts 使用 Scatter 类绘制散点图，源程序 6.34 中第 5 ～ 11 行使用 Scatter 类绘制散点图。

```
1  # 导入绘制图形所用到的模块
2  from pyecharts import options as opts
3  from pyecharts.charts import Scatter
4  # 初始化图表，添加数据
```

源程序 6.34　使用 Scatter 类绘制散点图

```
5 c = Scatter()
6 month=['1','2','3','4','5','6','7','8','9','10','11','12']
7 c.add_xaxis(month)
8 c.add_yaxis("降水量（毫米）",
9           [7.17,64.32,16.41,25.06,16.78,60.18,206.72,75.27,47.83,17.54,
  10.07,8.24])
10 #设置全局配置
11 c.set_global_opts(title_opts=opts.TitleOpts(title="Scatter-北方某市
   某年各月份降水量"))
12 c.render_notebook()
```

源程序 6.34　使用 Scatter 类绘制散点图（续）

源程序 6.34 的运行结果如图 6.36 所示。

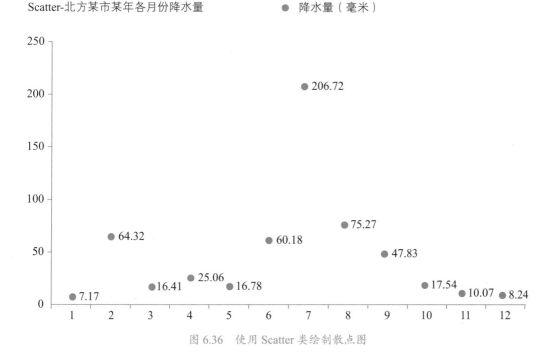

图 6.36　使用 Scatter 类绘制散点图

4. 地图

pyecharts 提供了方便的地图绘制功能。从 0.3.2 版本开始，为了缩减项目本身的体积及维持 pyecharts 项目的轻量化运行，不再自带地图 JS 文件。用户要使用地图图表（Geo、Map）时需自行安装对应的地图文件包。

在 Windows 下通过以下命令安装地图文件包：

```
pip install echarts-countries-pypkg          # 安装全球国家地图
pip install echarts-china-provinces-pypkg     # 安装中国省级地图
pip install echarts-china-cities-pypkg        # 安装中国市级地图
```

下面以某高校潍坊市新生生源地数据（虚拟数据，见表 6.18）为例，通过两种方式绘制地图。

表 6.18　某高校潍坊市新生生源地数据

区 县	人 数	区 县	人 数
奎文区	105	高密市	42
潍城区	53	昌邑市	68
寒亭区	29	临朐县	101
诸城市	88	青州市	38
寿光市	76	安丘市	35
坊子区	47	昌乐县	85

（1）自定义列表数据。源程序 6.35 使用自定义列表形式处理表 6.18 中的数据并绘制某高校潍坊市新生生源地分布地图，其中第 5 ～ 8 行将数据初始化为二维列表；第 10 ～ 29 行创建 Map 对象，在地图上添加数据，通过参数设置地图样式。

```
1  # 导入需要的类库
2  from pyecharts import options as opts
3  from pyecharts.charts import Map
4  # 数据初始化为二维列表，[" 区县 "，人数 ]
5  data=[[" 奎文区 ",105],[" 潍城区 ",53],[" 寒亭区 ",29],
6         [" 诸城市 ",88],[" 寿光市 ",76],[" 坊子区 ",47],
7         [" 高密市 ",42],[" 昌邑市 ",68],[" 临朐县 ",101],
8         [" 青州市 ",38],[" 安丘市 ",35],[" 昌乐县 ",85]]
9  # 创建 Map 对象
10 map=Map()
11 # 添加数据
12 #series_name：系列名称，用于提示信息和图例显示；data_pair：数据项；
13 #maptype：地图类型（world、china、潍坊）；is_roam：是否开启鼠标缩放和平移漫游；
14 #is_map_symbol_show：是否显示图形标记，设置为 False 则不显示小红点
15 #itemstyle_opts：图元样式设置；
16 #areaColor 为区域颜色，borderColor 为边框颜色；
17 #normal 为常规模式下的，emphasis 为强调样式下的，即鼠标移动到区域上的显示。
18 map.add(series_name=" 新生生源地 ", data_pair=data, maptype=" 潍坊 ",is_
   roam=True,
19       is_map_symbol_show=True,
20       itemstyle_opts={"normal": {"areaColor": "white","borderColor":
   "red"},"emphasis": {"areaColor": "yellow"}})
21
22 map.set_series_opts(label_opts=opts.LabelOpts(is_show=True))
23 #设置全局配置：标题；
24 #视觉映射配置项 visualmap_opts，可以设置地图颜色类型分段显示；
25 #max_ 的值对应的是数据的范围，参数 is_piecewise=True 表示为分段显示。
26 map.set_global_opts(title_opts=opts.TitleOpts(title=' 某高校潍坊市
   新生生源地分布图 ',subtitle=' 数据来源：虚拟数据 '),visualmap_opts=opts.
   VisualMapOpts(max_=110,min_=25,is_piecewise=True))
27
28
29 map.render_notebook()
```

源程序 6.35　绘制生源地分布图——自定义列表数据

源程序 6.35 的运行结果如图 6.37 所示。图中根据生源地数据范围的不同，以不同的颜色进行标识。

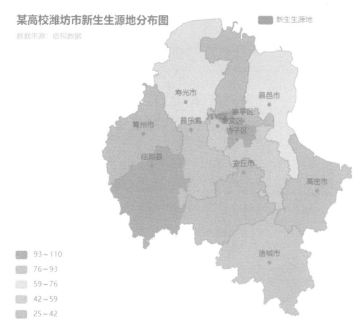

图 6.37 生源地分布图——自定义列表数据

（2）读取 Excel 文件中的数据。将表 6.18 中的数据（含有区县和人数列）保存到 E0636.xlsx 文件中。在源程序 6.36 中，第 6 ~ 8 行从该 Excel 文件中读取数据并将其转为二维列表形式，绘制某高校潍坊市新生生源地分布图。

```
1  # 导入需要的类库
2  from pyecharts import options as opts
3  from pyecharts.charts import Map
4  import pandas as pd
5  # 读取 Excel 文件 E0636.xlsx 中数据
6  ds=pd.read_excel('E0636.xlsx')
7  # 将需要展示的数据转换为二维列表格式
8  stuList=ds[[' 区县 ',' 人数 ']].values.tolist()
9  map=Map()
10 map.add(' 新生生源地 ',data_pair=stuList,maptype=' 潍坊 ',is_roam=True,
11         is_map_symbol_show=True,
12            itemstyle_opts={"normal": {"areaColor": "white",
   "borderColor": "red"},
13                     "emphasis": {"areaColor": "yellow"}})
14 map.set_series_opts(label_opts=opts.LabelOpts(is_show=True))
15 map.set_global_opts(title_opts=opts.TitleOpts(title=' 某高校潍坊市新
   生生源地分布图 ',subtitle=' 数据来源: 虚拟数据 '),
16
17     visualmap_opts=opts.VisualMapOpts(max_=1100,min_=50,is_piecewise=True))
18 map.render_notebook()
```

源程序 6.36 绘制生源地分布图——读取 Excel 数据

源程序6.36的运行结果如图6.38所示，将鼠标放到潍城区，该区地图显示为黄色，并显示相应的提示信息"新生生源地潍城区：53"。

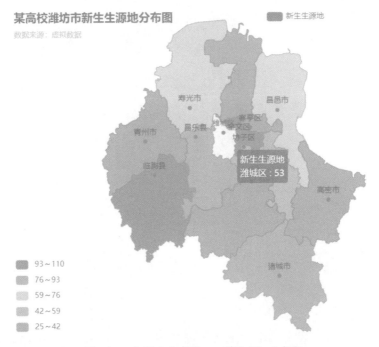

图 6.38　生源地分布图——读取 Excel 数据

本章小结

本章主要介绍了使用 Matplotlib、pandas、seaborn 和 pyecharts 常用工具库绘图的基本语法和常用参数，并通过实例介绍了不同工具库绘制常用图形的简单方法。另外，在 Matplotlib 数据可视化中介绍了使用 mplot3d 绘制 3D 图形的方法；在 pandas 数据可视化中分别介绍了使用 Series 和 DataFrame 绘制常用图形的方法；在 seaborn 数据可视化中介绍了 seaborn 数据可视化的风格与主题设置；在 pyecharts 数据可视化中介绍了绘制地图的方法。

习题

1. 绘制 $y=\sin x$ 和 $y=\cos x$ 曲线，如图 6.39 所示。提示：π 的值采用 np.pi，需先导入 NumPy 库。

2. 某企业项目计划如下：需求调研 2 天，制定方案 5 天，项目实施 20 天，项目验收 8 天，项目竣工 4 天，绘制出该企业项目计划的甘特图。

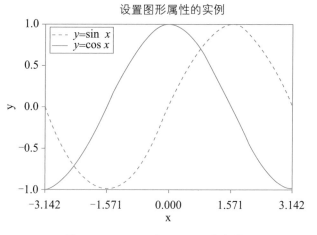

图 6.39 $y=\sin x$ 和 $y=\cos x$ 曲线图

3. 使用 seaborn 库中的 tips 数据集，绘制以下图形：

（1）total_bill（账单）和 size（人数）之间关系的折线图。

（2）tip（小费）和 gender（性别）之间关系的柱状图。

4. 通过 http://www.86pm25.com/paiming.htm 网页采集数据，选取部分城市的 AQI 空气质量指数（air quality index，AQI）或 PM2.5 浓度数据，绘制柱状图、饼图、散点图和地图。

第7章

数据分析方法

数据分析是指从不完全的、有噪声的、模糊的大量随机数据中提取出隐含的、人们事先不知道但潜在的有用信息和知识的过程，也称为数据挖掘，其核心是知识发现，其过程如图 7.1 所示。数据分析旨在最大限度地开发数据的功能，发挥数据的作用。在进行数据分析之前，要尽量明确数据分析针对的问题，然后带着问题进行分析。即使面对同一组数据，要解决的问题不同时，其分析思路和分析方法也会不尽相同，结果可能会大相径庭。

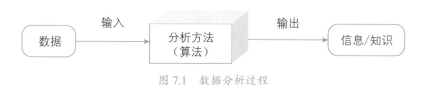

图 7.1　数据分析过程

经典的数据分析方法包括回归、分类、聚类。除此以外，近年来增长最为迅猛的数据分析是对文本及非结构化数据源的分析。本章将结合实际案例，对回归、分类、聚类、文本分析的基本原理和分析过程进行深入讲解，并利用 Python 代码实现。

7.1　数据分析方法的数学基础

7.1.1　理解复合函数求导

大一的时候，大家已经学过了导数。但是在现实中有各种基本函数的复合函数求导问题，所以需要明确复合函数的求导问题。基本函数的复合方式总结起来主要分为 3 类：函数相加（加法法则）、函数相乘（乘法法则）、函数嵌套（链式法则）。

1. 加法法则

例如，复合函数为 $f(x)=x^2+\sin x$。假设 x 变化量为 $\mathrm{d}x$，则基本函数的变化量为 $\mathrm{d}(x^2)$ 和 $\mathrm{d}(\sin x)$，因此复合函数的变化量就是 $\mathrm{d}f=\mathrm{d}(x^2)+\mathrm{d}(\sin x)$。由于基本函数可导，

将基本函数的导数代入，可得 df=2xdx+cos xdx，故复合函数的导数就是 $\dfrac{df}{dx}$=2x+cos x。也就是说，基本函数相加形成的复合函数导数等于基本函数导数之和。

2. 乘法法则

例如，复合函数为 $f(x)$=x^2sin x，则复合函数 f 可以看作以 x^2 和 sin x 为邻边的矩形的面积。如果自变量 x 发生微小变化 dx，则矩形的两个邻边也会对应发生变化 d(x^2) 和 d(sin x)，因此原始矩形的面积会增加 df=sin xd(x^2)+x^2d(sin x)+d(x^2)d(sin x)。其中，d(x^2)d(sin x) 是高阶无穷小，可以忽略，故复合函数的导数 $\dfrac{df}{dx}$=sin x $\dfrac{d(x^2)}{dx}$ +x^2 $\dfrac{d(\sin x)}{dx}$。也就是说，基本函数相乘形成的复合函数的导数等于"前导后不导加上后导前不导"。

3. 链式法则

例如，复合函数 $f(x)$=sin(x^2) 为基本函数 sin x 和 x^2 的函数嵌套。用新的符号如 y 来代替 x^2，则复合函数可以写作 $f(x)$=sin y。如果自变量 x 发生微小变化 dx，就会导致函数 y=x^2 发生微小变化 dy(dy=2xdx)，而 dy 的变化又会导致复合函数发生微小变化 df=cos ydy，故 df=cos ydy=cos(x^2)xdx，即 $\dfrac{df}{dx}$ =cos(x^2)2x。也就是说，基本函数嵌套形成的复合函数的导数等于"外层导数与内层导数依次相乘"。

7.1.2　理解多元函数偏导

最简单的函数是一元函数，如 y=kx+b，但现实中更多的是多元函数，如 z=x+y 等。其实，多元函数在生活中随处可见，例如矩形的面积 s=xy（其中 x、y 分别是矩形的长和宽）就是二元函数，梯形的面积 s=(x+y)z/2（其中 x、y 分别是梯形上、下底长，z 为梯形的高）就是三元函数。从映射的观点来看，一元函数是实数集到实数集的映射，多元函数则是有序数组集到实数集的映射。对一元函数的求导是非常熟悉的，那么对多元函数的求导该如何处理呢？例如，对于典型的一元函数 $f(x)$=ax^2+bx+c，其导数 $f'(x)$=2ax+b。实际上，式子中的 a、b、c 也是可以变化的，所以求导过程也是求解 $f(x,a,b,c)$=ax^2+bx+c 关于 x 的偏导数。由此可知，多元函数偏导数的求解方法就是"各个击破"，即对一个变量求导时，将其他变量暂时看成固定的参数。对于形如 $f(x)$=x^2 这样的一元函数，它的导数就是自变量 x 的微小变化 Δx 与其所引起函数值微小变化 Δf 的比值，一般表示为 $\dfrac{df}{dx}$。那么对于一个含有 x、y 两个变量的函数 $f(x,y)$=x^2sin y，保持其他变量固定而关注一个变量的微小变化带来的函数值的变化情况，这种变化的比值就是偏导数，如 $\dfrac{\partial f}{\partial x}$ =2$x$sin y 或者 $\dfrac{\partial f}{\partial y}$ =x^2cos y。

7.1.3　理解最小二乘法

最小二乘法是求解回归模型的一种方法，使拟合的回归线到各数据点距离最近。

在传统最小二乘法中，"二乘"是平方的意思，"最小二乘"就是指平方和最小，具体来说就是各个估计值和实际值之间的误差的平方和最小。这里估计值和实际值之间的误差的平方和也称为损失函数。假设平面上有 3 个不共线的点 (1，0)、(2，0) 和 (1，2)，可以试图找到一条与 3 个点距离最近的近似直线 $y=kx+c$，如图 7.2 所示。将

点坐标代入直线方程中可得线性方程组 $\begin{cases} k+c=0 \\ 2k+c=0 \\ k+c=2 \end{cases}$，该线性方程组无解，但可以根据

最小二乘法进行近似估计。

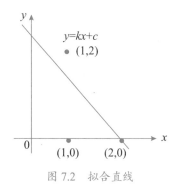

图 7.2　拟合直线

总的来说，最小二乘法通过最小化误差的平方和寻找数据的最佳匹配函数，求得目标函数的最优值，可用于曲线拟合解决回归问题。

7.1.4　理解梯度

梯度和导数是密切相关的一对概念，实际上梯度是导数对多元函数的推广，它是多元函数对各个自变量求偏导形成的向量。我们接触"微分"这个概念是从"函数图像某点切线斜率"或"函数的变化率"这个认知开始的。典型的函数微分如 $d(2x)=2dx$、$d(x^2)=2xdx$、$d(x^2y^2)=2xy^2dx$ 等。梯度实际上就是多变量微分的一般化，例如 $J(\theta)=3\theta_1+4\theta_2-5\theta_3-1.2$。对该函数求解微分，也就得到了梯度 $\nabla J(\theta)=\langle \frac{\partial J}{\partial \theta_1}, \frac{\partial J}{\partial \theta_2}, \frac{\partial J}{\partial \theta_2}\rangle=\langle 3,4,-5\rangle$。梯度有一个重要特征：梯度的方向是函数增长速度最快的方向；梯度的反方向是函数减少最快的方向。对某个函数来说，在某点处沿着梯度的方向可使函数值变化最快，函数值变化率最大。梯度在数据分析中有着重要的应用，例如后面线性回归中就可以使用梯度下降算法找到损失函数（对于线性回归来说，这里的损失函数指的是误差的平方和）的极小值。使用梯度下降法的目的就是最小化损失函数。

7.1.5　理解概率

概率也称"或然率"，它反映随机事件出现的可能性大小，在现实生活中有着极其普遍的应用。在日常生活中经常使用"概率"这个词语，但这个词语究竟是什么意

思呢？从最简单的抛硬币场景开始讲起。假设有一个质地均匀的硬币，也就是说，这个硬币抛出后落地时正面和反面朝上的可能性是相等的。那么这个硬币正面朝上的可能性是多大呢，又该如何表示呢？一般会用符号$P($正面$)$来表示硬币正面朝上的概率。

概率的统计定义：假设重复抛硬币n次，其中硬币正面朝上的次数为m，那么正面朝上的频率$=\dfrac{m}{n}$。随着试验次数n的增加，一个事件出现的频率会逐渐稳定在某一数值P附近，则该数值P就称为该事件发生的概率

$$P=\frac{\text{正面朝上的次数}}{\text{抛硬币的总次数}}$$

概率的古典定义：首先需要满足一定的条件，一是该试验有有限个基本结果；二是试验的每个基本结果出现的可能性是一样的。抛硬币试验满足这个条件。那么正面朝上这个事件发生的概率$P=\dfrac{\text{正面朝上包含的基本结果数}}{\text{抛硬币试验可能出现的结果总数}}$。

7.1.6 理解条件概率

假设将一枚硬币连续抛掷3次，观察其出现正反两面的情况。设"至少出现一次反面"为事件A，"3次出现相同面（同正或同反）"为事件B。现在已经知道了事件A发生，那么事件B发生的概率是多少呢？这里已知事件A发生而要求的事件B的发生概率$P(B|A)$就是条件概率。

以最经典的思路来分析，首先列出样本空间$S=\{$正正正，正正反，正反正，反正正，反反正，反正反，正反反，反反反$\}$，共计8种情况；事件$A=\{$正正反，正反正，反正正，反反正，反正反，正反反，反反反$\}$，共计7种情况；事件$B=\{$正正正，反反反$\}$，共计2种情况。那么应如何定义$P(B|A)$的计算公式才合理呢？如果没有"事件A发生"这一信息的话，那么按照古典概率的定义和计算方式，事件B发生的概率$p(B)=\dfrac{2}{8}=\dfrac{1}{4}$。但是现在情况出现了变化，即知道了"事件$A$发生"这一信息了。因此，样本空间就不再是原来的空间S而是空间A了，即$\{$正正反，正反正，反正正，反反正，反正反，正反反，反反反$\}$，共计7种情况；而事件B对应的空间则不可能出现"正正正"这种情况，因此事件B的空间为$P(AB)$，即$\{$反反反$\}$，共计1种情况。所以，知道了"事件A发生"这一条信息后，$P(B|A)=\dfrac{P(AB)}{P(A)}=\dfrac{1}{7}$。由此，得到条件概率的计算公式为$P(B|A)=\dfrac{P(AB)}{P(A)}$。

7.1.7 理解贝叶斯公式

在事件A发生的情况下，事件B发生的概率计算公式为$P(B|A)=\dfrac{P(AB)}{P(A)}$。那么，

在事件 B 发生的情况下，事件 A 发生的概率的计算公式是 $P(A|B)=\dfrac{P(AB)}{P(B)}$，且满足

$P(A|B)P(B)=P(B|A)P(A)$，变形即可得到贝叶斯公式：$P(A|B)=\dfrac{P(B|A)P(A)}{P(B)}$。

7.2 回归

7.2.1 回归的基本概念及方法

回归（regression）是常用的数据分析方法，用于预测输入变量（自变量）和输出变量（因变量）之间的关系，也就是当输入变量（自变量）的值发生变化时，输出变量（因变量）的值随之发生的变化。回归模型正是表示从输入变量到输出变量之间映射的函数。回归模型的构建等价于函数拟合，即选择一条函数曲线，使其能很好地拟合已知数据且能很好地预测未知数据。

在现实生活中，经常需要分析多个变量之间的关系，例如碳排放量与气候变暖的关系、个人受教育程度与收入的关系、广告投入量与商品销售量之间的关系等。回归旨在解释一个或一组变量对另一变量结果的影响，以数学函数的形式刻画变量之间的关系。利用已知数据建立起不同变量之间定量关系的数学模型，即回归模型，进而可利用回归模型预测未来数值。

回归问题属于一种监督学习。所谓的监督学习，就是先利用有标签的训练数据学习得到一个模型，然后使用这个模型对新样本进行预测。学习过程就是根据样本数据对模型进行训练的过程。首先给定一个训练数据集 $\text{Train}(x,y)=\{(x_1,y_1),(x_2,y_2),\cdots,(x_n,y_n)\}$，这里的 x 表示输入，y 对应的是输出，其中 $i=1,2,\cdots,n$。学习系统基于训练数据集建立一个模型，即 $Y=f(x)$；对新的输入 x_{n+1}，预测系统根据学习的模型 $Y=f(x)$ 确定相应的输出 y_{n+1}。回归问题分为学习和预测两个过程，如图 7.3 所示。

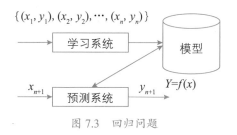

图 7.3 回归问题

在回归分析中，结果变量叫作因变量（dependent variable），因为它的结果依赖于其他变量，有时也被称为被解释变量（response variable）；剩下的其他变量被称为自变量（independent variable），或称为解释变量（explanatory variable）。如在研究广告投入量与商品销售量之间的关系时，研究者通常希望知道广告投入量的变化对商品销售量的影响。此时，商品销售量是研究者关注的结果变量，又称为因变量或

被解释变量；它的变化依赖于广告投入量的变化，广告投入量则称为自变量，或解释变量。

回归是应用领域和应用场景最多的方法，只要结果变量是可量化的变量，一般都会先尝试用回归方法来分析。回归问题按照输入变量的个数分为一元回归和多元回归，按照输入变量和输出变量之间关系的类型（即模型的类型）分为线性回归和非线性回归。其中，线性回归是其中最典型和应用最广泛的回归方法，因此本节主要针对线性回归方法进行讲解。

（1）线性回归。线性回归算法主要用于连续值的预测问题，它假设自变量与因变量之间的关系是线性的。如果线性回归中只包括一个自变量和一个因变量，则称为一元线性回归。例如，在研究父母身高与子女身高的关系时，若只考虑父母身高这一个自变量与子女身高（因变量）之间的线性关系，那么这就是一元线性回归的例子。如果线性回归中包括两个或两个以上的自变量，则称为多元线性回归。如同时考虑父母身高、后天营养两个自变量与子女身高（因变量）之间的线性关系，则是一个多元线性回归的例子。

（2）非线性回归。生活中很多现象之间的关系往往不是线性关系，而是在自变量与因变量之间呈现出某种曲线关系。如动物生长曲线，即随着时间的变化，动物的体重并非线性增加，而是幼年时增长速度较快，一定时间后增长速度会相对减小，达到顶峰后开始保持稳定。非线性回归的函数往往是较复杂的曲线函数，如幂函数、反函数、指数函数、对数函数、S 型曲线函数等形式。

在非线性回归问题中，首先需要确定诸变量之间存在的非线性关系的类型，一般从两方面考虑：一是通过绘制自变量与因变量之间关系的散点图观察其形态，确定曲线的大体类型；二是根据专业知识从理论上推导或凭经验推测，如在农业生产中，粮食的产量与种植密度往往服从抛物线关系。处理非线性回归的基本方法是：通过变量变换，将非线性回归化为线性回归，然后用线性回归方法处理，如表 7.1 所示。对于实在无法线性化的非线性回归，常采用 Gauss-Newton 法和在此基础上改进的 Marquardt 法以及单纯形优化法。

表 7.1　非线性函数及其线性变换

函数类型	曲线方程	曲线图形	变换公式	变换后的线性函数
幂函数	$y=ax^b$	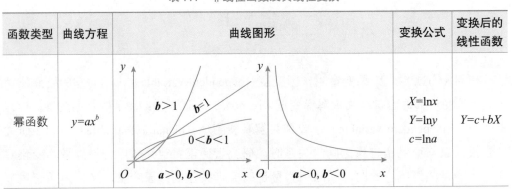	$X=\ln x$ $Y=\ln y$ $c=\ln a$	$Y=c+bX$

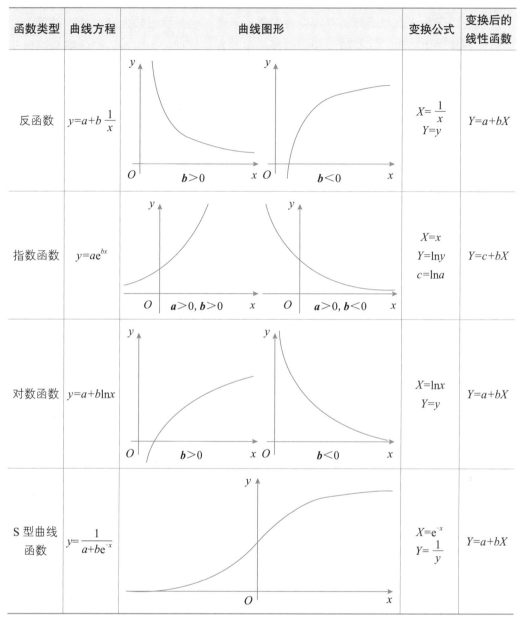

函数类型	曲线方程	曲线图形	变换公式	变换后的线性函数
反函数	$y=a+b\dfrac{1}{x}$	$b>0$ $\qquad$ $b<0$	$X=\dfrac{1}{x}$ $Y=y$	$Y=a+bX$
指数函数	$y=ae^{bx}$	$a>0, b>0$ $\qquad$ $a>0, b<0$	$X=x$ $Y=\ln y$ $c=\ln a$	$Y=c+bX$
对数函数	$y=a+b\ln x$	$b>0$ $\qquad$ $b<0$	$X=\ln x$ $Y=y$	$Y=a+bX$
S型曲线函数	$y=\dfrac{1}{a+be^{-x}}$		$X=e^{-x}$ $Y=\dfrac{1}{y}$	$Y=a+bX$

7.2.2 回归预测的性能度量

（1）平均绝对误差。平均绝对误差（mean absolute error，MAE）也称平均绝对离差，是反映预测值与真实值之间差异程度的一种度量，是各个预测值偏离真实值的绝对值之和的平均数。平均绝对误差可以避免误差相互抵消的问题，常用于回归预测性能的度量。

（2）均方误差。均方误差（mean square error，MSE）是反映预测值与真实值之间差异程度的一种度量，是各个预测值偏离真实值的距离平方之和的平均数，也即误差平方和的平均数。

7.2.3　线性回归

线性回归算法是数据分析算法中最简单的一类，也是读者较为熟悉的一种算法。线性回归算法主要用于连续值的预测问题。虽然算法原理较为简单，但能够全面地反映算法实现的整个过程。

1. 理解线性回归

线性回归最早是由英国生物学家兼统计学家高尔顿在研究父母身高与子女身高关系时提出来的。他发现父母平均身高每增加一个单位，其成年子女的平均身高只增加0.516 个单位，体现出一种衰退（regression）效应。从此 regression 就作为一个单独名词保留下来了。

2. 线性回归的步骤

线性回归分析主要包含以下几个步骤。

（1）收集一组包含自变量和因变量的数据。

（2）对每一个自变量与因变量进行相关分析。相关分析是对两个变量之间线性关系程度的描述与度量，可以绘制散点图来判断变量之间的关系形态，初步判断变量间是否线性相关，还可以利用相关系数来测度两个变量之间的关系强度。

对于两个变量 x 和 y，用坐标横轴代表变量 x，纵轴代表变量 y，每组数据（x_i, y_i）在坐标系中用一个点表示，n 组数据在坐标系中形成的 n 个点称为散点，由坐标及其散点形成的图形称为散点图（scatter diagram）。通过散点图可大体看出变量之间的关系形态及关系强度，如图 7.4 所示。

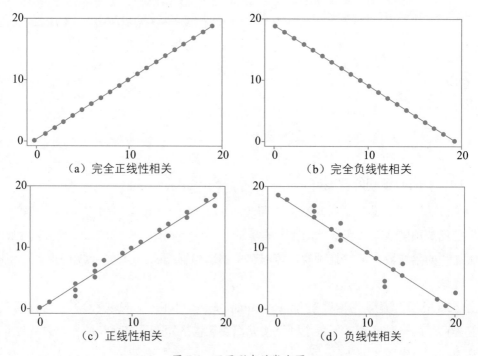

（a）完全正线性相关　　　　（b）完全负线性相关

（c）正线性相关　　　　（d）负线性相关

图 7.4　不同形态的散点图

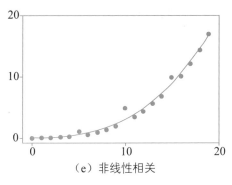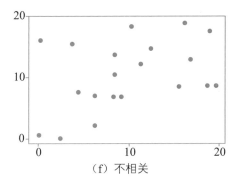

（e）非线性相关　　　　　　　（f）不相关

图 7.4　不同形态的散点图（续）

相关系数（correlation coefficient）是度量两个变量之间线性相关强度的统计量，又称为 Pearson 相关系数，记为 r，计算公式为

$$r = \frac{n\sum xy - \sum x \sum y}{\sqrt{n\sum x^2 - (\sum x)^2} \cdot \sqrt{n\sum y^2 - (\sum y)^2}} \tag{7.1}$$

r 的取值范围是 $[-1,1]$。若 $0 < r \leqslant 1$，表示 x 与 y 之间存在正相关关系，值越大表示相关性越高；若 $-1 \leqslant r < 0$，表示 x 与 y 之间存在负相关关系；若 $r=0$，表示 x 与 y 之间不存在线性相关关系。

根据经验将相关程度分为以下几种情况：当 $|r| \geqslant 0.8$ 时，视为高度相关；当 $0.5 \leqslant |r| < 0.8$ 时，视为中度相关；当 $0.3 \leqslant |r| < 0.5$ 时，视为低度相关；当 $|r| < 0.3$ 时，说明两个变量之间的相关程度极弱，可视为不相关。

（3）建立线性回归模型。建立一个线性回归模型，具体刻画自变量 x_1，x_2，$\cdots$，x_n 和因变量 y 之间的关系，即

$$y = \beta_0 + \beta_1 x_1 + \beta_2 x_2 + \cdots + \beta_n x_n + \epsilon \tag{7.2}$$

其中，y 是因变量；x_i 是自变量，其中 $i=1,2,\cdots,n$；β_0 是当每个 x_i 都等于 0 时 y 的值，也称为截距；β_i 是当每个 x_i 变化时 y 的变化量，其中 $i=1,2,\cdots,n$；ϵ 是一个随机的误差项，表示线性模型输出值与 y 的实际数值之间的差值。

β_0，β_1，β_2，$\cdots$，β_n 被称为回归参数，是未知的，需要利用一定方法来求解其值，该求解过程被称为参数估计。

（4）估计回归参数。利用已知数据对线性回归模型中的参数 $\beta_0,\beta_1,\beta_2,\cdots,\beta_n$ 进行估计，得到估计的回归方程，即

$$\hat{y} = \hat{\beta}_0 + \hat{\beta}_1 x_1 + \hat{\beta}_2 x_2 + \cdots + \hat{\beta}_n x_n \tag{7.3}$$

其中，$\hat{\beta}_0,\hat{\beta}_1,\hat{\beta}_2,\cdots,\hat{\beta}_n$ 是参数 $\beta_0,\beta_1,\beta_2,\cdots,\beta_n$ 的估计值；$\hat{y}$ 是因变量 y 的估计值。

最常用的回归模型参数估计方法为最小二乘法和梯度下降法，但最小二乘法计算量大，计算较为困难，因此多选择使用梯度下降法求解模型参数。利用该方法拟合的回归线是到各观测数据最近的一条直线，此时因变量的估计值与实际值之间的误差比其他任何直线都小。

（5）对回归方程进行显著性检验。在上一步的回归方程估计中，实际上是事先假定自变量 x_1, x_2, $\cdots$, x_n 与 y 之间存在线性关系，且假定 x_1, x_2, $\cdots$, x_n 都对 y 有影响。但这些假定是否成立，需要利用统计学的 F 检验、t 检验等假设检验方法，对所估计的回归方程进行检验才能证实。对回归方程进行的显著性检验包括线性关系显著性检验和回归系数显著性检验两类，具体检验过程省略。

（6）判断回归直线的拟合优度。所建立的回归模型到底有多好？如果已知数据集中的数据点都落在拟合的直线上，那么这条直线是对数据的完美拟合，此时所建立的回归模型是完美的，用自变量来预测因变量是没有误差的。但现实中完美拟合的可能性非常小，各数据点越是紧密围绕直线，即直线对已知数据的拟合程度越好，说明所建立的回归模型越好，反之则越差。回归直线与各数据点之间的接近程度称为回归直线对数据的拟合优度（goodness of fit）。其中，判定系数（coefficient of determination）是常用的回归方程拟合优度的衡量指标，记为 R^2，其计算公式为

$$R^2 = \frac{\sum \left(\hat{y}_j - \bar{y} \right)^2}{\sum \left(y_j - \bar{y} \right)^2} = 1 - \frac{\sum \left(y_j - \hat{y}_j \right)^2}{\sum \left(y_j - \bar{y} \right)^2} \tag{7.4}$$

其中，$\bar{y}$ 是因变量 y 的均值；y_j 是第 j 个数据点因变量的实际值；$\hat{y}_j$ 是利用回归模型估计的第 j 个数据点因变量的估计值。

判定系数 R^2 的取值范围是 $[0,1]$。R^2 越接近 1，表示回归直线与各数据点越接近，回归直线的拟合优度越好；反之，R^2 越接近 0，回归直线的拟合优度越差。值得注意的是，在一元线性回归中，相关系数 r 就是判定系数 R^2 的平方根。

（7）回归应用。可将所估计的回归方程用于未来预测，进行单值预测和区间预测。其中，单值预测是指利用已知的自变量取值预测未知的因变量取值，即将已知的自变量数值带入线性回归方程，即可得到因变量的取值。区间预测是指预测因变量的取值范围及预测精度。本节只讲解单值预测应用。

（8）性能评估最后，可以使用平均绝对误差 MAE 或者均方误差 MSE 进行回归性能评估。

3. 线性回归案例

1）基于最小二乘法的房价预测

房地产开发商在新楼盘开发之前，需要对售价进行预测。可以通过收集该城市商品房的房屋套内面积、房间数、地下室面积、车库面积、朝向、地址、建造年度和当前价格等信息，利用线性回归方法，找到自变量（如房屋套内面积、房间数、地下室面积等）与因变量（房屋销售价格）之间的函数关系，以预测新建房屋的销售价格。

大数据和机器学习竞赛平台 Kaggle 提供了一个房价预测数据集（https://www.kaggle.com/c/house-prices-advanced-regression-techniques）。该房价预测数据集包括训

练样本数据集（E0701.csv）和测试样本数据集（E0707.csv）两部分。其中，训练样本数据集可以用来训练线性回归模型，测试样本数据集用来检验模型的性能。

（1）读取数据。

训练样本数据集（E0701.csv）共包括 1 个因变量（房屋销售价格（SalePrice））和 79 个可能影响房屋销售价格的自变量。为了简单起见，我们选取其中 3 个自变量构建回归模型进行房价预测，这 3 个自变量分别是地下室面积（TotalBsmtSF）、套内面积（GrLivArea）、车库面积（GarageArea）。

源程序 7.1 的前两行代码可读入 Kaggle 的原始数据集 [①]，第 3 行代码从原始数据集中选取 3 个自变量和 1 个因变量形成新的数据集 data，第 4 行代码对新数据集 data 中的变量进行中文命名，第 5 行可查看数据集 data 中的前 5 行数据。

```
1 import pandas as pd
2 data_kaggle=pd.read_csv('E0701.csv')
3 data=pd.DataFrame (data_kaggle,columns=['TotalBsmtSF','GrLivArea',
  'GarageArea','SalePrice'])
4 data.rename(columns={'TotalBsmtSF':'地下室面积','GrLivArea':'套内面
  积','GarageArea':'车库面积','SalePrice':'销售价格'},inplace=True)
5 data.head(5)
```

源程序 7.1　读取数据

源程序 7.1 的运行结果如图 7.5 所示。

（2）绘制散点图。

在回归分析之前，需要首先检验选取的 3 个自变量是否与因变量存在线性相关关系。针对每个自变量，通过绘制其与因变量（销售价格）的散点图，可以从趋势上粗略判断其与因变量之间的相关关系。

	地下室面积	套内面积	车库面积	销售价格
0	856	1710	548	208500
1	1262	1262	460	181500
2	920	1786	608	223500
3	756	1717	642	140000
4	1145	2198	836	250000

图 7.5　前 5 行数据

源程序 7.2 用于绘制地下室面积、套内面积、车库面积与销售价格之间的散点图。其中第 4 行配置参数轴（axes）正常显示正负号（minus）；第 5 行设置可以显示中文字体；第 6～9 行创建尺寸为 14×4 的空白图，将空白图划分为 3 个子图，并创建第 1 个子图；第 10～17 行绘制地下室面积与销售面积之间的散点图，并以星形标记各点；第 18～24 行创建第 2 个子图，绘制套内面积与销售面积之间的散点图，并以方形标记各点；第 25～31 行创建第 3 个子图，绘制车库面积与销售面积之间的散点图，并以星形标记各点；第 32～35 行调整子图自动对齐，并显示散点图。

---

① 该数据集近似于标准数据集，有一小部分异常数据，暂时不进行预处理。

```
1  #绘制地下室面积、套内面积、车库面积与销售价格之间的散点图
2  import matplotlib.pyplot as plt
3  #设置可以显示中文字体
4  plt.rcParams['font.sans-serif']=['SimHei']
5  plt.rcParams['axes.unicode_minus']=False
6  #创建尺寸为14×4的空白图
7  plt.figure(figsize=(14, 4))
8  #将空白图划分为3个子图,并创建第1个子图
9  plt.subplot(1,3,1)
10 #绘制地下室面积与销售价格之间的散点图,并以星形标记各点
11 plt.scatter(data.地下室面积,data.销售价格,color ='y',marker='*')
12 #设置X轴标签
13 plt.xlabel('地下室面积')
14 #设置Y轴标签
15 plt.ylabel('销售价格')
16 #设置子图标题
17 plt.title('地下室面积与销售价格')
18 #创建第2个子图
19 plt.subplot(1,3,2)
20 #绘制套内面积与销售价格之间的散点图,并以方形标记各点
21 plt.scatter(data.套内面积,data.销售价格,color ='m',marker='s')
22 plt.xlabel('套内面积')
23 plt.ylabel('销售价格')
24 plt.title('套内面积与销售价格')
25 #创建第3个子图
26 plt.subplot(1,3,3)
27 #绘制车库面积与销售价格之间的散点图,并以星形标记各点
28 plt.scatter(data.车库面积,data.销售价格,color ='y',marker='*')
29 plt.xlabel('车库面积')
30 plt.ylabel('销售价格')
31 plt.title('车库面积与销售价格')
32 #调整子图自动对齐
33 plt.tight_layout()
34 #显示图像
35 plt.show()
```

源程序 7.2　绘制散点图

运行源程序 7.2,得到如图 7.6 所示的散点图。从散点图可以看出,3 个自变量与房屋销售价格之间均显示出正向线性相关关系。随着地下室面积、套内面积、车库面积的增加,销售价格也呈现出增加的趋势。

需要注意的是源程序 7.2 中有设置散点图中中文字体显示的命令,需要提前安装相应字体。若无法显示相应字体可选择其他字体,也可用英文替代中文。

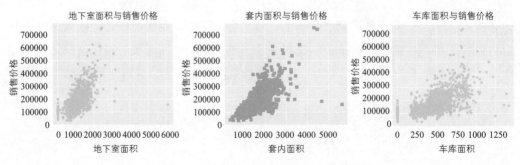

图 7.6　3 个自变量与销售价格之间的散点图

（3）计算相关系数。

通过计算 3 个自变量与因变量（销售价格）之间的 Pearson 相关系数，来查看自变量与因变量之间的相关强度。使用 pandas.DataFrame.corr() 命令计算各变量之间的相关系数矩阵，引入 seaborn 数据可视化工具包，用 seaborn.heatmap() 命令绘制相关系数矩阵的热力图。

源程序 7.3 用于计算 data 数据集中所有变量之间的相关系数矩阵。其中第 2、3 行计算相关系数矩阵并进行查看；第 5 ~ 9 行绘制相关系数矩阵的热力图并进行显示。

```
1 import seaborn as sns
2 #计算 data 数据中各变量之间的相关系数矩阵
3 corr_matrix=data.corr(method='pearson')
4 corr_matrix
5 #绘制相关系数矩阵热力图
6 plt.figure(figsize=(6,6))
7 ax=sns.heatmap(corr_matrix, annot=True, square=True, linewidths=.5,
  linecolor='white')
8 ax.set_title(' 变量相关性 ')
9 plt.show()
```

源程序 7.3　计算相关系数矩阵并绘制热力图

运行源程序 7.3，结果如图 7.7 所示；相关系数矩阵热力图如图 7.8 所示。其中，热力图是对相关系数矩阵的可视化呈现，颜色的深浅表示相关系数的大小。结果显示，销售价格与地下室面积、套内面积、车库面积的相关系数均大于 0.6，存在较强的线性相关性，适合建立线性回归模型。

	地下室面积	套内面积	车库面积	销售价格
地下室面积	1.000000	0.454868	0.486665	0.613581
套内面积	0.454868	1.000000	0.468997	0.708624
车库面积	0.486665	0.468997	1.000000	0.623431
销售价格	0.613581	0.708624	0.623431	1.000000

图 7.7　各变量之间的相关系数矩阵

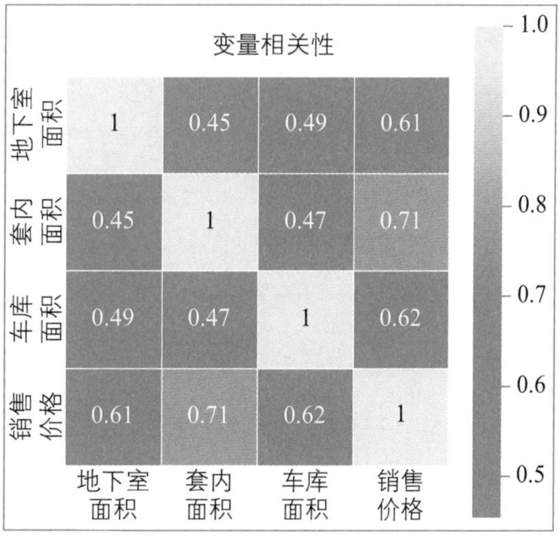

图 7.8　热力图

（4）建立回归模型，进行回归参数估计。

建立地下室面积、套内面积和车库面积这 3 个自变量对销售价格的线性回归模型，并对模型中的回归参数进行估计，得到多元线性回归方程。

源程序 7.4 使用 Scikit-learn 库[①] 的线性模型类 LinearRegression 的 fit() 方法对多元线性回归模型进行拟合。其中第 1、2 行导入 sklearn 模块；第 4 行创建一个名字为 regr 的线性回归模型；第 6 行指定自变量 x 的值；第 7 行指定 y 的值；第 9 行使用 x 和 y 对 regr 进行训练，得到一个具体的线性回归模型；第 10 ～ 14 行得到回归模型的截距和自变量 x 的回归参数，并打印输出一个多元线性回归方程。

```
1 #scikit-learn 导入模块名为 sklearn
2 from sklearn.linear_model import LinearRegression
3 # 指定自变量 x 和因变量 y
4 regr=LinearRegression()
5 predictors=[' 地下室面积 ',' 套内面积 ',' 车库面积 ']
6 x=data[predictors].values
7 y=data[' 销售价格 '].values
8 # 建立多元线性回归模型，利用最小二乘法对回归模型进行参数估计
9 regr.fit(x,y)
10 a=regr.intercept_    # 截距记为 a
11 b=regr.coef_        # 自变量的回归参数记为 b
12 # 输出估计的多元线性回归方程，回归参数保留两位小数
13 import numpy as np
14 print('y=地下室面积 *',np.round(b[0],2),'+套内面积 *',np.round(b[1],2),'+
   车库面积 *',np.round(b[2],2),'+(',  np.round(a,2),')')
```

源程序 7.4　线性回归分析

运行源程序 7.4，得到多元线性回归方程为

$y=$ 地下室面积 $*49.15 +$ 套内面积 $*68.75 +$ 车库面积 $*103.32 +(-24\ 105.47)$

（5）回归方程显著性检验。

可利用统计学中的假设检验方法对多元线性回归方程进行显著性检验，包括线性关系显著性检验（F 检验）和回归系数显著性检验（t 检验）两类。此部分可利用 Python 的统计分析库 statsmodels 进行，具体的统计学检验过程省略。

源程序 7.5 用于回归分析，其中第 1 行导入模块 statsmodels.api；第 2 行添加截距项；第 4、5 行指定线性回归方法使用最小二乘法，并利用 x 和 y 训练回归模型；第 7 行输出回归分析的结果摘要。

```
1 import statsmodels.api as sm
2 # 添加截距项
3 x_constant=sm.add_constant(x)
4 # 利用最小二乘法估计回归方程
5 model = sm.OLS(y, x_constant)
6 results = model.fit()
7 print(results.summary())
```

源程序 7.5　输出回归分析的结果摘要

---

① Scikit-learn 最初是谷歌编程之夏（Google Summer of code）的一个项目，由 David Cournapeau 于 2007 年发起，2013 年开始被 INRIA（法国国家信息与自动化研究所）接管。Scikit-learn 库中包含常用的数据分析和机器学习方法，包括数据预处理、回归、分类、聚类、降维等，已成为 Python 编程者首选的机器学习工具包。

运行源程序 7.5，可得到利用最小二乘法进行回归估计的具体结果，如图 7.9 所示。其中，图中第一个方框内为线性关系显著性检验的结果，F 检验的 P 值（Prob(F-statistic)）= 0.00<0.05，可判断地下室面积 x_1、套内面积 x_2、车库面积 x_3 等 3 个自变量与因变量房屋销售价格 y 之间存在显著的线性关系，所建立的多元线性回归模型是合适的。第二个方框内为回归参数显著性检验的结果，不管是截距还是 3 个自变量，t 检验的 P 值（$P > |t|$ 列）均小于 0.05，可判断所估计的地下室面积 x_1、套内面积 x_2、车库面积 x_3 的回归参数 $\hat{\beta}_1$、$\hat{\beta}_2$、$\hat{\beta}_3$ 以及截距项 $\hat{\beta}_0$ 都显著不为 0，即 3 个自变量均显著影响房屋销售的价格。

自变量符号、大小可以进一步来解释自变量对因变量的意义。从源程序 7.4 得到的回归方程可知，地下室面积 x_1 每增加 1 平方英尺，房屋销售价格增加 49.1457 美元；而车库面积 x_3 的系数为 103.32，对因变量的影响更加大。

```
                          OLS Regression Results
================================================================================
Dep. Variable:                      y   R-squared:                       0.662
Model:                            OLS   Adj. R-squared:                  0.661
Method:                 Least Squares   F-statistic:                     951.1
Date:                Mon, 20 Jun 2022   Prob (F-statistic):               0.00
Time:                        10:57:51   Log-Likelinooa:                -17752.
No. Observations:                1460   AIC:                         3.551e+04
Df Residuals:                    1456   BIC:                         3.553e+04
Df Model:                           3
Covariance Type:            nonrobust
================================================================================
                 coef    std err          t      P>|t|      [0.025      0.975]
--------------------------------------------------------------------------------
const       -2.411e+04   4045.540     -5.959      0.000   -3.2e+04   -1.62e+04
x1             49.1457      3.303     14.878      0.000     42.666     55.626
x2             68.7510      2.728     25.203      0.000     63.400     74.102
x3            103.3213      6.835     15.117      0.000     89.915    116.728
================================================================================
Omnibus:                      753.868   Durbin-Watson:                   1.996
Prob(Omnibus):                  0.000   Jarque-Bera (JB):            66612.996
Skew:                          -1.491   Prob(JB):                         0.00
Kurtosis:                      35.956   Cond. No.                     6.69e+03
================================================================================

Notes:
[1] Standard Errors assume that the covariance matrix of the errors is correctly specified.
[2] The condition number is large, 6.69e+03. This might indicate that there are
strong multicollinearity or other numerical problems.
```

图 7.9　回归分析的结果摘要

（6）计算判定系数。

通过计算判定系数 R^2 检验所估计的多元线性回归方程的拟合优度。源程序 7.6 第 2 行代码根据训练好的模型得到训练集数据的预测值，第 3 行根据训练集数据利用命令 r2_score() 求解判定系数，并打印输出。

```
1 from sklearn.metrics import r2_score
2 y_pred=regr.predict(x)
3 print("r2值 ",r2_score(y,y_pred))
```

源程序 7.6　计算判定系数 R^2

运行源程序 7.6，得到 $R^2 \approx 0.66$，表示拟合程度较好。

（7）预测。

可以使用线性模块类 LinearRegression 的 predict() 方法获得因变量房屋销售价格

的预测值。导入房价预测数据集中的测试样本数据集（test.csv），该数据集仅包含房屋特征变量（也称为自变量或者输入变量），不包含因变量房屋售价。

源程序 7.7 用来预测测试集数据集的房屋销售价格。第 1、2 行加载测试集；第 4 行过滤掉测试集中的缺失值；第 5 行将自变量的名称更名为中文名称；第 6、7 行使用前面训练好的模型对测试集的房屋销售价格进行预测；第 8 行显示前 10 条数据的预测结果。

```
1 data_test=pd.read_csv('test.csv')
2 data_test=pd.DataFrame(data_test,columns=['TotalBsmtSF','GrLivArea',
  'GarageArea'])
3 # 过滤掉测试集中的缺失值 NA
4 data_test=data_test.dropna()
5 data_test.rename(columns={'TotalBsmtSF':' 地下室面积 ','GrLivArea':' 套
  内面积 ','GarageArea':' 车库面积 '},inplace=True)
6 y_pred=regr.predict(data_test)
7 data_test[' 销售价格 ']=y_pred
8 data_test.head(10)
```

源程序 7.7　预测房屋销售价格

运行源程序 7.7，利用本节所构建的线性回归模型对测试集中的数据进行房屋销售价格预测，并显示前 10 条数据的预测结果，如图 7.10 所示。

	地下室面积	套内面积	车库面积	销售价格
0	882.0	896	730.0	156266.499645
1	1329.0	1329	312.0	164815.481481
2	928.0	1629	482.0	183297.967443
3	926.0	1604	470.0	180241.045702
4	1280.0	1280	506.0	179082.884966
5	763.0	1655	440.0	172636.952688
6	1168.0	1187	420.0	158299.089027
7	789.0	1465	393.0	155995.954476
8	1300.0	1341	506.0	184259.608272
9	882.0	882	525.0	134123.110317

图 7.10　房屋销售价格预测

最后，可以使用 mean_absolute_error() 方法得到 MSE 的值，对回归预测的性能进行评估。得到的 MSE 值越低越好。

源程序 7.8 用于评估回归性能，其中第 1 行加载 mean_absolute_error() 方法，第 2 行输出回归模型的 MSE。

```
1 from sklearn.metrics import mean_absolute_error()
2 print(" 绝对均方误差 ",mean_absolute_error(data_test[' 销售价格 '],y_pred))
```

源程序 7.8　回归性能评价

2）基于梯度下降法的房价预测

基于梯度下降法的房价预测和基于最小二乘法的房价预测的区别就在于：在基于最小二乘法的房价预测中，步骤（4）利用已知数据对线性回归模型中的参数 β_0, β_1, β_2, …, β_n 进行估计，这里改用梯度下降法对参数进行估计。使用梯度下降法对房屋销售价格进行预测分析时，使用 from sklearn.linear_model import SGDRegressor 引入 SGDRegressor，同时将源程序 7.4 的第 4 行代码 regr=LinearRegression() 替换为 sgd = SGDRegressor()，并将其他代码中的 regr 替换为 sgd，其他步骤中的代码不变。

7.3 分类

分类是监督学习的又一个核心问题。在监督学习中，当输出变量 Y 取有限个离散值时，预测问题便成为分类问题。这时，输入变量 X 可以是离散的，也可以是连续的。监督学习从数据中学习到的分类模型称为分类器（classifier）。分类器对新的输入进行的输出预测称为分类（classification），可能的输出称为类别（class）。分类的类别为两个时称为二分类问题，为多个时称为多分类问题。本节主要讨论二分类问题。

分类问题包括学习和分类两个过程。在学习过程中，根据已知的训练数据集，利用有效的学习方法学习得到一个分类器；在分类过程中，利用学习到的分类器对新的输入实例进行分类。设 $\{(x_1,y_1),(x_2,y_2),\cdots,(x_n,y_n)\}$（其中 $i=1,2,\cdots,n$）是训练数据集，学习系统基于训练数据集学习到一个分类器 $P(Y|X)$ 或 $Y=f(X)$，分类系统通过学习到的分类器对新的输入实例 x_{n+1} 进行分类，即预测其输出的类标记 y_{n+1}。分类问题可用图 7.11 描述。

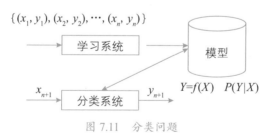

图 7.11 分类问题

分类的目的是根据特性将数据"分门别类"，在许多领域都有广泛的应用。例如，在银行业务中，可以构建一个客户分类模型，对客户按照贷款风险的大小进行分类；在网络安全领域，可以利用日志数据的分类对非法入侵进行检测。此外，分类还可以用来识别图像中的人脸、字符等。

7.3.1 分类的基本方法

可通过多种方法实现分类，如逻辑回归、贝叶斯、k-近邻、决策树、神经网络、支持向量机等。每类方法都有各自的优缺点和适用情况，需要根据具体的分类问题选择合适的分类方法。下面对这些算法进行简要介绍。

（1）逻辑回归。逻辑回归（logistic regression）是一种用于解决二分类问题的分类方法。二分类问题即事物的类型只有两种，如一封邮件是否是垃圾邮件（是或不是）、顾客选择购买商品还是不买（买或不买）、广告被游客单击的可能性（点或不点）。逻辑回归本质上是一种非线性回归方法，可估算出事物类型的可能性，其估计结果是事件发生的概率。如判断一封邮件是（或不是）垃圾邮件的概率，不仅能划分出类别还能给出相应概率，具有很高的可解释性，是分类问题的首选算法。

（2）支持向量机。支持向量机（support vector machine，SVM）也被称为最大边缘区分类器，它试图找出最优的平面，将不同类别的数据分开，同时最大化平面的分类边缘（分类宽度）。不同于下面提到的决策树、神经网络等通常给出局部最优解，SVM 给出的是全局最优解，因而表现出更好的分类效果，可以很好地解决小样本、非线性以及高维数据识别的分类问题。

（3）决策树。决策树（decision tree）是用于分类预测的主要技术之一，是以实例为基础的归纳学习算法。该技术根据训练集中的数据制定出"分类规则"，且以决策树的结构形式表示该规则。决策树的结构由节点和分支组成，其中，分类开始的节点称为根节点；有上级和下级的节点称为内部节点；没有下一级分支的节点叫作叶子节点，每个叶子节点代表一种分类结果；决策树中的分支则表示相应的判断规则。

（4）朴素贝叶斯分类。贝叶斯（Bayes）分类法是一类利用概率统计知识进行分类的方法。最常用的算法是朴素贝叶斯（naive Bayes）算法，主要利用贝叶斯定理来预测一个未知类别的对象属于各个类别的可能性，并选择其中可能性最大的一个类别作为该对象的最终类别。

（5）k-近邻分类。k-近邻（k-Nearest Neighbors，简称 k-NN）分类是通过使用与之最邻近的实例分类来估计未见实例的分类方法，通常对 k 个最近邻进行分类，而不仅是一个最近邻，因此将该方法称为 k-近邻算法。该方法需要找出与未知样本 x 距离最近的 k 个训练集样本，看这 k 个训练集样本中多数属于哪一类，就把 x 归为那一类。

7.3.2 分类任务的性能度量

（1）精度与错误率。精度与错误率是分类任务最常用的两个指标。其中，精度是指分类正确的样本数占样本总数的比例，错误率是指分类错误的样本数占样本总数的比例。

（2）查全率与查准率。除了精度与错误率这两个常用的性能度量指标，还可以用混淆矩阵来表示分类的性能。对于二分类问题，可以将其划分为 4 种情形，如表 7.2 所示。

表 7.2　混淆矩阵

真实情况	预测情况	
	正（P，Positive）	反（N，Negative）
正	TP（真实为正，预测为正）	FN（真实为正，预测为反）
反	FP（真实为反，预测为正）	TN（真实为反，预测为反）

查全率也被称为召回（recall）率，计算公式为查全率 =TP/(TP+FN)，表示被正确预测为正的样本数与实际为正的总样本数之比；查准率也被称为准确率（precision），计算公式为查准率 =TP/(TP+FP)，表示有多少被正确预测了。查全率与查准率是一对矛盾体。一般来说，如果要求查准率比较高，那么查全率就会比较低；而如果要求查全率比较高，那么查准率就会比较低。

7.3.3 逻辑回归

引用前面线性回归的例子，即历史样本数据给出了房屋套内面积、车库面积、地下室面积等特征变量的数据和房屋销售价格这个目标变量的数据。容易理解特征变量和目标变量之间存在的相关性，例如房屋面积越大、地下室越大等，房价就越高。这种特征变量和目标变量之间的内在规律可以用线性回归算法来表达。如果现在情况发生了变化，历史样本数据中的"房屋销售价格"数据不再给出具体的数值，而是按照某个划分标准给出"高档房屋""普通房屋"这种分类，如何利用历史样本数据对新建房屋的"房屋销售价格"分类做出预测呢？依据房屋的销售价格，这时房价从"数值"变成"分类"，特征变量与房价之间的"内在规律"发生了改变吗？这种新情况就可以尝试使用逻辑回归算法来解决。

1．理解逻辑回归

逻辑回归是一种用于解决二分类问题的分类方法。在二分类问题中，类别变量只有两种类型，如顾客选择购买商品还是不买，常令其中一种类型的因变量 y 取值为 0；另一种类型的因变量 y 取值为 1，因此二分类问题也被称为 0-1 问题。逻辑回归要做的事就是根据一个或多个自变量，估算因变量 y 等于 1 时的概率 p。一般来说，如果 $p>0.5$，则判断该事件发生，即 $y=1$；反之则不发生。由于 $p(y=0)+p(y=1)=1$，估算出 y 等于 1 时的概率，自然也就能得出 y 等于 0 时的概率。

逻辑回归常被用于社会生活中的各种场景，常见用法如下所示。

（1）医疗。建立一个模型来判断特定治疗对一个病人有效的可能性，自变量可能包括年龄、体重、血压和胆固醇水平，以决定该病人是否接受治疗。

（2）金融。利用贷款申请人的信用历史和其他贷款细节来确定申请人拖欠贷款的概率。基于预测，贷款申请可能被批准或拒绝。

（3）工程。根据工程的运营状况和各种诊断数据来确定机器零件出现故障或失效的概率。通过这种概率估计，可以计划适当的预防性维护。

针对以上二分类问题，采用线性回归模型估计事件发生的概率 p 存在困难。原因如下：一是 $0 \leqslant p \leqslant 1$，$p$ 与自变量的关系难以用线性模型来描述；二是当 p 接近于 0 或 1 时，p 值的微小变化难以发现和处理好。因此，引入一个严格单调函数 Q，即

$$Q = \ln \frac{p}{1-p} = \beta_0 + \beta_1 x_1 + \beta_2 x_2 + \cdots + \beta_n x_n \tag{7.5}$$

其中，$Q = \ln \dfrac{p}{1-p}$ 称为对数差异比（log odds ratio）。将 p 换成 Q，这一变换称为逻辑

变换。通过这一变换，当 p 从 $0 \rightarrow 1$ 时，Q 的值从 $-\infty \rightarrow +\infty$，因此 Q 的值在区间（$-\infty$，$+\infty$）上变化，克服了一开始提出来的两点困难。同时，$Q=\ln\dfrac{p}{1-p}$ 是自变量 x_1，x_2，$\cdots$，x_n 的线性函数，可以通过线性回归方法进行求解，因此公式（7.5）也被称为 Logistic 线性回归。

令 $Q=\ln\dfrac{p}{1-p}=\beta_0+\beta_1 x_1+\beta_2 x_2+\cdots+\beta_n x_n=b'x$，则有 $p=\dfrac{e^{b'x}}{1+e^{b'x}}=\dfrac{1}{1+e^{-b'x}}$，该函数称为 Logistics 函数，中文名为逻辑斯蒂函数，或简称逻辑函数。自变量 x 与事件发生概率 p 之间的关系类似于 S 形曲线，当 x 的取值从 $-\infty \rightarrow +\infty$ 变化时，概率 p 的取值限定在 $[0,1]$ 范围内，可实现根据一个或多个自变量估算事件发生概率的目的，函数图形如图 7.12 所示。上述过程就是逻辑回归的原理。

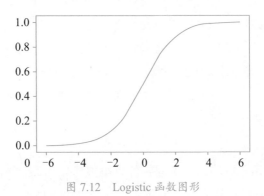

图 7.12　Logistic 函数图形

2. 分析步骤

（1）收集数据，选择自变量和因变量。其中，因变量应为类型变量，且只有两种类型，令其中一种类型的因变量 $y=0$；另一种类型的因变量 $y=1$。逻辑回归的目的就是估计 $y=1$ 时的概率 p。

（2）将数据划分为训练集和测试集两部分。其中，训练集用于估计逻辑回归模型，测试集用于检验所估计的逻辑回归模型的判别精度。判别精度是指逻辑回归模型预测的结果与实际值一致的比率，一致的比率越高说明模型越好。

（3）建立逻辑回归模型，利用训练集数据对该模型进行估计。首先，通过逻辑变换构造事件发生概率 p 的函数 Q，使 $Q=\ln\dfrac{p}{1-p}$ 为自变量 x_1，x_2，$\cdots$，x_n 的线性函数，如式（7.5）所示。其次，利用数据对该线性模型进行回归参数估计，得到回归参数 β_0，β_1，β_2，$\cdots$，β_n 的估计值 $\hat{\beta}_0$，$\hat{\beta}_1$，$\hat{\beta}_2$，$\cdots$，$\hat{\beta}_n$，进而得到概率 p 的估计值 $\hat{p}$，如式（7.6）所示。最后，对所估计的回归参数进行显著性检验，检验过程超出本书范围，此处省略。

$$\hat{p}=\frac{e^{(\hat{\beta}_0+\hat{\beta}_1 x_1+\hat{\beta}_2 x_2+\cdots+\hat{\beta}_n x_n)}}{1+e^{(\hat{\beta}_0+\hat{\beta}_1 x_1+\hat{\beta}_2 x_2+\cdots+\hat{\beta}_n x_n)}}=\frac{1}{1+e^{-(\hat{\beta}_0+\hat{\beta}_1 x_1+\hat{\beta}_2 x_2+\cdots+\hat{\beta}_n x_n)}} \tag{7.6}$$

值得注意的是，进行逻辑回归模型估计的方法与多元线性回归模型不同，它采用最大似然估计法。不同于多元线性回归采用最小二乘估计，逻辑变换的非线性特征使在估计逻辑回归模型时采用极大似然估计的迭代方法，才能找到系数的"最可能"的估计。

（4）画出决策边界线（超平面），将两种类别的数据分开，并且使数据尽可能地远离这条线（超平面）。一般来说，当 $\hat{p}>0.5$ 时判断 $y=1$，当 $\hat{p}<0.5$ 时判断 $y=0$，如式（7.7）所示。此时，位于决策边界线（超平面）的数据恰好有 $\hat{p}=0.5$，即 $\hat{\beta}_0+\hat{\beta}_1x_1+\hat{\beta}_2x_2+\cdots+\hat{\beta}_nx_n=0$。

$$\hat{y}=\begin{cases} 1, \hat{p}>0.5 \ \ 即 \ \hat{\beta}_0+\hat{\beta}_1x_1+\hat{\beta}_2x_2+\cdots+\hat{\beta}_nx_n>0 \\ 0, \hat{p}<0.5 \ \ 即 \ \hat{\beta}_0+\hat{\beta}_1x_1+\hat{\beta}_2x_2+\cdots+\hat{\beta}_nx_n<0 \end{cases} \tag{7.7}$$

（5）利用测试集验证逻辑回归模型的判别精度。对于测试集中的每一个数据，可利用所估计的逻辑回归模型对其进行类型预测；然后将预测的类别与实际类别进行对比，得出模型预测的正确率，即模型的判别精度。

（6）逻辑回归应用。将所估计的逻辑回归方程用于未来预测，进行类别判断。

3. 逻辑回归案例

1）鸢尾花分类预测案例

鸢尾花是单子叶百合目花卉，是一种比较常见的花，但品种比较繁多，如图 7.13 所示。鸢尾花案例来自 Python 的机器学习库 Scikit-learn 自带的示例数据集——鸢尾花数据集 Iris。该数据集是 20 世纪 30 年代的一个经典数据集，最初由 Edgar Anderson 测量得到，而后在著名的统计学家和生物学家 R.A Fisher 于 1936 年发表的文章 *The use of multiple measurements in taxonomic problems* 中被使用，利用花萼和花瓣特征来预测鸢尾花的品种。可以基于 Scikit-learn 进行逻辑回归分析，以判别鸢尾花的品种，步骤如下。

Iris Setosa　　　Iris Versicolor　　　Iris Virginica
山鸢尾　　　　　变色鸢尾　　　　　维吉尼亚鸢尾

图 7.13　不同品种的鸢尾花

（1）读取数据。

源程序 7.9 读取并查看鸢尾花数据集 Iris。首先导入 Scikit-learn 库中的 datasets 模块，通过命令 sklearn.datasets.load_iris() 载入鸢尾花数据集 Iris。该数据集共有 150 条数据，包括 3 类鸢尾花——山鸢尾（Iris Setosa）、变色鸢尾（Iris Versicolor）和维吉尼亚鸢尾（Iris Virginica），每类鸢尾花各有 50 个数据，每条数据都有 4 个特征变量：花萼长度（sepal length）、花萼宽度（sepal width）、花瓣长度（petal length）和花瓣宽度（petal width），每个特征变量的单位都是厘米（cm）。

```
1 from sklearn import datasets
2 iris=datasets.load_iris()  #载入鸢尾花数据集
3 print(iris.keys())
4 #iris 数据集为字典格式，其中 iris.DESCR 为数据集简介，iris.data 和 iris.
  target 分别为鸢尾花特征变量数据集和鸢尾花品种数据集，以数组形式存储
5 print(iris.DESCR)    # 查看 iris 数据集简介
6 # 查看数据集前 5 项
7 print('iris.data 数据集前 5 项数据:\n',iris.data[:5],'\niris.target 数据
  集前 5 项数据:\n',iris.target[:5])
```

源程序 7.9　读取并查看鸢尾花数据集 Iris

运行源程序 7.9，首先可以得到鸢尾花数据集 Iris 存储的所有数据项名字，并可以查看该数据集的简介。其中，iris.data 为鸢尾花特征变量数据集，iris.target 为鸢尾花品种数据集，分别以 0、1、2 代表山鸢尾、变色鸢尾和维吉尼亚鸢尾。其次可以查看两个数据集中的前 5 项数据。输出结果如图 7.14 所示。

```
dict_keys(['data', 'target', 'frame', 'target_names', 'DESCR', 'feature_names', 'filen
ame', 'data_module'])
.. _iris_dataset:

Iris plants dataset
--------------------

**Data Set Characteristics:**

    :Number of Instances: 150 (50 in each of three classes)
    :Number of Attributes: 4 numeric, predictive attributes and the class
    :Attribute Information:
        - sepal length in cm
        - sepal width in cm
        - petal length in cm
        - petal width in cm
        - class:
                - Iris-Setosa
                - Iris-Versicolour
                - Iris-Virginica

    :Summary Statistics:

    ============== ==== ==== ======= ===== ====================
                    Min  Max   Mean    SD   Class Correlation
    ============== ==== ==== ======= ===== ====================
    sepal length:   4.3  7.9   5.84   0.83     0.7826
    sepal width:    2.0  4.4   3.05   0.43    -0.4194
    petal length:   1.0  6.9   3.76   1.76     0.9490   (high!)
    petal width:    0.1  2.5   1.20   0.76     0.9565   (high!)
    ============== ==== ==== ======= ===== ====================

    :Missing Attribute Values: None
    :Class Distribution: 33.3% for each of 3 classes.
    :Creator: R.A. Fisher
    :Donor: Michael Marshall (MARSHALL%PLU@io.arc.nasa.gov)
    :Date: July, 1988

The famous Iris database, first used by Sir R.A. Fisher. The dataset is taken
from Fisher's paper. Note that it's the same as in R, but not as in the UCI
Machine Learning Repository, which has two wrong data points.

This is perhaps the best known database to be found in the
pattern recognition literature.  Fisher's paper is a classic in the field and
is referenced frequently to this day.  (See Duda & Hart, for example.)  The
data set contains 3 classes of 50 instances each, where each class refers to a
type of iris plant.  One class is linearly separable from the other 2; the
latter are NOT linearly separable from each other.

.. topic:: References

    - Fisher, R.A. "The use of multiple measurements in taxonomic problems"
      Annual Eugenics, 7, Part II, 179-188 (1936); also in "Contributions to
      Mathematical Statistics" (John Wiley, NY, 1950).
    - Duda, R.O., & Hart, P.E. (1973) Pattern Classification and Scene Analysis.
      (Q327.D83) John Wiley & Sons.  ISBN 0-471-22361-1.  See page 218.
    - Dasarathy, B.V. (1980) "Nosing Around the Neighborhood: A New System
      Structure and Classification Rule for Recognition in Partially Exposed
      Environments".  IEEE Transactions on Pattern Analysis and Machine
      Intelligence, Vol. PAMI-2, No. 1, 67-71.
    - Gates, G.W. (1972) "The Reduced Nearest Neighbor Rule".  IEEE Transactions
      on Information Theory, May 1972, 431-433.
    - See also: 1988 MLC Proceedings, 54-64.  Cheeseman et al"s AUTOCLASS II
      conceptual clustering system finds 3 classes in the data.
    - Many, many more ...
iris.data数据集前5项数据:
 [[5.1 3.5 1.4 0.2]
 [4.9 3.  1.4 0.2]
 [4.7 3.2 1.3 0.2]
 [4.6 3.1 1.5 0.2]
 [5.  3.6 1.4 0.2]]
iris.target数据集前5项数据:
 [0 0 0 0 0]
```

图 7.14　鸢尾花数据集 Iris 简介及部分数据项

为了演示如何利用逻辑回归模型解决二分类问题，选择鸢尾花数据集中的变色鸢尾（Iris Versicolour）和维吉尼亚鸢尾（Iris Virginica）进行逻辑回归分析，其中变色鸢尾 $y=0$，维吉尼亚鸢尾 $y=1$。同时，为了演示如何绘制决策线，仅选择鸢尾花数据集中的后两类特征变量作为自变量，即 x_1（花瓣长度）、x_2（花瓣宽度）来做逻辑回归。进一步地，可利用 Python 绘图库 matplotlib 绘制出两类鸢尾花的散点图。

源程序 7.10 用于选取自变量和因变量并绘制散点图，方便查看数据的分布情况。

```
1 #以iris.data中后两个鸢尾花的特征变量（花瓣长度、花瓣宽度）作为自变量
2 x=iris.data[iris.target!=0,2:4] #这里的target就是文中的y，鸢尾花的类别
3 #以iris.target变色鸢尾和维吉尼亚鸢尾作为因变量，并将因变量的值重新调整为0-1
4 y=iris.target[iris.target!=0]
5 y[y==1]=0
6 y[y==2]=1
7 #绘制散点图
8 import matplotlib.pyplot as plt
9 def scatter_plot(x,y):
10     plt.rcParams['font.sans-serif']=['SimHei']      #设置可以显示中文字体
11     plt.rcParams['axes.unicode_minus']=False
12     plt.scatter(x[y==0,0],x[y==0,1],color='b',marker='o',label='变
    色鸢尾Iris-Versicolour')
13     plt.scatter(x[y==1,0],x[y==1,1],color='r',marker='s',label='维
    吉尼亚鸢尾Iris-Virginica')
14     plt.legend(loc='best')
15     plt.xlabel('花瓣长度')
16     plt.ylabel('花瓣宽度')
17 scatter_plot(x,y)
18 plt.show()
```

源程序 7.10　选取自变量和因变量并绘制散点图

设横轴表示花瓣长度，纵轴表示花瓣宽度，圆点表示变色鸢尾（Iris Versicolour），方块表示维吉尼亚鸢尾（Iris Virginica），运行源程序 7.10，得到的散点图如图 7.15 所示。

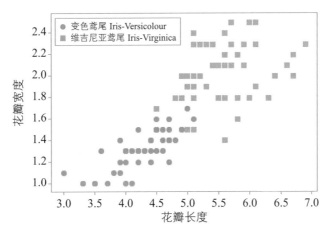

图 7.15　两类鸢尾花的散点图

（2）划分数据集。

源程序 7.11 用来分割数据集，将原数据分割为训练集和测试集。第 2 行代码指定

两部分的分割比例为 0.75 ∶ 0.25，其中 test_size 参数用于指定分割比例。

```
1 from sklearn.model_selection import train_test_split
2 x_train, x_test, y_train,y_test=train_test_split(x,y,test_
  size=0.25,random_state=0)
```

源程序 7.11　分割数据集

运行源程序 7.11，得到可用于估计逻辑回归模型的自变量 x_train 和因变量 y_train，以及用于测试所估计模型判别精度的测试集数据 x_test 和 y_test。

（3）逻辑回归模型估计。

源程序 7.12 用于建立逻辑回归模型，预测鸢尾花为某一类鸢尾花的概率值。其中第 1 ～ 4 行导入 Scikit-learn 库中的逻辑回归模块 LogisticRegression，建立一个回归模型 logist_reg，并利用命令使用 fit() 方法利用训练数据集训练得到一个具体的逻辑回归模型；第 5 ～ 9 行根据训练得到的逻辑回归模型计算鸢尾花所属类别的概率值。

```
1 from sklearn.linear_model import LogisticRegression
2 logist_reg=LogisticRegression()
3 # 利用训练集的数据建立逻辑回归模型，并进行估计
4 logist_reg.fit(x_train,y_train)
5 a=logist_reg.intercept_    # 截距记为 a
6 b=logist_reg.coef_         # 自变量的回归参数记为 b
7 # 输出逻辑回归所估计的概率值
8 funct=str(round(a[0],2))+'+'+str(round(b[0][0],2))+'* 花瓣长度 '+'+'+
  str(round(b[0][1],1))+'* 花瓣宽度 '
9 print('p=1/(1+exp-(%s))'%funct)
```

源程序 7.12　逻辑回归模型估计

运行源程序 7.12，利用训练数据集进行逻辑回归模型估计，并输出估计 y=1 时的概率值 p，即根据花瓣长度和花瓣宽度预测鸢尾花为维吉尼亚鸢尾的概率值，公式为

$$p = 1/(1+e^{-(-16.35+2.73* 花瓣长度 +1.9* 花瓣宽度)})$$

一般而言，当逻辑回归模型估计出的 p>0.5 时，判断 y=1，即该鸢尾花为维吉尼亚鸢尾，否则为变色鸢尾。

（4）绘制决策边界线。

根据所估计的逻辑回归结果，可以在如图 7.10 所示的散点图中绘制出决策边界线。由逻辑回归理论可知，位于决策边界线上的概率 p=0.5，即 $\hat{\beta}_0+\hat{\beta}_1 x_1+\hat{\beta}_2 x_2$=0。进而可以求得决策边界线上花萼长度 x_1 与花萼宽度 x_2 之间的函数关系 $x_2=-\left(\hat{\beta}_0+\hat{\beta}_1 x_1\right)/\hat{\beta}_2$。其中，$\hat{\beta}_0$、$\hat{\beta}_1$、$\hat{\beta}_2$ 的值在第（3）步已经被求出来了。

源程序 7.13 用于绘制决策边界线，其中第 1 ～ 3 行绘制测试集数据的散点图，第 4 ～ 8 行绘制决策边界线。

```
1 import numpy as np
2 # 利用训练集数据绘制散点图
3 scatter_plot(x_train,y_train)
4 # 绘制决策边界线
5 x_plot=np.array([[4],[5.5]])
6 y_plot=-(a +x_plot*b[0][0])/b[0][1]
7 plt.plot(x_plot, y_plot, 'g')
8 plt.show()
```

源程序 7.13　绘制决策边界线

运行源程序 7.13，输出结果如图 7.16 所示。图中直线即决策边界线，基本可以将两类鸢尾花分别开。

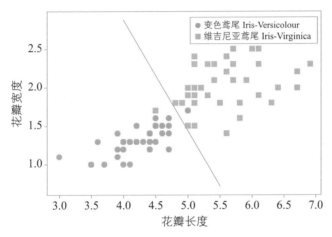

图 7.16　决策边界线

（5）验证逻辑回归模型的判别精度。

源程序 7.14 利用测试集数据来验证所估计逻辑回归模型的判别准确率。第 1 行从 sklearn 模块导入 accuracy_score；第 3 行将测试集中的样本 x 值代入逻辑回归方程，预测样本的类别 $\hat{y}$；第 5 行将预测的类别与实际的类别 y 进行对比，计算判别准确率；第 7 行利用 LogisticRegression 的 score() 方法命令直接计算出模型准确性。

```
1 from sklearn.metrics import accuracy_score
2 # 利用所估计的逻辑回归模型，用测试集中的自变量 x_test 预测 y_test 的类别
3 y_pre=logist_reg.predict(x_test)
4 # 计算 y 的预测值 y_pre 与实际值 y_test 相比的准确率
5 print(accuracy_score(y_test, y_pre))
6 # 利用 LogisticRegression().score() 命令直接计算模型准确性
7 print(logist_reg.score(x_test, y_test))
```

源程序 7.14　计算判别精度

运行源程序 7.14，得到正确率为 0.96，也就是 96% 的正确率。

（6）逻辑回归应用。

这里假设有一朵鸢尾花，你测量了一下其花瓣的长度为 6.2，花瓣的宽度为 2，预测一下该鸢尾花属于哪一类？源程序 7.15 判断上述的一朵鸢尾花属于哪个类别。第 1、2 行预测长度为 6.2，宽度为 2 鸢尾花，并输出类别。此外，第 3、4 行可用于查看鸢尾花类别 $y=0$ 和 $y=1$ 时的具体概率。

```
1 y=logist_reg.predict([[6.2,2]])
2 print(y)
3 p=logist_reg.predict_proba([[6.2,2]])
4 print(p)
```

源程序 7.15　将逻辑回归应用于类别判断

运行源程序 7.15，输出类别为 1，即该鸢尾花为维吉尼亚鸢尾。图中菱形为该预测样本，位于分界线的右侧，所属类别为维吉尼亚鸢尾，如图 7.17 所示。

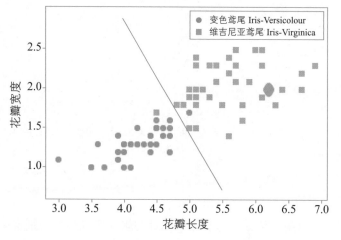

图 7.17　预测一朵鸢尾花的类别

2）鸢尾花案例的拓展

在上述鸢尾花案例中，仅选取了鸢尾花数据集中的后两类特征变量作为自变量，所构造的逻辑回归模型判别精度达到 96%。下面选取三个特征变量来预测鸢尾花类型，看能否进一步提高判别精度。

在源程序 7.16 中，第 1 ～ 4 行选择后三个特征变量为自变量。第 5 ～ 7 行选择类别不为 0 的两类鸢尾花，并将鸢尾花的类别重新赋值为 0 和 1。第 8 ～ 22 行绘制 3D 鸢尾花数据散点图。第 23 ～ 33 行分割数据集，利用训练集建立逻辑回归模型并进行模型估计，利用测试集检验模型判别精度。

运行源程序 7.16 可得到两类鸢尾花的 3D 散点图，如图 7.18 所示，逻辑回归模型的估计结果和判断精度如图 7.19 所示。由于该模型的判别精度为 92%，特征变量的增加并没有提高判别精度。

```
1 from sklearn import datasets
2 iris=datasets.load_iris()  # 载入鸢尾花数据集
3 import numpy as np
4 x=iris.data[iris.target!=0,1:4] # 以 iris.data 中后三个特征变量为自变量,
                                  # 以 iris.target 中变色鸢尾和维吉尼亚鸢尾为
                                  # 因变量
5 y=iris.target[iris.target!=0]
6 y[y==1]=0
7 y[y==2]=1
8 import matplotlib.pyplot as plt
9 from mpl_toolkits.mplot3d import Axes3D
10 # 定义一个绘制 3D 散点图的函数
11 def scatter_plot_3D(x, y):
12     plt.rcParams['font.sans-serif']=['SimHei']
13     plt.rcParams['axes.unicode_minus']=False
14     ax=plt.figure(figsize=(8,8)).add_subplot(111, projection = '3d')
15     ax.scatter(x[y==0,0],x[y==0,1],x[y==0,2],color='b',marker='o',
   label=' 变色鸢尾 Iris-Versicolour')
16      ax.scatter(x[y==1,0],x[y==1,1],x[y==1,2],color='r',marker='s',
   label=' 维吉尼亚鸢尾 Iris-Virginica')
17     ax.legend(loc='best')
18     ax.set_xlabel(' 花萼宽度 ')
19     ax.set_ylabel(' 花瓣长度 ')
20     ax.set_zlabel(' 花瓣宽度 ')
21 scatter_plot_3D(x,y)
22 plt.show()
23 # 模型估计及判别精度计算
24 from sklearn.model_selection import train_test_split
25 from sklearn.linear_model import LogisticRegression
26 x_train,x_test,y_train,y_test=train_test_split(x,y,test_
   size=0.25,random_state=0)
27 logist_reg=Logistic Regression()
28 r=logist_reg.fit(x_train,y_train)
29 a=logist_reg.intercept_  # 截距记为 a
30 b=logist_reg.coef_      # 自变量的回归参数记为 b
31 print(' 截距项: ', a)
32 print(' 自变量回归参数: ', b)
33 print(' 模型判别精度: ', logist_reg.score(x_test, y_test))
```

源程序 7.16　鸢尾花案例的拓展

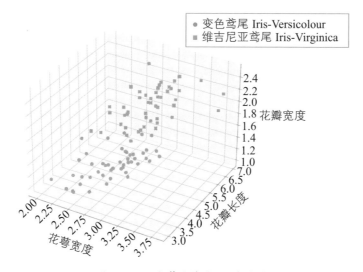

图 7.18　两类鸢尾花的 3D 散点图

237

```
截距项:  [-14.74085662]
自变量回归参数:  [[-0.63476153  2.75575702  1.9504542 ]]
模型判别精度:  0.92
```

图 7.19　模型估计结果及判别精度

3）肿瘤预测案例

本节使用逻辑回归解决“恶性 / 良性肿瘤的分类预测”问题，使用逻辑回归分类器来对 sklearn 自带的乳腺癌数据集进行学习和预测，并评估模型性能。该乳腺癌数据集包含 569 条数据和 30 个特征变量，分为两大类，分别为良性（benign）和恶性（malignant），其中良性 357 个样本，恶性 212 个样本。

源程序 7.17 加载模块 sklearn.datasets 中的 load_breast_cancer，导入乳腺癌数据集。

```
from sklearn.datasets import load_breast_cancer
breast_cancer=load_breast_cancer()
```

源程序 7.17　导入乳腺癌数据集

源程序 7.18 用来分离特征变量和目标变量，其中第 1、2 行将数据集分离出特征变量和目标变量，特征变量数据放入 x，目标变量数据放入 y；第 3、4 行打印输出。

```
1 x=breast_cancer.data
2 y=breast_cancer.target
3 print(x)
4 print(y)
```

源程序 7.18　分离出特征变量与目标变量

运行源程序 7.18，运行结果如图 7.20 所示。

```
[[1.799e+01 1.038e+01 1.228e+02 ... 2.654e-01 4.601e-01 1.189e-01]
 [2.057e+01 1.777e+01 1.329e+02 ... 1.860e-01 2.750e-01 8.902e-02]
 [1.969e+01 2.125e+01 1.300e+02 ... 2.430e-01 3.613e-01 8.758e-02]
 ...
 [1.660e+01 2.808e+01 1.083e+02 ... 1.418e-01 2.218e-01 7.820e-02]
 [2.060e+01 2.933e+01 1.401e+02 ... 2.650e-01 4.087e-01 1.240e-01]
 [7.760e+00 2.454e+01 4.792e+01 ... 0.000e+00 2.871e-01 7.039e-02]]
[0 0 0 0 0 0 0 0 0 0 0 0 0 0 0 0 0 0 0 1 1 1 0 0 0 0 0 0 0 0 0 0 0 0 0 0 0
 1 0 0 0 0 0 0 0 0 1 0 1 1 1 1 1 0 0 1 0 0 1 1 1 1 0 1 0 0 1 1 1 1 0 1 0 0
 1 0 1 0 0 1 1 1 0 0 1 0 0 0 1 1 1 0 1 1 0 0 1 1 1 0 0 1 1 1 1 0 1 1 0 1 1
 1 1 1 1 1 1 0 0 0 1 0 0 1 1 1 0 0 1 0 1 0 0 1 0 0 1 1 0 1 1 0 1 1 1 1 0 1
 1 1 1 1 1 1 1 1 0 1 1 1 1 0 0 1 0 1 1 0 0 1 1 0 0 1 1 1 1 0 1 1 0 0 0 1 0
 1 0 1 1 1 0 1 1 0 0 1 0 0 0 0 1 0 0 0 1 0 1 0 1 1 0 1 0 0 0 0 1 1 0 0 1 1
 1 0 1 1 1 1 1 0 0 1 1 0 1 1 0 0 1 0 1 1 1 1 0 1 1 1 1 1 0 1 0 0 0 0 0 0 0
 0 0 0 0 0 0 0 1 1 1 1 1 1 0 1 0 1 1 0 1 1 0 1 0 0 1 1 1 1 1 1 1 1 1 1 1 1
 1 0 1 1 0 1 0 1 1 1 1 1 1 1 1 1 1 1 1 1 1 0 1 1 1 0 1 0 1 1 1 1 0 0 0 1 1
 1 1 0 1 0 1 0 1 1 1 0 1 1 1 1 1 1 1 0 0 0 1 1 1 1 1 1 1 1 1 1 1 0 0 1 0 0
 0 1 0 0 1 1 1 1 1 0 1 1 1 1 1 0 1 1 1 0 1 1 0 0 1 1 1 1 1 1 0 1 1 1 1 1 1
 1 0 1 1 1 1 1 0 1 1 0 1 1 1 1 1 1 1 1 1 1 1 1 0 1 0 0 1 0 1 1 1 1 1 0 1 1
 0 1 0 1 1 0 1 0 1 1 1 1 1 1 1 1 0 0 1 1 1 1 1 0 1 1 1 1 1 1 1 1 1 1 1 0 1
 1 1 1 1 1 1 0 1 0 1 1 0 1 1 1 1 1 0 0 1 0 1 0 1 1 1 1 1 0 1 1 0 1 0 1 0 0
 1 1 1 0 1 1 1 1 1 1 1 1 1 1 1 0 1 0 0 1 1 1 1 1 1 1 1 1 1 1 1 1 1 1 1 1 1
 1 1 1 1 1 1 1 0 0 0 0 0 0 1]
```

图 7.20　分离特征变量与目标变量

源程序 7.19 用来划分训练集和测试集，其中第 1 行从 sklearn.model_selection 导入 train_test_split，第 2 行按照 7 ∶ 3 划分训练集和测试集。

```
1 from sklearn.model_selection import train_test_split
2 x_train, x_test, y_train, y_test=train_test_split(x, y,random_
  state=33,test_size=0.3)
```

源程序 7.19　划分训练集和测试集

运行源程序 7.19 后，训练集占 70%，测试集占 30%，其中训练集用来训练模型，测试集用来评估模型的性能。

源程序 7.20 对数据进行标准化处理，防止受到某个维度特征数值较大的影响。其中第 1～4 行对数据进行标准化处理，使每个特征维度的均值为 0，方差为 1；第 5 行输出标准化后的结果。

```
1 from sklearn.preprocessing import StandardScaler
2 breast_cancer_ss=StandardScaler()
3 x_train=breast_cancer_ss.fit_transform(x_train)
4 x_test=breast_cancer_ss.fit_transform(x_test)
5 print(x_train)
6 print(x_test)
```

源程序 7.20　数据标准化处理

源程序 7.20 的运行结果如图 7.21 所示，该图展示了标准化处理后训练集数据的变化。

```
[[ 1.72340229  0.85980248  1.64666113 ...  0.65938285  1.27097686
   0.00398732]
 [ 1.91380441  0.98336277  1.91041532 ...  1.46427703  0.36190581
  -0.2934587 ]
 [ 0.86379272  0.63599517  0.80264773 ...  1.28120899  0.50722801
  -0.45335742]
 ...
 [ 0.96179381 -0.00511955  0.94466922 ...  1.21312584  0.04219699
  -0.28314265]
 [-1.50391361 -0.58328845 -1.48308664 ... -1.72050166 -0.73769878
   0.28882483]
 [-0.28702008 -0.84672831 -0.25115169 ... -0.61861362  0.45555789
  -0.10203872]]
```

图 7.21　标准化处理后的训练集数据

源程序 7.21 使用训练集训练逻辑回归模型，其中第 2 行建立一个逻辑回归模型，第 3 行使用训练集数据训练得到一个具体的逻辑回归模型。

```
1 from sklearn.linear_model import LogisticRegression
2 lr=LogisticRegression()
3 lr.fit(x_train, y_train)
```

源程序 7.21　使用训练集训练逻辑回归模型

源程序 7.22 使用测试集进行预测，得到测试集中每个样本所属的类别。

```
1 lr_y_predict=lr.predict(x_test)
```

源程序 7.22　使用测试集进行预测

运行源程序 7.22，得到每一个测试样本的所属类别，如图 7.22 所示。

图 7.22　预测结果

源程序 7.23 对训练得到的模型性能进行评估，其中第 1 行使用测试集样本对训练得到的模型进行性能评估。

```
1 print ('Accuracy:', lr.score(x_test, y_test))
```

源程序 7.23　性能评估

运行源程序 7.23 后，得到准确率为 0.97076，也就是约 97% 的准确率。

7.3.4　支持向量机

1. 理解支持向量机

支持向量机主要用于分类问题的处理，是一款强大的分类模型。它是公认的最优秀的有监督机器学习模型，甚至被称为"万能分类器"，在数据分析中有着广泛的应用。从 20 世纪末到 21 世纪初的 10 多年里，支持向量机一直是很热门的分类学习器，以至于不管是图像识别，还是语音识别或其他项目，凡是分类问题都会考虑用 SVM 作为主分类器来处理。直到 2012 年深度卷积神经网络提出和流行后，才使人们关注的重心从 SVM 转移到深度学习上。但即便如此，SVM 在分类问题上仍然有着广泛而重要的应用。SVM 的分类效果很好，适用范围也较广，但模型的可解释性一般。根据线性可分的程度不同，SVM 可以分为 3 类：线性可分 SVM、线性 SVM 和非线性 SVM，如图 7.23 所示。

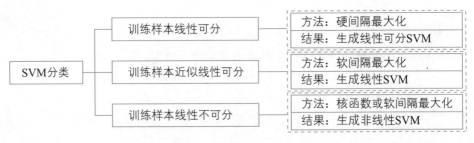

图 7.23　SVM 分类方法

（1）SVM 算法的原理和过程。

SVM 主要用作分类器，那么它是如何分类的呢？样本数据的特征向量构成了一个空间，每个样本点都占据空间中的一个位置。理想状态下，有一条线、一个面或者一个特殊形状将样本数据分割成两部分，其中一部分为正样本，另一部分为负样本。把新数据的特征向量跟这个分割线（面）进行比较，就可以判断新数据是正样本还是负样本了，也就实现了对新数据的分类。这样的分割线（面）就叫作超平面，采用 SVM 的目的就是找到这样一个超平面。但大多数时候，满足这样条件的超平面（分割线）不是唯一的，而是有多个，如图 7.24 所示。

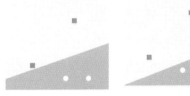

（a）超平面 1　　　　（b）超平面 2　　　　（c）超平面 3

图 7.24　多个超平面

那么应该选择哪个超平面呢？从直观上感受，图 7.24（a）和图 7.24（b）的分割线离样本点都稍微近了些，新样本很容易被错误分类；图 7.24（c）相对图 7.24（a）和图 7.24（b），分割线更加远离正、负样本数据点，具有更好和更稳定的分类效果。这就是想寻找的分离超平面。

（2）分离超平面。

前面给出了一个分离超平面的简单示例，下面通过一个具体例子来详细讲解分离超平面。假设有一组男女性别的体重数据，如表 7.3 所示，现在希望通过体重来对性别做出预测。也就是说，新来一个人后，希望通过体重就可以预测其性别。

表 7.3　体重和性别数据集

序　号	体重 /kg	性　别
1	45	女
2	48	女
3	52	女
4	55	女
5	60	女
6	65	男
7	68	男
8	70	男
9	75	男

如果只考虑体重与性别之间的关系，将其在数轴上表示出来，如图 7.25 所示。

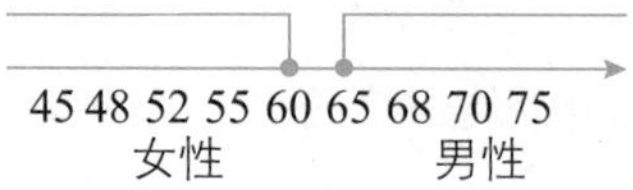

45 48 52 55 60 65 68 70 75
女性　　　　男性

图 7.25　体重与性别分布图

从图 7.25 可以看出，体重在 65kg 及以上的都是男性，体重在 60kg 及以下的都是女性。如果从体重维度来对性别做出区分，就需要在数轴上找到一个分离点。那么这个点应该在哪个位置呢？从直观上来看，这个点似乎应该在 60kg 和 65kg 之间的中间位置上，也就是大约在 62.5kg 的位置点上。现在，如果新来的这个人的体重是 88kg，就可以根据上述分离点将其划分为"男性"；如果新来的这个人的体重是 40kg，就可以将其划分为"女性"。

上面的例子太理想化了。虽然一般来说男性体重要大于女性，但是不排除个别男性体重过轻或者女性体重过重的情况。一般的体重和性别情况数据如表 7.4 所示。

表 7.4　一般的体重和性别情况数据集

序　号	体重 /kg	性　别
1	45	女
2	48	女
3	56	男
4	55	女
5	60	女
6	65	男
7	68	男
8	70	男
9	75	男
10	75	男
11	76	女

把这些数据在数轴上表示出来，如图 7.26 所示。

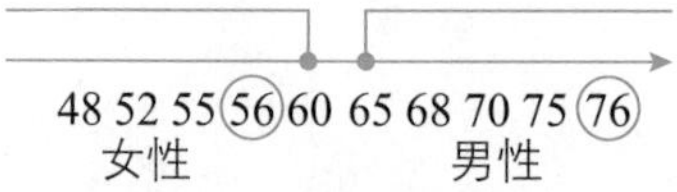

48 52 55 ⑤⑥ 60 65 68 70 75 ⑦⑥
女性　　　　　　男性

图 7.26　数据分布图

由表 7.4 可以看出，65kg 以上的虽然大部分是男性，但也存在女性；60kg 以下的虽然大部分是女性，但也存在男性。现在没办法找到一个分离点将它们恰好划分为男性和女性两个群体了，无论如何划分都会存在"不纯"的情况，只是希望这种"不纯"的程度是能够接受的。依旧按照上述分离点来划分，即体重小于 62.5kg 的人被划分为女性，体重大于 62.5kg 的人被划分为男性。在这种划分条件下，"男性"群体划分的"不纯度"为 20%，"女性"群体划分的"不纯度"为 16.7%。这种划分是否可以被接受，需要与原来没进行划分的情况相比较，也需要结合具体要求和情况而定。不过一般而言，"不纯度"越低说明分类效果越好。

一般来说，SVM 中把这种对正、负样本进行分割的操作叫作"分离超平面"。这个分离超平面是一个抽象的"面"，而非具体实在的"面"。分离超平面在不同维度上表现的形态不同，在一维空间中是一个点，在二维空间中是一条线，在三维空间中是一个面，在四维空间或者更高维的空间中是一个无法想象的形态。分离超平面的形态如图 7.27 所示。

图 7.27　分离超平面的形态

上述分离点的划分只是一种情况，实际上有多种划分情况，例如可以将 50kg 作为分离点，也可以将 60kg 作为分离点等。这么多分离超平面的划分情况，究竟哪种才是最合理的，哪个才是最佳分离超平面呢？这就需要有一个判断标准，也就是间隔与支持向量。

（3）间隔与支持向量。

在一个平面直角坐标系中，样本点被划分为正、负两类。如果能够找到一条直线将这些样本点恰好划分为两类，那么就可以将这条直线作为新数据分类的依据了。问题的关键就在于如何寻找这条最合适的直线？例如对于上面的例子，不仅要考虑体重维度与性别维度之间的关系，还新增了身高维度，那么就可以将样本点在平面直角坐标系中表示出来，如图 7.28 所示。

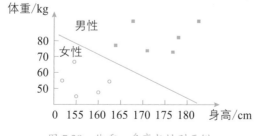

图 7.28　体重、身高与性别示例

在图 7.28 中，横坐标是人的身高，纵坐标是人的体重。通过观察发现可以使用一条分割线对正、负样本进行分割，使所有男性样本数据点落在直线一侧，而所有女性样本数据点落在直线的另一侧。实际上，在二维空间中会存在"分割线"来分割正、负样本，在三维空间中会存在"分割平面"来分割正、负样本，在更高维空间中会存在"分割超平面"来分割正、负样本。可以找到多个分离超平面，那么究竟哪一个才是最优的呢？虽然多条分割线都能够对正、负样本进行分割，但是有些分割线因为离样本点太近而很容易受到噪声或者异常点的影响，从而导致新样本数据分类错误，所以理想的分离超平面应该具有这样的特点：能够分割正、负样本，但同时尽可能远离所有样本数据点。

上面提到了"最优分离超平面"，为了实现该目标，就要尽可能远离所有样本数据点。那么这个"尽可能远离所有样本数据点"在数学上如何表达呢？这其实就是"间隔"这个概念想要表达的东西。分离超平面在一维空间中（数轴上）是一个点，表达式为 $Ax+B=0$。整个样本集被划分为两部分，一部分用 $x+A>0$ 来表示，另一部分用 $Ax+B<0$ 来表示。分离超平面在二维空间中是一条线，表达式为 $Ax+By+C=0$。整个样本集被划分为两部分，一部分用 $Ax+By+C>0$ 来表示，另一部分用 $Ax+By+C<0$ 来表示。分离超平面在三维空间中是一个面，表达式为 $Ax+By+Cz+D=0$。整个样本集被划分为两部分，一部分用 $Ax+By+Cz+D>0$ 来表示，另一部分用 $Ax+By+Cz+D<0$ 来表示。分离超平面在四维空间中是一个人脑无法想象的形态，但是可以用表达式 $Ax+By+Cz+Du+E=0$ 来表示。整个样本集被划分为两部分，一部分用 $Ax+By+Cz+Du+E>0$ 来表示，另一部分用 $Ax+By+Cz+Du+E<0$ 来表示。以此类推。

总的来说，在空间 R^n 中有两个可分的点集 D_1 和 D_2。我们可使用线性分类器构造出一个超平面 $w^Tx+b=0$ 实现对空间的分割，使 D_1 和 D_2 分别位于超平面的两侧。这个分离超平面中的 w 是法向量，决定了超平面的方向；b 是位移项，决定了超平面与原点之间的距离。知道了法向量 w 和位移 b 就可以确定一个分离超平面了。

在一维空间中，任何一点（x_0）到分离点 $Ax+B=0$ 的距离为 $d=\dfrac{|Ax_0+B|}{\sqrt{A^2}}$。

在二维空间中，任何一条直线都可以用 $Ax+By+C=0$ 来表示，因此点（x_0,y_0）到该直线的距离 $d=\dfrac{|Ax_0+By_0+C|}{\sqrt{A^2+B^2}}$。

在三维空间中，任何一个平面都可以用 $Ax+By+Cz+D=0$ 来表示，因此点（x_0,y_0,z_0）到该平面的距离为 $d=\dfrac{|Ax_0+By_0+Cz_0+D|}{\sqrt{A^2+B^2+C^2}}$。

上面的 A^2、A^2+B^2、$A^2+B^2+C^2$ 分别是一维空间、二维空间、三维空间中的范数，被记作 $\|w\|$。不同维度下范数的具体数值不一样，但形式上都是分离超平面各维度系数平方和的开方。因此，距离公式可以简写为 $d=\dfrac{|w^Tx+b|}{\|w\|}$。

对于任何一个给定的超平面，都可以计算出超平面与最近数据点之间的距离，而间隔正好是这个距离的 2 倍，如图 7.29 所示。

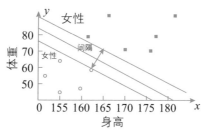

图 7.29　间隔

假设超平面能够将样本正确分类，那么距离超平面最近的几个训练样本数据点被称为"支持向量"，也就是图 7.29 中距离与间隔垂直的两条直线最近的圆点和正方块。两个不同类型的支持向量到分离超平面的距离之和为 $\gamma = \dfrac{2}{\|w\|}$，这个距离被称为"间隔"。最佳分离超平面就是"间隔"最大的分离超平面。而要想找到"最大间隔"的分离超平面，就要找到满足约束条件（将样本分为两类）的参数 w 和 b，使 γ 取得最大值。

在上面的例子中是假设样本数据点恰好能被分离点、直线、平面等分离超平面分开，但现实中数据点未必都是线性可分的。例如，在如图 7.30 所示的数据集中，就很难找到一条直线将其分割。

这时候不能够使用一条直线或者一个平面把图 7.30 中的两类数据进行很好的划分，这就是线性不可分。线性不可分在实际应用中是很常见的，简单来说就是数据集不可以通过一个线性分类器（直线、平面）来实现分类。那么，线性不可分问题该如何处理呢？现在流行的解决线性不可分的方法就是使用核函数。核函数解决线性不可分的本质思想就是把原始样本通过核函数映射到高维空间中，从而让样本在高维空间中

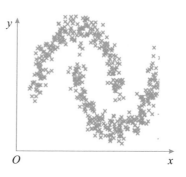

图 7.30　线性不可分

成为线性可分的，然后再使用常见的线性分类器进行分类。这里需要强调的是，核函数不是某一种具体函数，而是一类功能性函数，凡是能够完成高维映射功能的函数都可以作为核函数。常用的核函数包括多项式核函数、线性核函数以及高斯核函数。

2. SVM 应用案例

本节使用 SVM 分类器来训练数据并评估模型性能。训练数据使用三个案例，一是在 Kaggle 房屋销售价格预测的基础上，将房屋的销售价格由连续数据转为分类数据，然后使用 SVM 对房屋销售价格进行二分类分析；二是基于鸢尾花数据集来演示 SVM 的分类功能；三是使用 SVM 分类器对 sklearn 自带的乳腺癌数据集进行学习和预测。

（1）房屋二分类预测任务。

首先对房屋销售价格数据集中的房屋"销售价格"进行离散化处理，用数字 0 表示普通房屋，数字 1 表示高档房屋；如果房屋的历史销售价格大于平均值，用 1 表示，

如果房屋的历史销售价格小于平均值，用 0 表示。

对比线性回归算法中的房屋销售价格预测案例，不难想到"销售价格"数据虽然从具体数值变化为分类数据，但是"销售价格"这个目标变量和其特征变量（如房屋套内面积、地下室面积等）之间的内在规律并没有改变。可以这样理解：对于给定参数 w 和 b 的具体线性回归模型 $f(x)=b+w_1x_1+w_2x_2+\cdots$，当输入的特征变量值越大，例如房屋面积越大、地下室面积越大等，对应计算得到的"销售价格"数值也越大。这个"越大"的"销售价格"数值经过 sigmoid() 函数压缩为（0，1）后，对应的数值也就越接近 1（例如 0.9），也就是说，房屋具有越大的概率（0.9）是高档房屋。

首先，加载线性回归分析一节中使用的 Kaggle 提供的房价预测源数据集中的训练集样本数据文件 E0724.xlsx，同时，还需要计算房屋销售价格的均值，以便把销售价格由连续数据转为离散数据。

源程序 7.24 用于加载数据集并计算均值，把销售价格由连续数据转为离散数据。

```
1 import pandas as pd
2 import numpy as np
3 data_train = pd.read_excel("E0724.xlsx")
4 Y_1 = data_train[' 销售价格 ']
5 np.mean(Y_1)
```

源程序 7.24　加载数据集并计算均值

运行源程序 7.24，得到房价均值为 180 921.196。

源程序 7.25 用于对房屋销售价格进行离散化处理。我们将销售价格按照销售均价分为两类，其中 1 表示高档房屋，0 表示普通房屋。代码第 1 行将"销售价格 <= 180 921.196"的转为类别"0"，将其余的转为类别"1"。

```
1 data_trains[' 销售价格 '] = np.where(data_trains[' 销售价格 '] <= 180 921.196, 0, 1)
2 data_trains.head(5)
```

源程序 7.25　将房屋销售价格进行离散化处理

运行源程序 7.25，得到"销售价格"被离散后的结果。对比前一节线性回归中的销售价格数据，可以看到销售价格从连续值变成了离散数据"0"和"1"。其中前 5 行数据如图 7.31 所示。

	地段	地下室面积	中央空调	套内面积	建造年份	总体评价	车库面积	销售价格
0	5	856	1	1710	2003	7	548	1
1	24	1262	1	1262	1976	6	460	1
2	5	920	1	1786	2001	7	608	1
3	6	756	1	1717	1915	7	642	0
4	15	1145	1	2198	2000	8	836	1

图 7.31　离散化处理后的销售价格

为了直观查看数据的分布情况，选择"套内面积""车库面积"两个特征变量进行分类分析。因为数据集中的样本数量较大，这里只显示前 200 个样本数据的散点图。

源程序 7.26 用于选择两个特征变量，利用前 200 行数据进行分类分析。其中第 1、2 行选择"套内面积""车库面积"为自变量（特征变量），"销售价格"为因变量（目标变量）；第 3 ~ 6 行选择训练数据集中的前 200 行数据。

```
1 X_in = data_trains[['套内面积','车库面积']]
2 Y1_NEW=data_trains['销售价格']
3 X_in_list=np.array(X_in)
4 X_in_part=X_in[0:200]
5 Y1_NEW_part=Y1_NEW[0:200]
6 X_in_part_list=np.array(X_in_part)
7 data_trains_subset=data_trains[0:200]
8 X_in_part_array=np.array(x_in_part)
```

源程序 7.26　选择部分数据进行分析

源程序 7.27 定义了一个 plot() 函数，用于绘制散点图。

```
1 import matplotlib pyplot as plt
2 def plot():
3     x0 = []
4     x1 = []
5     y0 = []
6     y1 = []
7     # 切分不同类别的数据
8     for i in range(len(X_in_part_array)):
9         if Y1_NEW_part[i]==0:
10            x0.append(X_in_part_array[i,0])
11            y0.append(X_in_part_array[i,1])
12        else:
13            x1.append(X_in_part_array[i,0])
14            y1.append(X_in_part_array[i,1])
15    plt.figure(figsize=(8,6))
16    scatter0 = plt.scatter(x1,y1,c='BLACK',marker='s',s=160)
17    scatter1 = plt.scatter(x0,y0,marker='o',c='none',edgecolors=['black'],s=160)
18    plt.xlabel('套内面积', fontsize=13)
19    plt.ylabel('车库面积', fontsize=13)
20     plt.legend(handles=[scatter0,scatter1], labels=['普通房屋','高档房屋'], loc='best')
21 plot()
22 plt.show()
```

源程序 7.27　画出散点图

运行源程序 7.27，可以得到散点图，如图 7.32 所示。从图上可以看出，高档房屋和普通房屋的部分样本在二维空间里重叠比较严重，很难做到线性可分。如果。使用逻辑回归算法对房屋销售价格的数据集在二维空间中进行线性分类，准确率较差。

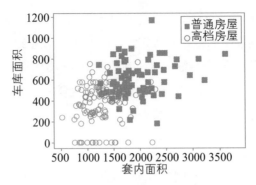

图 7.32　二维散点图

因此，我们将样本映射到三维空间中，画出房屋销售价格数据集的三维散点图，其中用实心正方形表示普通房屋，空心圆表示高档房屋。

源程序 7.28 用于绘制数据集三维散点图。

```
1 X0_3d=data_trains_subset[data_trains_subset['销售价格']==0]['套内面积']
2 Y0_3d=data_trains_subset[data_trains_subset['销售价格']==0]['车库面积']
3 Z0_3d=data_trains_subset[data_trains_subset['销售价格']==0]['销售价格']
4 X1_3d=data_trains_subset[data_trains_subset['销售价格']==1]['套内面积']
5 Y1_3d=data_trains_subset[data_trains_subset['销售价格']==1]['车库面积']
6 Z1_3d=data_trains_subset[data_trains_subset['销售价格']==1]['销售价格']
7 import matplotlib.pyplot as plt
8 from mpl_toolkits.mplot3d import Axes3D
9 #fig=plt.figure(num=0,figsize=(8, 5))
10 ax = plt.figure(figsize=(12, 10)).add_subplot(111, projection = '3d')
11 ax.scatter(X0_3d, Y0_3d, Z0_3d, c = 'BLACK', marker = 'o', s=160)
12 ax.scatter(X1_3d, Y1_3d, Z1_3d, c = 'BLACK', marker = 'o', s=160)
13 ax.set_xlabel('套内面积')
14 ax.set_ylabel('车库面积')
15 ax.set_zlabel('销售价格')
16 fig = plt.figure()
```

源程序 7.28　绘制数据集的三维散点图

运行源程序 7.28，得到如图 7.33 所示的结果。从图上可以看出，数据集虽然在二

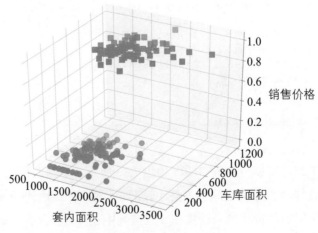

图 7.33　三维散点图

维空间中的线性分类效果不是很好，但是在三维空间里可以实现较好的分类。这时候就可以使用 SVM 对房屋销售价格预测数据集进行非线性分类了。SVM 除了可以进行线性分类之外，还可以使用核函数 poly、rbf 有效地进行非线性分类。

源程序 7.29 按照 25∶75 的比例划分测试集与训练集。

```
1 from sklearn model_selection import train_test_split
2 x_train, x_test, y_train, y_test=train_test_split(X_in_part_
  array,Y1_NEW_part, test_size=0.25,random_state=0)
```

源程序 7.29　划分测试集与训练集

在源程序 7.30 中，第 1 行代码导入 SVM 包；第 2 ~ 4 行代码使用训练集训练 SVM 模型，得到一个具体的 SVM 模型，其中核函数为 ploy，并对得到的模型对测试集进行验证。

```
1 from sklearn import svm
2 model = svm.SVC(kernel='poly', degree=9)
3 model.fit(x_train, y_train)
4 model.score(x_test, y_test)
```

源程序 7.30　训练并验证 SVM 模型

运行源程序 7.30，得到测试集的分类精度为 0.94。

源程序 7.31 用于绘制 SVM 的决策边界。其中第 2 ~ 12 行代码切分测试数据集，第 13 ~ 15 行代码为 x、y 赋值，并使用这两个坐标轴上的点在平面上画网格；第 16 行根据训练好的 SVM 模型预测房屋所属类别；第 18 ~ 27 行代码绘制散点图，并画出决策边界。

```
1 data_in_part_con=pd.concat([x_test,y_test],axis=1)
2 x0 = []
3 x1 = []
4 y0 = []
5 y1 = []
6 for i in range(len(data_in_part_con)):
7   if data_in_part_con.iloc[i]['销售价格']==0:
8       x0.append(data_in_part_con.iloc[i][0])
9       y0.append(data_in_part_con.iloc[i][1])
10    else:
11        x1.append(data_in_part_con.iloc[i][0])
12        y1.append(data_in_part_con.iloc[i][1])
13 x = np.linspace(min(x_train[:,0])-0.8,max(x_train[:,0])+0.8,500)
14 y = np.linspace(min(x_train[:,1])-0.8,max(x_train[:,1])+0.8,500)
15 xx, yy = np.meshgrid(x, y)
16 pre_xy = model.predict(np.c_[xx.ravel(), yy.ravel()])
17 pre_xy = pre_xy.reshape(xx.shape)
18 ## 绘制图像
19 plt.figure(figsize=(10,6))
20 plt.contourf(xx, yy, pre_xy,alpha = 0.4,cmap = plt.cm.rainbow)
```

源程序 7.31　绘制 SVM 的决策边界

```
21 plt.scatter(x0,y0,cmap=plt.cm.coolwarm,s=160,marker='o',c='none',
   edgecolors=['black'])
22 plt.scatter(x1,y1,cmap=plt.cm.coolwarm,marker = 's',c='black',s=160)
23 #x1=650
24 #y1=500
25 #plt.scatter(x1, y1,c = 'g', marker = 's', s=100)
26 plt.xlabel("套内面积")
27 plt.ylabel("车库面积")
28 plt.title("poly核SVM", size = 16)
29 plt.show()
```

源程序 7.31　绘制 SVM 的决策边界（续）

实心正方形运行源程序 7.31 之后，可以得到图 7.34 所示的结果。其中实心正方形表示高档房屋、空心圆形表示普通房屋。

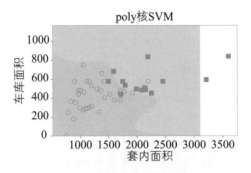

图 7.34　基于 SVM 的决策边界

源程序 7.32 使用训练好的 SVM 模型对样本数据"套内面积：650，车库面积：500"进行分类预测。

```
1 X = [{ "套内面积":650,"车库面积":500}]
2 X_pd=pd.DataFrame(X)
3 predicted= model.predict(X_pd)
4 predicted
```

源程序 7.32　对某一样本数据进行分类预测

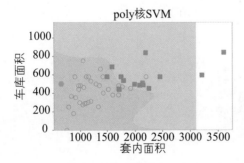

图 7.35　基于 SVM 的点预测

运行源程序 7.32，输出类别为 0，表示该房屋属于普通房屋。去掉源程序 7.31 的第 23 ～ 25 行代码前面的 # 之后，重新运行源程序 7.31，可以得到图 7.35 所示的结果。六边形就是该预测点，它位于分界线的左侧，属于普通房屋类别。

（2）鸢尾花二分类预测任务。

鸢尾花数据集中本身包含三类鸢尾花，从源数据集中读取"Setosa 山鸢尾""Versicolour 变色鸢尾"两类鸢尾花进行二分类研究，特征选取鸢尾花四个特征中的后两个特征，即"花瓣长度"和"花瓣宽度"。鸢尾花的数据集加载、数据集散点图及数据集的拆分在前面逻辑回归中已经介绍过，具体可以参考源程序 7.10 的第 1 ～ 5 行及源程序 7.9。这里使用 SVM 分类器，对鸢尾花进行线性二分类。

源程序 7.33 第 1 ～ 3 行代码加载鸢尾花数据集，并分离出特征变量和目标变量；第 4、5 行选择特征变量中的后两个征变量"花瓣宽度"和"花瓣长度"，并将目标变量类别设置为 0、1 两个类别；第 6 行用于将数据集划分为训练集和测试集。

```
1 from sklearn.datasets import load_iris
2 iris=load_iris()
3 x, y=iris.data, iris.target
4 x=x[y!=2,2:]
5 y=y[y!=2]
6 x_train,x_test,y_train,y_test=train_test_split(x,y,test_size=0.25,
  random_state=0)
```

源程序 7.33　选择两个特征变量并将其设置为两个类别

源程序 7.34 第 1 行选择线性核函数建立一个 SVM 模型，第 2 行使用训练集对模型进行训练。

```
1 Svm = svm.SVC(kernel='linear' )# 线性核函数
2 Svm.fit(x_train, y_train.ravel())
```

源程序 7.34　使用训练集训练模型

运行源程序 7.34，得到一个具体的 SVM 模型。

源程序 7.35 第 1 行代码使用测试集进行预测并打印输出预测结果。

```
1 y_test_hat=Svm.predict(x_test)
2 print(' 预测得到的每朵鸢尾花的类别是: ',y_test_hat)
3 print(' 每朵鸢尾花的真实值是 :',y_test)
```

源程序 7.35　对测试集进行预测

运行源程序 7.35，对测试集进行预测，得到如图 7.36 所示的结果。

预测得到的每朵鸢尾花的类别是：[0 1 0 1 1 1 0 1 1 1 1 1 0 0 0 0 0 0 0 1 0 1 0]
测试集每朵鸢尾花的真实值是　：[0 1 0 1 1 1 0 1 1 1 1 1 0 0 0 0 0 0 0 1 0 1 0]

图 7.36　测试集的测试结果

源程序 7.36 用于定义绘制鸢尾花散点图的函数 plot()，源程序 7.37 根据训练好的 SVM 模型画出决策边界。

```
1 def plot():
2     x0 = []
3     x1 = []
```

源程序 7.36　定义函数 plot()

```
4    y0 = []
5    y1 = []
6    # 切分不同类别的数据
7    for i in range(len(x)):
8        if y[i]==0:
9            x0.append(x[i,0])
10           y0.append(x[i,1])
11       else:
12           x1.append(x[i,0])
13           y1.append(x[i,1])
14   # 画图
15   scatter0 = plt.scatter(x0, y0, c='b', marker='o')
16   scatter1 = plt.scatter(x1, y1, c='r', marker='x')
17   x2=6
18   y2=3.4
19   plt.scatter(x2,y2,c = 'g', marker = 's',s=100)
20   plt.xlabel('花瓣长度', fontsize=13)
21   plt.ylabel('花瓣宽度', fontsize=13)
22   plt.legend(handles=[scatter0,scatter1],labels=['Setosa 山鸢尾',
                'Versicolour 变色鸢尾'],loc='best')
```

源程序 7.36　定义函数 plot()（续）

```
1 import numpy as np
2 plot()
3 x_plot = np.array([[1], [5]])
4 y_plot = (Svm.intercept_ +x_plot*Svm.coef_[0][0])/(-Svm.coef_[0][1])
5 plt.plot(x_plot, y_plot, 'g')
6 plt.show()
```

源程序 7.37　画决策边界

运行源程序 7.37，可得到如图 7.37 所示的结果，图中直线为决策边界，也就是类别之间的分界线。

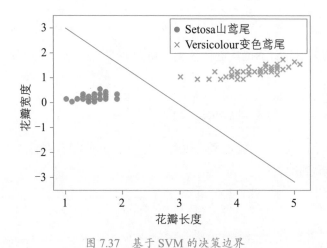

图 7.37　基于 SVM 的决策边界

源程序 7.38 对训练得到的模型进行性能评估。

```
1 Svm.score(x_test,y_test)
```

源程序 7.38　对模型性能进行评估

运行源程序 7.38，得到准确率为 1，也就是 100% 的准确率。

这里假设有一朵鸢尾花花瓣的长度为 6，宽度为 3.4，使用 SVM 模型预测一下该鸢尾花属于哪一类？源程序 7.39 使用训练好的 SVM 模型，对该鸢尾花进行预测并输出预测的结果。

```
1 x_test=np.array([[6,3.4]])
2 y_hat=Svm.predict(x_test)
3 y_hat
```

源程序 7.39　对某一朵鸢尾花进行分类预测

运行源程序 7.39，输出类别 y_hat=1，即该鸢尾花为变色鸢尾。如果在源程序 7.36 的 plot() 函数中增加 "x2=6 y2=3.4 plt.scatter(x2,y2,c = 'g', marker = 's', s=100)"，运行 plot() 函数就会得到图 7.38 右上角的方块为预测样本，位于分界线的右侧，即所属类别为 1，说明该朵花属于"变色鸢尾"。

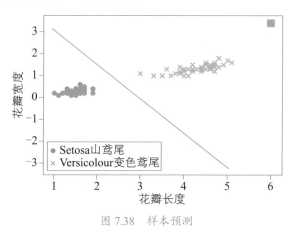

图 7.38　样本预测

（3）乳腺癌二分类预测案例。

本节将使用 SVM 分类器对 sklearn 自带的乳腺癌数据集进行学习和预测，并进行模型的性能评价。数据集的导入、划分和标准化处理与前面逻辑回归案例部分一样，详见源程序 7.17~7.20，这里就不再赘述。

源程序 7.40 第 1 行从 sklearn 模块导入 LinearSVC；代码第 2、3 行创建支持向量机线性分类器（接受默认初始化配置），并使用训练集进行训练。

```
1 from sklearn.svm import LinearSVC
2 lsvc=LinearSVC()
3 lsvc.fit(x_train,y_train)
```

源程序 7.40　使用默认配置初始化的支持向量机线性分类器进行训练

运行源程序 7.40，使用训练集进行训练，找到一组合适的参数，从而获得一个带有参数的、具体的算法模型。

源程序 7.41 使用上面训练好的模型对测试数据进行预测，得到测试集每个样本的预测分类值。

```
1 lsvc_y_predict=lsvc.predict(x_test)
```

源程序 7.41　使用测试数据进行预测

运行源程序 7.41，使用上面训练好的模型对测试数据进行预测，得到测试集每个样本的预测分类值。

源程序 7.42 对训练得到的模型进行性能评估。

```
1 print ('Accuracy:',lsvc.score(x_test,y_test))
```

源程序 7.42　性能评估

运行源程序 7.42 后，得到准确率为 0.97660，也就是约为 98% 的准确率，分类效果良好。

7.3.5　决策树理论

1. 理解决策树

决策树算法是数据分析中的经典算法，它常用于解决分类问题，也可以作为回归算法，易于理解和实现。决策树算法本质上是通过一步步的属性分类对整个特征空间进行划分，进而区别出不同的分类样本。

决策树通过训练数据构建一种类似于流程图的树结构来对问题进行判断，与日常问题解决的过程也非常类似。例如，一个女生在介绍人给她介绍了潜在相亲对象的情况后，她需要做出"是否要去见面相亲"的决策。这个决策经常会分解成为一系列的"子问题"：女生先问"这个人文化程度如何"；如果是"本科及以上"，那么女生再问"这个人谈吐如何"；如果是"风趣幽默"，那么女生再问"业务能力如何"……经过一系列这样的决策，女生最后会做出决策：愿意或不同意去相亲。决策过程如图 7.39 所示。

一般来说，一棵决策树包含三种节点：一个根节点、多个内部节点和叶节点。全部

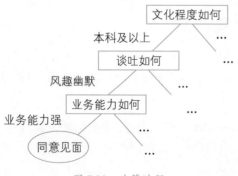

图 7.39　决策过程

样本从根节点开始（更像一棵倒置的树），经过一系列的判断测试序列，最终形成若干个叶节点，也就是决策结果。叶节点对应决策结果，其他节点对应属性测试。决策

树学习的目的就是通过对数据集的学习，获得一棵具有较强泛化能力的决策树，从而做出预测。总的来说，决策树算法是依据"分而治之"的思想，每次根据某属性的值对样本进行分类，然后传递给下个属性继续进行分类判断。

假设这个女生是一个"女神"，之前有很多媒人给她介绍相亲对象。相亲对象的信息包括文化程度、谈吐、业务能力等。"女神"在听完媒人对相亲对象的介绍后，同意去见其中的一部分人，拒绝去见另外一部分人。现在媒人找到你想把你介绍给"女神"，你有点犹豫是否应该告诉媒人你的个人信息，从而和"女神"相亲。因为你怕告诉媒人你的个人信息后，"女神"对你不感兴趣。所以，你收集了"女神"之前相亲对象的信息和是否见面的结果数据，希望建立一个算法模型对"女神"是否和你见面做出预测，从而避免尴尬的局面。

（1）假如通过观察历史数据发现"女神"对所有的潜在相亲对象"都会去见"（或"都不会去见"），那么这个时候的决策情况其实是非常简单和清晰的，"女神"决策结果的不确定性最小，你对应采取的措施也就清楚了。

（2）如果"女神"见了其中一些人而不见另外一些人，那么"女神"的决策情况就会复杂一些，决策结果的不确定性较大。进一步地，如果通过数据观察发现凡是学位在博士及以上的"女神"都见，在博士以下的"女神"都不见，那么"女神"的决策情况又再次明确和清晰了，决策结果的不确定性又小了。你可以根据自己是不是博士，从而采取相应的措施。

如果把"女神"是否会和相亲对象见面的决策看作一棵决策树的话，这棵决策树会有多种可能性。例如根节点可能是文化程度、谈吐和业务能力等，内部节点和叶节点也有多种可能性。数据分析决策树建模的目的就是找到一棵具体的决策树，从而帮助我们快速准确地做出判断。找到这棵具体的决策树的关键在于判断根节点的属性，也就是根节点是选用文化程度来划分，还是业务能力或其他属性来划分。实际上，根节点选择哪个特征变量是最为关键的，是整个决策树算法的核心所在。因为一旦选定了根节点，就可以以此类推选择根节点的子节点及叶节点。通过递归方法，就可以得到一棵决策树。有了一棵决策树，通过循环调用就可以得到若干棵决策树。

如何选择根节点呢？选择的原则就是其信息增益最大，也就是尽可能消除决策的不确定性。例如在上面的例子中，我们发现"女神"见了博士及以上文化程度的人，而不见博士以下文化程度的人，同时还发现"女神"见了身材较高的人，也见了身材一般的人，还见了身材较矮的人，那我们应该选择文化程度还是业务能力作为根节点呢？显然，选择文化程度作为节点会更好，因为这样可以快速降低不确定性，也就是用文化程度作为根节点会使信息增益更大。在进行决策树分支的时候，一般都会优先考虑信息增益最大的特征变量。为了更好地理解信息增益，下面将了解一下信息论中的信息、信息量、信息熵等概念。

2. 理解信息、信息量与信息熵

（1）信息。与第 1 章中的定义不同，1928 年哈特莱从信息论角度给出了"信息"的一个定义："信息就是不确定性的消除"。你问气象局"明天会下雨吗"，如果气象局回答："明天可能下雨，可能不下雨"。这样的回答肯定无法让你满意，因为这是一句"废话"。如果气象局回答"明天会下雨"，那么这就是一个令人满意的答复，因为它说出了有用的信息。具体来讲，"明天是否会下雨"只有两种情况：下雨或者不下雨。当气象局告诉你"明天可能下雨，也可能不下雨"时，并没有消除或降低不确定性，所以并没有给予你信息；而当气象局告诉你"明天会下雨"时，就从两种情况变成了一种情况，这就降低了不确定性，所以这种答复就是信息。

（2）信息量。明确了"信息就是不确定性的消除"这个定义后，自然会考虑如何度量信息，也就是信息量如何计算。实际上，信息量的量化计算最早也是由哈特莱提出的，他将消息数的对数值定义为信息量。具体来说，假设信息源有 m 种等概率的消息，那么信息量就是 $I=\log_2 m$。如何理解哈特莱提出的信息量化方式呢？假想两种情况：情况一是有人告知"小明的性别为男"，情况二是有人告知"小明的年龄是 43岁"（假设人类最长寿命为 128 岁）。哪一种情况传递的信息量大呢？按照哈特莱的公式来计算，两种情况下的信息量分别是 $I_1=\log_2 2=1$，$I_2=\log_2 128=7$。比较上述的信息量，$I_2 > I_1$，也就是说第二种情况传递的信息量更大，这其实也符合我们的直观感受。哈特莱的公式中有个假设条件，那就是"结果是等概率出现的"。但现实中一个事件的结果往往并不是等概率出现的，例如"小明"这个名字一听就像是个男性的名字。如何把这种不等概率出现的情况也包含进去呢？信息论给出了更为科学的计算方式。

（3）信息熵。信息熵是信息论创立者香农（Shannon）受到热力学"熵"这个概念的启发而创立的，它度量了信源的不确定性程度。信息论中，定义信息量为 $H(x_i)=-\log_2 p(x_i)$。其中，x_i 表示某个发生的事件，p 表示这个事件发生的概率，那么信息熵就是对所有可能发生的事件产生的信息量的期望。根据信息论，信息熵的计算公式为

$$H(X)=-\sum_{i=1}^{n} p(x_i)\log_2 p(x_i),\ x_i \in X$$

信息熵越大，表示事件结果的不确定性越大；信息熵越小，表示事件结果的确定性越大。信息熵表示事件结果的不确定性程度，那么事件的不确定性程度的变化就是信息增益。一般来说，信息增益是两个信息熵的差异，表示信息熵的变化程度，在决策树算法中有着重要的应用。这里信息增益的具体计算过程不再讲述。

3. 决策树应用案例

（1）鸢尾花二分类预测案例。

决策树是一种典型的分类算法，可用于分类预测任务。前面例子中使用 sklearn 自带的鸢尾花数据集展示了逻辑回归算法、SVM 算法是如何训练学习并进行鸢尾花

预测的，本节使用决策树来训练数据并评估模型性能，对比展示决策树算法如何用于分类预测任务。

源程序 7.43 用于加载鸢尾花数据，并获取特征变量和目标变量的数据。

```
1 from sklearn import datasets
2 iris = datasets.load_iris()
3 iris_feature = iris.data
4 iris_target = iris.target
```

源程序 7.43　加载鸢尾花数据

运行源程序 7.43，运行的结果不再展示，读者可以参考逻辑回归一节中鸢尾花数据的运行结果。

源程序 7.44 按照 2∶8 的比例划分测试集与训练集。

```
1 from sklearn model_selection import train_test_split
2 feature_train, feature_test, target_train, target_test = train_test_
  split(iris_feature, iris_target, test_size=0.2,random_state=70)
```

源程序 7.44　划分测试集和训练集

源程序 7.45 用于配置决策树分类器并训练模型。其中第 2 行选择使用信息熵即 criterion='entropy' 构建决策树分类器，第 3 行使用训练集数据训练模型。

```
1 from sklearn tree import DecisionTreeClassifier
2 dt_model = DecisionTreeClassifier(criterion='entropy')
3 dt_model.fit(feature_train, target_train)
```

源程序 7.45　采用信息熵配置决策树分类器并训练模型

运行源程序 7.45，可得到一个具体的决策树模型。

源程序 7.46 使用训练好的模型预测测试集，并打印输出预测的分类结果。

```
1 predict_results = dt_model.predict(feature_test)
2 print(predict_results)
3 print(target_test)
```

源程序 7.46　预测测试集并输出预测的分类结果

运行源程序 7.46，得的输出结果如图 7.40 所示，其中 0、1、2 分别表示 Setosa、Versicolour、Virginica 这三个品种的鸢尾花。

预测的类别为：[0 2 1 1 2 1 0 0 0 1 1 1 2 1 0 1 0 0 2 2 1 2 1 2 1 2 1 0 0 0]
真实的类别为：[0 2 1 1 2 1 0 0 0 1 1 1 2 1 0 1 0 0 2 2 1 2 1 2 1 2 1 0 0 0]

图 7.40　分类预测结果

源程序 7.47 用于评价训练得到的模型的分类性能。

257

```
1 scores = dt_model.score(feature_test, target_test)
2 print(scores)
```

源程序 7.47　评价模型的分类性能

可以通过预测正确类别的百分比来评估分类性能，也就是采用准确性指标来评估。运行源程序 7.47，输出结果为 1，也就是说准确率为 100%，说明使用决策树对鸢尾花进行预测的结果非常理想。

（2）肿瘤二分类预测案例。

本节将使用决策树来对 sklearn 自带的乳腺癌数据集进行学习和预测，并进行模型的性能评价。数据集的导入、划分和标准化处理与前面逻辑回归案例部分相同，此处不再赘述。

源程序 7.48 使用"criterion='entropy'"配置决策树分类器并使用训练集数据训练模型。

```
1 from sklearn.tree import DecisionTreeClassifier
2 dtc=DecisionTreeClassifier()
3 dtc.fit(x_train,y_train)
```

源程序 7.48　使用默认配置初始化决策树分类器并训练模型

运行源程序 7.48，找到一组合适的参数，从而获得一个带有参数的、具体的算法模型。

基于源程序 7.48 训练好的模型，使用源程序 7.49 对测试集每个样本的所属类别进行预测。

```
1 dtc_y_predict=dtc.predict(x_test)
```

源程序 7.49　对测试数据进行预测

源程序 7.50 对训练得到的模型进行性能评估。

```
1 print ('Accuracy:',dtc.score(x_test,y_test))
```

源程序 7.50　性能评估

运行源程序 7.50，得到准确率为 0.92397，也就是约为 92% 的准确率，分类效果良好。

7.3.6　朴素贝叶斯

1. 理解朴素贝叶斯

朴素贝叶斯可以细分为三种方法，分别是伯努利朴素贝叶斯、高斯朴素贝叶斯和多项式朴素贝叶斯。

（1）伯努利朴素贝叶斯方法。伯努利朴素贝叶斯分类器假定样本特征的条件概率分布服从二项分布，例如进行抛硬币试验时，硬币落下的结果只有两种：正面朝上或者反面朝上。这种抛掷硬币的结果就服从二项分布，即 0-1 分布。在 sklearn 中可以直接调用伯努利朴素贝叶斯方法：class sklearn.naive_bayes.BernoulliNB(alpha,binarize)。

（2）高斯朴素贝叶斯方法。高斯朴素贝叶斯分类器是假定样本特征符合高斯分布时常用的算法。高斯分布也称为正态分布，是数学中一种常见的分布形态。如果随机变量 X 服从一个数学期望为 μ、方差为 σ^2 的正态分布，记为 $N(\mu, \sigma^2)$，那么其概率密度曲线是一个典型的钟形曲线。高斯分布在日常生活中也比较常见，如人的身高、体重、智力、学习成绩或者实验中的随机误差等都服从高斯分布。可以在 sklearn 中直接调用高斯朴素贝叶斯方法：class klearn.naive_bayes.GuassianNB()。

（3）多项式朴素贝叶斯方法。多项式朴素贝叶斯分类器是假定样本特征符合多项式分布时常用的算法，多项分布的典型例子是抛掷骰子。每个骰子的 6 个面对应 6 个不同的点数，单次抛掷时每个点数朝上的概率都是 1/6。若重复抛掷 n 次，那么某个点数（如点数 6）有 x 次朝上的概率就服从多项式分布。可以在 sklearn 中直接调用多项式朴素贝叶斯方法：class sklearn.naive_bayes.MultinomialNB()。

这里需要说明的是，多项式朴素贝叶斯分类器只适用于对具有非负离散特征的数值进行分类，很多时候需要对原始数据进行数据预处理。

2. 朴素贝叶斯应用案例——新闻所属类别预测

本小节使用朴素贝叶斯方法来预测文本类别，具体以 sklearn 自带的新闻文本数据集 fetch_20newsgroups 为例展示朴素贝叶斯算法的训练预测过程，并评估模型性能。sklearn.datasets 中的 fetch_20newsgroups 数据集一共涉及 20 个话题，所以称作 20 newsgroups text dataset。fetch_20newsgroups 数据集包含 18 000 篇新闻文章，20 个话题。其中，数据集的目标变量（20 个课题类别）分别为 ['alt.atheism'，'comp. graphics'，'comp.os.ms-windows.misc'，'comp. sys.ibm.pc.hardware'，'comp. sys.mac.hardware'，'comp.windows.x'，'misc.forsale'，'rec.autos'，'rec. motorcycles'，'rec.sport.baseball'，'rec.sport.hockey'，'sci.crypt'，'sci. electronics'，'sci.med'，'sci. space'，'soc.religion.christian'，'talk.politics. guns'，'talk.politics.mideast'，'talk.politics.misc'，'talk. religion.misc']，数据集的特征变量为原始新闻文本。以下为其中一篇邮件文本数据。

From: Mamatha Devineni Ratnam <mr47+@andrew.cmu.edu> Subject: Pens fans reactions.

Organization: Post Offiffiffice, Carnegie Mellon, Pittsburgh, PA Lines: 12 NNTP-Posting-Host: po4.andrew. cmu.edu.

I am sure some bashers of Pens fans are pretty confused about the lack of any kind of posts about the recent Pens massacre of the Devils. Actually, I am bit puzzled too and a bit relieved. However, I am going to put an end to non-PIttsburghers' relief with a bit of praise for the Pens. Man, they are killing those Devils worse than I thought. Jagr just showed you why he is much better than his regular season stats. He is also a lot of fun to watch in the playoffs. Bowman should let Jagr have a lot of fun in the next couple of games since the Pens are going to beat the pulp out of Jersey anyway. I was very disappointed not to see the Islanders lose the final regular season game. PENS RULE!!!

源程序 7.51 用于加载模块并从 sklearn.datasets 模块中导入 fetch_20newsgroups 数据集。

```
1 from sklearn.datasets import fetch_20newsgroups
2 newsgroups=fetch_20newsgroups(subset='all')
```

源程序 7.51 从 sklearn.datasets 模块中导入 fetch_20 newsgroups 数据集

运行源程序 7.51，获得 fetch_20newsgroups 数据集。

在源程序 7.52 中，第 1、2 行将数据集划分为特征变量与目标变量，第 3～6 行查看特征变量和目标变量。

```
1 x=newsgroups.data
2 y=newsgroups.target
3 print(' 目标变量名称: \n',newsgroups.target_names)
4 print('\n')
5 print(' 特征变量示例: \n',x[0])
6 print(' 目标变量: \n',y)
```

源程序 7.52 将数据集划分为特征变量与目标变量并查看

运行源程序 7.52，得到的结果如图 7.41 所示。

```
目标变量名称:
['alt.atheism', 'comp.graphics', 'comp.os.ms-windows.misc', 'comp.sys.ibm.pc.hardware', 'comp.sys.mac.hardware', 'comp.windows.x', 'misc.fo
rsale', 'rec.autos', 'rec.motorcycles', 'rec.sport.baseball', 'rec.sport.hockey', 'sci.crypt', 'sci.electronics', 'sci.med', 'sci.space', 's
oc.religion.christian', 'talk.politics.guns', 'talk.politics.mideast', 'talk.politics.misc', 'talk.religion.misc']


特征变量示例:
 From: Mamatha Devineni Ratnam <mr47+@andrew.cmu.edu>
Subject: Pens fans reactions
Organization: Post Office, Carnegie Mellon, Pittsburgh, PA
Lines: 12
NNTP-Posting-Host: po4.andrew.cmu.edu



I am sure some bashers of Pens fans are pretty confused about the lack
of any kind of posts about the recent Pens massacre of the Devils. Actually,
I am bit puzzled too and a bit relieved. However, I am going to put an end
to non-PIttsburghers' relief with a bit of praise for the Pens. Man, they
are killing those Devils worse than I thought. Jagr just showed you why
he is much better than his regular season stats. He is also a lot
fo fun to watch in the playoffs. Bowman should let Jagr have a lot of
fun in the next couple of games since the Pens are going to beat the pulp out of Jersey anyway. I was very disappointed not to see the Islan
ders lose the final
regular season game.          PENS RULE!!!
```

图 7.41 源程序运行结果

源程序 7.53 将数据按照 7 : 3 的比例分割为训练集和测试集。

```
1 from sklearn.model_selection import train_test_split
2 x_train,x_test,y_train,y_test=train_test_split(x,y,random_
  state=33,test_size=0.3)
```

源程序 7.53　分割训练集和测试集

运行源程序 7.53，可得到分割好的数据集。

源程序 7.54 将训练和测试文本转化为特征向量。其中第 1、2 行导入 Count Vectorizer，采用默认配置对 CountVectorizer 进行初始化；第 3、4 行将训练和测试文本转化为特征向量。

```
1 from sklearn.feature_extraction.text import CountVectorizer
2 vec=CountVectorizer()
3 x_vec_train=vec.fit_transform(x_train)
4 x_vec_test=vec.transform(x_test)
```

源程序 7.54　将训练和测试文本转化为特征向量

运行源程序 7.54，可得到训练文本和测试文本的特征向量。

源程序 7.55 使用训练集数据训练朴素贝叶斯分类器。

```
1 from sklearn.naive_bayes import MultinomialNB
2 mnb=MultinomialNB()
3 mnb.fit(x_vec_train,y_train)
```

源程序 7.55　使用训练集数据训练朴素贝叶斯分类器

运行源程序 7.55，可得到一个具体的朴素贝叶斯模型。

源程序 7.56 用于预测测试集样本中每个话题所属的类别，并打印输出。

```
1 mnb_y_predict=mnb.predict(x_vec_test)
2 print(mnb_y_predict)
```

源程序 7.56　使用训练好的朴素贝叶斯模型对数据进行预测

运行源程序 7.56，得到测试集样本中每个话题所属的类别。如果输出为 0，表示该新闻属于 alt.atheism 这个类别；如果输出为 1，表示该新闻属于 comp.graphics 这个类别，以此类推。

源程序 7.57 使用评分函数 score 获取预测准确率对训练得到的模型进行性能评估。

```
1 print ('Accuracy:',mnb.score(x_vec_test,y_test))
```

源程序 7.57　性能评估

运行源程序 7.57，得到预测准确率为 0.8362，预测效果较好。

7.3.7 k-近邻（k-NN）算法

1. 理解 k-近邻（k-NN）算法

k-近邻算法的输入为样本的特征向量，对应于特征空间的点；输出为样本的类别，可以取多类。k-近邻算法假设给定一个训练数据集，其中的样本类别已定。分类时，对新的样本，根据其 k 个最近邻的训练样本的类别，通过多数表决等方式进行预测。因此，k-近邻算法不具有显式的学习过程。k-近邻算法实际上利用训练数据集对特征向量空间进行划分，并作为其分类的"模型"。

相比于决策树和基于规则的分类器的积极学习方法，k-近邻算法是一种消极学习方法。在积极学习方法中，如果训练数据可用，它们就开始学习从输入特征到类别的映射模型；而消极学习方法推迟对训练数据的建模，直到需要分类测试样本时再进行。

2. k-近邻算法的原理

k-近邻算法的原理就是当预测一个新的样本 x 的时候，根据它距离最近的 k 个点是什么类别来判断 x 属于哪个类别。换句话说，就是在训练集中数据和标签已知的情况下，输入测试数据，将测试数据的特征与训练集中对应的特征进行相互比较，找到训练集中与之最为相似的前 k 个数据，则该测试数据对应的类别就是 k 个数据中出现次数最多的那个分类。通常步骤如下。

（1）计算测试数据与各个训练数据之间的距离。

（2）按照距离的递增关系进行排序。

（3）选取距离最小的 k 个点。

（4）确定前 k 个点所在类别的出现频率。

（5）将前 k 个点中出现频率最高的类别作为测试数据的预测分类。

k 值的选择、距离度量及分类决策规则是 k-近邻算法的三个基本要素。

（1）距离的衡量。特征空间中两个样本点的距离是两个样本点相似程度的反映。k-近邻算法模型的特征空间一般是 n 维实数向量空间，使用的距离一般是欧氏距离 L_1 或曼哈顿距离 L_2。

$$欧氏距离：L_1\left(x_i, x_j\right) = \left[\sum_{l=1}^{n}\left(x_i^l - x_j^l\right)^2\right]^{\frac{1}{2}}$$

$$曼哈顿距离：L_2\left(x_i, x_j\right) = \left[\sum_{l=1}^{n}\left|x_i^l - x_j^l\right|\right]^{\frac{1}{2}}$$

（2）k 值的选择。k-近邻算法是通过测量不同特征值之间的距离进行分类的。如果一个样本在特征空间中的 k 个最相似（即特征空间中最邻近）的样本中的大多数属于某一个类别，则该样本也属于这个类别。k 通常是不大于 20 的整数。在 k-近邻算法中，所选择的邻居都是已经正确分类的对象。该方法在定类决策上只依据最邻近的一个或者几个样本的类别来决定待分样本所属的类别。下面通过一个简单的例子进行讲解。如图 7.42 所示，圆形表示要被预测为哪个类别，是三角形还是四方形？如果 $k=3$，由于三角形所占比例为 2/3，圆形将被归为三角形那个类；如果 $k=5$，由于四方形比例为 3/5，因此圆形被归为四方形类。由此也说明了 k 值的选择会对 k-近邻算法的结果产生重大影响。

如果选择较小的 k 值，就相当于用较小邻域中的训练样本进行预测，"学习"的近似误差（approximation error）会减小，只有与输入样本较近的（相似的）训练样本才会对预测结果起作用。但缺点是"学习"的估计误差（estimation error）会增大，预测结果会对近邻的样本点非常敏感。如果近邻的样本点恰巧是噪声，预测就会出错。换句话说，k 值的减小就意味着整体模型变得复

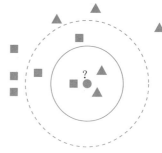

图 7.42　一个例子

杂，容易发生过拟合。如果选择较大的 k 值，就相当于用较大邻域中的训练样本进行预测。其优点是可以减少学习的估计误差，但缺点是学习的近似误差会增大。这时与输入样本较远的（不相似的）训练样本也会对预测起作用，使预测发生错误。k 值的增大就意味着整体的模型变得简单。如果 $k=N$，那么无论输入样本是什么，都将简单地预测它属于在训练样本中最多的类。这时模型过于简单，完全忽略了训练样本中的大量有用信息，是不可取的。因此在应用中，k 值一般取一个比较小的数值。

（3）分类决策规则。k-近邻算法中的分类决策规则往往是多数表决，即由输入样本的 k 个邻近的训练样本中的多数类决定输入样本的类。

3. k-近邻算法的应用案例——肿瘤预测

本节将以一组虚拟数据为例展示 k-近邻算法的训练预测过程。

在源程序 7.58 中，第 2、3 行设置一组虚拟数据，其中 raw_data_x 表示特征变量，分别用来表示肿瘤纹理灰度值标准差和肿瘤周长，raw_data_y 表示目标变量，0 表示良性肿瘤，1 表示恶性肿瘤；第 4、5 行将上面的数据类型由 list 转换为 NumPy 的 ndarray 类型。

```
 1 import numpy as np
 2 raw_data_x =[
    [3.393533211,2.331273381],
    [3.110073483,1.781539638],
    [1.343808831,3.368360954],
    [3.582294042,4.679179110],
    [2.280362439,2.866990263],
    [7.423436942,4.696522875],
    [5.745051997,3.533989803],
    [9.172168622,2.511101045],
    [7.792783481,3.424088941],
    [7.939820817,0.791637231]
```

源程序 7.58　加载数据集

```
]
3 raw_data_y = [0,0,0,0,0,1,1,1,1,1]
4 x_train = np.array(raw_data_x)
5 y_train = np.array(raw_data_y)
```

源程序 7.58　加载数据集（续）

源程序 7.59 用于对样本数据进行可视化，使用散点图表示。

```
1 import matplotlib.pyplot as plt
2 plt.scatter(x_train[y_train==0,0],x_train[y_train==0,1],color='black',
  s=160)
3 plt.scatter(x_train[y_train==1,0],x_train[y_train==1,1],color='r',
  marker="*",s=160)
4 plt.xlabel(' 纹理灰度值标准差 ', fontsize=13)
5 plt.ylabel(' 肿瘤周长 ', fontsize=13)
6 plt.legend(labels=[' 良性肿瘤 ',' 恶性肿瘤 '], loc='best')
7 plt.show()
```

源程序 7.59　对样本数据进行可视化

运行源程序 7.59，得到如图 7.43 所示的结果。

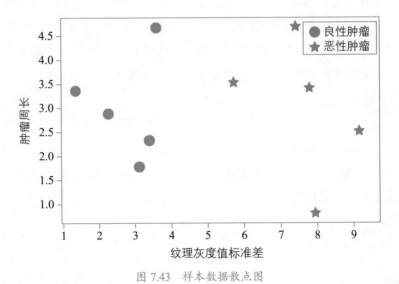

图 7.43　样本数据散点图

源程序 7.60 用于创建一个 k-近邻算法模型的对象，通过该对象可以调用封装好的 k-近邻算法的相关方法。

```
1 from sklearn import neighbors
2 k-NN = neighbors.KNeighborsClassifier(3)
```

源程序 7.60　创建 k-NN 算法模型的对象

源程序 7.61 使用训练集数据训练模型。

```
1 k-NN.fit(x_train,y_train)
```

源程序 7.61　训练模型

源程序 7.62 用于构建一个二维矩阵 [5.2，3.5]，形成一个新样本点，并对新样本点进行可视化。

```
1 plt.scatter(x_train[y_train==0,0],x_train[y_train==0,1],color='black',
  s=160)
2 plt.scatter(x_train[y_train==1,0],x_train[y_train==1,1],color='r',
  marker="*",s=160)
3 plt.scatter(x=5.2,y=3.5,color='g',marker="s",s=200)
4 plt.xlabel(' 纹理灰度值标准差 ', fontsize=13)
5 plt.ylabel(' 肿瘤周长 ', fontsize=13)
6 plt.legend(labels=[' 良性肿瘤 ',' 恶性肿瘤 '], loc='best')
7 plt.show()
```

源程序 7.62　构建一个新样本点并进行可视化

运行源程序 7.62，可以得到如图 7.44 所示的结果。

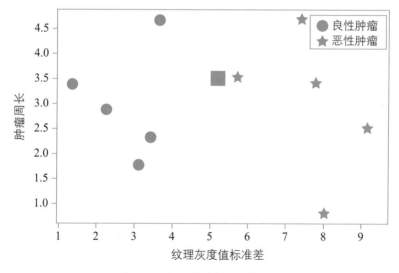

图 7.44　加入新样本后的散点图

由图 7.44 可以看出，方形附近最近的三个样本情况：左边两个良性肿瘤，右边一个恶性肿瘤。良性 2 票，恶性 1 票，所以预测出来的结果就是 0（良性）。

源程序 7.63 使用训练好的模型对该样本进行预测。

```
1 x_predict = [[5.2,3.5]]
2 y_predict = knn.predict(x_predict) print(y_predict)
```

源程序 7.63　对样本进行预测

运行源程序 7.63，得到预测结果为 0。

7.4　聚类

人们常说的"物以类聚，人以群分"指的就是聚类。聚类分析的主要目标是发现数据中的相似性，并将相似的数据点分组到一个聚类中，称为一簇。与前面的回归、分类任务有所不同，对事物进行聚类分析时只需要自变量，不需要因变量，即不需要预先定义事物的类别，而是直接根据事物某些特征将其归类，不做预测，常用于对数据进行探索分析。也就是说，聚类分析属于一种无监督学习。在无监督学习中，样本的标签是未知的，不像监督学习中有明确的因变量，如房价是 120 万还是 121 万，女生相亲时是见还是不见，鸢尾花所属类别是山鸢尾还是变色鸢尾等。

聚类分析在许多领域中都有重要应用。

（1）在经济领域，可能需要寻找经济相似的国家。

（2）在财务领域，可能需要寻找具有相似财务业绩的公司群。

（3）在营销领域，可能需要寻找具有类似购买行为的客户群。

（4）在医疗领域，可能需要寻找具有相似症状的患者群。

7.4.1　聚类算法

聚类算法有很多种，较为常见的是基于距离来度量对象间的相似性，包括划分式聚类算法和层次化聚类算法。此外，还有基于密度的聚类算法。下面将对这些算法进行简要介绍。

（1）划分式聚类算法。划分式聚类算法是一种排他性聚类算法，每个样本点都需要被精准分配给一个簇，不允许在多个簇中。K-means 算法是一种经典的划分式聚类算法，需要先指定聚类的数目 K；然后选择 K 个聚类中心，计算样本点与聚类中心的距离，并根据距离进行聚类；通过反复迭代，最后达到"簇内的点足够近，簇间的点足够远"的目标。

（2）层次化聚类算法。层次化聚类算法是指从每个样本点单对象簇开始，重复合并最近的一对簇形成一个新簇，直到最终只有一个包含所有样本点的簇，整个过程建立起一个树型结构。这种方法不仅能生成一个大型簇，还能看到簇的层次结构，是一种很直观的聚类算法。

（3）基于密度的聚类算法。基于密度的聚类算法的经典算法是 DBSCAN（density-based spatial clustering of application with noise），其基本思想是从任意样本点 P 开始根据阈值搜索其密度可达的所有点，阈值为事先设定的邻域半径参数，进而得到聚类。对于每个样本点而言，将获得相应聚类的成员标号。它随机选择一个样本点，如果该点在稠密区域（即它超过 N 个邻域），它开始增长聚类，包括所有的邻域以及邻域的邻域，直到它再也找不到更多的邻域；如果该点不在稠密区域，那它被划分为噪声（noise），然后随机地选择另一个还没标号的点重新开始刚才的过程。

7.4.2　*K*-means 聚类算法

1. *K*-means 聚类算法的步骤

假定每个对象拥有 N 个属性特征，现对这些样本点进行 *K*-means 聚类。在进行 *K*-means 聚类前，需要先给定聚类的数目 K，其具体算法如下。

（1）随机地从所有对象中选取 K 个样本点，作为每一个类别的初始聚类中心。

（2）分别计算每个样本点与这 K 个聚类中心的距离。其中，距离衡量的是样本点之间属性特征的相似性。

聚类的实质就是按照数据的内在相似性将其划分为多个类别，使类别内部的数据相似度较大，而类别间的数据相似度较小。这个相似度可以通过样本点之间的距离来表示，距离越大，相似度越小；距离越小，相似度越大。其中，欧几里得距离（Euclidean distance）是比较常用的距离度量。给定一个点 $p_i=(p_{i1},p_{i2},...,p_{in})$ 和一个聚类中心 $q=(q_1,q_2,...,q_n)$，其欧几里得距离 d 的计算公式为

$$d\left(p_i,q\right)=\sqrt{\sum_{j=1}^{n}\left(p_{ij}-q_j\right)^2} \tag{7.8}$$

其中 p_{ij} 表示 p_i 点第 j 个特征属性值；q_j 表示聚类中心 q 点第 j 个特征属性值。

此外，较常用的距离度量还有余弦相似度（cosine similarity）和曼哈顿距离（Manhattan distance）。

（3）将每一个样本点分配给距离最近的聚类中心对应的类别，形成 K 个簇。然后，重新计算每个簇的聚类中心（也被称为质心（centroid）），即簇均值对应的点。对于一个由 m 个点构成的簇的质心 $q=(q_1,q_2,...,q_n)$，其计算公式为

$$\left(q_1,q_2,...,q_n\right)=\left(\frac{\sum_{i=1}^{m}p_{i1}}{m},\frac{\sum_{i=1}^{m}p_{i2}}{m},...,\frac{\sum_{i=1}^{m}p_{in}}{m}\right) \tag{7.9}$$

（4）重复步骤（2）和（3），直到算法收敛。样本归类变化量极小或者完全停止变化；计算出的质心不改变，或者质心和所分配的点在两个相邻迭代间来回震荡时，就达到了收敛。这时，所有样本点就被分到 K 个簇里面，每个样本都拥有一个唯一的类别标签。

2. 确定聚类数目 *K*

K-means 聚类需要事先指定聚类数目 K，但是 K 的值应该怎样选择呢？一种较常用的方法是通过计算内平方和（Within Sum of Square，WWS）来确定最优 K 值。WWS 是所有数据点与其最近质心之间距离的平方和，又称作整体平方和（total inertia），该值越小越好。其计算公式为

$$\text{WWS}=\sum_{i=1}^{M}d\left(p_i,q^i\right)^2=\sum_{i=1}^{M}\sum_{j=1}^{n}\left(p_{ij}-q_j^{\;i}\right)^2 \tag{7.10}$$

其中，q^i 表示与第 i 个数据点最近的质心。

如果这些样本点都相对靠近它们各自的质心，那么 WWS 将相对较小。与 K 聚类相比，如果 $K+1$ 聚类没有显著降低 WWS 值，那么增加簇的意义就不大。表 7.5 给出了某聚类分析中不同 K 值的 WWS 值，由表可知 K 的最佳值应该是 3。因为 $K=3$ 时的 WWS 值远小于 $K=2$ 时的，表示 3 簇比 2 簇更好，且其与 $K=4$、5、6 时的 WWS 值相差甚小，表明增加簇的意义不大。

表 7.5　某聚类分析中不同 K 值的 WWS 值

K 值	WWS 值
1	62.8
2	12.3
3	9.4
4	9.3
5	9.2
6	9.1

3. 聚类性能评估

如果事先知道每个对象真实的类别标签，那么聚类结果也可以像分类那样计算判别准确率。Hubert 和 Arabie 在 1985 年提出了调整兰德系数（adjusted Rand index, ARI），可利用该系数对聚类效果进行评估。ARI 取值在 [-1, 1] 之间，随机聚类的 ARI 都非常接近于 0。ARI 越接近于 1，表示聚类效果越好，可用于多种聚类算法之间的比较。

7.4.3　K-means 聚类案例

1. 鸢尾花聚类案例

本节利用 7.2 节的鸢尾花数据集 Iris，演示如何利用 Python 进行 K-means 聚类。Iris 数据集包括 3 类鸢尾花，每类鸢尾花各有 50 条数据，共 150 条数据；每条数据包括 4 个特征变量——花萼长度、花萼宽度、花瓣长度、花瓣宽度。这里假设不知道有几种鸢尾花，利用 K-means 算法根据每朵鸢尾花的特征变量为其自动划分类别。

（1）读取数据。为了方便对聚类结果进行可视化以及与 7.2 节的结果进行比对，本节同样只采用鸢尾花的两个特征变量——花瓣长度、花瓣宽度——进行聚类。源程序 7.64 用于加载鸢尾花数据集，选取"花瓣长度、花瓣宽度"两个特征，然后为这些鸢尾花数据绘制散点图。

```
1 from sklearn import datasets
2 iris=datasets.load_iris()  # 载入鸢尾花数据集
3 x=iris.data[:,2:4]  # 选取 2 个特征变量
4 # 绘制散点图
5 import matplotlib.pyplot as plt
```

源程序 7.64　读取鸢尾花数据集 Iris

```
 6 plt.rcParams['font.sans-serif']=['SimHei']
 7 plt.rcParams['axes.unicode_minus']=False
 8 plt.scatter(x[:,0],x[:,1],color='b',marker='o')
 9 plt.xlabel(' 花瓣长度 ')
10 plt.ylabel(' 花瓣宽度 ')
11 plt.show()
```

源程序 7.64　读取鸢尾花数据集 Iris（续）

运行源程序 7.64，得到结果如图 7.45 所示。

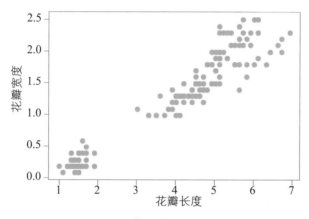

图 7.45　鸢尾花数据散点图

（2）选择最优 *K* 值。利用 *K*-means 聚类时，需要指定簇的数目 *K*，因此先利用 WWS 值确定最合适的 *K* 值。即分别计算 *K*=1，2，…，10 时的 WWS 值，选择其中能使 WWS 值相对较小的最优 *K* 值。在源程序 7.65 中，首先载入 Scikit-learn 包，利用命令 sklearn.cluster.KMeans().fit() 对样本数据进行 *K*-means 聚类；然后利用属性 inertia_ 查看对应 *K* 值下的 WWS 值；最后对不同 *K* 值下的 WWS 值进行绘图。其中第 7 行的变量 *x* 是源程序 7.64 中第 3 行的变量 *x*。

```
 1 from sklearn.cluster import KMeans
 2 # 计算 k=1，2，…，10 时的 WWS 值
 3 k=[]
 4 wws=[]
 5 for i in range(1,11):
 6     k-means=KMeans(n_clusters=i, random_state=0)
 7     cls=k-means.fit(x)
 8     k.append(i)
 9     wws.append(cls.inertia_)   #WWS 值
10 # 绘图
11 plt.rcParams['font.sans-serif']=['SimHei']
12 plt.rcParams['axes.unicode_minus']=False
13 plt.plot(k,wws,'gx-')
14 plt.xlabel(' 簇的个数 K')
15 plt.ylabel('WWS')
16 plt.show()
```

源程序 7.65　确定最优 *K* 值

运行源程序 7.65，结果如图 7.46 所示。当 K 从 1 增加到 2 时，WWS 的值大幅度降低；从 2 增加到 3 时，WWS 值的降低幅度仍较大；而当 $K > 3$ 时，WWS 值的变化则相对较小。由此可以确认 K 取 3 应为最优选择。该结果与 Iris 数据集的实际情况正好吻合，该数据集共包括三类鸢尾花。

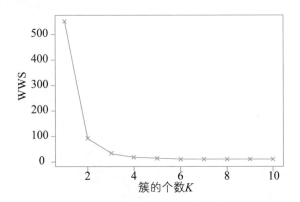

图 7.46 利用 WWS 值确定最优 K 值

（3）指定 K 值进行聚类。本节指定 $K=3$ 进行 K-means 聚类，并根据聚类结果绘制三个类别鸢尾花的散点图。源程序 7.66 展示了进行聚类分析及可视化的代码，通过 fit() 方法进行聚类，然后利用 labels_ 属性查看聚类之后为每朵鸢尾花分配的类别标签。由于事先指定了聚类数目为 3，因此聚类标签的值分别为 0、1、2。然后按照每朵鸢尾花的聚类标签值绘制散点图，不同类别的鸢尾花以不同形状显示。

```
1 kmeans=KMeans(n_clusters=3).fit(x)        # 聚类
2 label_pred=kmeans.labels_                 # 获取聚类标签
3 cluster_centers=kmeans.cluster_centers_   # 获取聚类中心
4 # 绘制 K-means 聚类结果
5 plt.scatter(x[label_pred==0,0],x[label_pred==0,1], c='blue',
  marker='s', label=' 第一类鸢尾花 ',s=160)
6 plt.scatter(x[label_pred==1,0],x[label_pred==1,1], c='green',
  marker='o', label=' 第二类鸢尾花 ',s=160)
7 plt.scatter(x[label_pred==2,0],x[label_pred==2,1], c='purple',
  marker='*', label=' 第三类鸢尾花 ',s=160)
8 plt.scatter(cluster_centers[:,0],cluster_centers[:,1], marker='o',c
  ='white',edgecolors=['black'],s=300)
9 plt.xlabel(' 花瓣长度 ')
10 plt.ylabel(' 花瓣宽度 ')
11 plt.legend(loc='best')
12 plt.show()
```

源程序 7.66 K-means 聚类

源程序 7.66 得到三个聚类，分别用正方形、实心圆和星形区分，三个空心圆为三个聚类中心，如图 7.47 所示。

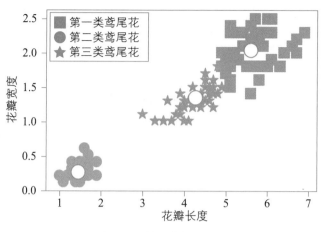

图 7.47　鸢尾花聚类结果

（4）聚类效果评估。由于事先已知 150 朵鸢尾花的种类，因此可以利用源程序 7.67 对 *K*-means 聚类的效果进行评估，其中第 1 ～ 10 行按照已知鸢尾花的类型绘制散点图；第 11 ～ 15 行利用 sklearn.metrics.adjusted_rand_score() 命令计算 ARI，得出 *K*-means 聚类结果与鸢尾花真实类型之间的吻合程度，并打印输出。

```
1  # 绘制真实鸢尾花类型的散点图
2  y=iris.target           # 鸢尾花类型 y
3  x=iris.data[:,2:4]    #2 个特征变量 x
4  plt.scatter(x[y==0,0],x[y==0,1],c='blue', marker='s', label=' 山鸢尾
   Iris-Setosa',s=160)
5  plt.scatter(x[y==1,0],x[y==1,1],c='purple', marker='o', label=' 变色
   鸢尾 Iris-Versicolour',s=160)
6  plt.scatter(x[y==2,0],x[y==2,1],c='green', marker='*', label=' 维吉
   尼亚鸢尾 Iris-Virginica',s=160)
7  plt.xlabel(' 花瓣长度 ')
8  plt.ylabel(' 花瓣宽度 ')
9  plt.legend(loc='best')
10 plt.show()
11 # 计算 ARI
12 from sklearn import metrics
13 y=iris.target                # 鸢尾花真实类型 y
14 y_pre=kmeans.predict(x)     #K-means 聚类结果 y_pre
15 print(metrics.adjusted_rand_score(y,y_pre))        #ARI
```

源程序 7.67　*K*-means 聚类效果评估

运行源程序 7.67，得到的散点图（见图 7.48）与图 7.47 的相似度极高。聚类评估指数 ARI ≈ 0.8857，说明在不知道鸢尾花种类的情况下，根据花瓣长度、花瓣宽度两个特征变量自动为 150 朵鸢尾花归类，其归类的准确性达为 88.57%，效果良好。

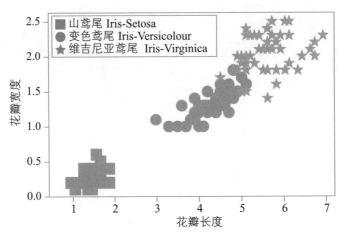

图 7.48　鸢尾花真实类型散点图

2. 房屋聚类案例

本节使用 7.1 节中的房屋销售价格预测案例的数据，利用 *K*-means 算法将房屋样本进行聚类，使同一类房屋的特征相似程度高，而不同类房屋的特征相似程度低。

（1）读取数据。源程序 7.68 中，第 1 ～ 6 行载入第 7.2.3 节中的房屋销售价格预测数据。在 7.1 节中，选取了 3 个自变量——地下室面积（TotalBsmtSF）、套内面积（GrLivArea）、车库面积（GarageArea）——来构建回归模型进行房价预测。本案例依旧选取该 3 个变量作为聚类分析的特征变量。此外，为了方便展示可视化效果，选择前 200 个样本数据进行演示。代码第 7 ～ 17 行绘制 3D 散点图。

```
1 # 读取数据
2 import pandas as pd
3 data_kaggle=pd.read_csv('E0768.csv') # 参数为存放 E0768.csv 的具体路径
4 data=pd.DataFrame(data_kaggle, columns=['TotalBsmtSF','GrLivArea',
  'GarageArea'])
5 data.rename(columns={'TotalBsmtSF':'地下室面积','GrLivArea':'套内面
  积','GarageArea':'车库面积'}, inplace=True)
6 x=data[:200]
7 # 绘制散点图
8 import matplotlib.pyplot as plt
9 from mpl_toolkits.mplot3d import Axes3D
10 plt.rcParams['font.sans-serif']=['SimHei']
11 plt.rcParams['axes.unicode_minus']=False
12 ax = plt.figure(figsize=(8, 8)).add_subplot(111, projection = '3d')
13 ax.scatter(x['地下室面积'], x['套内面积'], x['车库面积'], color='b',
   marker='o')
14 ax.set_xlabel('地下室面积')
15 ax.set_ylabel('套内面积')
16 ax.set_zlabel('车库面积')
17 plt.show()
```

源程序 7.68　读取房屋数据并绘制散点图

运行源程序 7.68，得到的 3D 散点图如图 7.49 所示。

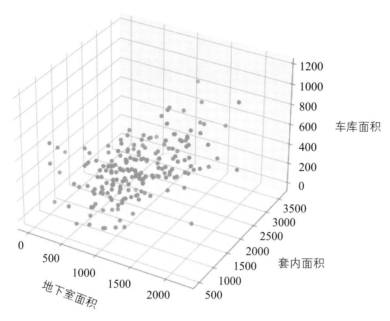

图 7.49 房屋数据 3D 散点图

（2）选择最优 K 值。源程序 7.69 用于计算不同 K 值时的 WWS 值，并进行绘图。

```
1 from sklearn.cluster import K-Means
2 #计算 k=1, 2, …, 10 时的 WWS 值
3 k=[]
4 wws=[]
5 for i in range(1,11):
6     k-means=K-Means(n_clusters=i, random_state=0)
7     cls=k-means.fit(x)
8     k.append(i)
9     wws.append(cls.inertia_)    #WWS 值
10 #绘图
11 plt.rcParams['font.sans-serif']=['SimHei']
12 plt.rcParams['axes.unicode_minus']=False
13 plt.plot(k, wws,'gx-')
14 plt.xlabel('簇的个数 K')
15 plt.ylabel('WWS')
16 plt.show()
```

源程序 7.69 确定最优 K 值

源程序 7.69 的运行结果如图 7.50 所示。由该图可知，K 取 3 或 4 应为最优选择。

大
数
据
应
用
基
础
教
程

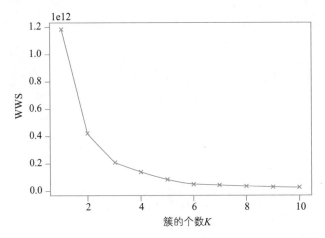

图 7.50　利用 WWS 值确定最佳 K 值

（3）指定 K 值进行聚类。源程序 7.70 分别指定 $K=3$ 和 $K=4$ 进行 K-means 聚类，并将聚类后的 3D 效果使用散点图的形式进行可视化。

```
1  plt.figure(figsize=(8,15))
2  #K-means 聚类 K=3
3  kmeans_3=KMeans(n_clusters=3).fit(x)  # 聚类
4  label_pred=kmeans_3.labels_  # 获取聚类标签
5  cluster_centers=kmeans_3.cluster_centers_   # 获取聚类中心
6  x0=x[label_pred==0]
7  x1=x[label_pred==1]
8  x2=x[label_pred==2]
9  ax1=plt.subplot(211,projection='3d')
10 ax1.scatter(x0['地下室面积'],x0['套内面积'],x0['车库面积'],c='blue',
   marker='s',label='第一类',s=80)
11 ax1.scatter(x1['地下室面积'],x1['套内面积'],x1['车库面积'],c='green',
   marker='2',label='第二类',s=80)
12 ax1.scatter(x2['地下室面积'],x2['套内面积'],x2['车库面积'],c='purple',
   marker='*',label='第三类',s=80)
13 ax1.scatter(cluster_centers[:,0],cluster_centers[:,1],cluster_
   centers[:,2], marker='o',c='white',
          edgecolors=['black'],s=300,linewidths=4)
14 ax1.set_xlabel('地下室面积')
15 ax1.set_ylabel('套内面积')
16 ax1.set_zlabel('车库面积')
17 ax1.set_title('K=3')
18 ax1.legend(loc='best')
19 #K-means 聚类 K=4
20 kmeans_4=KMeans(n_clusters=4).fit(x)  # 聚类
21 label_pred=kmeans_4.labels_  # 获取聚类标签
22 cluster_centers=kmeans_4.cluster_centers_   # 获取聚类中心
23 x0=x[label_pred==0]
24 x1=x[label_pred==1]
25 x2=x[label_pred==2]
26 x3=x[label_pred==3]
27 ax2=plt.subplot(212,projection='3d')
```

源程序 7.70　K-means 聚类

```
28 ax2.scatter(x0['地下室面积'],x0['套内面积'],x0['车库面积'], c='blue',
   marker='s', label=' 第一类 ',s=100)
29 ax2.scatter(x1['地下室面积'],x1['套内面积'],x1['车库面积'], c='green',
   marker='2', label=' 第二类 ',s=60)
30 ax2.scatter(x2['地下室面积'],x2['套内面积'],x2['车库面积'], c='purple',
   marker='*', label=' 第三类 ',s=120)
31 ax2.scatter(x3['地下室面积'],x3['套内面积'],x3['车库面积'], c='grey',
   marker='^', label=' 第四类 ',s=80)
32 ax2.scatter(cluster_centers[:,0], cluster_centers[:,1], cluster_
   centers[:,2], cluster_centers[:,3],  marker='o',
           c='white',edgecolors=['black'],s=300,linewidths=4)
33 ax2.set_xlabel('地下室面积')
34 ax2.set_ylabel('套内面积')
35 ax2.set_zlabel('车库面积')
36 ax2.set_title('K=4')
37 ax2.legend(loc='best')
38 plt.show()
```

源程序 7.70 K-means 聚类（续）

运行源程序 7.70，可以根据"地下室面积""套内面积""车库面积"3 个特征变量的值，将房屋分别聚成三个类别（K=3）和四个类别（K=4）。图 7.51 所示的聚类结果中的空心圆形表示类别的中心位置。

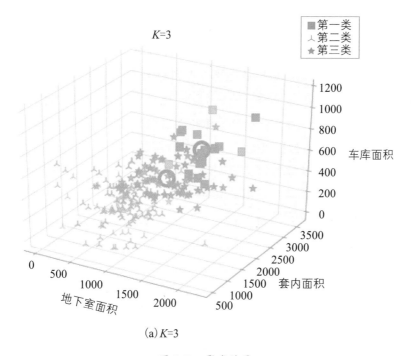

(a) K=3

图 7.51 聚类结果

275

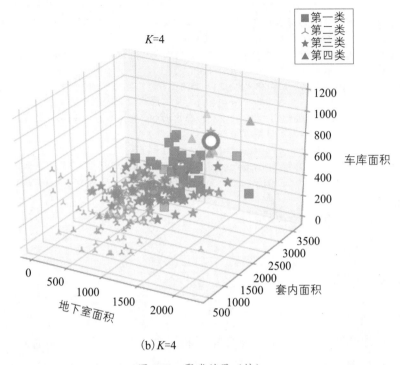

(b) $K=4$

图 7.51 聚类结果（续）

7.5 文本分析

在互联网高度发达的今天，文本形式的信息正以爆炸式的速度增长，人们每时每刻都在面临着海量文本数据，包括从电子邮件到 QQ、微博、微信等社交媒体和软件上的各种社交信息，以及在线问答、在线学习、电子病历等更广阔的社会场景中的各种文本信息。人们正在得到比传统结构化数据更多的文本和非结构数据，这些数据不能忽视。表 7.6 所示为文本分析可能需要处理的一些数据源和数据格式示例。

文本分析是指通过对文本数据进行表示、处理和建模来获得有用见解的过程，即在大量的文本集合中发现某种关系和有趣的模式。以经营某手机产品的公司 A 为例，该公司可以利用社交媒体（如微博、微信、淘宝商城、京东商城等）抓取有关其手机产品的言论，通过文本分析获取以下问题的答案：人们有没有经常提到 A 公司的手机产品？人们对 A 公司手机产品的评价是好是坏？如果人们觉得手机不好，是抱怨其电池续航不够，还是其反应速度太慢？

表 7.6　用于文本分析的数据源和数据格式示例

数 据 源	数 据 格 式	数据结构类型
新闻文章	TXT、HTML 或扫描的 PDF	非结构化
文学作品	TXT、DOC、HTML 或 PDF	非结构化
电子邮件	TXT、MSG 或 EML	非结构化

数 据 源	数 据 格 式	数据结构类型
网页	HTML	半结构化
服务器日志	LOG 或 TXT	半结构化
社交网站 API	XML、JSON 或 RSS	半结构化

7.5.1 文本分析的基本步骤

文本分析的难度一是在于文本的非结构化形式，需要将其结构化后才能进行分析（中文文本的结构化过程比英文复杂）；二是文本数据的高维度性和复杂度，需要针对文本数据中的每一个单词[①]将其建模为一个计数或特征的向量。上万不同单词的文本数据就对应上万的维度，这直接影响文本分析任务的复杂度。在进行文本分析时，通常包括三个重要步骤：句法分析、搜索和检索、文本挖掘。

（1）句法分析。句法分析（parsing）是指处理非结构化文本，使其具有一定结构的过程。句法分析将文本进行解构，然后以一种更为结构化的方式来呈现它，以供后续步骤使用。一般来说，非结构化数据本身并没有被分析，而是在其应用某结构之后分析的，只有极少数的分析过程直接在非结构化形式的数据中进行分析和推理。对英文文本而言，每个英文单词之间采用空格区分，较容易识别文本中包含的单词及词性；对中文文本而言，词语之间没有分隔符，需要根据语境识别文本中的短语语块，将文本划分为单词的组合，这给中文文本分析带来了挑战。

（2）搜索和检索。搜索和检索（search and retrieval）是指在文本数据中识别包含特殊单词、短语、主题或实体（如人或组织）等搜索项的文档。这些搜索项通常称为关键术语（key term）。

（3）文本挖掘。文本挖掘（text mining）使用前两步产生的术语和索引来发现与感兴趣领域或问题相关的有意义的见解，可利用来自各个研究领域的方法和技术，如统计分析、信息检索、数据挖掘、自然语言处理等。例如，可利用分类算法对文本进行分类，判断文本中的情感为正向情感还是负向情感，解析出文本中所表达的情绪和态度。

在现实中，文本分析不一定都包含这三个步骤，这三个步骤也不一定是按顺序进行的，要看实际文本分析的任务和目的。

7.5.2 文本分析的基本概念

（1）词语分词。分词（tokenization）就是将文本划分为词语的过程，一般是进行文本分析的起始步骤。这个过程对于英文来讲是较为容易的，一般以空格和标点符号为依据，就可以将所有的词语分隔开来。但对于中文文本而言，所有的词语连接在

[①] 本节中的"单词"不区分中英文，其中英文单词是指单个词，中文"单词"是指对中文文本进行分词后的结果。

一起，计算机并不知道一个字是应该与其前后的字连成词语，还是应该自己形成一个词语。因此，需要借助额外的手段将文本中的词语分隔开，这称为中文分词。

（2）停用词。停用词（stopword）是指文本中包含信息很少、使用频率又很高的词，如英文的"the""it""is""as"，中文的"的""也""了"等。停用词对文本分析意义不大，通常需要将这些词去掉，减少文本分析量，以便能更好地从剩下的词语中提取出有效信息和特征。

（3）词性标注。词性标注或 POS-Tagging（part of speech tagging）是指为词语标注词性的过程，以建立词语与词性之间的关系。

（4）词干提取。词干提取（stemming）是指将词语的各种变化形式进行归约，并提取它们的核心概念，一般用于英文文本分析。如，is、be、are 和 am 背后的概念是一样的，go 和 goes、table 和 tables 背后的概念也是一样的。对每个词语推导其根概念的操作称之为词干提取。通过提取词干，可以将同一概念的多个词用同一个词干表示，从而达到减少词语数量的效果。

（5）词频。词频是指一个词语出现的频率，它等于这个词语在文本中出现的次数与这个文本中词语总数的商。词频越高，代表该词语越重要。对词语进行词频统计可以更好地解读文本。

7.5.3　文本分析案例

Python 有很多工具包可用于处理文本数据，其中最强大最完整的工具库是 NLTK（Natural Language Tool Kit，自然语言处理工具库），其官方网站是 http://www.nltk.org/nltk_data/。本节将分别以一段英文和中文为例，演示利用 Python NLTK 进行简单文本分析的过程。作为入门型教材，本书并未涉及基于复杂算法的文本挖掘，但可以将同学们引入文本分析的研究领域，有助于同学们理解和自学基于复杂算法的文本挖掘技术。

1. 英文案例

本节以一段英文文本"The coolest job in the next 10 years will be statisticians. People think I'm joking, but who would've guessed that computer engineers would've been the coolest job of the 1990s？"为例，对其进行词语分词、去除停用词、标注词性、提取词干和统计词频。在文本分析之前，首先利用"pip install nltk"安装 NLTK 工具包，然后利用 nltk. download() 下载其中的数据资源包。

（1）词语分词。源程序 7.71 用于导入 NLTK 包 [1]，利用 nltk.word_tokenize() 命令进行词语分词，并对比 nltk 分词与直接用空格分词的结果差别。

---

[1]　当执行以上命令或其他 NLTK 包的调用时，如果出现错误提示"Resource' tokenizers/punkt' not found."，只需要执行 nltk.download('punkt') 命令，程序就会自动下载相关包。

```
1 import nltk
2 my_text='The coolest job in the next 10 years will be statisticians.
  People think I\'m joking, but who would\'ve guessed that computer
  engineers would\'ve been the coolest job of the 1990s?'
3 nltk_tokens=nltk.word_tokenize(my_text)
4 print('nltk 分词结果: \n', nltk_tokens)
5 simple_tokens=my_text.split(' ')
6 print(' 以空格直接分词的结果: \n', simple_tokens)
```

源程序 7.71　英文词语分词

运行源程序 7.71，结果如图 7.52 所示，发现利用 NLTK 进行分词的质量更好一些。

```
nltk分词结果:
 ['The', 'coolest', 'job', 'in', 'the', 'next', '10', 'years', 'will', 'be', 'statisti
cians', '.', 'People', 'think', 'I', "'m", 'joking', ',', 'but', 'who', 'would', "'ve"
, 'guessed', 'that', 'computer', 'engineers', 'would', "'ve", 'been', 'the', 'coolest'
, 'job', 'of', 'the', '1990s', '?']
以空格直接分词的结果:
 ['The', 'coolest', 'job', 'in', 'the', 'next', '10', 'years', 'will', 'be', 'statisti
cians.', 'People', 'think', "I'm", 'joking,', 'but', 'who', "would've", 'guessed', 'th
at', 'computer', 'engineers', "would've", 'been', 'the', 'coolest', 'job', 'of', 'the'
, '1990s?']
```

图 7.52　英文分词结果

（2）去除停用词。NLTK 包自带一些语言的停用词列表，如英语、德语、法语、西班牙语等，可以通过命令 stopwords.words() 查看这些停用词。图 7.53 为英语的停用词列表。

```
['i', 'me', 'my', 'myself', 'we', 'our', 'ours', 'ourselves', 'you', "you're", "you've
", "you'll", "you'd", 'your', 'yours', 'yourself', 'yourselves', 'he', 'him', 'his', '
himself', 'she', "she's", 'her', 'hers', 'herself', 'it', "it's", 'its', 'itself', 'th
ey', 'them', 'their', 'theirs', 'themselves', 'what', 'which', 'who', 'whom', 'this', '
that', "that'll", 'these', 'those', 'am', 'is', 'are', 'was', 'were', 'be', 'been', '
being', 'have', 'has', 'had', 'having', 'do', 'does', 'did', 'doing', 'a', 'an', 'the'
, 'and', 'but', 'if', 'or', 'because', 'as', 'until', 'while', 'of', 'at', 'by', 'for'
, 'with', 'about', 'against', 'between', 'into', 'through', 'during', 'before', 'after'
, 'above', 'below', 'to', 'from', 'up', 'down', 'in', 'out', 'on', 'off', 'over', 'un
der', 'again', 'further', 'then', 'once', 'here', 'there', 'when', 'where', 'why', 'ho
w', 'all', 'any', 'both', 'each', 'few', 'more', 'most', 'other', 'some', 'such', 'no'
, 'nor', 'not', 'only', 'own', 'same', 'so', 'than', 'too', 'very', 's', 't', 'can', '
will', 'just', 'don', "don't", 'should', "should've", 'now', 'd', 'll', 'm', 'o', 're'
, 've', 'y', 'ain', 'aren', "aren't", 'couldn', "couldn't", 'didn', "didn't", 'doesn',
"doesn't", 'hadn', "hadn't", 'hasn', "hasn't", 'haven', "haven't", 'isn', "isn't", 'ma
', 'mightn', "mightn't", 'mustn', "mustn't", 'needn', "needn't", 'shan', "shan't", 'sh
ouldn', "shouldn't", 'wasn', "wasn't", 'weren', "weren't", 'won', "won't", 'wouldn', "
wouldn't"]
```

图 7.53　英语停用词

源程序 7.72[①] 用于对上一步的分词结果进行停用词去除。

```
1 from nltk.corpus import stopwords
2 #nltk.download('stopwords')
3 print(stopwords.words('english'))
4 filtered_words=[word for word in nltk_tokens if word not in
  stopwords.words('english')]
5 print(filtered_words)
```

源程序 7.72　去除停用词

---

① 执行程序时，如果出现错误提示 Resource stopwords not found，只需要执行 nltk.download ('stopwords')
命令，程序就会自动下载相关资源包。

运行源程序 7.72，结果如图 7.54 所示。

```
['The', 'coolest', 'job', 'next', '10', 'years', 'statisticians', '.', 'People', 'think',
'I', "'m", 'joking', ',', 'would', "'ve", 'guessed', 'computer', 'engineers', 'would',
"'ve", 'coolest', 'job', '1990s', '?']
```

图 7.54　去除停用词后的结果

（3）标注词性。源程序 7.73[①] 利用 nltk.pos_tag() 命令对去除停用词后的文本结果进行词性标注，这样就能知道句子中哪些词是动词，哪些词是形容词，哪些词是名词了。表 7.7 列举了 nltk 包中的词性缩写及其内涵。此外，源程序 7.73 还可以统计其中名词的个数。

```
1 #nltk.download('averaged_perceptron_tagger')
2 tag_words=nltk.pos_tag(filtered_words)
3 print(tag_words)
4 #统计名词的个数
5 Noun_no=0
6 for word, tags in tag_words:
7     if tags=='NN'or tags=='NNS':
8         Noun_no=Noun_no+1
9 print('名词个数: ', Noun_no)
```

源程序 7.73　标注词性并统计名词个数

运行源程序 7.73，结果如图 7.55 所示。

```
[('The', 'DT'), ('coolest', 'JJS'), ('job', 'NN'), ('next', 'JJ'), ('10', 'CD'), ('yea
rs', 'NNS'), ('statisticians', 'VBZ'), ('.', '.'), ('People', 'NNS'), ('think', 'VBP')
, ('I', 'PRP'), ("'m", 'VBP'), ('joking', 'VBG'), (',', ','), ('would', 'MD'), ("'ve",
'VBP'), ('guessed', 'VBN'), ('computer', 'NN'), ('engineers', 'NNS'), ('would', 'MD'),
("'ve", 'VBP'), ('coolest', 'VB'), ('job', 'NN'), ('1990s', 'CD'), ('?', '.')]
名词个数: 6
```

图 7.55　标注词性并统计名词个数

表 7.7　词性缩写及内涵

缩　　写	内　　涵	词　　性	举　　例
CC	coordinating conjunction	并列连词	and, or
CD	cardinal digit	基数	one, two, three
DT	determiner	限定词	the, some, my
EX	existentialthere	存在句	there is
FW	foreignword	外来语	
IN	preposition/subordinating	介词 / 从属连词	in, upon
JJ	adjective	形容词	big
JJR	adjective, comparative	比较级形式	bigger
JJS	adjective, superlative	最高级	biggest

---

① 执行程序时，如果出现错误提示 Resource averaged_perceptron_tagger not found，只需要执行 nltk. download ('averaged_perceptron_tagger') 命令，程序就会自动下载相关资源包。

缩　写	内　涵	词　性	举　例
LS	list maker	列表	1)
MD	modal	情态动词	could, will
NN	noun, singular	名词单数形式	desk
NNS	noun, plural	名词复数形式	desks
NNP	proper noun, singular	专有名词单数形式	American
NNPS	proper noun, plural	专有名词复数形式	Americans
PDT	predeterminer	前位限定词	'all the kids' 中的 all
POS	possessive ending	属有词 's	parent's
PRP	personal pronoun	人称代词	I, He
PRP$	possessive pronoun	物主代词	My, His
RB	adverb	副词	much
RBR	adverb, comparative	副词比较级	more
RBS	adverb, superlative	副词最高级	most
RP	particle	与动词构成短语的副词或介词	'give up' 中的 up
TO	to	to	to
UH	interjection	感叹词	wow
VB	verb, base form	动词	take
VBD	verb, past tense	动词过去式	took
VBG	verb, present participle	现在分词	taking
VBN	verb, past participle	过去分词	taken
VBP	verb, sing. present	动词现在	take
VBZ	verb, 3rd person sing	动词 第三人称	takes
WDT	wh-determiner	wh 限定词	which
WP	wh-pronoun	wh 代词	who, what
WP$	possessive wh-pronoun	wh 所有格	whose
WRB	wh-abverb	wh 副词	when, where

（4）提取词干。NLTK 包中有好几种提取词干的方法，如 Lancaster、Snowball、Porter。在本例中使用了基于 Lancaster 的词干提取算法，它是最强大最新的算法之一。源程序 7.74 用于对之前的词语进行词干提取。

```
1 from nltk import stem
2 stemmer=stem.LancasterStemmer()
3 stem_words=[stemmer.stem(word) for word in filtered_words]
4 print(stem_words)
```

源程序 7.74　提取词干

运行源程序 7.74，得到的结果如图 7.56 所示，检查结果发现所有词语都变成了小写，部分词语变成了相应的词根，如"statistician"变成了"stat"。

```
['the', 'coolest', 'job', 'next', '10', 'year', 'stat', '.', 'peopl', 'think', 'i', "'m",
'jok', ',', 'would', "'ve", 'guess', 'comput', 'engin', 'would', "'ve", 'coolest','job',
'1990s', '?']
```

图 7.56　提取词干后的结果

（5）统计词频。源程序 7.75 利用 nltk.FreDist() 命令对词语进行词频统计，得到词语在文本中的出现次数。词频代表该词语的重要程度，对解读文本内涵具有重要作用。

```
1 from nltk import FreqDist
2 freq=FreqDist(stem_words)
3 for f in freq:
4     print(f,':', freq[f])
```

源程序 7.75　统计词频

运行源程序 7.75，得到的结果如图 7.57 所示。其中，'coolest'、'job'、'would'、've'出现了两次，基本能概括该段文本的核心。

2. 中文案例

本节以《人民日报》2022 年 6 月 26 日的一篇新闻报道为例，对其进行词语分词、去除停用词、统计词频，并绘制词云图。该新闻标题为《探索自然 成长成才》，是一篇关于参加第二次青藏科考的青年科技工作者的报道，网址为 http://paper.people.com.cn/rmrb/html/2022-06/26/nw.D110000renmrb_20220626_1-05.htm。将该报道的文字复制后创建一个 txt 文档，命名为 E0776.txt，供案例分析用。

```
coolest : 2
job : 2
would : 2
've : 2
the : 1
next : 1
10 : 1
year : 1
stat : 1
. : 1
peopl : 1
think : 1
i : 1
'm : 1
jok : 1
, : 1
guess : 1
comput : 1
engin : 1
1990s : 1
? : 1
```

图 7.57　词频统计结果

（1）词语分词。Python NLTK 工具库不支持中文分词，jieba 是目前常用的中文分词工具包。如果 Python 环境中还没有安装 jieba 库，先利用命令"pip install jieba"进行安装。源程序 7.76 利用命令 jieba.lcut() 对新闻报道进行词语分词，得到分词之后的词语列表。

```
1 import jieba
2 corpus=open('E0776.txt','r',encoding='utf-8')  # 参数为文件路径
3 words=jieba.lcut(corpus.read())
4 print(words[:50])
```

源程序 7.76　中文词语分词

运行源程序 7.76，得到了前 50 个词语，如图 7.58 所示。

['参加', '第二次', '青藏', '科考', '的', '青年', '科技', '工作者', '—', '—', '\n', '探索',
'自然', '', '成长', '成才', '（', '青春', '派', '）', '', '\n', '本报记者', '', '徐驭', '尧',
'\n', '《', '', '人民日报', '', '》', '（', '', '2022', '年', '06', '月', '26', '日', '
', '', '', '第', '', '05', '', '版', '）', '', '\n', '\n']

图 7.58　中文词语分词结果（前 50 个词语）

（2）去除停用词。Jieba 库并不自带停用词列表，需要自行建立。常用的中文停
用词列表有哈工大停用词表、四川大学机器智能实验室停用词表、百度停用词表，
此处选用哈工大停用词表（推荐下载地址为 https://gitee.com/cyys/chinese-stop-words-
list）。源程序 7.77 引入哈工大停用词表"E0777hit_stopwords.txt"，同时针对要分析
文本的特征添加了新的停用词，以创建更适合此类型文本分析的停用词表；然后检查
利用 jieba 库分好的词语是否存在停用词，如果存在，就去掉停用词。

```
1 def stopwordslist(filepath):
2     stopwords = [line.strip() for line in open(filepath,
 'r',encoding='utf-8').readlines()]
3     return stopwords
4 stopwords=stopwordslist('E0777hit_stopwords.txt') # 参数为文件路径
5 stopwords=stopwords+['\n',' ','\t','\u3000']
6 filtered_words=[]
7 for word in words:
8         if(word in stopwords):
9             continue
10        else:
11            filtered_words.append(word)
12 print(filtered_words[:50])
```

源程序 7.77　去除停用词

运行源程序 7.77，得到的结果如图 7.59 所示。

['参加', '第二次', '青藏', '科考', '青年', '科技', '工作者', '探索', '自然', '成长', '成才', '
青春', '派', '本报记者', '徐驭', '尧', '人民日报', '2022', '年', '06', '月', '26', '日', '0
5', '版', '图', '杨威', '珠峰', '东', '绒布', '冰川', '朗加', '确珠', '摄', '图', '吴晨', '
查阅', '资料', '本报记者', '徐驭', '尧', '摄', '图', '拉珠', '观察', '植物', '生长', '状况',
'本报记者', '徐驭']

图 7.59　去除停用词的结果（前 50 个词语）

（3）统计词频。源程序 7.78 利用 nltk.FreDist() 命令对词语进行词频统计，并绘
制词频统计图。

```
1 from nltk import FreqDist
2 import matplotlib.pyplot as plt
3 freq=FreqDist(filtered_words)
4 print(freq.most_common(20))   # 输出词频最高的 20 个词语
5 word_list=[w[0] for w in freq.most_common(20)]
6 freq_list=[w[1] for w in freq.most_common(20)]
7 # 为词频最高的 10 个词语绘制词频统计图
```

源程序 7.78　统计词频

```
 8 word_list=[w[0] for w in freq.most_common(20)[:10]]
 9 freq_list=[w[1] for w in freq.most_common(20)[:10]]
10 plt.rcParams['font.sans-serif']=['SimHei']    #设置可以显示中文字体
11 plt.rcParams['axes.unicode_minus']=False
12 plt.bar(word_list, freq_list, color='g', tick_label=word_list)
13 plt.xlabel("词语")
14 plt.ylabel("词频")
15 plt.title("词频柱形图")
16 plt.show()
```

源程序 7.78　统计词频（续）

运行源程序 7.78，得到的结果如图 7.60 和图 7.61 所示。

[('科考', 27), ('吴晨', 18), ('拉珠', 16), ('青藏高原', 16), ('杨威', 15), ('研究', 15), ('海拔', 12), ('冰川', 11), ('问题', 11), ('第二次', 10), ('队员', 10), ('说', 10), ('中', 10), ('青藏', 9), ('都', 9), ('监测', 9), ('过程', 9), ('探索', 8), ('年', 8), ('珠峰', 8)]

图 7.60　词频最高的 20 个词语

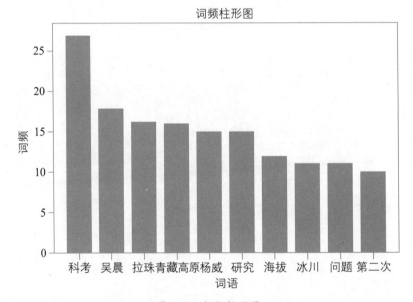

图 7.61　词频柱形图

图 7.62　词云图

（4）绘制词云图。Wordcloud 工具包可根据词频绘制词云图，采用可视化效果更好地展示文本内容。如果当前 Python 环境没有安装 wordcloud 包，先通过命令"pip install wordcloud"进行安装。一般情况下生成的词云图为正方形，词云图中文字的大小代表词频的高低，如图 7.62 所示。由图可知，这篇新闻报道的核心是对青藏高原的科考，其中吴晨、拉珠、杨威是其中重要的科考队员，海拔、冰川、监测等都是科考的要点。

此外，还可以自行设计词云图的形状，通过引入 PIL 库，可实现根据特定背景图生成相应形状词云的目的。PIL 全称为 Python Image Library，是 Python 用于图像处理的库，其中包含了常见的图像处理算法，其核心类型是 Image。源程序 7.79 利用 PIL 库打开一张"山"字形状的背景图"E0779.jpeg"，为词云图背景参数 mask 赋值。

```
1 import numpy as np
2 from PIL import Image
3 from wordcloud import WordCloud
4 mask = np.array(Image.open('E0779.jpeg'))
5 wc = WordCloud(mask=mask,
6                font_path='/System/Library/fonts/PingFang.ttc',
7                background_color='white',
8                contour_width=3,
9                contour_color='steelblue',
10               width=1000,
11               height=1000)
12 # 生成词频最高的前 20 个词语的词云图
13 wc.generate_from_frequencies(dict(freq.most_common(20)))
14 fig = plt.figure(figsize=(10, 10))
15 plt.imshow(wc)
16 plt.axis("off")
17 plt.show()
```

源程序 7.79　绘制词云图

运行源程序 7.79，可绘制出如图 7.63 所示的"山"字形词云图。

这里需要注意将源程序 7.79 第 6 行中 font_path 的值替换为期望词云图中显示的字体格式的本地路径。

图 7.63　"山"字型词云图

本章小结

　　本章介绍了数据分析的数学基础及回归、分类、聚类和文本分析的基本理论。回归是最基础的数据分析方法，主要用于预测输入变量（也称为自变量）和输出变量（也称为因变量）之间的关系。特别是，当输入变量的值发生变化时，输出变量的值随之发生变化。分类是把事物归属到它所属类别的过程，在生活中有着广泛应用。特征和分类器是分类中的重要概念。特征是根据事物自身的特点提取的某方面数字或属性，它可以用特征向量来表示。而分类器是从特征向量到类别的函数。与监督学习不同，无监督学习需要在没有标注信息的情况下完成对数据中规律的发掘。本章中学习的 K-means 算法作为一种最基本的无监督学习算法，可以在无标注的前提下对数据进行聚类。此外，本章还介绍了文本分析，学习了文本分析的基本理论，并分别以一段英文和中文为例，演示了利用工具库进行简单文本分析的过程。

习题

　　1. 逻辑回归与线性回归的区别与联系是什么？

　　2. 什么是回归？什么是分类？

　　3. 什么是最小二乘法？

　　4. 监督学习与无监督学习有何区别？请举例说明。

　　5. 分类与聚类的区别是什么？

　　6. 在回归分析使用的房价预测案例中，若数据集中存在异常数据，尝试分析哪些数据属于异常数据，并使用 Python 剔除这些异常数据后再进行线性回归分析，比较一下 R^2 是否有提升。

　　7. 使用 load_breast_cancer 载入 sklearn 自带的乳腺癌数据集，并尝试对该数据集进行 K-means 聚类分析。请注意：在该数据集中共包含 30 个特征变量，可以任意选择其中的两个特征变量进行分析。

　　8. 爬取微博热搜榜（https://s.weibo.com/top/summary?cate=realtimehot）的热搜关键词并保存为文本文件，对其进行分词、去除停用词和统计词频，并绘制词云图。

Fundamentals of Big Data
of Big Data
Application

大数据平台篇

第 **8** 章

Linux 操作系统基础

8.1 Linux 操作系统简介

8.1.1 操作系统

想象一下，一个房间和设备俱全但是没有服务团队的宾馆，客人能否使用宾馆的设施？答案是否定的。这样的宾馆连正常运转的能力都没有，更别说让客人使用了。客人需要在一个熟知服务规范的、相互配合的服务团队的支持下，才能顺便地办理入住、使用房间或公共区域的设施。如果客人是旅行团的一员，则会通过导游间接但更方便地使用宾馆提供的资源。

计算机由一组硬件（相当于没有服务团队的宾馆）组成，一般的用户（相当于需要住宿的客人）很难或者根本不能使用硬件资源。操作系统（operating system）是一组能够有效地管理硬件资源及相关活动的程序（相当于宾馆的服务团队）。如图 8.1 所示，用户通过命令接口和程序接口两种方式来使用操作系统，其中命令接口又分为图形命令接口和文本命令接口两种形式。用户使用命令接口时，直接通过操作系统访问计算机硬件，相当于客人自行直接住宿；用户使用程序接口访问时，过程则是"用户→应用程序→操作系统→计算机硬件"，相当于客户通过旅行社导游、再通过宾馆

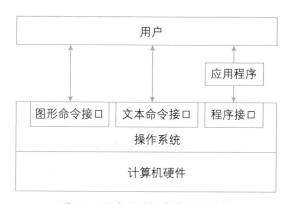

图 8.1 用户使用操作系统的方式

服务团队使用宾馆。

换句话说，操作系统是管理与计算机关联的所有软件和硬件资源的软件。此外，它还管理软件和硬件之间的通信。没有操作系统，其他软件也无法运行。

Microsoft Windows 是美国微软公司以图形用户界面为基础研发的操作系统，是全球应用最广泛的商业操作系统之一。在安装有 Windows 10 的计算机中，如果想删除文件 Resume.txt，至少有三种方式。

（1）图形命令接口方式：如图 8.2（a）所示，在"文件资源管理"中，右键单击 Resume.txt 文件，选择"删除"功能。

（2）文本命令接口方式：如图 8.2（b）所示，在命令行窗口中，使用"del"命令删除 Resume.txt 文件。

（3）程序接口方式：如图 8.2（c）所示，用户在一款应用软件中删除 Resume.txt 文件。

无论哪一种方式，都是最终使用操作系统提供的文件删除功能来移除设备中的 Resume.txt 文件。

图 8.2　Windows 10 系统下删除文件的三种方式

8.1.2　Linux 操作系统

Linux 是一套自由的、免费的、源代码开放的类 UNIX[①] 操作系统，是开源软件的典范之一。Linux 内核由芬兰科学家 Linus Benedict Torvalds 在 1991 年开发成功，它一经出现，就吸引了众多的使用者。

1. 什么是 Linux

Linux 是多用户、多任务、支持多线程和多 CPU 的操作系统，继承了 UNIX 以网络为核心的设计思想，性能十分稳定。Linux 存在许多不同的版本，但它们都使用了

---

① UNIX 操作系统是一个强大的、多用户、多任务的操作系统。该软件属于商业软件，且不能在个人计算上运行。

Linux 内核。Linux 可安装在各种计算机硬件设备中，如手机（Android 是基于 Linux 内核的操作系统）、平板电脑、路由器、视频游戏控制台、台式计算机、大型机和超级计算机等。

2. Linux 系统的产生

1984 年，Richard M. Stallman 创办 GNU 计划和自由软件基金会，旨在开发一个类似 UNIX 但不包含著作权的完整操作系统，即 GNU 系统。到 20 世纪 90 年代初，GNU 项目已经开发出许多高质量的免费软件，其中包括 Emacs 编辑系统、Bash Shell 程序、GCC 系列编译程序和 GDB 调试程序等。这些软件为 Linux 操作系统的开发创造了一个合适的环境，是 Linux 能够诞生的基础之一，至今仍有许多人将 Linux 操作系统称为"GNU/Linux"操作系统。

1987 年，美国著名计算机教授 Andrew S. Tanenbaum 为了方便教学开发了 Minix 操作系统。1991 年初，Linus Benedict Torvalds 开始在一台 386 SX 兼容微机上学习 Minix 操作系统，并尝试将 GNU 的软件（GCC、BASH、GDB 等）移植到该系统上。同年 4 月 13 日，他成功地将 Bash 移植到了 Minix 上。10 月 5 日，Linus 正式宣布 Linux 内核系统诞生。1994 年 3 月，Linux 1.0 发布。从那时起，Linux 逐渐成为完善、稳定的操作系统，并被广泛使用。

3. Linux 系统的组成

Linux 系统有内核、Shell、文件系统和应用程序等四个主要部分。内核、Shell 和文件系统一起组成了操作系统的基本结构，使用户可以运行程序、管理文件并使用计算机系统。

（1）Linux 内核。Linux 内核是系统的"心脏"，是运行程序和管理磁盘等硬件设备的核心程序，如虚拟内存、多任务、共享库、可执行程序和 TCP/IP 网络功能等。Linux 内核的模块分为存储管理、进程管理、文件系统、设备管理、网络通信、系统的初始化和系统调用等几个部分。

（2）Linux Shell。Shell 是操作系统的用户界面，它为用户提供了与内核进行交互操作的接口。它接收用户输入的命令，并对其进行解释，最后送入内核去执行。用户也可以使用 Shell 编程语言编写程序，这些 Shell 程序与用其他程序设计语言编写的应用程序具有相同的效果。目前主要有下列版本的 Shell。

① Bourne Shell：由贝尔实验室开发，是 UNIX 最初使用的 Shell，在 Shell 编程方面相当优秀。

② BASH：是 GNU 操作系统上默认的用户界面，可以提供命令编辑、命令历史表等功能，还包含了许多 C Shell 和 Korn Shell 的优点，有灵活强大的编程接口，同时又有友好的用户界面。

③ Korn Shell：是基于 Bourne Shell 发展起来的，与 Bourne Shell 在大部分内容上兼容，支持任务控制，可以在命令行上挂起、后台执行、唤醒或终止程序。

④ C Shell：是 SUN 公司 Shell 的 BSD 版本，语法与 C 语言很相似。

Shell 中的命令分为内部命令和外部命令。内部命令包含在 Shell 中，如 cd、exit 等；外部命令像文件一样存在于文件系统的某个目录下，如 cp、ls 等。另外需要注意的是，Linux 的 Shell 命令是对大小写敏感的，大多数都使用小写。例如，可以用 ls 来列出目录内容，用 date 来查询时间，用 who 来查询哪些用户在使用本计算机。

（3）Linux 文件系统。文件系统是文件存放在磁盘等存储设备上的组织方式。Linux 的文件系统呈树型结构，同时它能通过 VFS（virtual file system，虚拟文件系统）支持目前流行的文件系统，如：EXT2、EXT3、EXT4、FAT、VFAT、NFS 等。EXT2 是专门为 Linux 设计的文件系统，效率高而且应用广泛。EXT3 在 EXT2 基础上增加了日志管理。

Linux 系统通过文件系统对软硬件资源进行管理，文件可以划分为目录文件（简称目录）和普通文件（简称文件）。一个文件系统的好坏主要体现在对文件和目录的组织上。目录提供了管理文件的一个方便而有效的途径。用户能够从一个目录切换到另一个目录，而且可以设置目录和文件的权限以及文件的共享程度，以便允许或拒绝其他人对其进行访问。用户可以浏览整个系统，可以进入任何一个已授权进入的目录，并访问其中的文件。文件结构的相互关联性使共享数据变得容易，多个用户可以访问同一个文件。Linux 操作系统本身的驻留程序存放在以根目录开始的专用目录中。

（4）Linux 应用程序。同 Windows 操作系统一样，Linux 系统也有一系列应用程序，包括文本编辑器、编程语言、办公软件、浏览器、实时通信软件、电子邮件客户端、多媒体编辑软件和数据库等。

4. Linux 应用

作为一套开放程序源代码并可以自由传播的类 UNIX 操作系统软件，Linux 已经在各个领域得到了广泛应用。

（1）服务器。Linux 系统可以作为 WWW 服务器、数据库服务器、负载均衡服务器、邮件服务器、DNS（domain name system，域名系统）服务器、代理服务器的操作系统。大型、超大型互联网企业（如腾讯、淘宝、百度、新浪等）都在使用 Linux 作为其服务器端的操作系统。

（2）嵌入式系统。Linux 系统支持各种微处理器体系结构、硬件设备和通信协议。在嵌入式应用领域，从因特网设备（如路由器、交换机、防火墙和负载均衡器等）到专用的控制系统（自动售货机、手机、PDA（personal digital assistant，掌上电脑）和各种家用电器等），Linux 操作系统都有很广泛的应用。如今，Linux 系统已经成功地跻身主流嵌入式开发平台。在智能手机领域，Android Linux 已经在开发平台中牢牢地占据了一席之地。

（3）个人桌面系统。个人桌面系统指用户使用的个人计算机的操作系统。与 Windows 10、macOS 一样，Linux 系统完全可以满足日常的办公及家用需求。

很多常用的软件都有在 Linux 上运行的版本，如浏览器 Mozilla Firefox、办公软件 OpenOffice、电子邮件 ThunderBird、实时通信软件 QQ、文本编辑器 Vi、Vim、Emac 等。

虽然 Linux 个人桌面系统的支持已经很广泛了，但是其当前的桌面操作系统市场份额还远远无法与 Windows 系统竞争，不过主要问题不在于 Linux 桌面系统产品本身，而在于用户的使用观念、操作习惯和应用技能，以及曾经在 Windows 上开发的软件的移植问题。

8.1.3 大数据平台基于 Linux 操作系统的原因

云计算和大数据的发展是以开源软件为基础的，其中 Linux 更是扮演了主导性角色。Hadoop 和 Spark 等分布式大数据集群都是构建在 Linux 操作系统之上的。Linux 成为大数据平台的主流操作系统的主要原因如下。

（1）节约成本。大数据服务器的架构都是基于集群的。如果采用收费的 Windows Server 或 UNIX，成本就会很高。Linux 在稳定性、安全性、操作方式上都接近 UNIX，但开源免费。任何人、任何组织只要遵守 GNU 通用公共许可证条款，就可以自由使用 Linux 源代码，这为用户提供了最大限度的自由。Linux 的开放架构使之具有极好的可伸缩性，在计算力需要提升时，可以对设备进行低成本的扩展，为大数据平台算力的"横向扩展"方法论提供了直接支持。

（2）安全性好。Linux 在安全性上与 UNIX 相似，远超 Windows Server。除了 "Linux 发行版本较多，难以集中攻击""Linux 代码开源，漏洞有多人解决"等原因外，Linux 的用户权限划分使系统风险显著降低。另外，Linux 系统采用模块化设计，即当不需要某个系统组件时，可以将该系统组件删除。Linux 系统被设计成一个多用户的操作系统，因此，即便是某个用户运行了恶意程序，它所带来的危害也是有限的。

（3）稳定性好。Linux 内核的高效和稳定已在各个领域内得到了大量的验证。Linux 服务器可以四五年不重启，而 Windows Server 上的一些系统补丁在安装后就会要求必须重启，会严重影响服务的稳定性。

（4）广泛的硬件支持。Linux 能支持 X86、ARM、MIPS 和 PowerPC 等多种体系结构的微处理器。目前已成功地移植到了数十种硬件平台上，几乎能运行在所有主流处理器上。由于世界范围内有众多开发者在为 Linux 的扩充贡献力量，所以 Linux 有着异常丰富的驱动程序资源，支持各种主流硬件和最新的硬件技术。

8.2 Linux 基本命令

8.2.1 目录与文件操作命令

在 Linux 系统中，所有的数据信息都组织成文件的形式，保存在具有层次结构的树形目录中。执行 Linux 命令，总是在某一目录下进行的，该目录称为当前工作目录，简称为当前目录。当用户刚刚登录到系统时，当前目录为该用户的主目录。例如，用户 luwff 的主目录为 /home/luwff。

当引用另一个文件或目录时，可以从当前目录来相对定位（给出相对路径），如 doc/file.c；也可以从根目录来绝对定位（给出绝对路径），如 /home/luwff/doc/file.c。在 Linux 中，目录名之间用"/"分隔，而不是用"\"（如 DOS 那样）。在 Linux 文件系统中，根目录是用"/"表示的，"."表示当前目录，".."表示当前目录的上一级目录。

1. ls

功能：用于列出指定目录的内容，是英文单词 list 的缩写。

语法：ls [参数] [目录或文件]

Linux 命令是区分大小写的，大多数命令都使用小写。Linux 命令常带有各种参数，参数前一般用"-"加字符串表示；参数可以组合使用。

ls 命令的具体使用如表 8.1 所示。

表 8.1　ls 命令

命 令 示 例	说　　明
ls	查看当前目录的内容，不包括隐藏文件
ls /etc	查看指定目录 /etc 的内容
ls -a	查看当前目录的内容，包括隐藏文件（以"."开头的文件和目录是隐藏的），还包括本级目录"."和上一级目录".."
ls -l	查看文件的长格式，包含属性详情信息
ls -t	按照修改时间排序
ls -s	按照文件的大小排序
ls -R	递归列出所有子目录

注：以普通用户名 luwff 登录名为 139-162-5-218 的主机时，当前工作目录为～，表示 /home/luwff 目录，提示符为 $。

ls 命令的运行情况如图 8.3 所示。

```
[luwff@139-162-5-218 ~]$  ls
me  text  text2
[luwff@139-162-5-218 ~]$  ls -a
.   .bash_history  .bash_profile  .magic_string.txt  text
..  .bash_logout   .bashrc        me                 text2
[luwff@139-162-5-218 ~]$ ls -l
total 8
-rw-rw-r--. 1 luwff luwff  0 May  4 03:49 me
-rw-rw-r--. 1 luwff luwff 49 May  8 14:29 text
-rw-rw-r--. 1 luwff luwff 98 May  8 14:31 text2
[luwff@139-162-5-218 ~]$ ls -t
text2  text  me
[luwff@139-162-5-218 ~]$ ls -s
total 8
0 me  4 text  4 text2
[luwff@139-162-5-218 ~]$ ls -R
.:
me  text  text2
[luwff@139-162-5-218 ~]$
```

图 8.3　ls 命令的运行情况

2. cd

功能：用于将当前工作目录切换至指定目录，把希望进入的目录名称作为参数，从而在目录间进行切换；路径可以是绝对路径，也可以是相对路径；是英文词组 change directory 的缩写。

语法：cd [参数] [目录名]

cd 命令的具体使用如表 8.2 所示。

表 8.2　cd 命令

命 令 示 例	说　　明
cd /etc	切换当前工作目录至 /etc
cd /	切换至系统根目录
cd ..	切换至当前目录位置的上一级目录
cd ～	切换至当前用户目录
cd -	切换至上次访问的目录

cd 命令的运行情况如图 8.4 所示。

```
[luwff@139-162-5-218 ~]$ cd /etc
[luwff@139-162-5-218 etc]$ cd ..
[luwff@139-162-5-218 /]$ cd ~
[luwff@139-162-5-218 ~]$ cd /
[luwff@139-162-5-218 /]$ cd -
/home/luwff
[luwff@139-162-5-218 ~]$
```

图 8.4　cd 命令的运行情况

3. pwd

功能：显示用户当前工作目录的完整路径，即显示所在位置的绝对路径，是英文词组 print working directory 的缩写。在实际工作中，用户经常会在不同目录之间进行切换，可以使用 pwd 命令快速查看当前所处的工作目录路径。

语法：pwd

pwd 命令的运行情况如图 8.5 所示。

```
[luwff@139-162-5-218 ~]$ pwd
/home/luwff
[luwff@139-162-5-218 ~]$ cd /
[luwff@139-162-5-218 /]$ pwd
/
```

图 8.5　pwd 命令的运行情况

4. mkdir

功能：mkdir 命令用来创建指定名称的目录，但需要注意的是，若要创建的目标目录已经存在，则会提示目录已存在而不会覆盖已有目录，并且要求创建目录的用户在当前目录中应具有写权限。mkdir 是英文词组 make directories 的缩写。

语法：mkdir [参数] 目录名

参数"-p"表示递归操作，即依次创建目录，需要时创建目标目录的上级目录；
参数"-v"表示每次创建新目录时都显示详细执行过程。

mkdir 命令的具体使用如表 8.3 所示。

表 8.3　mkdir 命令

命 令 示 例	说　　明
mkdir–v bigdata	在当前目录下创建一个名为 bigdata 的子目录，并显示执行过程
mkdir –p bigdata/first	依次创建目录 bigdata、first；若上级目录 bigdata 不存在，则同时创建上级目录 bigdata
mkdir dir2 dir3	在当前工作目录下一次性创建多个目录

mkdir 命令的运行情况如图 8.6 所示。

```
[luwff@139-162-5-218 ~]$ mkdir bigdata
[luwff@139-162-5-218 ~]$  mkdir -p bigdata/first
[luwff@139-162-5-218 ~]$ mkdir dir2 dir3
[luwff@139-162-5-218 ~]$ ls -R
.:
bigdata  dir1  dir2  dir3  me  tools  tools2

./bigdata:
first

./bigdata/first:

./dir1:

./dir2:

./dir3:

./tools:

./tools2:
[luwff@139-162-5-218 ~]$ 
```

图 8.6　mkdir 命令的运行情况

5. rmdir

功能：rmdir 命令只能删除空目录。在操作系统中，有时会出现较多的空目录，可以使用目录删除命令 rmdir 将它们删除。

语法：rmdir [参数] [目录名称]

参数"-v"表示显示详细执行过程；

参数"-p"表示当子目录被删除后，若其父目录也为空目录，则将其一并删除。

rmdir 命令的具体使用如表 8.4 所示。

表 8.4　rmdir 命令

命 令 示 例	说　　明
rmdir -v dir2 dir3	删除空目录 dir2、dir3，并显示详细执行过程
rmdir–p bigdata/first	递归删除指定的目录。删除 first 目录后，bigdata 为空目录，故一并删除

rmdir 命令的运行情况如图 8.7 所示。

```
[luwff@139-162-5-218 ~]$ ls -R
.:
bigdata  dir1  dir2  me

./bigdata:
first

./bigdata/first:

./dir1:

./dir2:
[luwff@139-162-5-218 ~]$ rmdir -v dir1 dir2
rmdir: removing directory, 'dir1'
rmdir: removing directory, 'dir2'
[luwff@139-162-5-218 ~]$ rmdir -pv bigdata/first
rmdir: removing directory, 'bigdata/first'
rmdir: removing directory, 'bigdata'
[luwff@139-162-5-218 ~]$ ls -R
.:
me
[luwff@139-162-5-218 ~]$
```

图 8.7　rmdir 命令的运行情况

6. touch

功能：用于创建空文件及修改文件存取时间。如果文件不存在，则会自动创建一个空文件；如果文件已经存在，则会将文件的创建时间或修改时间修改为当前系统的时间。

语法：touch [参数] 文件名

touch 命令的具体使用如表 8.5 所示。

表 8.5　touch 命令

命 令 示 例	说　　明
touch f1 f2	创建空文件 f1、f2
touch –r me f1	将 f1 的文件日期时间更改为 me 文件的日期时间
touch –d "2022-05-08 17:50:30" f2	将 f2 文件日期时间更改为 "2022-05-08 15:51:30"

touch 命令的运行情况如图 8.8 所示。

```
[luwff@139-162-5-218 ~]$ touch f1 f2
[luwff@139-162-5-218 ~]$ touch -r me f1
[luwff@139-162-5-218 ~]$ touch -d "2022-05-08 17:50:30" f2
[luwff@139-162-5-218 ~]$ ls --full-time me f1 f2
-rw-rw-r--. 1 luwff luwff 0 2022-05-04 03:49:29.218864935 +0000 f1
-rw-rw-r--. 1 luwff luwff 0 2022-05-08 17:50:30.000000000 +0000 f2
-rw-rw-r--. 1 luwff luwff 0 2022-05-04 03:49:29.218864935 +0000 me
[luwff@139-162-5-218 ~]$
```

图 8.8　touch 命令的运行情况

7. rm

功能：用于删除文件或目录，一次可以删除多个文件，或递归删除目录及其内的所有子文件，是英文单词 remove 的缩写。用 rm 命令删除文件后不容易恢复，因此使用时要特别当心。

语法：rm [参数] 文件或目录

参数"-i"表示在删除前会有提示，需要确认；

参数"-f"表示强制删除；

参数"-r"表示递归删除目录及其内容。

rm 命令的具体使用如表 8.6 所示。

表 8.6　rm 命令

命 令 示 例	说　　明
rm -l f1.doc	删除 f1.doc 文件。系统执行前会先询问是否删除，输入 n 表示不删除，输入 y 表示删除
rm -i *.doc	删除所有".doc"文件，在删除前会有提示，需要确认
rm -ri bigdata	递归删除目录 bigdata 及其内容

rm 命令的运行情况如图 8.9 所示。

```
[luwff@139-162-5-218 ~]$ ls -R
.:
bigdata  f1.doc  f2.doc  f3.doc  me

./bigdata:
ff  snd

./bigdata/snd:
[luwff@139-162-5-218 ~]$ rm -i f1.doc
rm: remove regular empty file 'f1.doc'? y
[luwff@139-162-5-218 ~]$ rm -i *.doc
rm: remove regular empty file 'f2.doc'? y
rm: remove regular empty file 'f3.doc'? y
[luwff@139-162-5-218 ~]$ rm -ri bigdata
rm: descend into directory 'bigdata'? y
rm: remove regular empty file 'bigdata/ff'? y
rm: remove directory 'bigdata/snd'? y
rm: remove directory 'bigdata'? y
[luwff@139-162-5-218 ~]$ ls -R
.:
me
[luwff@139-162-5-218 ~]$
```

图 8.9　rm 命令的运行情况

8.2.2　文本过滤与处理

1. cat

功能：cat 命令用来连接文件并显示文件内容，也可以用于从标准输入设备读取数据到一个新的文件中，达到建立文件的目的。该命令适合查看内容较少的、纯文本格式的文件，是英文单词 concatenate 的缩写。对于内容较多的文件，使用 cat 命令查看后会在屏幕上快速滚屏，用户往往看不清所显示的具体内容。

语法：cat [参数] 文件

参数"-n"表示从 1 开始对所有输出的行数编号。

cat 命令的具体使用如表 8.7 所示。

表 8.7 cat 命令

命 令 示 例	说　　明
cat>text<<EOF	从键盘输入内容到文件 text 中。若 text 不存在，则创建 text 文件。遇到 EOF 退出编辑
cat>>text<<EOF	向 text 文件追加内容，遇到 EOF 退出编辑
cat –n text	查看文件 text 内容，由 1 开始对所有输出的行数编号
cat text>text2	将 text 的内容输出重定向到 text2；如果 text2 不存在，就新建 text2
cat text>>text2	将 text 的内容添加到 text2 的尾部；如果 text2 不存在，就新建 text2

cat 命令的运行情况如图 8.10 所示。

```
[luwff@139-162-5-218 ~]$ cat>text<<EOF
> It's raining!
> What a downpour!
> EOF
[luwff@139-162-5-218 ~]$ cat>>text<<EOF
> Yes or not?
> yes!
> EOF
[luwff@139-162-5-218 ~]$ cat -n text
     1  It's raining!
     2  What a downpour!
     3  Yes or not?
     4  yes!
[luwff@139-162-5-218 ~]$ cat text>text2
[luwff@139-162-5-218 ~]$ cat -n text2
     1  It's raining!
     2  What a downpour!
     3  Yes or not?
     4  yes!
[luwff@139-162-5-218 ~]$ cat text>>text2
[luwff@139-162-5-218 ~]$ cat -n text2
     1  It's raining!
     2  What a downpour!
     3  Yes or not?
     4  yes!
     5  It's raining!
     6  What a downpour!
     7  Yes or not?
     8  yes!
[luwff@139-162-5-218 ~]$ █
```

图 8.10 cat 命令的运行情况

2. more

功能：more 命令用于将内容较长的文件（不能在一屏显示完）进行分屏显示，在终端底部输出 "--More--" 及已经显示文本占全部文本的百分比，并且支持在显示时定位关键字。

如果文本文件中的内容较多，使用 cat 命令读取后很难看清，这时使用 more 命令进行分页查看就更加合适了，可以把文本内容一页一页地显示在终端界面上。用户每按一次 Enter 键即向下一行，每按一次空格即向下一页，直至看完为止。

语法：more [参数] [文件]

参数 "+num" 表示从第 num 行开始显示文件内容；

参数 "-num" 表示每屏只显示 num 行，即定义屏幕大小为 num 行。

more 命令的具体使用如表 8.8 所示。

表 8.8　more 命令

命令示例	说　　明
more text2	显示文件 text2 的内容
more +6 text2	从文件的第 6 行开始显示文件内容
more −6 text2	屏幕大小为 6 行，即每屏只显示 6 行

more 命令的运行情况如图 8.11 所示。

```
[luwff@139-162-5-218 ~]$ more text2
It's raining!
What a downpour!
Yes or not?
yes!
It's raining!
What a downpour!
Yes or not?
yes!
[luwff@139-162-5-218 ~]$ more +6 text2
What a downpour!
Yes or not?
yes!
[luwff@139-162-5-218 ~]$ more -6 text2
It's raining!
What a downpour!
Yes or not?
yes!
It's raining!
What a downpour!
--More--(82%)
```

图 8.11　more 命令的运行情况

8.2.3　Shell 输入输出命令

1. read

功能：一般使用 read 命令从标准输入设备中读取信息，用于给变量赋值。如果只指定了一个变量，那么 read 命令将会把所有的输入信息赋给该变量，直到遇到回车符或第一个文件结束符。当为多个变量赋值时，用空格作为多个变量之间的分隔符。

语法：read [参数]

read 命令的具体使用如表 8.9 所示。

表 8.9　read 命令

命令示例	说　　明
read name	通过用户的输入操作，给指定的变量 name 赋值
read -p "Input school：" school	给出提示信息，让用户进行输入操作，给指定的变量 school 赋值
read sex age	让用户进行输入操作，为两个变量 sex、age 赋值

read 命令的运行情况如图 8.12 所示。

```
[luwff@139-162-5-218 ~]$ read name
luwf
[luwff@139-162-5-218 ~]$ read -p "Input school:" school
Input school:sdjzu
[luwff@139-162-5-218 ~]$ read sex age
male 41
[luwff@139-162-5-218 ~]$ echo $name $school $sex $age
luwf sdjzu male 41
```

图 8.12　read 命令的运行情况

2. echo

功能：用于在终端设备上输出指定字符串或变量提取后的值。如需提取变量值，需在变量名称前加入 $ 符号。变量名称一般均为大写形式。

语法：echo [参数] 字符串 / 变量

echo 命令的具体使用如表 8.10 所示。

表 8.10　echo 命令

命 令 示 例	说　　明
echo Hello Linux	输出字符串 Hello Linux 到终端设备界面，默认为计算机屏幕
echo $PATH	输出 PATH 变量内容
echo -e"aaa\nbbb\nccc"	输出带有换行符 \n 的内容

echo 命令的运行情况如图 8.13 所示。

```
[luwff@139-162-5-218 ~]$ echo Hello Linux
Hello Linux
[luwff@139-162-5-218 ~]$ echo $PATH
/usr/local/bin:/bin:/usr/bin:/usr/local/sbin:/usr/sbin:/home/luwff/.local/bin:/home/lu
wff/bin
[luwff@139-162-5-218 ~]$ echo -e "aaa\nbbb\nccc"
aaa
bbb
ccc
[luwff@139-162-5-218 ~]$
```

图 8.13　echo 命令的运行情况

8.2.4　进程管理命令

Linux 是一个多用户、多任务操作系统。多任务是指可以同时执行多个任务，但是一般计算机只有一个 CPU，所以严格来说并不能同时执行多个任务。然而，由于 Linux 操作系统只分配给每个任务很短的运行时间片，例如 20 ms，而且可以快速地在多个任务之间进行切换，因而用户感觉是多个任务在同时执行。

在 Linux 系统中，任务就是进程，即正在执行的程序。进程在执行过程中需要使用 CPU、内存、文件、外部设备等计算机资源。由于 Linux 是多任务操作系统，可能会有多个进程同时使用同一个资源，因此操作系统需要跟踪所有的进程及其使用的系统资源，以便进行进程和资源的管理。

1. ps

功能：ps 命令用来显示当前系统的进程状态，使用 ps 命令可以查看进程的所有信息，例如进程标识号、发起者、系统资源使用占比（处理器与内存）、运行状态等，经常会与 kill 命令搭配使用来中断和删除不必要的服务进程，避免服务器的资源浪费。ps 是英文词组 process status 的缩写。

语法：ps [参数]

ps 命令的具体使用如表 8.11 所示。

表 8.11　ps 命令

命 令 示 例	说　　　明
ps	显示当前用户的进程
ps -u luwff	显示用户 luwff 的进程
ps -aux	显示系统全部进程的详细信息

ps 命令的运行情况如图 8.14 所示。

```
[luwff@139-162-5-218 ~]$ ps
  PID TTY          TIME CMD
17931 pts/4    00:00:00 bash
21864 pts/4    00:00:00 ps
[luwff@139-162-5-218 ~]$  ps -u luwff
  PID TTY          TIME CMD
17931 pts/4    00:00:00 bash
21983 pts/4    00:00:00 ps
[luwff@139-162-5-218 ~]$ ps -aux
USER        PID %CPU %MEM    VSZ   RSS TTY      STAT START   TIME COMMAND
Ramjira+   8594  0.0  0.0 115960  3996 pts/13   Ss+  14:25   0:00 -bash
spyker2+   8724  0.0  0.0 115692  3664 pts/7    Ss+  14:26   0:00 -bash
malyade+  13745  0.0  0.0 149560  7712 ?        S    May07   0:00 vim prg1.sh
pavansa+  16471  0.0  0.0 115824  3764 pts/0    Ss+  15:39   0:00 -bash
luwff     17931  0.0  0.0 115696  3688 pts/4    Ss   15:53   0:00 -bash
tazimoh+  18059  0.0  0.0 115692  3656 pts/10   Ss+  15:54   0:00 -sh
TummaSu+  18597  0.0  0.0 115692  3660 pts/12   Ss+  15:58   0:00 -bash
Anjanac+  19000  0.0  0.0 115828  3880 pts/5    Ss+  16:01   0:00 -bash
vhshars+  19247  0.0  0.0 115692  3708 pts/15   Ss+  16:03   0:00 -bash
manojnu+  20498  0.0  0.0 115696  3764 pts/9    Ss+  16:14   0:00 -bash
mikethr+  20622  0.0  0.0 115688  3688 pts/8    Ss+  16:15   0:00 -bash
jays0     21726  0.0  0.0 115696  3672 pts/6    Ss+  16:25   0:00 -bash
luwff     22045  0.0  0.0 155460  3924 pts/4    R+   16:28   0:00 ps -aux
AASHISH+  26776  0.0  0.0 115696  3692 pts/14   Ss+  12:17   0:00 -bash
[luwff@139-162-5-218 ~]$
```

图 8.14　ps 命令的运行情况

2. kill

当需要中断一个前台进程时，通常使用 Ctrl+C 快捷键。然而对于一个后台进程就不能使用组合键进行中断了。这时，既可以使用 service 或 systemctl 管理命令来结束服务，也可以使用 kill 命令直接结束进程。

功能：kill 命令用来终止后台进程。kill 命令是通过向进程发送指定的信号来结束进程的，默认使用信号为 15，用于结束进程。如果忽略此信号，则可以使用信号 9，强制杀死进程。

语法：kill [参数] [进程号]

参数"-1"用于显示信号名称列表。

kill 命令的具体使用如表 8.12 所示。

表 8.12 kill 命令

命 令 示 例	说　明
kill -1	显示系统支持的信号列表
kill -9 17931	终止 PID 为 17931 的 bash

kill 命令的运行情况如图 8.15 所示。

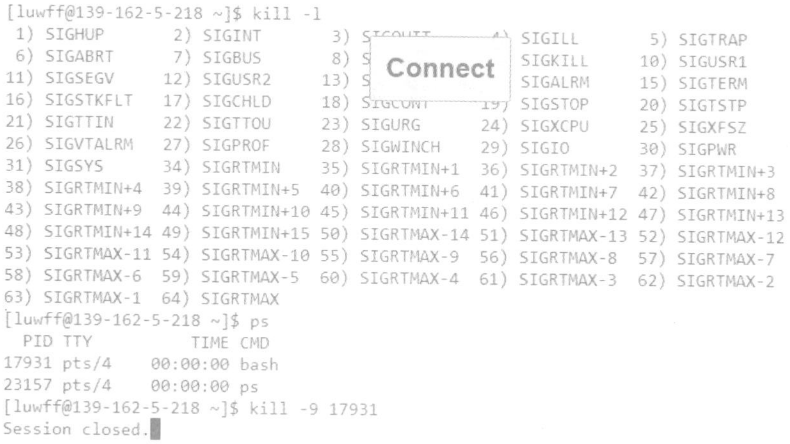

```
[luwff@139-162-5-218 ~]$ kill -l
 1) SIGHUP       2) SIGINT       3) SIGQUIT      4) SIGILL       5) SIGTRAP
 6) SIGABRT      7) SIGBUS       8) SIGFPE       9) SIGKILL     10) SIGUSR1
11) SIGSEGV     12) SIGUSR2     13) SIGPIPE     14) SIGALRM     15) SIGTERM
16) SIGSTKFLT   17) SIGCHLD     18) SIGCONT     19) SIGSTOP     20) SIGTSTP
21) SIGTTIN     22) SIGTTOU     23) SIGURG      24) SIGXCPU     25) SIGXFSZ
26) SIGVTALRM   27) SIGPROF     28) SIGWINCH    29) SIGIO       30) SIGPWR
31) SIGSYS      34) SIGRTMIN    35) SIGRTMIN+1  36) SIGRTMIN+2  37) SIGRTMIN+3
38) SIGRTMIN+4  39) SIGRTMIN+5  40) SIGRTMIN+6  41) SIGRTMIN+7  42) SIGRTMIN+8
43) SIGRTMIN+9  44) SIGRTMIN+10 45) SIGRTMIN+11 46) SIGRTMIN+12 47) SIGRTMIN+13
48) SIGRTMIN+14 49) SIGRTMIN+15 50) SIGRTMAX-14 51) SIGRTMAX-13 52) SIGRTMAX-12
53) SIGRTMAX-11 54) SIGRTMAX-10 55) SIGRTMAX-9  56) SIGRTMAX-8  57) SIGRTMAX-7
58) SIGRTMAX-6  59) SIGRTMAX-5  60) SIGRTMAX-4  61) SIGRTMAX-3  62) SIGRTMAX-2
63) SIGRTMAX-1  64) SIGRTMAX
[luwff@139-162-5-218 ~]$ ps
  PID TTY          TIME CMD
17931 pts/4    00:00:00 bash
23157 pts/4    00:00:00 ps
[luwff@139-162-5-218 ~]$ kill -9 17931
Session closed.
```

图 8.15 kill 命令的运行情况

8.2.5 日常操作命令

1. hostname

功能：hostname 命令用来显示和设置系统的主机名称。Linux 系统中的 HOSTNAME 环境变量对应保存了当前的主机名称，使用 hostname 命令能够查看和设置此环境变量的值。而要想永久修改主机名称，则需要使用 hostnamectl 命令或直接编辑配置文件 /etc/hostname。

语法：hostname [参数]

参数"-i"用于显示当前系统的 IP 地址。

hostname 命令的具体使用如表 8.13 所示。

表 8.13 hostname 命令

命 令 示 例	说　明
hostname	显示系统主机名称
hostname -i	显示主机的 ip 地址

hostname 命令的运行情况如图 8.16 所示。

```
[luwff@139-162-5-218 ~]$ hostname
139-162-5-218
[luwff@139-162-5-218 ~]$ hostname -i
fe80::f03c:92ff:fe8f:4526%eth0 2400:8901::f03c:92ff:fe8f:4526%2 139.162.5.218
[luwff@139-162-5-218 ~]$
```

图 8.16 hostname 命令的运行情况

2. df

功能：df 命令用于显示系统磁盘空间的使用情况，包含可用、已有及使用率等信息，默认单位为 Kb。为利于用户阅读，建议使用"-h"参数进行单位换算。df 是英文词组"Disk Free"的缩写。

语法：df [参数] [对象磁盘 / 分区]

df 命令的具体使用如表 8.14 所示。

表 8.14 df 命令

命 令 示 例	说　　明
df -h	显示系统全部磁盘的使用情况
df -h /boot	指定磁盘分区的使用情况
df -t xfs	显示系统中所有文件系统格式为 xfs 的磁盘分区使用情况

df 命令的运行情况如图 8.17 所示。

```
[luwff@139-162-5-218 ~]$ df -h
Filesystem      Size  Used Avail Use% Mounted on
devtmpfs        7.9G     0  7.9G   0% /dev
tmpfs           7.9G     0  7.9G   0% /dev/shm
tmpfs           7.9G  750M  7.1G  10% /run
tmpfs           7.9G     0  7.9G   0% /sys/fs/cgroup
/dev/sda        116G   20G   91G  18% /
/dev/sdc         77G   52M   76G   1% /common_pool
/dev/sdb        118G   46G   72G  40% /home
tmpfs           1.6G     0  1.6G   0% /run/user/0
tmpfs           1.6G     0  1.6G   0% /run/user/229297
tmpfs           1.6G     0  1.6G   0% /run/user/227638
tmpfs           1.6G     0  1.6G   0% /run/user/205477
tmpfs           1.6G     0  1.6G   0% /run/user/229814
tmpfs           1.6G     0  1.6G   0% /run/user/224211
tmpfs           1.6G     0  1.6G   0% /run/user/229862
tmpfs           1.6G     0  1.6G   0% /run/user/228929
tmpfs           1.6G     0  1.6G   0% /run/user/222161
[luwff@139-162-5-218 ~]$ df -h /boot
Filesystem      Size  Used Avail Use% Mounted on
/dev/sda        116G   20G   91G  18% /
[luwff@139-162-5-218 ~]$ df -t xfs
Filesystem     1K-blocks     Used Available Use% Mounted on
/dev/sdb       122828800 47942800  74886000  40% /home
[luwff@139-162-5-218 ~]$
```

图 8.17 df 命令的运行情况

3. free

功能：free 命令用来显示系统中空闲的已用的物理内存、交换内存以及被内核使用的缓冲和缓存。

语法：free [参数]

free 命令的具体使用如表 8.15 所示。

表 8.15　free 命令

命 令 示 例	说　　明
free	显示内存的使用情况
free -m	用 MB 显示内存的使用情况

free 命令的运行情况如图 8.18 所示。

```
[luwff@139-162-5-218 ~]$ free
              total        used        free      shared  buff/cache   available
Mem:       16399684     1293904    13266640      775752     1839140    13988256
Swap:             0           0           0
[luwff@139-162-5-218 ~]$ free -m
              total        used        free      shared  buff/cache   available
Mem:          16015        1266       12952         757        1796       13657
Swap:             0           0           0
[luwff@139-162-5-218 ~]$
```

图 8.18　free 命令的运行情况

4. whoami

功能：whoami 命令用来显示当前用户名，相当于执行 "id -un" 指令。

语法：whoami

whoami 命令的运行情况如图 8.19 所示。

```
[luwff@139-162-5-218 ~]$ whoami
luwff
[luwff@139-162-5-218 ~]$ id -un
luwff
[luwff@139-162-5-218 ~]$
```

图 8.19　whoami 命令的运行情况

5. history

功能：用于显示用户之前执行过的命令，默认显示用户之前执行的所有历史命令，可以使用参数 n 显示最近的 n 个历史命令。Linux 系统默认会记录用户所执行过的所有命令，可以使用 history 命令查阅它们。

语法：history [参数] [目录]

history 命令的具体使用如表 8.16 所示。

表 8.16　history 命令

命 令 示 例	说　　明
history	显示所有历史命令列表
history 4	显示最近执行的 4 个命令

history 命令的运行情况如图 8.20 所示。

```
  269  history
  270  ls
  271  ls -l
  272  ls -R
  273  date
  274  kill -l
  275  history
[luwff@139-162-5-218 ~]$ history 4
  273  date
  274  kill -l
  275  history
  276  history 4
[luwff@139-162-5-218 ~]$
```

图 8.20   history 命令的运行情况

注意：执行 history 命令，显示了之前执行的 275 个命令；执行 history4，则显示刚执行的 4 个命令。

本章小结

操作系统不仅为计算机系统建立了程序的运行环境，而且为用户使用计算机搭建了桥梁。本章主要介绍了 Linux 操作系统基础。为了让用户充分了解 Linux，本章从操作系统及 Linux 的概念、Linux 系统的产生、Linux 系统的组成、Linux 应用、目录与文件操作命令、文本过滤与处理命令、Shell 内部命令、Linux 日常操作命令等多方面介绍了 Linux 的基本知识，使读者了解如何通过 Linux 操作系统来实现与计算机的交互。

习题

1. 什么是 Linux 操作系统？简述 Linux 操作系统的产生过程。

2. 简述 Linux 操作系统的组成。

3. 简述 Linux 操作成功的因素。

4. 在 Linux 操作系统中，more 命令、cat 命令在使用时有什么区别？

5. 列举常用的 Linux 文件与目录操作命令及用法实例。

6. 在 Linux 操作系统中创建一个新用户 user1，并设置其主目录为 /home/user1。

7. 在 Linux 操作系统中，结束一个进程有哪些方式？

第 **9** 章

大数据管理平台

传统的数据挖掘技术无法应对数据量急剧增长带来的挑战。大数据管理平台尝试通过分布式技术手段，从海量数据中挖掘出有价值的信息。由于数据本身的多样性以及数据分析需求的多元化，大数据管理平台的技术体系非常复杂，涉及的组件和模块众多。为了对大数据管理平台有个清楚的认识，本章从大数据管理平台的应用场景出发介绍其发展历程和技术体系。

9.1 应用场景

大数据技术产生于互联网领域，逐步应用到电信、医疗、金融、交通等领域，并持续地往其他领域渗透。

1. 场景一：天猫"双十一"销售量实时显示

越来越多的企业采用实时大屏（real-time dashboard）来实时呈现关键的数据指标。如图 9.1 所示，每年的"双十一"，阿里巴巴集团都会竖起一面巨大的电子屏幕，实

图 9.1 天猫"双十一"销售量实时显示

时展示天猫这一天的销售业绩，如成交额、访问人数、订单量、下单量和成交量等。

这个电子大屏的背后，就有大数据平台技术。整个成交额的显示过程包括用户下单、后台发送日志、日志收集、汇总计算、统计和输出结果等。图 9.2 显示了该场景对大数据平台技术的需求。

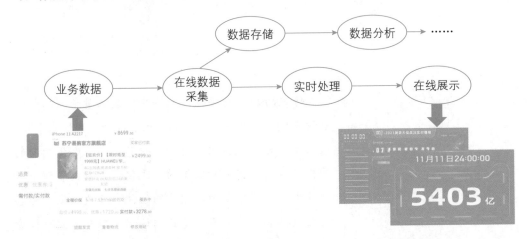

图 9.2　天猫"双十一"销售量实时显示技术对大数据平台的技术需求

除了直接对用户下单的业务数据进行实时处理和在线展示外，许多业务数据（例如用户搜索、商家促销等各类用户和商家的变化信息）也需要被持久化地存储起来，进行特定的数据分析，以挖掘出有价值的信息，从而满足用户需求。例如为用户推荐其感兴趣的商品，满足用户的个性化需求。

2. 场景二：某城市智能交通大数据平台

某市交警支队建成了以城市道路交通智能控制系统为基础平台，集成交通信号控制系统、治安防控卡口系统、交通违法抓拍系统、交通诱导系统、交通视频监控系统、道路交通流量监测系统、视频事件监测系统、警用数字无线通信系统、警力定位管理系统、交通管理综合业务平台等多个子系统的管理格局，部署了交通信号控制路口、治安测速卡口、闯红灯抓拍系统、移动执法终端等多类设备上千余套。这些系统和设备的使用，在查处交通违法行为、维护道路交通秩序、解放警力等方面发挥了巨大作用，为预防道路交通事故、构建和谐道路交通环境奠定了坚实基础。

随着这些系统和设备的建成使用，该市不断产生并积累了海量的交通管理数据。如何利用这些数据，理顺这些数据之间的关系，从这些数据中挖掘出更多有价值的"新"信息，成为该市公安局交通警察支队建立智能交通大数据平台的主要需求。

智能交通大数据平台需要根据该市交警支队的业务需求，利用先进的大数据技术，汇集多源异构数据，搭建统一的大数据存储处理架构，实现信息的交换与共享以及各孤立系统难以实现的功能，对各类交通管理信息系统的信息进行统一处理、管理、分析研判，以快速反应决策与统一指挥干预。图 9.3 显示了智能交通大数据平台的技术需求。

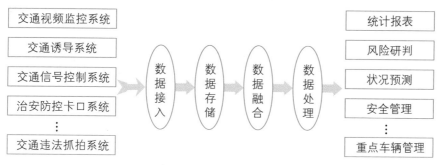

图 9.3 智能交通大数据平台的技术需求

该平台需要开发相应的数据接入、数据存储、数据融合、数据处理、数据共享等定制系统，及时对交通事件进行处理并通过多种渠道将交通信息发布给交通参与者，为各类大数据应用开发提供有力的支撑和保障，为公众出行提供及时准确的信息服务，创造公共交通、绿色交通环境氛围，最终创建安全、畅通、舒适、环保、智慧的城市环境。

9.2 发展历程

在大数据时代，传统软件已经无法处理和挖掘海量数据中的信息。为了提升计算机管理和处理数据的能力，开发人员通常会考虑两种方式：纵向扩展（scale-up）和横向扩展（scale-out）。其中，纵向扩展是通过在原有的计算机节点上增加更多的CPU、内存和硬盘等硬件来扩大系统的能力；横向扩展则是通过增加计算机节点，组成分布式集群的方式来提升处理能力。举例来说，假设仅有一辆卡车，需要负责一批木材的运输；每小时运输一次，一次可以运25根木材。如果需要一个小时运输75根木材，应该如何做呢？

图 9.4 展示了提升运输能力的两种方式。如果选择纵向扩展，需要至少做以下两件事中的一件：使卡车的运输量增加2倍，或者减少卡车的运输时间（20分钟一班）；如果选择横向扩展，则不是通过增加单个卡车的能力来实现提升运输能力，而是通过增加卡车的数量来提升运送木材的能力。

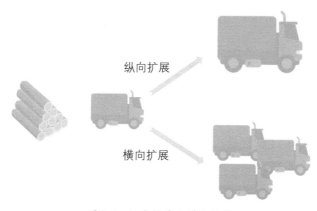

图 9.4 纵向扩展和横向扩展

图 9.5 展示了大数据技术的发展历程，大致可以分为四个阶段。

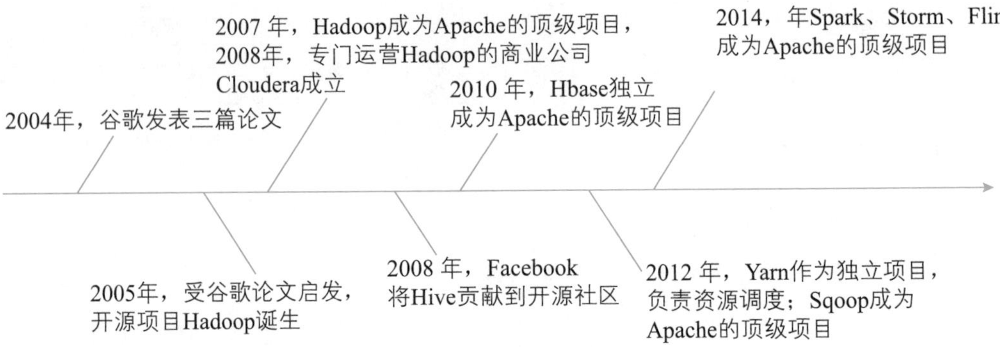

图 9.5　大数据技术的发展历程

（1）初始阶段。面对大数据管理和处理，最重要的变革者就是谷歌的"三驾马车"。谷歌在 2004 年左右相继发布了关于谷歌分布式文件系统（Google file system，GFS）、大数据分布式计算框架 MapReduce、大数据 NoSQL 数据库 BigTable 的三篇论文。这三篇论文奠定了大数据技术的基石。在大部分公司还致力于通过纵向扩展提高单机性能时，谷歌已经开始采用横向扩展，设想把数据存储、计算分配给大量的廉价计算机去执行。

（2）开源阶段。受到谷歌论文的启发，2004 年 7 月，Doug Cutting 和 Mike Cafarella 在 Nutch 中实现了类似 GFS 的功能，即后来的 HDFS（Hadoop distributed file system，Hadoop 分布式文件系统）的前身。2005 年 2 月，Mike Cafarella 在 Nutch 中实现了 MapReduce 的最初版本。2006 年，Hadoop 从 Nutch 中分离出来并启动独立项目。

Hadoop 的开源推动了后来大数据产业的蓬勃发展，带来了一场深刻的技术革命。接下来，大数据相关技术不断发展，开源的做法让大数据生态逐渐形成。由于 MapReduce 编程烦琐，Facebook 贡献的 Hive、SQL 语法为数据分析、数据挖掘提供了巨大帮助。第一个运营 Hadoop 的商业化公司 Cloudera 于 2008 年成立。

（3）内存计算阶段。由于内存硬件已经突破成本限制，2014 年起，Apache Spark 逐渐替代了 MapReduce 的地位，受到业界追捧。Apache Spark 在 2009 年诞生于 UC Berkeley AMPLab，2010 年正式对外开源发布，2013 年成为 Apache 基金项目。Apache Spark 在内存中的运算速度比 MapReduce 快 100 倍，并且其运行方式更适合机器学习。

（4）流式处理阶段。Apache Spark 和 MapReduce 都专注于离线计算，通常任务执行时间是几十分钟甚至更长时间，属于批处理计算引擎。由于实时计算的需求，流式计算引擎开始出现，包括 Storm、Flink、Spark Streaming 等。

如今，大数据管理技术发展已经趋于成熟。Gartner 发布的 2016 技术成熟度曲线（见图 9.6）首次将云计算、大数据及相关技术移除。但这并不表明这些技术已经不重要了，而是不再"新兴"。虽然大家对大数据的兴趣依然不减，但是这个市场已经稳定下来，有了一整套合理的方法，新的技术和实践会被添加到现有方案。大数据度过了技术的期望膨胀高峰期，到了真正使用大数据解决问题的时候。

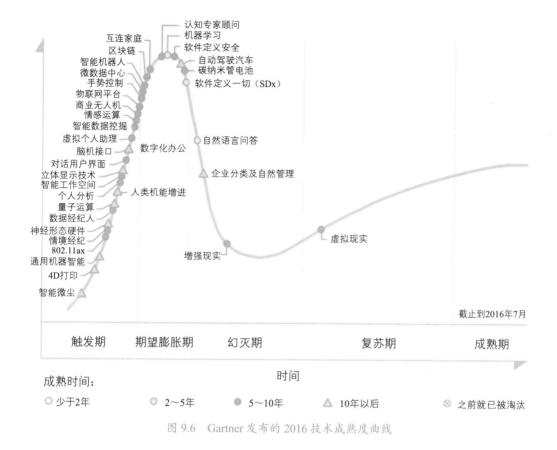

认知专家顾问
机器学习
软件定义安全
自动驾驶汽车
碳纳米管电池
软件定义一切（SDx）

图 9.6　Gartner 发布的 2016 技术成熟度曲线

9.3　技术体系

从数据在信息系统中的生命周期看，大数据从数据源开始，经过分析、挖掘到最终获得价值一般需要经过 6 个主要环节[①]，分别是数据收集、数据存储、资源管理、计算引擎、数据分析和数据可视化。大数据管理平台的技术体系如图 9.7 所示，其中每个环节都面临不同程度的技术挑战。

图 9.7　大数据管理平台的技术体系

---

① 工业和信息化电信研究院《2014 大数据白皮书》。

9.3.1 数据收集层

大数据管理平台的技术核心是从数据中获取价值，而第一步就是要弄清楚有什么数据、怎么获取。在企业的生产过程中，数据无所不在，但是如果不能正确获取，或者没有能力获取，就浪费了宝贵的数据资源。

数据收集层由直接跟数据源对接的模块构成，负责将数据源中的数据近实时或实时收集到一起。数据源一般具有分布性、异构性、多样化及流式产生等特点。数据的来源不同，数据获取涉及的技术也不同，主要技术有获取网页数据常用的爬虫，采集日志数据的组件 Scribe、Chukwa、Flume，以及用于在数据获取后将其分发给后续组件的数据分发中间件 Kafka。

任何一个生产系统在运行过程中都会产生大量的日志，日志往往隐藏了很多有价值的信息（例如应用场景一中的交易日志）。在没有分析方法之前，这些日志存储一段时间后就会被清理。随着技术的发展和分析能力的提高，日志的价值被重新重视起来。例如，在发生网页篡改、服务器被植入挖矿木马等安全攻击事件时，日志能协助进行安全事件还原，能尽快找到事件发生的时间、原因等，所以日志收集具有至关重要的作用。

在分析日志前，需要将分散在各个生产系统中的日志收集起来。Apache Flume 就是一个能够有效收集、聚合和传输许多不同来源的海量日志数据的分布式系统。它支持在日志系统中定制各类数据发送方，同时提供对数据进行简单处理并写到各种数据接收方（如文本、HDFS、HBase 等）的能力。

数据采集上来后，需要送到后端的组件进行进一步的分析。如图 9.8 所示，每个公司的业务复杂度及产生的数据量都是在不断增加的。公司刚起步时，业务简单，此时只需要一条数据流水线即可，即从前端机器上收集日志，直接导入后端的存储系统中进行分析。当业务规模发展到一定程度后，业务逻辑会变得复杂起来，数据量也会越来越多，此时可能需要增加多条数据线，每条数据线将收集到的数据导入不同的存储和分析系统中。

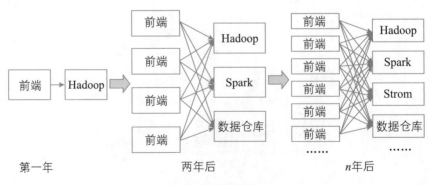

图 9.8　数据传输演化

产生数据的模块（此处的模块是广义的，可以是类、函数、线程、进程等）可以形象地称为生产者（producer），而处理数据的模块就称为消费者（consumer）。在实际应用中，不同服务器（数据生产者）产生的日志（如指标监控数据、用户搜索日志、用户单击日志等），需要同时传送到多个系统中，以便进行相应的逻辑处理和挖掘，如指标监控数据可能被同时写入 Hadoop 和 Storm 集群（数据消费者）中进行离线和实时分析。

为了简化传送逻辑，增强灵活性，平衡生产者和消费者处理能力不对等的问题，消息队列作为生产者和消费者之间的"消息中间件"便出现了。消息中间件解除了生产者和消费者的直接依赖关系，使软件架构更容易扩展和伸缩，能够缓冲生产者产生的数据，防止消费者无法及时处理生产者产生的数据。如图 9.9 所示，Kafka 作为一个分布式消息中间件就担任着这样的角色。

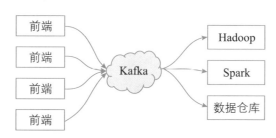

图 9.9　Kafka 在数据流中扮演的角色

9.3.2　数据存储层

存储是所有大数据组件的基础，贯穿大数据管理和处理过程的始终，从原始数据源采集的数据、处理过程的中间数据及最终数据都需要强大的存储系统作为支撑。

大数据存储层主要负责海量结构化与非结构化数据的存储。传统的关系型数据库（如 MySQL）和文件系统（如 Linux 文件系统）因在存储容量、扩展性及容错性等方面的限制，很难适应大数据的应用场景。大数据存储层要求具备以下特点。

（1）存储容量大。大数据平台存储的数据量通常可达到 PB 级，这意味着庞大的文件数量。

（2）扩展性好。在实际应用中，数据量会不断增加，现有集群的存储能力将很快达到上限，因此需要增加新的机器扩充存储能力。这要求存储系统本身具备非常好的线性扩展能力。

（3）容错性好。考虑到成本等因素，大数据系统从最初就假设构建在廉价机器上，这就要求系统本身就有良好的容错机制，确保在机器出现故障时不会导致数据丢失。

（4）支持存储多种数据模型。由于数据具有多样性，数据存储层应支持多种数据模型，确保结构化和非结构化的数据能够很容易保存下来。

文件系统相当于一个软件机构，这个机构用来管理和存取文件，用户可以对系统上的文件进行增删查改等操作。举例来说，已知一台计算机至少有一个操作系统，一个系统就需要对应一个文件系统，用来管理组织存储设备的空间。类似于组织、管理药房药柜里的中药一样，药房药柜就相当于计算机的硬件存储设备，而中药则相当于计算机中的各类软件或者文件，文件系统就负责管理各类软件、文件的存放，如图 9.10 所示。

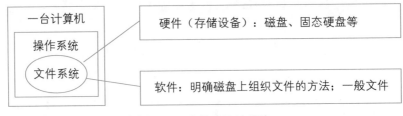

图 9.10　文件系统说明图

在大数据场景中，大量数据是以非结构化的文件形式保存的，典型代表是行为日志数据（用户搜索日志、购买日志、单击日志以及机器操作日志等）。这些文件形式的数据具有价值高、数据大、流式产生等特点，需要一个分布式文件系统（distributed file system，DFS）存储它们。

分布式文件系统是指文件系统管理的物理存储资源不仅存储在本地节点上，还可以通过网络连接存储在非本地节点上。如图 9.11 所示，多个分散的小文件系统组合在一起，形成一个完整的分布式文件系统。图中主机 1 用来管理其他多个小文件系统的管理节点，可以存储数据，也可以不存储数据。分布式文件系统改变了数据存储和管理方式，相对于本地文件系统具有低成本、易扩展、高可用性、强可靠性等优势。用户在使用分布式文件系统时，无须关心数据是存储在哪个节点上，可以如同使用本地文件系统一样存储和管理分布式文件系统里的数据。常见的分布式文件存储系统有 Google 公司的 GFS、开源的 HDFS、Ceph、Lustre、淘宝的 TFS 等。

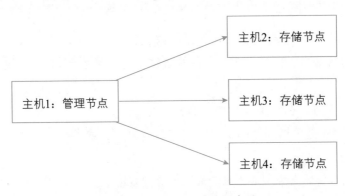

图 9.11　分布式文件系统示意图

除了直接以文件形式保存的数据外，还有大量结构化和半结构化的数据，这类数据通常需要支持更新操作，如随机插入和删除。传统关系型数据库（如 MySQL）虽然具有完备的关系理论基础、事务管理机制的支持以及高效的查询优化机制，但是仍然难以适应海量半结构化、结构化数据的存储需求，需要分布式结构化存储系统来使用户更加方便地存取海量数据。常见的分布式结构化存储系统有 Google 的 BigTable 及开源实现的 HBase。

9.3.3 资源管理层

随着互联网的高速发展，各类新型应用和服务不断涌现。在一个公司内部，既存在运行时间较短的任务，也存在运行时间很长的服务。为了防止不同应用之间相互干扰，传统做法是将每类应用单独部署到独立的服务器上，也就是"一种应用一个集群"的模式。该模式简单易操作，但存在资源利用率低、运维成本高和数据共享困难等问题。

为了解决这些问题，有公司开始尝试将所有这些应用部署到一个公共的集群中，让它们共享集群的资源，并对资源进行统一使用，同时采用轻量级隔离方案对各个应用进行隔离，因此便诞生了轻量级弹性资源管理平台。相比于"一种应用一个集群"的模式，引入资源统一管理层可以带来众多优势。

（1）资源利用率高。如图 9.12 所示，如果每个应用一个集群，则往往由于应用程序数量和资源需求的不均衡，导致在某段时间内有些应用的集群资源紧张，而另外一些集群资源空闲。共享集群模式可以通过多种应用共享资源，使集群中的资源得到充分利用。

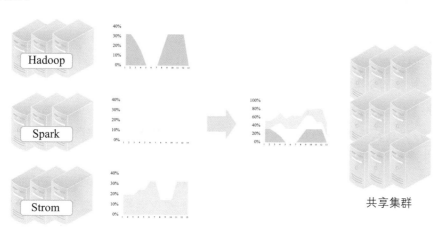

图 9.12　共享集群模式提高了资源利用率

（2）运维成本低。如果采用"一个应用一个集群"的模式，则可能需要多个管理员管理这些集群，进而增加运维成本。而共享模式只需要少量管理员即可完成多个框架的统一管理。

（3）数据共享。随着数据量的快速增长，跨集群间的数据移动不仅需花费更长的时间，且硬件成本也会大大增加。而共享集群模式可让多种应用共享数据和硬件资源，这将大大减少数据移动带来的成本。

资源管理的本质是集群、数据中心级别资源（计算、内存、存储、传输资源）的统一管理和分配。常见资源调度框架有 Hadoop 生态系统的 ZooKeeper 与 YARN、Google 的 Borg 与 Omega 9、Twitter 的 Mesos 和腾讯的 Torca 等。

9.3.4　计算引擎层

在实际生产环境中，不同的应用场景对数据处理的要求是不同的。有些场景下只需离线处理数据，对实时性要求不高，但要求系统吞吐率高，典型的应用是搜索引擎构建索引；有些场景下需对数据进行实时分析，要求每条数据的处理延迟尽可能低，典型的应用是广告系统及信用卡欺诈检测。为了解决不同场景下数据的处理问题，起初有人尝试构建一个统一的大型系统解决所有类型的数据计算问题，但最终以失败告终。究其原因，主要是因为不同类型的计算任务追求的目标是不同的，批处理计算追求的是高吞吐率，而实时计算追求的是低延迟。在现实系统中，系统吞吐率和处理延迟往往是矛盾的两个优化方向：系统吞吐率非常高时，数据处理延迟往往也非常高。基于此，用一个系统完美解决所有类型的计算任务是不现实的。

计算引擎发展到今天，已经朝着"小而美"的方向前进，即针对不同应用场景，单独构建一个计算引擎，每种计算引擎只专注于解决某一类问题，进而形成了多样化的计算引擎。计算引擎层是大数据技术中最活跃的一层。直到今天，仍不断有新的计算引擎被提出。

总体上讲，大数据处理引擎按处理时间性能的要求可以分为三类，从长到短如下所示。

（1）批处理（batch data processing）。批处理对时间要求最低，一般处理时间为分钟到小时级别，甚至天级别。它追求的是高吞吐率，即单位时间内处理的数据量尽可能大。典型的应用有搜索引擎构建索引、批量数据分析、数据挖掘、机器学习等。常见的批处理技术有 MapReduce 和 Spark。

（2）交互式处理（interactive processing）。该类计算引擎对时间要求比较高，一般要求处理时间为秒级别。这类系统需要跟人进行交互，操作人员通过终端设备（如输入／输出系统）输入信息和操作命令，系统接到后立即处理，并通过终端设备显示处理结果。为了方便数据分析人员表达自己的查询意图，交互式计算引擎通常支持 SQL 或 JSON 等查询语言。典型的应用有数据查询、参数化报表生成、OLAP（online analytical processing，联机分析处理）等。当前比较主流的交互式计算引擎包括 ROLAP（relational OLAP）类型的 SQL 查询引擎 Impala 和 Presto 以及 MOLAP（multidimensional OLAP）类型的 OLAP 查询引擎 Druid 和 Kylin 等。

（3）实时处理（real-time processing）。该类计算引擎对时间要求最高，一般处理延迟在秒级以内。流式数据在实际应用中非常常见，典型的流式数据包括单击日志、监控指标数据、搜索日志等。流式数据往往伴随实时计算需求，即对流式数据进行实时分析，以便尽可能快速地获取有价值的信息。在大数据领域，将针对流式数据进行实时分析的计算引擎称为流式实时计算引擎。这类引擎最大的特点是延迟低，即从数据产生到最终处理完成，整个过程用时极短，往往是毫秒级或秒级处理延迟。典型的应用有广告系统、异常检测、舆情分析等。目前常用的流式实时计算技术有 Spark Streaming、Strom 和 Flink 等。

9.3.5 数据分析层

数据分析层直接与用户应用程序对接，为其提供易用的数据处理工具。为了让用户分析数据更加容易，计算引擎会提供多样化的工具，包括应用程序界面（application program interface，应用程序接口）、类 SQL 查询语言、数据挖掘 SDK（software deve lopment kit，软件开发工具包）等。

在解决实际问题时，数据科学家往往需要根据应用的特点，从数据分析层选择合适的工具。大部分情况下，可能会结合使用多种工具，典型的使用模式是：首先使用批处理框架对原始海量数据进行分析，产生较小规模的数据集；在此基础上，再使用交互式处理工具对该数据集进行快速查询，获取最终结果。

机器学习（machine learning，ML）是人工智能的核心，专门研究计算机怎样模拟或实现人类的学习行为，以获取新的知识或技能，重新组织已有的知识结构，使之不断改善自身的性能。机器学习包含一整套成熟的算法，涉及分类、聚类、回归及协同过滤等，已经广泛应用在各种大数据分析场景，包括垃圾邮件过滤、人脸识别、推荐引擎等。

在分布式计算框架之上实现机器学习算法是大数据领域的应用热点。随着分布式计算框架的流行，越来越多的机器学习算法被分布式化，进而产生了丰富的机器学习库，包括 MapReduce 之上的 Mahout、Spark 之上的 MLLib、Flink 之上的 FlinkML 等。

9.3.6 数据可视化层

随着大数据时代的到来，每时每刻都有海量数据在不断生成，需要对数据进行及时分析，呈现数据背后的价值。对用户而言，可视化属于大数据分析重要的一环，帮助用户更加直观地了解大数据中蕴含的信息。

数据可视化技术指的是运用计算机图形学和图像处理技术，将数据转换为图形或图像在屏幕上显示出来，并进行交互式处理的理论、方法和技术。它涉及计算机图形学、图像处理、计算机辅助设计、计算机视觉及人机交互技术等多个领域。大数据可视化分析利用支持信息可视化的用户界面以及支持分析过程的人机交互方式与技术，有效融合计算机的计算能力和人的认知能力，以获得对于大规模复杂数据集的洞察力。

在大数据时代，数据可视化技术和工具层出不穷，图的表现形式更加丰富。数据可视化方法和技术可以分为图可视化技术、多维数据可视化技术、时空数据可视化技术、文本可视化技术、交互可视化技术。可视化技术可以支持实现多种不同的目标，例如记录、观测、跟踪数据，辅助理解数据，分析推理数据。数据可视化层是直接面向用户展示结果的一层，是展示大数据价值的"门户"，因此数据可视化是极具意义的。下面展示几个大数据可视化的例子。

图 9.13 显示了从大爆炸到 2017 年，一个跨越 140 亿年历史的交互式时间表 Histography。Histography 每天从维基百科和自动更新中抽取历史事件，并记录新的事

件。这个时间表用非常多的小方点来表示事件，通过在纵向维度上的堆砌，表现某一时间段的事件，用户可以通过单击小方点观看在特定时间段内发生的各种事件。

图 9.13　交互式时间表 Histography[①]

图 9.14 中的星图是借助欧洲太空总署的依巴谷卫星目录生成的。地图显示了59 921 颗星球，可以通过平移来探索夜空。根据不同的科学价值，有五种方式来展示所看到的数据以及可视化的显示方式。可以通过拖动和滚动来探索星空地图，并通过筛选器打开和关闭星名或星座。

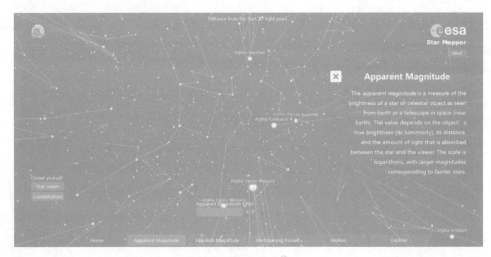

图 9.14　星图[②]

9.3.7　大数据管理平台技术栈

随着大数据开源技术的快速发展，目前各大数据公司及开源社区已经积累了比较

---

① http://histography.io/。

② https://sci.esa.int/star_mapper/。

完整的大数据技术栈，应用最广泛的是以 Hadoop 与 Spark 为核心的生态系统。整个大数据管理平台技术栈具体如图 9.15 所示。

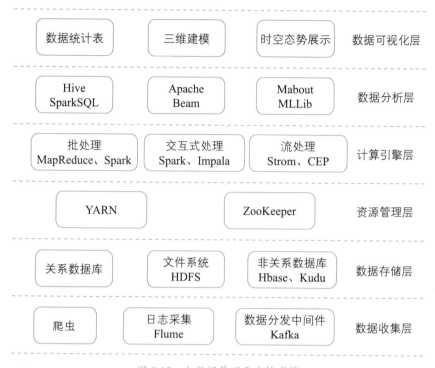

图 9.15　大数据管理平台技术栈

本章小结

本章介绍了大数据管理平台技术的应用场景、发展历程和技术体系，以数据在信息系统中的生命周期为线索，介绍了大数据管理平台技术包含的 6 个主要环节，分别是数据收集、数据存储、资源管理、计算引擎、数据分析和数据可视化。

习题

1. 请尝试列举大数据管理平台技术的其他应用场景。
2. 请简述大数据管理平台技术体系中的 6 个主要环节并列举相应的技术框架。

BIG
DATA

第 10 章

分布式存储

10.1　HDFS 介绍

在大数据场景中，每天新增的数据量可能多达 GB 级甚至 TB 级，新增的文件数目可能多达十万个。如 9.2 节所述，为了应对数据存储的扩容问题，存在两种解决方案：纵向扩展和横向扩展。纵向扩展利用现有的存储系统，通过不断增加存储容量来满足数据增长的需求；横向扩展则是通过增加网络互连的节点扩大存储容量（集群）。由于纵向扩展存在价格昂贵、升级困难以及总存储物理瓶颈（理论上，由于物理硬件的制约，单台设备总存在存储瓶颈）等问题，目前大数据领域通常会采用横向扩展方案。横向扩展的难点在于如何构建一个分布式文件系统，能很好地处理因机器故障、网络故障、人为失误、软件故障等原因导致的各种问题，并保障文件的读 / 写性能。

分布式文件系统可以分为以文件为单位存储数据的文件级别的分布式系统和以数据块为单位存储数据的块级别的分布式系统。

1. 文件级别的分布式系统

谈到构建一个分布式文件系统，很多人首先想到的是构建基于现有文件系统的主从架构：给定 N 个网络互联的节点，每个节点上装有操作系统，且配有一定量的内存和硬盘；选出一个节点作为主节点（Master），记录文件的元信息（包括整个文件系统的目录树以及每个文件存放的节点位置等信息）；其他节点作为副节点（Slave），存储实际的文件。为了确保数据的可靠性，将每个文件保存到 3 个不同的节点上（即副本数为 3），具体如图 10.1 所示。

当客户端（client）需要写入一个文件时，首先与主节点通信，获取文件存放节点列表。如果该文件是合法的（如不存在重名文件等），则主节点根据一定的负载均衡策略将 3 个副节点的位置信息发回给客户端。这时客户端可与这 3 个副节点建立网络连接，将文件写入对应的 3 个节点。读文件过程类似。

该系统能从一定程度上解决分布式存储问题，但存在以下两个不足。

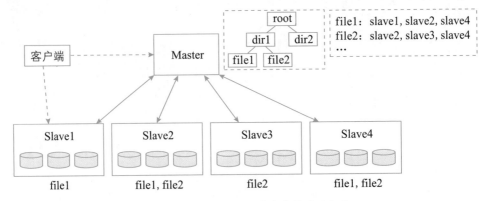

图 10.1　文件级别的分布式文件系统架构

（1）难以负载均衡。该分布式文件系统以文件为单位存储数据，由于用户的文件大小往往是不统一的，因此难以保证每个节点上的存储负载是均衡的。

（2）难以并行处理。一个好的分布式文件系统不仅能够进行可靠的数据存储，还应考虑如何供上层计算引擎高效地分析。由于数据是以文件为单位存储的，当多个分布在不同节点上的任务并行读取一个文件时，会使存储文件的节点出口网络带宽成为瓶颈，从而制约上层计算框架的并行处理效率。

2. 块级别的分布式系统

为了解决上文提到的文件级别分布式系统存在的不足，块级别的分布式文件系统出现了。这类系统的核心思想是将文件分成等大的数据块（如 128MB），并以数据块为单位将其存储到不同节点上，进而解决文件级别的分布式系统存在的负载均衡和并行处理问题。如图 10.2 所示，主节点负责存储和管理元信息，包括整个文件系统的目录树、文件的块列表以及每个块存放节点的列表等；副节点负责存储实际的数据块，并给主节点发送心跳信息、汇报自身健康状态以及负载情况等；用户通过客户端与主节点和副节点交互，完成文件系统的管理和文件的读 / 写等操作。

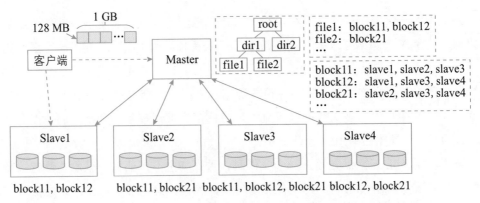

图 10.2　块级别的分布式文件系统架构

构建一个分布式文件系统是非常烦琐和复杂的事情，需要考虑元信息管理、网络通信、容错等问题。Google 构建了分布式文件系统 GFS，并于 2003 年发表了论文

The Google File System，介绍了 GFS 的产生背景、架构以及实现等。而 HDFS 正是 GFS 的开源实现，属于块级别的分布式文件系统。

10.2　HDFS 基本架构

HDFS 的架构如图 10.3 所示。

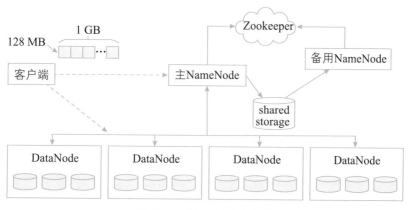

图 10.3　HDFS 的基本架构

HDFS 采用了主从架构，一个 HDFS 集群由一个名称节点（NameNode）和多个数据节点（DataNode）组成。HDFS 会将文件数据分割为若干个数据块（block），每个 DataNode 存储一部分数据块，这样文件就分布存储在整个 HDFS 服务器集群中。

1. NameNode

NameNode 是 HDFS 集群的管理者，负责管理文件系统的元信息（MetaDate）和所有 DataNode，并负责处理客户端请求。

（1）管理元信息。NameNode 负责维护整个文件系统的目录树、各个文件的数据块 ID 及存储位置等信息。

（2）管理 DataNode。DataNode 周期性向 NameNode 汇报心跳信息。一旦 NameNode 发现某个 DataNode 出现故障，会在其他存活的 DataNode 上重构丢失的数据块。

一个 HDFS 集群中只存在一个对外服务的 NameNode，称为 Active NameNode。为了防止单个 NameNode 出现故障后导致整个集群不可用，用户可启动一个备用 NameNode，称为 StandbyNameNode，用来在 NameNode 不可用时切换为 NameNode，以保证 HDFS 不间断地对外提供服务。

2. DataNode

DataNode 负责文件数据的存储和读写操作，在 NameNode 的统一调度下进行数据块的创建、删除和复制等操作，并周期性地通过心跳向 NameNode 汇报自己的状态信息。没有按时报告的数据节点会被标记为"宕机"，不再给它分配 I/O 请求。

为了保证系统的容错性和可用性，HDFS 采用了多副本方式对数据进行冗余存储，通常一个数据块的多个副本会被分配到不同的 DataNode 上。

用户通过客户端与 NameNode 和 DataNode 交互，完成 HDFS 管理（如服务启动与停止）和数据读写等操作。

HDFS 的读操作示意图如图 10.4 所示。

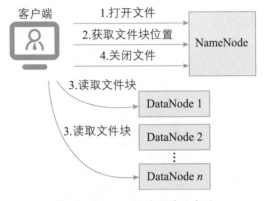

图 10.4　HDFS 的读操作示意图

具体流程如下。

（1）客户端向 NameNode 请求打开指定文件。

（2）客户端从 NameNode 获取文件起始块的位置。同一数据块按照副本数量会返回多个位置，这些位置按照 Hadoop 集群的拓扑结构排序，距离客户端近的排在前面。

（3）客户端根据数据块所存放的 DataNode 位置，优先从最近的 DataNode 中读取数据块。读取完成后，会关闭与该 DataNode 的连接，然后寻找下一数据块的最佳 DataNode，持续读取数据块。

（4）客户端完成文件读取后会向 NameNode 请求关闭文件。

当向 HDFS 写入文件时，客户端首先将文件切分成等大的数据块（默认一个数据块大小为 128 MB），之后从 NameNode 上领取多个 DataNode 地址，并在它们之间建立数据流水线，进而将数据块流式写入这些节点。

HDFS 的写操作示意图如图 10.5 所示。

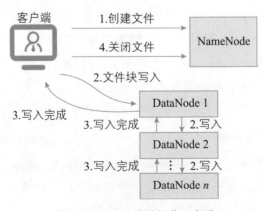

图 10.5　HDFS 的写操作示意图

具体流程如下。

（1）客户端向 NameNode 发起创建文件请求。创建前 NameNode 会进行各种校验，如文件是否存在、客户端是否有权限等。如果校验通过，NameNode 会创建一条记录，否则返回异常信息。

（2）客户端将数据分切成一个个数据块，询问 NameNode 需要写入的数据块适合存储到哪几个 DataNode 上。如果副本数为 3，就找到 3 个最合适的 DataNode，把它们排成一个管道；先将数据块写入第一个 DataNode 里，第一个 DataNode 再将数据块写入第二个 DataNode；以此类推。

（3）管道中的 DataNode 在数据写入完成后，会返回一个响应信息。当所有的 DataNode 都返回信息后，才会认为数据块写入完成。

（4）客户端完成所有数据块的写入后会向 NameNode 请求关闭文件。

10.3 HDFS Shell 访问

HDFS 提供了多种访问方式，包括 HDFS API、HDFS Shell、数据收集组件（如 Flume、Sqoop 等）以及上层计算框架等。大部分情况下，用户直接使用已有组件访问 HDFS 即可，不需要从零开始使用 HDFS API 开发程序。

HDFS 提供了管理员命令和用户命令，具体介绍如下。

1. 管理员命令

管理员命令主要是针对服务生命周期管理的，如启动 / 关闭 HDFS、启动 / 关闭 NameNode/DataNode 及 HDFS 份额管理等。

启动 HDFS 的语句如下：

```
sbin/start-dfs.sh
```

限制目录 /user/glxy 最多使用空间为 2 TB，语句如下：

```
bin/hdfs dfsadmin -setSpaceQuota 2t /user/glxy
```

关闭 HDFS 的语句如下：

```
sbin/stop-dfs.sh
```

关于更多 HDFS 命令，可参考管理员命令官方文档[①]。

2. 用户命令

HDFS 提供了大量用户命令，常用的有文件操作命令 dfs、文件一致性检查命令 fsck 和分布式文件复制命令 distcp。

（1）文件操作命令 dfs。

文件操作命令是与文件系统交互的命令，可以是 HDFS，也可以是其他 Hadoop 支持的文件系统，如本地文件系统等。文件操作命令的语法如下：

① http://hadoop.apache org/docs/stable/hadoop-project-distaoop-hdfs/HDFSCommands.html。

```
$HADOOP_ HOME/bin/hadoop fs <args>
```

所有命令均会接收文件 URI（uniform resource identifier，统一资源标识符）作为参数。URI 的语法为 scheme://authority/path，HDFS 的 schema 是 hdfs，本地文件系统的 schema 是 file。scheme 和 authority 是可选的，如果未设置，则使用配置文件中的默认值（由配置文件 core-site.xml 中的参数 fs.defaultFS 指定）。如 HDFS 中的路径 /user/glxy 可表示为 hdfs://namenodehost/user/glxy，或者简写为 /user/glxy（fs.defaultFS 被设置为 hdfs://namenodehost）。如果直接操作 HDFS 上的文件，也可以使用以下命令：

```
$HADOOP_ HOME/bin/hdfs dfs <args>
```

大部分文件操作命令与 Linux 自带的命令类似，实例如下（操作截图如图 10.6 ～图 10.8 所示）。

在 HDFS 创建目录 /user/glxy/input（其中参数 -p 表示递归创建目录），语句如下：

```
bin/hdfs dfs -mkdir -p /user/glxy/input
```

在创建的目录下查看文件，语句如下：

```
bin/hdfs dfs -ls /user/glxy
```

图 10.6 展示了在 HDFS 上创建及查看目录操作命令的示例。

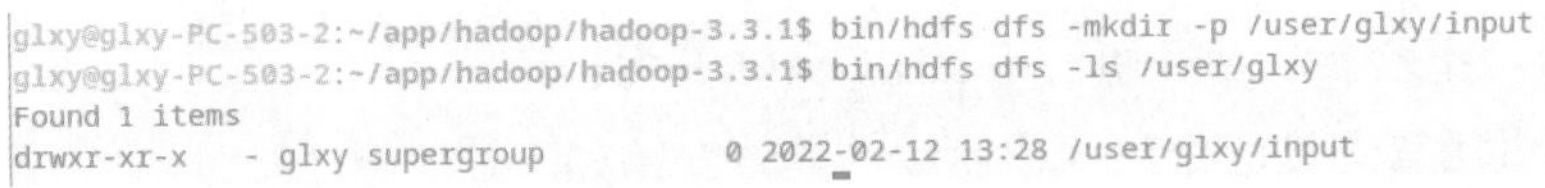

```
glxy@glxy-PC-503-2:~/app/hadoop/hadoop-3.3.1$ bin/hdfs dfs -mkdir -p /user/glxy/input
glxy@glxy-PC-503-2:~/app/hadoop/hadoop-3.3.1$ bin/hdfs dfs -ls /user/glxy
Found 1 items
drwxr-xr-x   - glxy supergroup          0 2022-02-12 13:28 /user/glxy/input
```

图 10.6　创建目录及查看目录操作命令的截图

将本地文件 README.txt 拷贝到 HDFS 目录 /user/glxy/input 下，语句如下：

```
bin/hdfs dfs -copyFromLocal README.txt /user/glxy/input
```

图 10.7 展示了在 HDFS 上备份文件操作命令的示例。

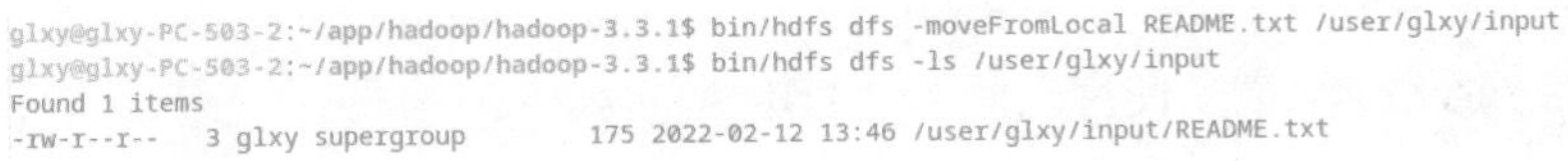

```
glxy@glxy-PC-503-2:~/app/hadoop/hadoop-3.3.1$ bin/hdfs dfs -moveFromLocal README.txt /user/glxy/input
glxy@glxy-PC-503-2:~/app/hadoop/hadoop-3.3.1$ bin/hdfs dfs -ls /user/glxy/input
Found 1 items
-rw-r--r--   3 glxy supergroup        175 2022-02-12 13:46 /user/glxy/input/README.txt
```

图 10.7　备份文件操作命令的截图

删除目录 /user/glxy/input（其中参数 -r 表示删除目录及目录下的所有文件，不使用 -r 参数会仅删除普通文件，而不删除目录），语句如下：

```
bin/hdfs dfs -rm -r /user/glxy/input
```

图 10.8 展示了在 HDFS 上删除目录操作命令的示例。

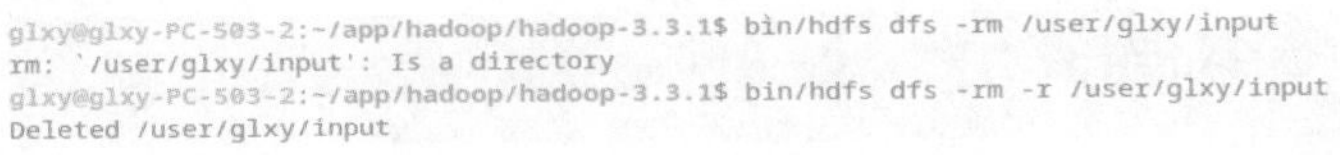

```
glxy@glxy-PC-503-2:~/app/hadoop/hadoop-3.3.1$ bin/hdfs dfs -rm /user/glxy/input
rm: '/user/glxy/input': Is a directory
glxy@glxy-PC-503-2:~/app/hadoop/hadoop-3.3.1$ bin/hdfs dfs -rm -r /user/glxy/input
Deleted /user/glxy/input
```

图 10.8　删除目录操作命令的截图

更多文件操作命令可参考 Hadoop 官方文档[①]。

---

① http://hadoop.apache org/docs/stable/hadoop -project-disthadoop-common/FileSystemShell.html#rm。

（2）文件一致性检查命令 fsck。

fsck 命令的用法如下：

```
bin/hdfs fsck <path>
               [-list-corruptfileblocks|
               [-move| -delete| -openforwrite ]
               [-files [-blocks [-locations| - racks]]]
```

其中各参数含义如表 10.1 所示。

表 10.1　HDFS fsck 命令参数的含义

参　　数	参 数 含 义
path	要检查的目录或文件
-delete	删除损坏的文件
-files	打印要检查的文件
-files -blocks	打印文件块报告
-files -blocks -locations|-racks	打印文件块位置信息和节点拓扑信息
-move	将损坏的文件移到垃圾桶
-openforwrite	打印已经打开正被写入的文件

打印文件 /user/glxy/input/data.txt 数据块信息，语句如下：

```
bin/hadoop fsck /user/glxy/input/data.txt -files -blocks -locations
```

如图 10.9 所示，要查看上传的大小为 174 MB 左右的 data.txt 文件的数据块信息，可以看到其分为了两个数据块，一个为 128 MB，另一个为 46 MB 左右。

```
glxy@glxy-PC-503-2:~/app/hadoop/hadoop-3.3.1$ bin/hadoop fsck /user/glxy/input/data.txt -files -blocks -locations
WARNING: Use of this script to execute fsck is deprecated.
WARNING: Attempting to execute replacement "hdfs fsck" instead.

Connecting to namenode via http://glxy-PC-503-2:9870/fsck?ugi=glxy&files=1&blocks=1&locations=1&path=%2Fuser%2Fglxy%2Finput%2F
data.txt
FSCK started by glxy (auth:SIMPLE) from /127.0.0.1 for path /user/glxy/input/data.txt at Sat Feb 12 14:00:01 CST 2022

/user/glxy/input/data.txt 183305740 bytes, replicated: replication=3, 2 block(s):  Under replicated BP-374447648-127.0.0.1-164
1301740900:blk_1073741853_1029. Target Replicas is 3 but found 1 live replica(s), 0 decommissioned replica(s), 0 decommissioni
ng replica(s).
 Under replicated BP-374447648-127.0.0.1-1641301740900:blk_1073741854_1030. Target Replicas is 3 but found 1 live replica(s),
0 decommissioned replica(s), 0 decommissioning replica(s).
0. BP-374447648-127.0.0.1-1641301740900:blk_1073741853_1029 len=134217728 Live_repl=1  [DatanodeInfoWithStorage[127.0.0.1:9866
,DS-33fb6973-c83f-447e-92d0-e7d4bb417bb8,DISK]]
1. BP-374447648-127.0.0.1-1641301740900:blk_1073741854_1030 len=49088012 Live_repl=1  [DatanodeInfoWithStorage[127.0.0.1:9866,
DS-33fb6973-c83f-447e-92d0-e7d4bb417bb8,DISK]]

Status: HEALTHY
 Number of data-nodes:  1
 Number of racks:              1
 Total dirs:                   0
 Total symlinks:               0

Replicated Blocks:
 Total size:    183305740 B
 Total files:   1
 Total blocks (validated):     2 (avg. block size 91652870 B)
 Minimally replicated blocks:  2 (100.0 %)
 Over-replicated blocks:       0 (0.0 %)
 Under-replicated blocks:      2 (100.0 %)
 Mis-replicated blocks:        0 (0.0 %)
 Default replication factor:   3
 Average block replication:    1.0
 Missing blocks:               0
 Corrupt blocks:               0
```

图 10.9　打印数据块信息操作命令的截图

（3）分布式文件复制命令 distcp。

分布式文件复制命令 distcp 的主要功能包括集群内文件的并行复制和集群间文件的并行复制。

将目录 /user/glxy/ 从集群 nn1（NameNode 所在节点的 host）复制到集群 nn2 上，两个集群中 Hadoop 版本相同，语句如下：

```
bin/hadoop distcp hdfs://nn1:8020/user/glxy hdfs://nn2:8020/user/glxy
```

将目录 /user/glxy/ 从集群 nn1（NameNode 所在节点的 host）复制到集群 nn2 上，nn2 中的 Hadoop 版本高于 nn1 版本（在集群 nn2 上执行该命令），语句如下：

```
bin/hadoop distcp hftp://nn1:8020/user/glxy hdfs://nn2:8020/user/glxy
```

关于 distcp 更详细的介绍，可参考 Hadoop 官方文档[①]。

本章小结

本章介绍了分布式文件存储系统 HDFS，包括 HDFS 的基本架构和如何利用 Shell 命令访问和使用 HDFS。HDFS 是一个分布式文件系统，具有良好的扩展性、容错性以及易用的 API。它的核心思想是将文件切分成等大的数据块，以多副本的形式存储到多个节点上。HDFS 采用了经典的主 / 从软件架构，其中主服务被称为 NameNode，负责管理文件系统的元信息；而从服务被称为 DataNode，负责存储实际的数据块。HDFS 提供了丰富的访问方式，用户可以通过 HDFS Shell 等方式存取 HDFS 上的文件。

习题

1. 什么是文件级别的分布式系统，什么是块级别的分布式系统？简述各自的特点。
2. 简述 HDFS 的基本架构。
3. 简述向 HDFS 写文件的基本流程。
4. 简述从 HDFS 中读文件的基本流程。
5. 在 HDFS 中创建目录 /user/glxy/input，并向该目录上传本地文件。

---

① http://hadoop.apache org/docs/stable/hadoop-distcp/DistCp.html。

BIG DATA

第 11 章

分布式处理

11.1 分布式计算思想

随着人们对数据特点的认识和需求的变化以及新数据类型的不断出现，新的处理技术也不断涌现。虽然大数据技术包含了数据采集、存储、计算、分析等一系列流程，但分布式计算其实一直是其中的核心。对于究竟如何处理大数据，业界一直有集中式计算和分布式计算两大方向。

20 世纪 60 年代，大型主机被发明出来以后，凭借其超强的计算和 I/O 处理能力及在稳定性、安全性方面的卓越表现，在很长一段时间内引领了计算机行业以及商业计算领域的发展。与此同时，集中式计算机系统架构也成为主流，而分布式系统由于理论复杂、技术实现困难并未被推广。

集中式计算就是指由一台或多台主计算机组成中心节点，数据集中存储在这个中心节点中，并且整个系统的所有业务单元都集中部署在这个中心节点上，系统的所有功能均由其进行集中处理，其最大的特点就是部署结构简单，需要中心节点具有良好的稳定性和卓越的性能，经济成本比较高。图 11.1 是集中式处理架构的示意图。

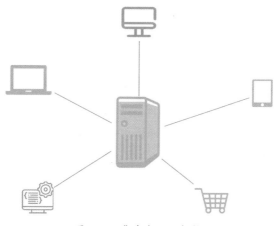

图 11.1　集中式处理架构

　　然而随着计算机系统逐渐向微型化、网络化发展，传统的集中式处理不仅会导致成本攀升，也存在着较大的单点故障风险。而且随着计算技术的发展，有些应用需要非常巨大的计算能力才能完成。如果采用集中式计算，需要耗费相当长的时间来完成。由于集中式系统不足以满足互联网爆炸式增长的需求，同时随着小型机性能的不断提升和互联网技术的发展，为了规避风险、降低成本，互联网公司把研究方向转向了小型机和普通 PC，以较低成本进行分布式计算。分布式计算可以通过将应用分解成许多小的部分，分配给多台计算机进行处理，这样就可以节约整体计算时间，大大提高计算效率。

　　分布式计算主要研究如何应用分布式系统进行计算，即把一组计算机通过网络相互连接组成分散系统，然后将需要处理的数据分散成多个部分，交由分散在系统内的计算机组同时计算，再将结果合并得到最终结果。分布式计算的经济和运维成本更低，不存在明显的单点问题，更容易通过增加节点的方式进行横向扩展。图 11.2 是分布式处理架构的示意图。

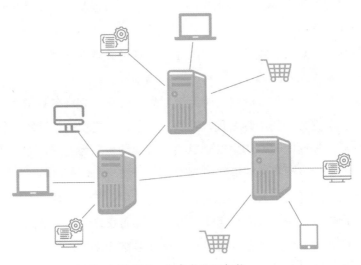

图 11.2　分布式处理架构

　　想象自己就是一台计算机，并拥有基本的计算机构件，如图 11.3 所示，人们的数学与逻辑能力就相当于计算机的中央处理器（CPU），记忆力相当于计算机的内存，眼睛与耳朵相当于计算机的输入设备，嘴巴与四肢相当于计算机的输出设备，背包相当于计算机的存储设备。那么作为一台"人型计算机"，是如何解决实际问题的呢？

　　假设你只能通过记忆力（内存）记住 4 种信息（即"内存"存储的上限设定），这时需要对一叠扑克牌（多副牌中的任意部分）进行以下统计：

　　（1）统计这叠扑克牌中 4 种花色的个数；

　　（2）统计这叠扑克牌中 A ～ K13 种牌面的个数。

　　对于"人型计算机"而言，完成第一个统计可以直接在大脑中记住 4 种花色的个数，一张一张处理完所有的扑克牌后报出每个花色的个数即可。

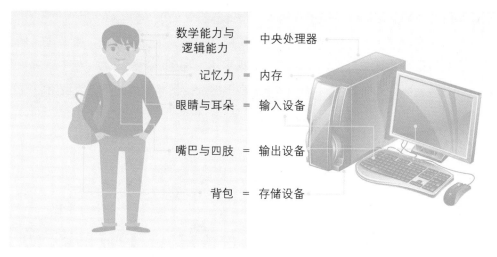

图 11.3　人与计算机

而对于第二个统计，如果沿用上一问题的解决思路，因为存储上限只能为 4，"人型计算机"的内存已经不够用了。当无法记住更多信息时，可以用笔记来辅助记忆。在计算机中，这个笔记就相当于存放在"磁盘"的一个文档。有了笔记之后，可以每取一张扑克牌便更新对应牌面的统计个数，在统计完所有扑克牌后报出最终结果。

如图 11.4 所示，在大数据时代，扑克牌问题可以进行如下演变。

（1）输入数据的规模增加。在扑克牌数量增加的情况下，统计每种花色或者牌面的个数；

（2）需要统计的问题升级。例如统计 52 种牌型的个数；

（3）处理时间需求升级。希望能够尽快得到结果。

图 11.4　大数据时代的扑克牌问题

要知道，"人型计算机"的"内存"和"硬盘"都是有容量限制的，52 种牌型的信息显然已经远远超过了单个"人型计算机"的处理能力。那么这类问题是如何运用分布式思想来解决的呢？如图 11.5 所示，对这类问题的分布式处理方法主要可以分为 4 步。

（1）切分。切分指将输入数据切分成多份。既然单个"人型计算机"无法完全处理完所有的扑克牌，那么就可以把牌分成随机很多份，每份尽量平均且个数不超过单个计算机的处理上限，统一交由一组"人型计算机"处理。

多个"人型计算机"合作时，为了保证能够准确高效地完成任务，需要进行角色分工。负责执行具体运算任务的是计算兵，根据承担任务的不同分为"变"计算兵和"合"计算兵。两者的个数不固定，由指挥官根据数据量和运算效率进行调整。

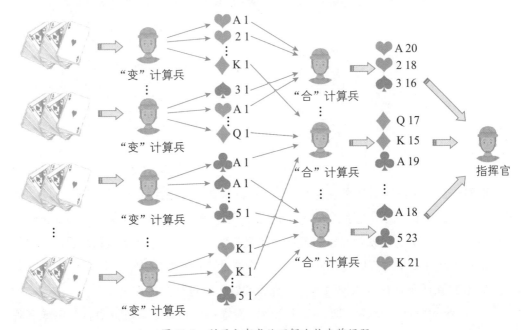

图 11.5　利用分布式处理解决扑克牌问题

（2）变换。变换是指将每条输入数据进行映射变换。开始执行任务时，每一个"变"计算兵都要对自己分得的每一张扑克牌按照相同的规则做变换，例如在每张扑克牌的牌型后加上一个计数数值 1，由"牌型"变换为 <"牌型"，1>，便于在后续步骤对变换后的结果进行处理。

这种变换规则要根据具体问题来制定，严格的流水化操作会让整体的效率更高。

（3）洗牌。洗牌是指将变换后的数据按照给定规则进行分组。变换的运算完成之后，每个"变"计算兵要将各自变换后的扑克牌按照牌型分成多个小组，例如将 {<红桃 A，1>，<红桃 2，1>，<黑桃 3，1>} 划分为一组。每个小组会被传递到一个指定的"合"计算兵进行合并统计。

（4）合并。合并是指将洗牌后的数据进行合并，得到最终统计结果。"合"计算兵将手中的扑克牌按照相同的计算规则依次进行合并，计算规则需要根据具体问题来制定。在这个问题中需要对每个牌型扑克牌上的数值直接累加，统计出相应结果。

所有的"合"计算兵把自己的计算结果上交给"指挥官"，"指挥官"汇总后得到最终的统计结果。

可以看出分布式思想在逻辑上并不复杂，但在具体的实现过程中会有很多复杂的过程，譬如"指挥官"如何协调调度所有的"运算兵"，"运算兵"之间如何通信等。

11.2　MapReduce

11.2.1　MapReduce 介绍

讲到分布式计算，大多数人第一时间想到的就是 Hadoop MapReduce。MapReduce 是一个经典的分布式批处理计算引擎，被广泛应用于搜索引擎索引构建、大规模数据处理等场景中，具有易于编程、良好的扩展性与容错性以及高吞吐率等特点。它主要由两部分组成：编程模型和运行时环境。其中，编程模型为用户提供了非常易用的编程接口，用户只需要像编写串行程序一样编写几个简单的函数即可实现一个分布式程序；而其他比较复杂的工作，如节点间的通信、节点失效、数据切分等，全部由 MapReduce 运行时环境完成，用户无须关心这些细节。

Hadoop 最早起源于 Nutch。Nutch 是一个开源的网络搜索引擎，由 Doug Cutting 于 2002 年创建。Nutch 的设计目标是构建一个大型的全网搜索引擎，包括网页抓取、索引、查询等功能。但随着抓取网页数量的增加，Nutch 遇到了严重的可扩展性问题，即不能解决数十亿网页的存储和索引问题。之后，两篇谷歌发表的论文为该问题提供了可行的解决方案：一篇是 2003 年发表的关于谷歌分布式文件系统的论文。该论文描述了谷歌搜索引擎网页相关数据的存储架构，该架构可解决 Nutch 遇到的网页抓取和索引过程中产生的对超大文件存储需求的问题。但由于谷歌仅开源了思想而未开源代码，Nutch 项目组便根据论文完成了一个开源实现，即 Nutch 的分布式文件系统（NDFS）。另一篇是 2004 年发表的关于谷歌分布式计算框架 MapReduce 的论文，该论文描述了谷歌内部最重要的分布式计算框架 MapReduce 的设计艺术，该框架可用于处理海量网页的索引问题。同样，由于谷歌未开源代码，Nutch 的开发人员完成了一个开源实现。由于 NDFS 和 MapReduce 不仅适用于搜索领域，2006 年初，开发人员将其移出 Nutch，成为 LuceneR 的一个子项目，称为 Hadoop。大约同一时间，Doug Cutting 加入雅虎公司。由于公司同意组织一个专门的团队继续发展 Hadoop，同年 2 月，Apache Hadoop 项目正式启动，以支持 MapReduce 和 HDFS 的独立发展。2008 年 1 月，Hadoop 成为 Apache 的顶级项目，迎来了它的快速发展期。

Hadoop MapReduce 的实现很大程度上借鉴了谷歌 MapReduce 的设计思想，包括简化编程接口、提高系统容错性等。总结 Hadoop MapReduce 的设计目标，主要有以下几个。

（1）易于编程。传统的分布式程序设计（如 MPI）非常复杂，用户需要关注的细节非常多，如数据分片、数据传输、节点间通信等，因而设计分布式程序的门槛非常高。MapReduce 的一个重要设计目标便是简化分布式程序设计，将与并行程序逻辑无关的设计细节抽象成公共模块并交由系统实现，而用户只需专注于自己的应用程序逻辑实现，提高了开发效率。

（2）良好的扩展性。随着业务的发展，积累的数据量（如搜索公司的网页量）

会越来越大，当数据量增加到一定程度后，现有集群可能已经无法满足其计算和存储需求，这时候管理员可能期望通过添加机器以达到线性扩展集群能力的目的。

（3）高容错性。在分布式环境下，随着集群规模的增加，集群中的故障次数（这里的"故障"包括磁盘损坏、机器宕机、节点间通信失败等硬件故障和用户程序错误产生的软件故障）会显著增加，进而导致任务失败和数据丢失的可能性增加。为避免这些问题，MapReduce 通过计算迁移或者数据迁移等策略提高集群的可用性与容错性。

（4）高吞吐率。一个分布式系统通常需要在高吞吐率和低延迟之间做权衡，而MapReduce 计算引擎则选择了高吞吐率。MapReduce 通过分布式并行技术，利用多机资源一次读取和写入海量数据。

11.2.2 MapReduce 编程模型

类似于编程语言中的入门程序"hello world"，在分布式计算领域也有一个入门级的程序：word count。它需要解决的问题是：给定一个较大（可能是 GB 甚至 TB 级别）的文本数据集，如何统计出每个词在整个数据集中出现的总频率？该问题在数据量不大的情况下，可很容易通过单机程序解决。但当数据量达到一定程度后，必须采用分布式方式解决。一种可行的方案是分布式多线程：将数据按照文件切分后，分发到 N 台机器上；每台机器启动多个线程（称为 map thread），统计给定文件中每个词出现的频率；之后再启动另外一些线程（称为 reduce thread），统计每个词在所有文件中出现的总频率。该方案需要用户完成大量开发工作，包括。

（1）数据切分。将输入文件切分成均匀的小文件，分发到 N 台机器上，以便并行处理。

（2）数据传输。map thread 产生的中间结果需通过网络传输给 reduce thread，以便进一步对局部统计结果进行汇总，得到全局结果。

（3）设计高容错机制。机器故障是很常见的，需要设计一定的机制保证某台机器出现故障后，不会导致整个计算任务失败。

（4）扩展性。需考虑系统扩展性问题，即当增加一批新机器后，整个计算过程如何能快速应用新增资源。

总之，自己实现分布式多线程的方法是可行的，但编程工作量极大，用户需花费大量时间处理与应用程序逻辑无直接关系的分布式问题。为了简化分布式数据处理，MapReduce 模型便诞生了。

MapReduce 是面向大数据并行处理的一种编程框架，可将复杂的、运行在大规模集群上的并行计算过程高度地抽象成 Map 和 Reduce 两个函数。用户不需要掌握分布式并行编程细节，只需编写 Map() 和 Reduce() 函数，即可完成分布式程序的设计和海量数据的计算。

MapReduce 模型的核心思想是分而治之，即将一个分布式计算过程拆解成两个阶段。

第一阶段：Map 阶段，由多个可并行执行的 Map Task（任务）构成，主要功能是将待处理数据集按照数据量大小切分成等大的数据分片，每个分片交由一个任务处理。

第二阶段：Reduce 阶段，由多个可并行执行的 Reduce Task（任务）构成，主要功能是对前一阶段中各个任务产生的结果进行合并得到最终结果。

MapReduce 的出现使用户可以把主要精力放在设计数据处理算法上，至于其他的分布式问题，包括节点间的通信、节点失效、数据切分、任务并行化等，全部由 MapReduce 运行时环境完成，用户无须关心这些细节。

11.2.3 MapReduce 程序案例

1. 词频统计案例

本节主要介绍如何编写一个 Hadoop MapReduce 应用程序，利用 MapReduce 实现对某个文件中单词的词频统计。用户只需编写 Map() 和 Reduce() 两个函数，即可完成词频统计分布式程序的设计。这两个函数的作用如下。

（1）Map() 函数：获取给定文件中的一行字符串，将其分词后，对每个单词进行格式转换。

（2）Reduce() 函数：将相同的词聚集在一起，统计每个词出现的总频率并输出结果。

由于是基于 Hadoop3.3.*，MapReduce 程序已迁移至 YARN 运行，所以在运行案例前需启动 YARN。

启动 YARN 的命令如下：

```
sbin/start-yarn.sh
```

停止 YARN 的命令如下：

```
sbin/stop-yarn.sh
```

词频统计的应用程序分为两部分，分别为 Map 阶段和 Reduce 阶段，其中 Map 阶段负责从 HDFS 读取文件，将文件中的单词分词后转换为 <word 1> 格式。Map 阶段的代码如源程序 11.1 所示。

```
1 import sys
2 def read_input(file):
3     for line in file:
4         yield line.split()
5 def main(separator='\t'):
6 // 使用标准输入读取文件
7     data = read_input(sys.stdin)
8     for words in data:
9         for word in words:
10     // 将单词分开，并且输出
11             print "%s%s%d" % (word, separator, 1)
12 if __name__ == "__main__":
13     main()
```

源程序 11.1　词频统计的 Map 阶段

Reduce 阶段负责对格式的数据进行累加计数，得到最终的词频统计结果。Reduce 阶段的代码如源程序 11.2 所示。

```
1 from operator import itemgetter
2 from itertools import groupby
3 import sys
4
5 def read_mapper_output(file, separator = '\t'):
6     for line in file:
7         yield line.rstrip().split(separator, 1)
8
9 def main(separator = '\t'):
10 // 读取 mapper 的结果
11     data = read_mapper_output(sys.stdin, separator = separator)
12 // 以单词为排序目标进行聚合
13     for current_word, group in groupby(data, itemgetter(0)):
14         try:
15 // 相同单词求和
16             total_count = sum(int(count) for current_word, count
   in group)
17             print "%s%s%d" % (current_word, separator, total_count)
18         except valueError:
19             pass
20
21 if __name__ == "__main__":
22     main()
```

源程序 11.2　词频统计的 Reduce 阶段

Reduce 阶段的代码会读取 Map 阶段的结果作为输入，并统计每个单词出现的总次数，把最终的结果打印出来。

接下来在 Hadoop 上运行上述 Python 代码。

如图 11.6 所示，首先准备需要统计的文件 data，并上传到 HDFS 上。

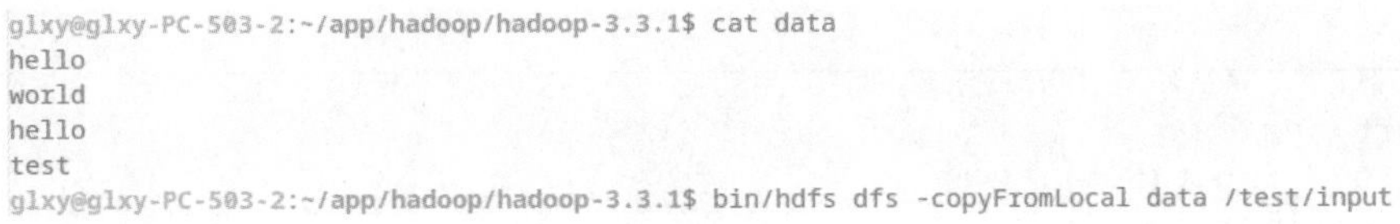

```
glxy@glxy-PC-503-2:~/app/hadoop/hadoop-3.3.1$ cat data
hello
world
hello
test
glxy@glxy-PC-503-2:~/app/hadoop/hadoop-3.3.1$ bin/hdfs dfs -copyFromLocal data /test/input
```

图 11.6　文件准备及上传

然后通过下述命令执行 MapReduce 任务，提交 Python 代码：

```
bin/hadoop jar share/hadoop/tools/lib/hadoop-streaming-3.3.1.jar  -file
test/code/mapper.py -mapper test/code/mapper.py -file test/code/reducer.py
-reducer test/code/reducer.py -input /test/input/data -output /test/
hdfs_out
```

执行结果如图 11.7 所示。

```
2022-02-12 16:48:37,728 INFO mapred.FileInputFormat: Total input files to process : 1
2022-02-12 16:48:38,165 INFO mapreduce.JobSubmitter: number of splits:2
2022-02-12 16:48:38,259 INFO mapreduce.JobSubmitter: Submitting tokens for job: job_1644655242228_0001
2022-02-12 16:48:38,259 INFO mapreduce.JobSubmitter: Executing with tokens: []
2022-02-12 16:48:38,412 INFO conf.Configuration: resource-types.xml not found
2022-02-12 16:48:38,412 INFO resource.ResourceUtils: Unable to find 'resource-types.xml'.
2022-02-12 16:48:38,765 INFO impl.YarnClientImpl: Submitted application application_1644655242228_0001
2022-02-12 16:48:38,792 INFO mapreduce.Job: The url to track the job: http://localhost:8088/proxy/application_1644655242228_0001/
2022-02-12 16:48:38,793 INFO mapreduce.Job: Running job: job_1644655242228_0001
2022-02-12 16:48:43,854 INFO mapreduce.Job: Job job_1644655242228_0001 running in uber mode : false
2022-02-12 16:48:43,855 INFO mapreduce.Job:  map 0% reduce 0%
2022-02-12 16:48:48,922 INFO mapreduce.Job:  map 100% reduce 0%
2022-02-12 16:48:52,939 INFO mapreduce.Job:  map 100% reduce 100%
2022-02-12 16:48:53,949 INFO mapreduce.Job: Job job_1644655242228_0001 completed successfully
2022-02-12 16:48:54,008 INFO mapreduce.Job: Counters: 54
        File System Counters
                FILE: Number of bytes read=45
                FILE: Number of bytes written=829805
                FILE: Number of read operations=0
                FILE: Number of large read operations=0
                FILE: Number of write operations=0
                HDFS: Number of bytes read=221
                HDFS: Number of bytes written=23
                HDFS: Number of read operations=11
                HDFS: Number of large read operations=0
                HDFS: Number of write operations=2
                HDFS: Number of bytes read erasure-coded=0
        Job Counters
                Launched map tasks=2
                Launched reduce tasks=1
                Data-local map tasks=2
                Total time spent by all maps in occupied slots (ms)=3909
                Total time spent by all reduces in occupied slots (ms)=1676
                Total time spent by all map tasks (ms)=3909
                Total time spent by all reduce tasks (ms)=1676
                Total vcore-milliseconds taken by all map tasks=3909
                Total vcore-milliseconds taken by all reduce tasks=1676
                Total megabyte-milliseconds taken by all map tasks=4002816
                Total megabyte-milliseconds taken by all reduce tasks=1716224
        Map-Reduce Framework
                Map input records=4
                Map output records=4
                Map output bytes=31
                Map output materialized bytes=51
                Input split bytes=186
                Combine input records=0
                Combine output records=0
                Reduce input groups=3
                Reduce shuffle bytes=51
                Reduce input records=4
                Reduce output records=3
                Spilled Records=8
                Shuffled Maps =2
                Failed Shuffles=0
                Merged Map outputs=2
                GC time elapsed (ms)=113
                CPU time spent (ms)=1510
                Physical memory (bytes) snapshot=868483072
                Virtual memory (bytes) snapshot=7870312448
                Total committed heap usage (bytes)=718798848
                Peak Map Physical memory (bytes)=327004160
                Peak Map Virtual memory (bytes)=2622050304
                Peak Reduce Physical memory (bytes)=215117824
                Peak Reduce Virtual memory (bytes)=2627309568
        Shuffle Errors
                BAD_ID=0
                CONNECTION=0
                IO_ERROR=0
                WRONG_LENGTH=0
                WRONG_MAP=0
                WRONG_REDUCE=0
        File Input Format Counters
                Bytes Read=35
        File Output Format Counters
                Bytes Written=23
2022-02-12 16:48:54,008 INFO streaming.StreamJob: Output directory: /test/hdfs_out
qlxy@qlxy-PC-503-2:~/app/hadoop/hadoop-3.3.1$ bin/hdfs dfs -ls /test/hdfs_out
```

图 11.7　MapReduce 的执行结果

可以通过下述命令查看 MapReduce 输出的执行结果：

```
bin/hdfs dfs -ls /test/hdfs_out/
bin/hdfs dfs -cat /test/hdfs_out/part-00000
```

查看 MapReduce 的执行结果如图 11.8 所示。

大
数
据
应
用
基
础
教
程

```
glxy@glxy-PC-503-2:~/app/hadoop/hadoop-3.3.1$ bin/hdfs dfs -ls /test/hdfs_out
Found 2 items
-rw-r--r--   3 glxy supergroup          0 2022-02-12 16:48 /test/hdfs_out/_SUCCESS
-rw-r--r--   3 glxy supergroup         23 2022-02-12 16:48 /test/hdfs_out/part-00000
glxy@glxy-PC-503-2:~/app/hadoop/hadoop-3.3.1$ bin/hdfs dfs -cat /test/hdfs_out/part-00000
hello   2
test    1
world   1
```

图 11.8　查看 MapReduce 的执行结果

2. 鸢尾花聚类案例

利用 7.3 节的鸢尾花数据集 Iris，演示如何利用 MapReduce 进行 *K*-means 聚类，根据每朵鸢尾花的特征变量为其自动划分类别。

根据 7.4 节的介绍，*K*-means 算法的主要步骤为：

（1）随机地从所有对象中选取 *K* 个样本点，作为每一个类别的初始聚类中心；

（2）分别计算每个样本点与这 *K* 个聚类中心的距离；

（3）将各个对象分配到有最近质心的簇，并重新计算新的聚类中心（质心）；

（4）重复步骤（2）和（3），直到算法收敛。

利用 MapReduce 实现 *K*-means 算法的解决方案为：在 Map 阶段读取聚类中心和样本文件，计算每个样本点与每个聚类中心的距离，得到与每个样本点距离最近的质心，并输出 < 质心，样本点 >；在 Reduce 阶段重新计算质心。源程序 11.3 展示了 Map 阶段的实现代码，源程序 11.4 展示了 Reduce 阶段的实现代码。

```
1 import sys
2 import numpy as np
3 from math import sqrt
4
5 # 从文件中获取初始聚类中心
6 def getCentroids(filepath):
7     centroids = []
8     with open(filepath) as fp:
9         line = fp.readline()
10         while line:
11             if line:
12                 try:
13                     line = line.strip()
14                     centroids.append(np.array([float(x) for x in
   line.split(',')]))
15                 except:
16                     break
17             else:
18                 break
19             line = fp.readline()
20
21     fp.close()
22     return centroids
23
24 # 通过聚类中心进行聚类
25 def createClusters(centroids):
26     for line in sys.stdin:
```

源程序 11.3　鸢尾花聚类的 Map 阶段

```
27          line = line.strip()
28          features = np.array([float(x) for x in line.split(',')])
29          min_dist = 1e9
30          index = -1
31
32          for i in range(len(centroids)):
33              tempDist = np.sum((features - centroids[i]) ** 2)
34              if tempDist < min_dist:
35                  min_dist = tempDist
36                  index = i
37
38          var = "%s\t%s\t%s\t%s\t%s" % (index, features[0],
    features[1], features[2], features[3])
39          print(var)
40
41 if __name__ == "__main__":
42      centroids = getCentroids('/home/glxy/app/kmeans/KMeans_
    MapReducer/Dataset_Centroids/centroids.txt')
43      createClusters(centroids)
```

源程序 11.3 鸢尾花聚类的 Map 阶段（续）

```
1 import sys
2 import numpy as np
3
4 def calculateNewCentroids():
5      global centroid_index
6      current_centroid = None
7      count = 0
8      point = []
9      points = []
10
11     for line in sys.stdin:
12          # 获取迭代次数和特征数据
13          data = np.array([float(x) for x in line.split('\t')])
14          centroid_index = data[0]
15          point=data[1:]
16
17          # 计算新的聚类中心
18          if current_centroid == centroid_index:
19              count += 1
20              points = np.add(points, point)
21          else:
22              if count != 0:
23                  # Cluster Features Mean
24                  print(",".join(str(i/count) for i in points))
25
26              current_centroid = centroid_index
27              points=point
28              count = 1
29
30     if current_centroid == centroid_index and count != 0:
31          print(",".join(str(i/count) for i in points))
32
33 if __name__ == "__main__":
34     calculateNewCentroids()
```

源程序 11.4 鸢尾花聚类的 Reduce 阶段

由于 MapReduce 本身并不支持迭代算法，因此还需要一个脚本方法来迭代执行 Map 方法和 Reduce 阶段方法，并根据 Reduce 方法的输出控制迭代次数。源程序 11.5 展示了通过比较新老质心判断算法是否收敛的源程序，源程序 11.6 展示了迭代运行脚本的源程序。

```
1 from mapper import getCentroids
2 import numpy as np
3
4 #判断新老质心的差值是否小于阈值 tol
5 def checkCentroidsDistance(centroids, centroids1):
6     tol = 1e-4
7     result = np.subtract(centroids,centroids1)
8     for i in result :
9         if abs(i).all() > tol :
10             print(0)
11             exit(0)
12     print(1) # So the runner script ends.
13
14 if __name__ == "__main__":
15     centroids = getCentroids('/home/glxy/app/kmeans/KMeans_
   MapReducer/Dataset_Centroids/centroids.txt')
16     centroids1 = getCentroids('/home/glxy/app/kmeans/KMeans_
   MapReducer/Dataset_Centroids/centroids1.txt')
17
18     checkCentroidsDistance(centroids, centroids1)
```

源程序 11.5　判断新老质心是否收敛

```
1 #!/bin/bash
2 i=1
3 HADOOP_HOME=/home/glxy/app/hadoop/hadoop-3.3.1
4 KMEANS_HOME=/home/glxy/app/kmeans/KMeans_MapReducer
5 while :
6 do
7 $HADOOP_HOME/bin/hadoop jar $HADOOP_HOME/share/hadoop/tools/lib/
   hadoop-streaming-3.3.1.jar \
8 -file $KMEANS_HOME/Dataset_Centroids/centroids.txt \
9 -file $KMEANS_HOME/mapper.py -mapper $KMEANS_HOME/mapper.py \
10 -file $KMEANS_HOME/reducer.py -reducer $KMEANS_HOME/reducer.py\
11 -input /test/kmeans/dataset.txt -output /test/kmeans/SZ$i
12 rm -f $KMEANS_HOME/Dataset_Centroids/centroids1.txt
13 $HADOOP_HOME/bin/hadoop fs -copyToLocal /test/kmeans/SZ$i/part-
   00000 $KMEANS_HOME/Dataset_Centroids/centroids1.txt
14 seeiftrue=`python $KMEANS_HOME/reader.py`
15 if [ $seeiftrue = 1 ]
16 then
17   rm $KMEANS_HOME/Dataset_Centroids/centroids.txt
18   $HADOOP_HOME/bin/hadoop fs -copyToLocal /test/kmeans/SZ$i/part-
   00000 $KMEANS_HOME/Dataset_Centroids/centroids.txt
19   break
20 else
21   rm $KMEANS_HOME/Dataset_Centroids/centroids.txt
22   $HADOOP_HOME/bin/hadoop fs -copyToLocal /test/kmeans/SZ$i/part-
   00000 $KMEANS_HOME/Dataset_Centroids/centroids.txt
23 fi
24 i=$((i+1))
25 done
```

源程序 11.6　迭代执行鸢尾花聚类的 Map 和 Reduce 阶段

通过命令 hdfs dfs -put dataset.txt /test/kmeans 上传测试数据到 hdfs 中，通过执行命令 ./run.sh 来执行迭代运行的脚本。图 11.9 展示了初始聚类中心文件的内容，图 11.10 展示了聚类后得到的最终聚类中心。

```
glxy@glxy-PC-503-1:~/app/hadoop/hadoop-3.3.1/bin$ cat /home/glxy/app/kmeans/IRIS_KMeans_MapReducer-master/Dataset_Centroids/centroids.txt
4.8, 3.4, 1.9, 0.2
6.4, 2.9, 4.3, 1.3
6.7, 3.3, 5.7, 2.1
```

图 11.9　初始聚类中心文件

```
glxy@glxy-PC-503-1:~/app/hadoop/hadoop-3.3.1/bin$ cat /home/glxy/app/kmeans/IRIS_KMeans_MapReducer-master/Dataset_Centroids/centroids.txt
5.006, 3.418, 1.464, 0.244
5.90161290323, 2.74838709677, 4.3935483871, 1.43387096774
6.85, 3.07368421053, 5.74210526316, 2.07105263158
```

图 11.10　最终聚类结果

11.3　Spark

11.3.1　Spark 介绍

Spark 最初诞生于美国加州大学伯克利分校（UC Berkeley）的 AMP 实验室，是一个可应用于大规模数据处理的快速、通用引擎。2013 年，Spark 加入 Apache 孵化器项目后，开始获得迅猛的发展，如今已成为 Apache 软件基金会最重要的三大分布式计算系统开源项目之一（即 Hadoop、Spark、Storm）。

Spark 引入 RDD（resilient distributed datasets，弹性分布式数据集）模型后具备了类似 MapReduce 等数据流模型的容错特性，并且允许开发人员在大型集群上执行基于内存的分布式计算。Spark 尤其适合数据科学分析与计算，在迭代式计算和交互式计算方面具有独特优势。Spark 提供了丰富的编程接口，用户只需要像编写串行程序一样调用这些函数接口即可实现一个分布式程序；而其他比较复杂的工作，如节点间的通信、节点失效、数据切分等，全部由 Spark 运行时环境完成，用户无须关心这些细节。

Spark 是在 MapReduce 基础上产生的，它克服了 MapReduce 性能低下、编程不够灵活等缺点。Spark 的主要特点如下。

（1）性能高效。Spark 的性能高效主要体现在以下几方面。

① 内存计算引擎。Spark 允许用户将数据放到内存中以加快数据读取，进而提高数据处理性能。Spark 提供了数据抽象 RDD，使用户可将数据分布到不同节点上存储，并可存储到内存或磁盘，或内存、磁盘混合存储。

② 通用 DAG（directed acyclic graph，有向无环图）计算引擎。相比于 MapReduce 这种简单的两阶段计算引擎，Spark 则是一种更加通用的 DAG 引擎，它使数据可通过本地磁盘或内存流向不同计算单元，而不是（像 MapReduce 那样）借助低效的 HDFS。

③ 性能高效。Spark 是在 MapReduce 的基础上产生的，借鉴和重用了 MapReduce 众多已存在的组件和设计思想，同时又引入了大量新颖的设计理念，包括允许资源重

用、通用 DAG 优化和调度引擎等。有关测试结果表明，在消耗相同资源的情况下，Spark 比 MapReduce 快几倍到几十倍（具体提升多少取决于应用程序的类型）。

（2）简单易用。不像 MapReduce 那样仅仅局限于 Mapper、Partitioner 和 Reducer 等几种低级 API，Spark 提供了丰富的高层次 API，包括 sortByKey、groupByKey、cartesian（求笛卡儿积）等。为方便不同编程语言喜好的开发者，Spark 提供了四种语言的编程 API：Scala、Python、Java 和 R。要实现相同功能的模块，Spark 的代码量是 MapReduce 的 $1/5 \sim 1/2$。

（3）与 Hadoop 无缝集成。Hadoop 发展到现在，已经成为大数据标准解决方案，涉及数据收集、数据存储、资源管理以及分布式计算等一系列系统，它在大数据平台领域的地位不可撼动。Spark 作为新型计算框架，将自己定位为除 MapReduce 等引擎之外的另一种可选的数据分析引擎，它可以与 Hadoop 进行完好集成；可以与 MapReduce 等类型的应用一起运行在 YARN 集群上，读取存储在 HDFS/HBase 中的数据，并写入各种存储系统中。

Spark 作为大数据计算平台的后起之秀，在 2014 年打破了 Hadoop 保持的基准排序（sort benchmark）纪录，使用 206 个节点在 23 分钟的时间里完成了 100 TB 数据的排序，而 Hadoop 则使用 2000 个节点在 72 分钟的时间里完成了同样数据的排序。也就是说，Spark 仅使用了 1/10 的计算资源，获得了比 Hadoop 快 3 倍的速度。新纪录的诞生使 Spark 获得多方追捧，也表明了 Spark 可以作为一个更加快速、高效的大数据计算平台。

11.3.2　Spark 编程模型

每个 Spark 应用程序都由一个驱动程序组成，该驱动程序运行用户的主函数，并在集群中执行各种并行操作。

1. Spark 的核心概念

Spark 中主要有两个核心概念：RDD 和共享变量（shared variables）。

（1）RDD。Spark 的核心是建立在统一的抽象 RDD 之上，使 Spark 的各个组件可以无缝进行集成，在同一个应用程序中完成大数据计算任务。RDD 的设计理念源自 AMP 实验室发表的论文 *Resilient Distributed Datasets: A Fault-Tolerant Abstraction for In-Memory Cluster Computing*。

在实际应用中，存在许多迭代式算法（如机器学习、图算法等）和交互式数据挖掘工具，这些应用场景的共同之处是：不同计算阶段之间会重用中间结果，即一个阶段的输出结果会作为下一个阶段的输入。但是，目前的 MapReduce 框架都是把中间结果写入 HDFS 中，带来了大量的数据复制、磁盘 I/O 和序列化开销。

RDD 就是为了满足这种需求而出现的。它提供了一个抽象的数据架构，不必担心底层数据的分布式特性，只需将具体的应用逻辑表达为一系列转换处理。不同

RDD 之间的转换操作形成依赖关系，可以实现管道化，从而避免了中间结果的存储，大大降低了数据复制、磁盘 I/O 和序列化开销。

　　一个 RDD 就是一个分布式对象集合，本质上是一个只读的分区记录集合。一个 RDD 可以分成多个分区，每个分区是一个数据集片段，并且一个 RDD 的不同分区可以被保存到集群的不同节点上，从而可以在集群的不同节点上进行并行计算。RDD 提供了一种高度受限的共享内存模型，即 RDD 是只读的分区记录集合，不能直接修改，只能基于稳定的物理存储中的数据集来创建 RDD，或者通过在其他 RDD 上执行确定的转换操作（如 map、join 和 groupBy）来创建得到新的 RDD。

　　RDD 提供了一组丰富的操作来支持常见的数据运算，分为"转换"（Transformation）和"行动"（Action）两种类型。如图 11.11 所示，它们的作用如下。

　　① Transformation：即"转换"，其主要作用是将一种 RDD 转换为另外一类 RDD，如通过"增加 1"的转换方式将一个 RDD[Int] 转换成一个新的 RDD[Int]。常用的 Transformation 操作包括 map、filter、groupByKey 等。

　　② Action：即"行动"，其主要作用是通过处理 RDD 得到一个或一组结果，如将一个 RDD[Int] 中所有元素的值加起来，得到一个全局和。常用的 Action 操作包括 saveAsTextFile、reduce、count 等。

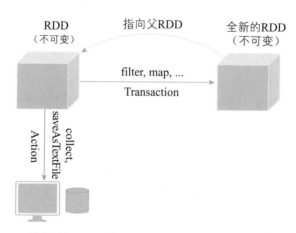

图 11.11　RDD 的 Transformation 和 Action 操作

一些常见的 Transaction 操作和 Action 操作如表 11.1 和表 11.2 所示。

表 11.1　常见的 Transaction 操作

方　　法	描　　述
filter(func)	筛选出满足函数 func 的元素，并返回一个新的数据集
map(func)	将每个元素传递到函数 func 中，并将结果返回为一个新的数据集
flatMap(func)	与 map() 相似，但每个输入元素都可以映射到 0 或多个输出结果
groupByKey()	应用于 (K, V) 键值对的数据集时，返回一个新的 (K, Iterable) 形式的数据集

方　　法	描　　述
reduceByKey(func)	应用于 (K, V) 键值对的数据集时，返回一个新的 (K, V) 形式的数据集，其中的每个值是将每个 key 传递到函数 func 中进行聚合

表 11.2　常见的 Action 操作

方　　法	描　　述
count()	返回数据集中的元素个数
collect()	以数组的形式返回数据集中的所有元素
first()	返回数据集中的第一个元素
take(n)	以数组的形式返回数据集中的前 n 个元素
reduce(func)	通过函数 func（输入两个参数并返回一个值）聚合数据集中的元素
foreach(func)	将数据集中的每个元素传递到函数 func 中运行

创建 RDD 的方法是：从 HDFS（或任何其他 Hadoop 支持的文件系统）中的一个文件或者从驱动程序中现有的数据集转换得到。

Spark 用 Scala 语言实现了 RDD 的 API，程序员可以通过调用 API 实现对 RDD 的各种操作。RDD 典型的执行过程如下：

① RDD 读入外部数据源（或者内存中的集合）进行创建；

② RDD 进行一系列"转换"操作，每一次都会产生不同的 RDD，供给下一个"转换"使用；

③ 最后一个 RDD 经"行动"操作处理后输出到外部数据源（或者变成 Python 集合或标量）。

（2）共享变量。默认情况下，当 Spark 在不同的节点上以任务集的形式并行运行一个函数时，它会将函数中使用的每个变量的副本发送给各节点上的每个任务。有时，需要在任务之间或任务与驱动程序之间共享变量。Spark 支持两种类型的共享变量：广播变量（broadcast variable），可以在所有节点的内存中缓存一个值；累加变量（accumulator），只能加进去，如计数器和求和。

2. Spark 程序的设计流程

Spark 程序的设计流程一般如下。

（1）实例化 SparkContext 对象。SparkContext 对象封装了程序运行的上下文环境，包括配置信息、数据块管理器、任务调度器等。

（2）构造 RDD。可通过 SparkContext 对象提供的函数构造 RDD。常见的 RDD 构造方式分为两种：将 Python 集合转换为 RDD 和将 Hadoop 文件转换为 RDD。

（3）在 RDD 基础上，通过 Spark 提供的 Transformation 操作完成数据处理逻辑。

（4）通过 Action 操作将最终的 RDD 作为结果直接返回或者保存到文件中。

11.3.3 Spark 程序案例

Spark 3.2.1 支持 Python 3.6+ 环境。它可以使用标准的 CPython 解释器，所以可以使用像 NumPy 这样的 C 库，也适用于 PyPy 2.3 +。Spark 3.1.0 删除了对 Python 2、3.4 和 3.5 的支持，Spark 3.2.0 也已弃用 Python 3.6。

1. 词频统计案例

本案例首先介绍 Spark 集群的启动和停止方式，然后分别介绍 PySpark 交互式执行 Spark 程序及 Spark 任务提交执行。

Spark 集群的启动和停止需进入 Spark 安装目录下，执行如下命令。

启动 Spark 的命令如下：

```
sbin/start-all.sh
```

停止 Spark 的命令如下：

```
sbin/stop-all.sh
```

Spark 集群启动成功后，可通过浏览器访问 Spark Web UI 查看 Spark 集群的状态（见图 11.12），默认地址为 { 主节点 IP}:8080。

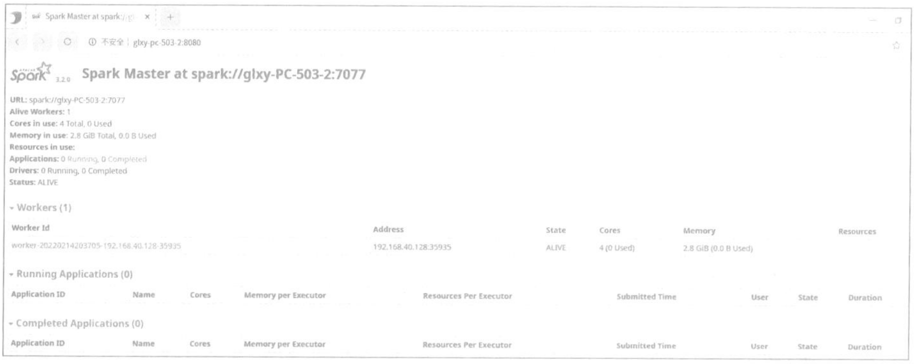

图 11.12 Spark Web UI

（1）PySpark 交互式执行 Spark 程序。

利用 PySpark 交互式执行 Spark 程序前，首先需要安装 PySpark 环境。首先用下述命令行下载 pip 安装脚本文件：

```
curl https://bootstrap.pypa.io/get-pip.py -o get-pip.py
```

该命令行的执行效果如图 11.13 所示。

```
glxy@glxy-PC-503-2:~/Downloads/pip-22.0.3$ curl https://bootstrap.pypa.io/get-pip.py -o get-pip.py
  % Total    % Received % Xferd  Average Speed   Time    Time     Time  Current
                                 Dload  Upload   Total   Spent    Left  Speed
100 2548k  100 2548k    0     0   203k      0  0:00:12  0:00:12 --:--:--  117k
```

图 11.13 下载 pip 安装脚本文件

pip 脚本下载完成后，使用下述命令行进行安装：

```
sudo python3 get-pip.py
```

安装完成后使用命令行 pip -V 验证是否安装成功。

pip 脚本安装和验证命令的执行效果如图 11.14 所示。

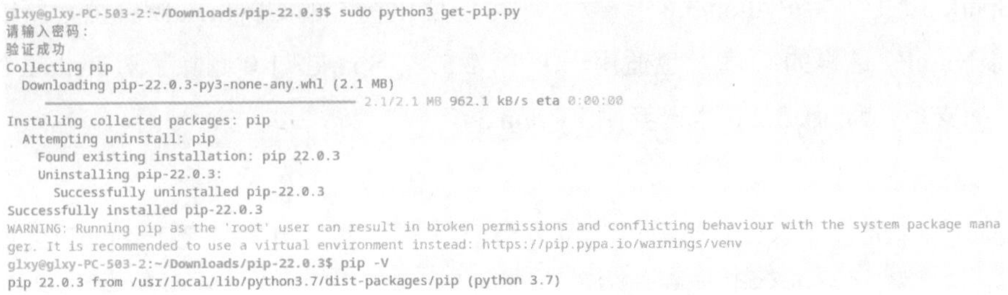

```
glxy@glxy-PC-503-2:~/Downloads/pip-22.0.3$ sudo python3 get-pip.py
请输入密码：
验证成功
Collecting pip
  Downloading pip-22.0.3-py3-none-any.whl (2.1 MB)
                        2.1/2.1 MB 962.1 kB/s eta 0:00:00
Installing collected packages: pip
  Attempting uninstall: pip
    Found existing installation: pip 22.0.3
    Uninstalling pip-22.0.3:
      Successfully uninstalled pip-22.0.3
Successfully installed pip-22.0.3
WARNING: Running pip as the 'root' user can result in broken permissions and conflicting behaviour with the system package mana
ger. It is recommended to use a virtual environment instead: https://pip.pypa.io/warnings/venv
glxy@glxy-PC-503-2:~/Downloads/pip-22.0.3$ pip -V
pip 22.0.3 from /usr/local/lib/python3.7/dist-packages/pip (python 3.7)
```

图 11.14　pip 脚本安装及验证

接着，可以通过下述命令行直接进行 PySpark 的安装：

```
sudo pip install pyspark
```

或者到 Spark 官网下载 pyspark-3.2.0.tar.gz 包进行安装：

```
sudo pip install --cache-dir tmp/ pyspark-3.2.0.tar.gz
```

PySpark 的安装效果如图 11.15 所示。

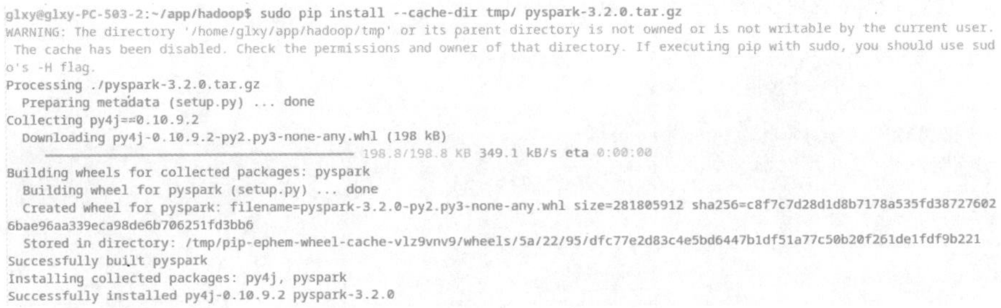

```
glxy@glxy-PC-503-2:~/app/hadoop$ sudo pip install --cache-dir tmp/ pyspark-3.2.0.tar.gz
WARNING: The directory '/home/glxy/app/hadoop/tmp' or its parent directory is not owned or is not writable by the current user.
 The cache has been disabled. Check the permissions and owner of that directory. If executing pip with sudo, you should use sud
o's -H flag.
Processing ./pyspark-3.2.0.tar.gz
  Preparing metadata (setup.py) ... done
Collecting py4j==0.10.9.2
  Downloading py4j-0.10.9.2-py2.py3-none-any.whl (198 kB)
                        198.8/198.8 KB 349.1 kB/s eta 0:00:00
Building wheels for collected packages: pyspark
  Building wheel for pyspark (setup.py) ... done
  Created wheel for pyspark: filename=pyspark-3.2.0-py2.py3-none-any.whl size=281805912 sha256=c8f7c7d28d1d8b7178a535fd38727602
6bae96aa339eca98de6b706251fd3bb6
  Stored in directory: /tmp/pip-ephem-wheel-cache-vlz9vnv9/wheels/5a/22/95/dfc77e2d83c4e5bd6447b1df51a77c50b20f261de1fdf9b221
Successfully built pyspark
Installing collected packages: py4j, pyspark
Successfully installed py4j-0.10.9.2 pyspark-3.2.0
```

图 11.15　PySpark 安装

接下来介绍 PySpark 的两种使用模式：本地模式和集群模式。

① 本地模式运行 PySpark。

运行 pyspark 命令时会默认按照本地模式运行，可在终端输入如下命令：

```
pyspark
```

效果如图 11.16 所示。

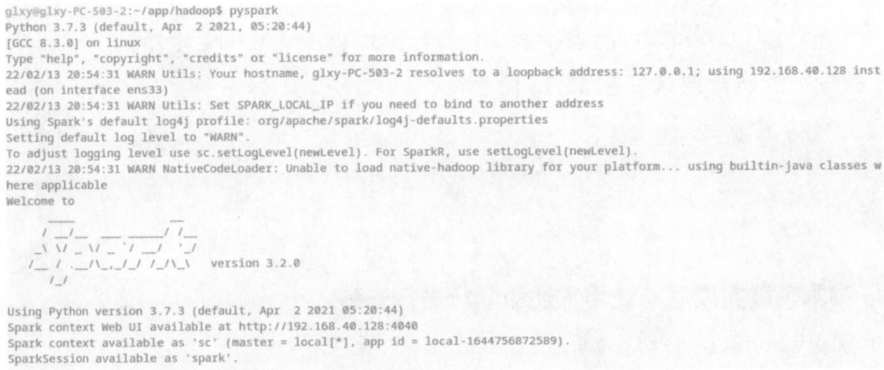

```
glxy@glxy-PC-503-2:~/app/hadoop$ pyspark
Python 3.7.3 (default, Apr  2 2021, 05:20:44)
[GCC 8.3.0] on linux
Type "help", "copyright", "credits" or "license" for more information.
22/02/13 20:54:31 WARN Utils: Your hostname, glxy-PC-503-2 resolves to a loopback address: 127.0.0.1; using 192.168.40.128 inst
ead (on interface ens33)
22/02/13 20:54:31 WARN Utils: Set SPARK_LOCAL_IP if you need to bind to another address
Using Spark's default log4j profile: org/apache/spark/log4j-defaults.properties
Setting default log level to "WARN".
To adjust logging level use sc.setLogLevel(newLevel). For SparkR, use setLogLevel(newLevel).
22/02/13 20:54:31 WARN NativeCodeLoader: Unable to load native-hadoop library for your platform... using builtin-java classes w
here applicable
Welcome to
      ____              __
     / __/__  ___ _____/ /__
    _\ \/ _ \/ _ `/ __/  '_/
   /__ / .__/\_,_/_/ /_/\_\   version 3.2.0
      /_/

Using Python version 3.7.3 (default, Apr  2 2021 05:20:44)
Spark context Web UI available at http://192.168.40.128:4040
Spark context available as 'sc' (master = local[*], app id = local-1644756872589).
SparkSession available as 'spark'.
```

图 11.16　本地模式运行 PySpark 的效果

可以看到打印信息中包含：

```
Spark context available as 'sc' (master = local[*], app id = local-1644756872589).
```

该信息表示后续的交互操作都会在本地运行，作业 id 为 local-1644756872589。

同样，在交互式对话中输入下列指令也可以查看当前的运行模式：

```
sc.master
```

效果如图 11.17 所示。其中 local[N] 代表本地运行，表示使用了 *N* 个线程（thread）；local[*] 则表示对线程数不限制，会尽量使用机器自身的 CPU 核心资源。

```
>>> sc.master
'local[*]'
>>>
```

图 11.17　查看 PySpark 的运行模式

在 PySpark 交互模式下读取本地文件并显示行数，可以输入如下命令：

```
textfile=sc.textFile("/home/glxy/app/hadoop/hadoop-3.3.1/data")
textfile.count()
```

读取本地文件并显示行数的结果如图 11.18 所示。

```
>>> textfile=sc.textFile("/home/glxy/app/hadoop/hadoop-3.3.1/data")
>>> textfile.count()
4
```

图 11.18　读取本地文件并显示行数

读取 HDFS 文件时，需在路径前加上"hdfs://host:port"，用于识别 HDFS 路径。命令如下：

```
textfile=sc.textFile("hdfs://{主节点名或 IP}:9999/test/input/data")
textfile.count()
```

读取 HDFS 文件并显示行数的结果如图 11.19 所示。

```
>>> textfile=sc.textFile("hdfs://glxy-PC-503-2:9999/test/input/data")
>>> textfile.count()
4
>>>
```

图 11.19　读取 HDFS 文件并显示行数

接下来就可以通过下述代码开始第一个 Spark 应用程序——wordCount：

```
textFile = sc.textFile("/home/glxy/app/hadoop/hadoop-3.3.1/data")
wordCount = textFile.flatMap(lambda line: line.split(" ")).map(lambda
word: (word,1)).reduceByKey(lambda a, b : a + b)
wordCount.collect()
```

词频统计的结果如图 11.20 所示。

```
>>> textFile = sc.textFile("/home/glxy/app/hadoop/hadoop-3.3.1/data")
>>> wordCount = textFile.flatMap(lambda line: line.split(" ")).map(lambda word: (word,1)).reduceByKey(lambda a, b : a + b)
>>> wordCount.collect()
[('world', 1), ('test', 1), ('hello', 2)]
>>>
```

图 11.20　词频统计

最后，使用 exit() 或者 quit() 命令退出 PySpark，效果如图 11.21 所示。

```
>>> exit()
glxy@glxy-PC-503-2:~/app/hadoop$
```

图 11.21   退出 PySpark

② Spark 集群模式运行 PySpark。

在 Spark 集群运行的前提下，输入下述命令来启动集群模式运行下 PySpark：

```
pyspark --master spark://{主节点名或IP}:7077 --num-executors 2 --total-
executor-cores 3 --executor-memory 512m
```

集群模式运行 PySpark 的效果如图 11.22 所示，这样交互中运行的任务会提交到 Spark 集群中来计算运行。

```
glxy@glxy-PC-503-2:~/app/hadoop$ pyspark --master spark://glxy-PC-503-2:7077 --num-executors 2 --total-executor-cores 3 --execu
tor-memory 512m
Python 3.7.3 (default, Apr  2 2021, 05:20:44)
[GCC 8.3.0] on linux
Type "help", "copyright", "credits" or "license" for more information.
22/02/13 21:17:33 WARN Utils: Your hostname, glxy-PC-503-2 resolves to a loopback address: 127.0.0.1; using 192.168.40.128 inst
ead (on interface ens33)
22/02/13 21:17:33 WARN Utils: Set SPARK_LOCAL_IP if you need to bind to another address
Using Spark's default log4j profile: org/apache/spark/log4j-defaults.properties
Setting default log level to "WARN".
To adjust logging level use sc.setLogLevel(newLevel). For SparkR, use setLogLevel(newLevel).
22/02/13 21:17:33 WARN NativeCodeLoader: Unable to load native-hadoop library for your platform... using builtin-java classes w
here applicable
Welcome to
      ____              __
     / __/__  ___ _____/ /__
    _\ \/ _ \/ _ `/ __/  '_/
   /__ / .__/\_,_/_/ /_/\_\   version 3.2.0
      /_/

Using Python version 3.7.3 (default, Apr  2 2021 05:20:44)
Spark context Web UI available at http://192.168.40.128:4040
Spark context available as 'sc' (master = spark://glxy-PC-503-2:7077, app id = app-20220213211734-0003).
SparkSession available as 'spark'.
>>>
```

图 11.22   集群模式运行 PySpark

通过下述命令行读取 HDFS 文件并显示行数：

```
textfile=sc.textFile("hdfs://{主节点名或IP}:9999/test/input/data")
textfile.count()
```

如图 11.23、图 11.24 所示，可以在 Spark Web UI 中可看到正在运行的 PySparkShell 应用以及应用中执行已结束的 count 作业。

图 11.23   在 Spark Web UI 中查看 PySparkShell 应用

图 11.24　在 Spark Web UI 中查看执行已结束的 count 作业

（2）Spark 任务提交执行。

如图 11.25 所示，Spark 安装包中的 examples/src/main/python/ 目录下存放着一些 Python 的代码示例。以 wordcount.py 为例。

```
glxy@glxy-PC-503-2:~/app/hadoop/spark-3.2.0-bin-hadoop3.2$ cd examples/src/main/python/
glxy@glxy-PC-503-2:~/app/hadoop/spark-3.2.0-bin-hadoop3.2/examples/src/main/python$ ls
als.py                    logistic_regression.py    pagerank.py               sort.py              streaming
avro_inputformat.py       ml                        parquet_inputformat.py    sql                  transitive_closure.py
kmeans.py                 mllib                      pi.py                     status_api_demo.py   wordcount.py
```

图 11.25　Spark 代码示例

源程序 11.7 展示了 wordcount.py 的内容。

```
1 import sys
2 from operator import add
3
4 from pyspark.sql import SparkSession
5
6 if __name__ == "__main__":
7     if len(sys.argv) != 2:
8         print("Usage: wordcount <file>", file=sys.stderr)
9         sys.exit(-1)
10
11 // 初始化 SparkSession
12     spark = SparkSession\.builder\
13         .appName("PythonWordCount")\
14         .getOrCreate()
15
16     lines = spark.read.text(sys.argv[1]).rdd.map(lambda r: r[0])
17     counts = lines.flatMap(lambda x: x.split(' ')).map(lambda x: (x,
   1)).reduceByKey(add)
18     output = counts.collect()
19     for (word, count) in output:
20         print("%s: %i" % (word, count))
21
22     spark.stop()
```

源程序 11.7　词频统计

通过下述命令行可以在 Spark 中提交代码执行任务：

```
bin/spark-submit --master spark://{主节点名或IP}:7077 examples/src/
main/python/wordcount.py hdfs://{主节点名或IP}:9999/test/input/data
```

通过命令行提交 Spark 代码的执行效果如图 11.26 所示。

```
glxy@glxy-PC-503-2:~/app/hadoop/spark-3.2.0-bin-hadoop3.2$ bin/spark-submit --master spark://glxy-PC-503-2:7077 examples/src/main/python/wordcount.py
 hdfs://glxy-PC-503-2:9999/test/input/data
2022-02-13 21:37:11,134 WARN util.Utils: Your hostname, glxy-PC-503-2 resolves to a loopback address: 127.0.0.1; using 192.168.40.128 instead (on int
erface ens33)
2022-02-13 21:37:11,135 WARN util.Utils: Set SPARK_LOCAL_IP if you need to bind to another address
2022-02-13 21:37:11,642 INFO spark.SparkContext: Running Spark version 3.2.0
2022-02-13 21:37:11,710 WARN util.NativeCodeLoader: Unable to load native-hadoop library for your platform... using builtin-java classes where applic
able
2022-02-13 21:37:11,765 INFO resource.ResourceUtils: ==============================================================
2022-02-13 21:37:11,766 INFO resource.ResourceUtils: No custom resources configured for spark.driver.
2022-02-13 21:37:11,766 INFO resource.ResourceUtils: ==============================================================
2022-02-13 21:37:11,766 INFO spark.SparkContext: Submitted application: PythonWordCount
2022-02-13 21:37:11,786 INFO resource.ResourceProfile: Default ResourceProfile created, executor resources: Map(cores -> name: cores, amount: 1, scri
pt: , vendor: , memory -> name: memory, amount: 1024, script: , vendor: , offHeap -> name: offHeap, amount: 0, script: , vendor: ), task resources: M
ap(cpus -> name: cpus, amount: 1.0)
2022-02-13 21:37:11,795 INFO resource.ResourceProfile: Limiting resource is cpu
2022-02-13 21:37:11,795 INFO resource.ResourceProfileManager: Added ResourceProfile id: 0
2022-02-13 21:37:11,836 INFO spark.SecurityManager: Changing view acls to: glxy
2022-02-13 21:37:11,837 INFO spark.SecurityManager: Changing modify acls to: glxy
2022-02-13 21:37:11,837 INFO spark.SecurityManager: Changing view acls groups to:
2022-02-13 21:37:11,837 INFO spark.SecurityManager: Changing modify acls groups to:
2022-02-13 21:37:11,838 INFO spark.SecurityManager: SecurityManager: authentication disabled; ui acls disabled; users  with view permissions: Set(glx
y); groups with view permissions: Set(); users  with modify permissions: Set(glxy); groups with modify permissions: Set()
2022-02-13 21:37:12,024 INFO util.Utils: Successfully started service 'sparkDriver' on port 45407.
2022-02-13 21:37:12,041 INFO spark.SparkEnv: Registering MapOutputTracker
2022-02-13 21:37:12,046 INFO spark.SparkEnv: Registering BlockManagerMaster
2022-02-13 21:37:12,077 INFO storage.BlockManagerMasterEndpoint: Using org.apache.spark.storage.DefaultTopologyMapper for getting topology informatio
n
2022-02-13 21:37:12,077 INFO storage.BlockManagerMasterEndpoint: BlockManagerMasterEndpoint up
2022-02-13 21:37:12,080 INFO spark.SparkEnv: Registering BlockManagerMasterHeartbeat
2022-02-13 21:37:12,095 INFO storage.DiskBlockManager: Created local directory at /tmp/blockmgr-552dab8d-7f22-41da-b432-09f67742644f
2022-02-13 21:37:12,112 INFO memory.MemoryStore: MemoryStore started with capacity 366.3 MiB
2022-02-13 21:37:12,124 INFO spark.SparkEnv: Registering OutputCommitCoordinator
2022-02-13 21:37:12,200 INFO util.log: Logging initialized @1631ms to org.sparkproject.jetty.util.log.Slf4jLog
```

图 11.26　通过命令行提交 Spark 代码

2. 鸢尾花聚类案例

选取图 11.25 所示的 kmeans.py 对鸢尾花数据进行划分。kmeans.py 内容如源程序 11.8 所示。

```
1 import sys
2
3 import numpy as np
4 from pyspark.sql import SparkSession
5
6 def parseVector(line):
7     return np.array([float(x) for x in line.split(',')])
8
9 def closestPoint(p, centers):
10    bestIndex = 0
11    closest = float("+inf")
12    for i in range(len(centers)):
13        tempDist = np.sum((p - centers[i]) ** 2)
14        if tempDist < closest:
15            closest = tempDist
16            bestIndex = i
17    return bestIndex
18
19 if __name__ == "__main__":
20
21     if len(sys.argv) != 4:
```

源程序 11.8　鸢尾花聚类

```
22          print("Usage: kmeans <file> <k> <convergeDist>", file=sys.stderr)
23          sys.exit(-1)
24
25      print("""WARN: This is a naive implementation of KMeans
    Clustering and is given
26      as an example! Please refer to examples/src/main/python/ml/
    kmeans_example.py for an
27      example on how to use ML's KMeans implementation.""",
    file=sys.stderr)
28
29      spark = SparkSession\
30          .builder\
31          .appName("PythonKMeans")\
32          .getOrCreate()
33
34      lines = spark.read.text(sys.argv[1]).rdd.map(lambda r: r[0])
35      data = lines.map(parseVector).cache()
36      K = int(sys.argv[2])
37      convergeDist = float(sys.argv[3])
38
39      kPoints = data.takeSample(False, K, 1)
40      tempDist = 1.0
41
42      while tempDist > convergeDist:
43          closest = data.map(
44              lambda p: (closestPoint(p, kPoints), (p, 1)))
45          pointStats = closest.reduceByKey(
46              lambda p1_c1, p2_c2: (p1_c1[0] + p2_c2[0], p1_c1[1] +
    p2_c2[1]))
47          newPoints = pointStats.map(
48              lambda st: (st[0], st[1][0] / st[1][1])).collect()
49
50          tempDist = sum(np.sum((kPoints[iK] - p) ** 2) for (iK, p)
    in newPoints)
51
52          for (iK, p) in newPoints:
53              kPoints[iK] = p
54
55      print("Final centers: " + str(kPoints))
56
57      spark.stop()
```

源程序 11.8 鸢尾花聚类（续）

同样使用 11.2.3 中鸢尾花聚类案例的数据集 dataset.txt，通过执行下述命令在 Spark 中提交聚类任务：

```
/home/glxy/app/hadoop/spark-3.2.0-bin-hadoop3.2/bin/spark-submit
--master spark://{主节点名或IP}:7077 /home/glxy/app/hadoop/spark-3.2.0-
bin-hadoop3.2/examples/src/main/python/kmeans.py /test/kmeans/dataset.
txt 4 0.1
```

任务执行后的聚类结果如图 11.27 所示。

```
2022-07-25 23:40:20,857 INFO scheduler.DAGScheduler: ResultStage 9 (collect at /home/glxy/app/hadoop/spark-3.2.0-bin-hadoop3.2/examples/src
/main/python/kmeans.py:75) finished in 0.016 s
2022-07-25 23:40:20,857 INFO scheduler.DAGScheduler: Job 5 is finished. Cancelling potential speculative or zombie tasks for this job
2022-07-25 23:40:20,857 INFO scheduler.TaskSchedulerImpl: Killing all running tasks in stage 9: Stage finished
2022-07-25 23:40:20,857 INFO scheduler.DAGScheduler: Job 5 finished: collect at /home/glxy/app/hadoop/spark-3.2.0-bin-hadoop3.2/examples/sr
c/main/python/kmeans.py:75, took 0.086429 s
Final centers: [array([5.006, 3.418, 1.464, 0.244]), array([5.87068966, 2.74310345, 4.35344828, 1.40862069]), array([7.54, 3.15, 6.39, 2.09
]), array([6.571875, 3.01875, 5.44375, 2.03125])]
2022-07-25 23:40:20,866 INFO server.AbstractConnector: Stopped Spark@2d295269{HTTP/1.1, (http/1.1)}{0.0.0.0:4040}
2022-07-25 23:40:20,867 INFO ui.SparkUI: Stopped Spark web UI at http://glxy-PC-503-1:4040
2022-07-25 23:40:20,881 INFO spark.MapOutputTrackerMasterEndpoint: MapOutputTrackerMasterEndpoint stopped!
2022-07-25 23:40:20,891 INFO memory.MemoryStore: MemoryStore cleared
2022-07-25 23:40:20,891 INFO storage.BlockManager: BlockManager stopped
2022-07-25 23:40:20,891 INFO storage.BlockManagerMaster: BlockManagerMaster stopped
2022-07-25 23:40:20,899 INFO scheduler.OutputCommitCoordinator$OutputCommitCoordinatorEndpoint: OutputCommitCoordinator stopped!
2022-07-25 23:40:20,902 INFO spark.SparkContext: Successfully stopped SparkContext
2022-07-25 23:40:21,877 INFO util.ShutdownHookManager: Shutdown hook called
2022-07-25 23:40:21,878 INFO util.ShutdownHookManager: Deleting directory /tmp/spark-ad6c765d-de10-4a4a-80b2-d9fa672997b3
2022-07-25 23:40:21,879 INFO util.ShutdownHookManager: Deleting directory /tmp/spark-7fb7a9da-d68b-4e12-be80-9542a22a29c2
2022-07-25 23:40:21,880 INFO util.ShutdownHookManager: Deleting directory /tmp/spark-ad6c765d-de10-4a4a-80b2-d9fa672997b3/pyspark-3fd201a8-
f1bb-4ec3-b485-6a1550885aa5
```

图 11.27　Spark K-means 聚类结果

11.4　Spark 相对于 Hadoop 的优势

Hadoop 虽然已成为大数据技术的事实标准，但其本身还存在诸多缺陷，最主要的缺陷是其 MapReduce 计算模型延迟过高，无法胜任实时、快速计算的需求，因而只适用于离线批处理的应用场景。

回顾 Hadoop 的工作流程，可以发现 Hadoop 存在如下一些缺点：

（1）表达能力有限。计算必须要转换成 Map 和 Reduce 两个操作，但这并不适合所有的情况，难以描述复杂的数据处理过程；

（2）磁盘 I/O 开销大。每次执行时都需要从磁盘读取数据，并且在计算完成后需要将中间结果写入磁盘中，I/O 开销较大；

（3）延迟高。一次计算可能需要分解成一系列按顺序执行的 MapReduce 任务，任务之间的衔接由于涉及 I/O 开销，会产生较高延迟。而且在前一个任务执行完成之前，其他任务无法开始，难以胜任复杂、多阶段的计算任务。

Spark 在借鉴 Hadoop MapReduce 优点的同时，很好地解决了 MapReduce 所面临的问题。相比于 MapReduce，Spark 主要具有如下优点：

（1）Spark 的计算模式也属于 MapReduce，但不局限于 Map 和 Reduce 操作。它还提供了多种数据集操作类型，编程模型比 MapReduce 更灵活；

（2）Spark 提供了内存计算，中间结果可直接放到内存中，带来了更高的迭代运算效率；

（3）Spark 基于 DAG 的任务调度执行机制要优于 MapReduce 的迭代执行机制；

（4）Spark 最大的特点就是将计算数据、中间结果都存储在内存中，大大减少了 I/O 开销，因而，Spark 更适合于迭代运算比较多的数据挖掘与机器学习运算。使用 Hadoop 进行迭代计算非常耗资源，因为每次迭代都需要从磁盘中写入、读取中间数据，I/O 开销大；而 Spark 将数据载入内存后，之后的迭代计算都可以直接使用内存中的中间结果，避免了从磁盘中频繁读取数据。

在实际进行开发时，使用 Hadoop 需要编写不少相对底层的代码，不够高效。相对而言，Spark 提供了多种高层次、简洁的 API。通常情况下，对于实现相同功能的应用程序，Spark 的代码要比 Hadoop 简洁。更重要的是，Spark 提供了实时交互式编程反馈，可以方便地验证、调整算法。

尽管 Spark 相对于 Hadoop 而言具有较大优势，但 Spark 并不能完全替代 Hadoop，主要用于替代 Hadoop 中的 MapReduce 计算模型。实际上，Spark 已经很好地融入了 Hadoop 生态圈，并成为其中的重要一员，它可以借助 YARN 实现资源调度管理，借助 HDFS 实现分布式存储。此外，Hadoop 可以使用廉价的、异构的机器来做分布式存储与计算，而 Spark 对硬件的要求稍高一些，对内存与 CPU 有一定的要求。

本章小结

本章介绍了分布式技术思想以及两种分布式批处理引擎 MapReduce 及 Spark。MapReduce 最初源自于 Google，主要被用于搜索引擎索引构建，之后在 Hadoop 中得到开源实现。随着开源社区的推进和发展，MapReduce 已经成为一个经典的分布式批处理计算引擎，被广泛应用于搜索引擎索引构建、大规模数据处理等场景中，具有易于编程、良好的扩展性与容错性以及高吞吐率等特点。它为用户提供了非常易用的编程接口，用户只需要像编写串行程序一样编写几个简单的函数即可实现一个分布式程序；而其他比较复杂的工作，如节点间的通信、节点失效、数据切分等，全部由 MapReduce 运行时环境完成，用户无须关心这些细节。Spark 是一个高性能的内存处理引擎，它提供了基于 RDD 的数据抽象，能够灵活处理分布式数据集。Spark 大大简化了分布式应用程序的设计，它提供了丰富的高级编程接口，包括 RDD 操作符以及共享变量。

习题

1. 简述什么是集中式处理？什么是分布式处理？两者各自的特点是什么？
2. 简述 Hadoop MapReduce 的设计目标。
3. 简述 Hadoop MapReduce 的核心思想。
4. 简述 Spark 的特点。
5. 简述 Transaction 和 Action 操作的作用，并列举常用的 Transaction 和 Action 操作。
6. 简述 Spark 程序的设计流程。
7. 分别利用 MapReduce 和 Spark 执行 word count 程序，并进行比较。
8. 简述 Spark 的优势。

[1] 高能物理研究所. "大数据" 如此热门, 真正的源头在哪里? [EB/OL].(2018-06-04)[2022-07-17]. https://www.cas.cn/kx/kpwz/201806/t20180604_4648299.shtml.

[2] 梅宏. 大数据: 发展现状与未来趋势 [EB/OL].(2019-10-30)[2022-07-17]. http://www.npc.gov.cn/npc/c30834/201910/653fc6300310412f841c90972528be67.shtml.

[3] 梅小亚, 赵林畅. 大数据在重大流行病疫情防控中的应用及展望 [J]. 河海大学学报 (哲学社会科学版), 2020, 22(2): 39-47.

[4] 张博卿. 我国大数据安全现状、问题及对策建议 [J]. 网络空间安全, 2018, 9(8): 45-47,80.

[5] 维克托·迈尔·舍恩伯格. 大数据时代 [M]. 周涛, 译. 杭州: 浙江人民出版社, 2012.

[6] 冉从敬. 数据主权治理的全球态势与中国应对 [J]. 人民论坛, 2022(4): 24-27.

[7] 刘宏达, 王荣. 论新时代中国大数据战略的内涵、特点与价值——学习习近平总书记关于大数据的重要论述 [J]. 社会主义研究, 2019(5): 9-14.

[8] ERL T, MAHMOOD Z, PUTTINI R. 云计算: 概念、技术与架构 [M]. 龚奕利, 贺莲, 胡创, 译. 北京: 机械工业出版社, 2014.

[9] 黄捷, 蔡颖. 中国数字经济发展现状、趋势与对策研究 [J]. 政策研究, 2022, 39(3): 72-76.

[10] 梅宏. 大数据与数字经济 [J]. 求是, 2022(2): 28-34.

[11] 齐荣, 王青. 大数据促进数字经济发展 [EB/OL].(2017-05-16)[2022-07-17]. https://wap.miit.gov.cn/ztzl/lszt/tddsjcyfz/zjsj/art/2020/art_1ce862068a9f419a8f4b315c32a4a8e2.html.

[12] 秦帅. 大数据促进数字经济发展 [EB/OL]. (2017-07-03)[2022-07-16]. https://zhuanlan.zhihu.com/p/27674994.

[13] 汤伟. 大数据环境下的数据安全综述 [J]. 通讯世界, 2016(24): 42-43.

[14] 杨维东. 有效应对大数据技术的伦理问题 [N/OL]. 人民日报, 2018-03-23[2022-06-14]. http://opinion.people.com.cn/n1/2018/0323/c1003-29883864.html.

[15] 王琳, 朱克西. 数据主权立法研究 [J]. 云南农业大学学报 (社会科学版), 2016, 10(6): 62-65.

[16] 阙天舒, 王子玥. 数字经济时代的全球数据安全治理与中国策略 [J]. 国际安全研究, 2022, 40(1): 130-154.

[17] TIOBE Index for February 2023[EB/OL]. [2022-06-30]. https://www.tiobe.com/tiobe-index/.

[18] LUBANOVIC B. Python 语言及其应用 [M]. 丁嘉瑞, 梁杰, 禹常隆, 译. 北京: 人民邮电出版社, 2016.

[19] MCKINNEY W. 利用 Python 进行数据分析 [M]. 徐敬一, 译. 北京: 机械工业出版社, 2018.

[20] BOSCHETTI A, MASSARON L. 数据科学导论: Python 语言 [M]. 于俊伟, 译. 3 版. 北京: 机械工业出版社, 2020.

[21] 余肖生, 陈鹏, 姜艳静. 大数据处理: 从采集到可视化 [M]. 武汉: 武汉大学出版社, 2020.

[22] 崔庆才. Python3 网络爬虫开发实战 [M]. 2 版. 北京: 人民邮电出版社, 2021.

[23] 杨大伟. 基于 Python 语言的 Selenium 自动化测试软件测试 [M]. 北京: 中国水利水电出版社, 2019.

[24] 王珊, 萨师煊. 数据库系统概论 [M]. 4 版. 北京: 高等教育出版社, 2006.

[25] 林子雨. 大数据导论 [M]. 北京: 人民邮电出版社, 2020.

[26] MongoDB 中文社区. NoSQL 教程: 了解 NoSQL 的功能, 类型, 含义, 优势 [EB/OL]. (2019-12-25)[2022-07-14]. https://cloud.tencent.com/developer/article/1543721.

[27] 白宁超, 唐聃, 文俊. Python 数据预处理技术与实践 [M]. 北京: 清华大学出版社, 2019.

[28] 增田秀人. pandas 数据预处理详解 [M]. 陈欢, 译. 北京: 中国水利水电出版社, 2021.

[29] 魏伟一, 李晓红, 高志玲. Python 数据分析与可视化 [M]. 2 版. 北京: 清华大学出版社, 2021.

[30] 刘礼培, 张良均, 翟世臣, 等. Python 数据可视化实战 [M]. 北京: 人民邮电出版社, 2022.

[31] 王国平. Python 数据可视化 [M]. 北京: 人民邮电出版社, 2022.

[32] 黑马程序员. Python 数据可视化 [M]. 北京: 人民邮电出版社, 2021.

[33] 李航. 统计学习方法 [M]. 北京: 清华大学出版社, 2011.

[34] 大威. 机器学习的数学原理与算法实践 [M]. 北京: 人民邮电出版社, 2021.

[35] 林强 . 机器学习深度学习与强化学习 [M]. 北京 : 知识产权出版社 ,2019.

[36] HASTIE T, TIBSHIRANI R, FRIEDMAN J. 统计学习基础——数据挖掘、推理与预测 [M]. 范明，柴玉梅，咎红英，等译 . 北京 : 电子工业出版社 , 2004.

[37] 谭章禄，陈晓 . 我国软件产业国产化发展战略研究 [J]. 技术经济与管理研究 , 2016(8): 104-108.

[38] 马丽梅，郭晴，张林伟 . Ubuntu Linux 操作系统与实验教程 [M]. 2 版 . 北京 : 清华大学出版社 , 2020.

[39] 崔继，邓宁宁，陈孝如，等 . Linux 操作系统原理实践教程 [M]. 北京 : 清华大学出版社 , 2020.

[40] 鸟哥 . Linux 私房菜基础学习篇 [M]. 4 版 . 北京 : 人民邮电出版社 , 2018.

[41] 董西城 . 大数据技术体系详解 : 原理、架构与实战 [M]. 北京 : 机械工业出版社 , 2018.

[42] 朱洁，罗华霖 . 大数据架构详解 : 从数据获取到深度学习 [M]. 北京 : 电子工业出版社 , 2016.

[43] 大数据技术发展历程 [EB/OL]. (2018-12-30)[2022-07-20]. https://blog.csdn.net/cqacry2798/article/details/85385440.

[44] 林子雨，郑海山，赖永炫 . Spark 编程基础 (Python 版) [M]. 北京 : 人民邮电出版社 , 2020.

附录 **A**

基于虚拟机的 Linux
系统安装

为便于读者认识及学习 Linux，在 PC 中自主构建分布式环境，本附录介绍虚拟机技术以及如何在虚拟机托管平台中创建虚拟机并安装 Linux 操作系统。

A.1 虚拟机技术概述

近年来，虚拟机技术已经逐渐成为人们关注的热点，正受到越来越多的关注和重视，如 VMware 已经被 80% 以上的全球百强企业所采纳。虚拟机技术已经在企业计算、灾难恢复、分布式计算和系统安全领域得到了广泛应用。

通过系统虚拟化技术，能够在单个宿主机硬件平台上运行多个虚拟机，每个虚拟机都有着完整的虚拟机硬件，如虚拟的 CPU、内存、外设等，并且虚拟机之间能够实现完整的隔离。系统虚拟化能够将物理资源逻辑化，摆脱物理资源的束缚，提高物理资源利用率。

依据构架的不同可以将虚拟机分为以下三类：

（1）Ⅰ型。虚拟机直接运行在系统硬件上，创建硬件全仿真实例，称为"裸机"；

（2）Ⅱ型。虚拟机运行在传统操作系统上，同样创建的是硬件全仿真实例，称为"托管（宿主）"hypervisor；

（3）容器。虚拟机运行在传统操作系统上，创立一个独立的虚拟化实例，指向底层托管操作系统，称为"操作系统虚拟化"。

三类主要的虚拟机架构类型如图 A.1 所示，每种架构使用高层软件堆栈，虚拟层在不同层实现，因此运行成本也各不相同。

注意：Ⅰ型和Ⅱ型都支持运行不同类型的操作系统，技术上都是以虚拟硬件层来实现的，客户机和宿主机不处于同一层。VMware 事实上有两个产品线：一个是 VMware ESXi，直接安装在裸机上，不需要额外的操作系统，属于Ⅰ型虚拟机架构；另一个是普通用户更加熟知的 VMware WorkStation（威睿工作站），安装在宿主机操作系统上，属于Ⅱ型虚拟机架构。在容器模型中，虚拟层是通过创立虚拟操作系统实例实现的，它指向根操作系统的关键系统文件。这些指针驻留在操作系统容器受保护的内存中，提供低内存开销，因此虚拟化实例的密度很大。

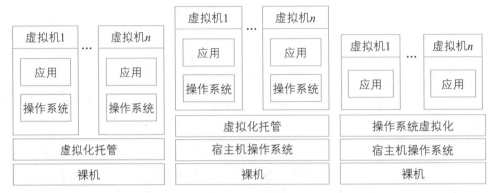

图 A.1　虚拟机架构的三种类型

A.2　虚拟机托管软件安装

为搭建单主机分布式环境，选择Ⅱ型虚拟机架构。VMware Workstation 是一款功能强大的桌面虚拟计算机软件，使用户可在单一的桌面上同时运行不同的操作系统。VMware Workstation 可在一台实体主机上模拟完整的网络环境，其更好的灵活性与先进的技术胜过了市面上其他的虚拟计算机软件。VMware Workstation 能够为用户提供开发、测试、部署新应用程序的最佳解决方案。在 VMware Workstation 中，可以在一个窗口中加载一台虚拟机，各虚拟机分别运行自己的操作系统和应用程序。用户可以在运行于桌面上的多台虚拟机之间切换，通过一个网络共享虚拟机，挂起、恢复虚拟机以及退出虚拟机，这一切都不会影响本机（宿主机）操作系统或者其他正在运行的应用程序。

VMware Workstation Player 属于个人版的虚拟机监管平台。虽然 Player 版本精简了很多功能，但 VMware Workstation 提供的基本功能都被保留了下来，并且还有所增强，如对光驱、软驱、移动硬盘、闪存等设备的支持，以及对用户网络和多种虚拟机文件格式的支持，从读者学习的角度来说是非常适用的。

Vmware WorkStation Player 软件下载网址为：https://customerconnect.vmware.com/en/downloads/details?downloadGroup=WKST-PLAYER-1623-NEW&productId=1039&rPId=85399。

可以根据个人主机已安装的操作系统选择合适版本下载。假定选择了 VMware WorkStation 16 Player，成功下载后双击启动准备安装，并根据安装向导单击"下一步"。为防止 C 盘空间不足，建议修改安装路径，将默认的 C:\Program Files (x86)\VMware\VMware Player\ 中的 C 盘更改到空间更大的盘中，如 D:\Program Files (x86)\VMware\

VMware Player\。继续单击"下一步"按钮，会出现如图 A.2 所示的用户体验设置，建议取消这两项的勾选。单击"下一步"按钮，进入到开始安装状态，等待过程中可能出现 360 安全卫士拦截，选择"允许"，继续安装直到完成。单击"退出"按钮，安装成功。

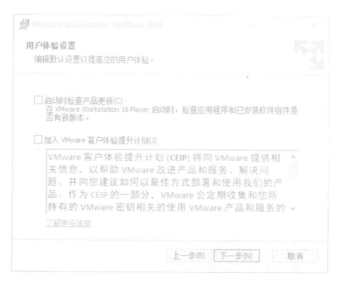

图 A.2　用户体验设置

从开始菜单中找到 VMware WorkStation 16 Player，单击运行，第一次运行时会出现如图 A.3 所示的欢迎界面，选择使用个人用户免费版而非商业版。

图 A.3　第一次启动时选择个人用户免费版

单击"继续"按钮，启动 VMware WorkStation 16 Player 软件，进入虚拟机托管界面，如图 A.4 所示。

单击"创建新虚拟机"，出现如图 A.5 所示的界面，默认为"稍后安装操作系统"。单击"下一步"按钮将会创建一个虚拟机"裸机"，也就是准备创建一个没有安装操作系统的计算机主机。

图 A.4　VMware WorkStation 16 Player 的初始界面

也可选择"安装程序光盘镜像文件（.iso）。不管是否选择操作系统安装文件，都需要在下一步指定后续准备安装哪种内核的操作系统，如 Linux、Windows 或其他。选定要安装的系统版本后，再进一步指定硬件配置，如硬盘容量、内存大小、网络接口等。这些配置可以在创建过程中选择，也可以在后期根据实际需求进行修改。

图 A.5　选择是否安装操作系统

A.3　虚拟机 Linux 安装

deepin（原名：Linux Deepin；中文通称：深度操作系统）是由武汉深之度科技有限公司在 Debian 基础上开发的 Linux 操作系统，其前身是 Hiweed Linux 操作系统，于 2004 年 2 月 28 日开始对外发行，可以安装在个人计算机和服务器中。目前，deepin 已经脱离上游 Debian 系统，从 Linux Kernel 开始构建新的系统。deepin 20.2.2 是国内首个通过安全启动证书认证的 Linux 发行版，而且 deepin 操作系统已经支持安卓应用在系统中的运行。deepin 最新稳定版本镜像文件下载地址如下：https://www.deepin.org/zh/download/。

选择官方下载或百度云盘下载，下载成功后基于镜像文件在虚拟机中安装操作系统即可。

1. 创建虚拟机裸机

创建虚拟机裸机的操作系统镜像文件选择界面如图 A.6 所示，单击"浏览"按钮，选中已经下载的 deepin 操作系统镜像文件。

◉ 安装程序光盘映像文件(iso)(M):

D:\tools\deepin-desktop-community-20.2.4-amd64.iso ∨   浏览(R)...

⚠ 无法检测此光盘映像中的操作系统。
您需要指定要安装的操作系统。

图 A.6　选择 deepin 镜像文件

下一步需指定安装的 Linux 操作系统的内核版本。由于 deepin 并不在列表默认版本中，可以选择"其他 Linux 5.x 内核 64 位"，如图 A.7 所示。

新建虚拟机向导　　　　　　　　　　　　　　　✕

选择客户机操作系统
此虚拟机中将安装哪种操作系统?

客户机操作系统

○ Microsoft Windows(W)
◉ Linux(L)
○ 其他(O)

版本(V)

其他 Linux 5.x 内核 64 位　　　　　　　　　　∨

帮助　　　　　< 上一步(B)　下一步(N) >　　取消

图 A.7　选择操作系统的内核版本

单击"下一步"按钮，进入命名虚拟机界面。可自定义虚拟机名称，但为了后期 Hadoop 分布式应用，可以采用 master 和 slave 进行命名，例如先创建 master 虚拟机。由于虚拟机是一个虚拟的主机加操作系统及运行在其上的各类软件，将来都需要存放在一起，对存储空间占用较大，因此虚拟机文件存放路径一定要选择一个剩余空间较大的硬盘分区。图 A.8 展示了命名虚拟机及指定虚拟机存放路径的界面。

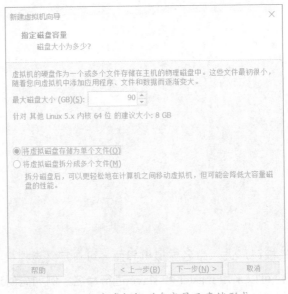

图 A.8　命名虚拟机及指定存放路径

　　单击"下一步"按钮，如图 A.9 所示，指定虚拟磁盘容量及虚拟机存储形式。例如，将最大虚拟磁盘容量增加到 90 GB（deepin 要求至少 64 GB），注意既要满足实体硬盘对应分区的剩余空间，又要满足虚拟机运行时需要的空间大小。整个虚拟磁盘可以存储为一个文件，也可以存储为多个文件。单个文件模式下的虚拟机性能会更好，占用的磁盘空间也更少。但文件过大，会在复制虚拟机文件（将虚拟机从一台计算机复制到另一台）时遇到困难。

图 A.9　指定虚拟机磁盘容量及存储形式

　　单击"下一步"按钮，可以进一步修改所有的虚拟机硬件配置，例如，将虚拟内存增加到 2 GB（根据计算机内存余量决定）。这里若没有正确配置，也可在虚拟机安装完成后在关机状态下从托管界面选中要修改的虚拟机右击，找到"设置"选项，进入设置界面修改硬件配置。配置完成后单击"完成"，一台关机状态的虚拟机裸机就创建完成了，但这时还没有开始安装操作系统。

2. 安装操作系统

在虚拟机托管界面根据虚拟机名称双击已创建的虚拟机或者单击上方右侧启动按钮运行虚拟机，虚拟机开机自检成功后准备安装已经选中的操作系统。若选中的操作系统路径不正确，可以进入硬件配置界面选择"CD/DCD"重新查找设置镜像文件路径。开始安装时先要选择语言，如"简体中文"，查看并勾选许可协议。下一步是硬盘分区选择，建议选择默认的"全盘安装"。单击系统默认的磁盘安装位置 /dev/sda，系统会自动分区。单击"下一步"按钮继续。

系统安装过程很慢，需耐心等待。这时可以观看其中的系统介绍，也可以点开日志查看安装状态，直到最后出现如图 A.10 所示的虚拟机安装成功界面。

图 A.10　虚拟机 deepin 操作系统安装成功

单击"立即重启"按钮，进入如图 A.11 所示的 deepin 配置界面。同样选择语言为"中文简体"，查看并勾选许可协议。依次单击"下一步"按钮，"键盘布局"选择汉语，默认选择时区，选择用户头像，创建自定义的用户名称、计算机名称和密码，如图 A.12 所示。最后进入"优化系统配置"界面，需稍等片刻，等优化完成后自动重启。

再次重启系统后就会直接看到操作系统登录界面，选择用户输入密码后进入系统。初次运行系统时会要求选择特效模式或普通模式，普通模式更能保证运行速度。图 A.13 所示为普通模式登录后的系统桌面，一台运行 deepin 操作系统的虚拟机诞生了。虚拟

操作系统和宿主机操作系统一样可以安装软件、上网、进行网络配置等，可以相互共
享数据。

图 A.11　deepin 操作系统配置

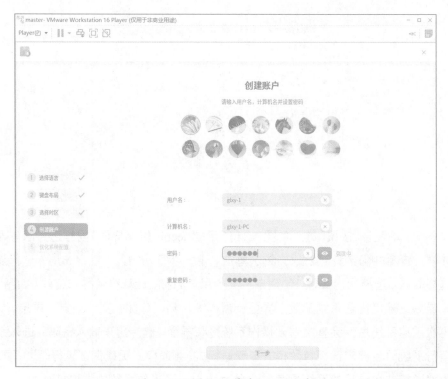

图 A.12　deepin 操作系统配置账户

图 A.13　deepin 操作系统的默认桌面

3. 克隆虚拟机并进行相关设置

使用虚拟机装机最方便之处是不需要每个虚拟机都单独安装操作系统，可以直接基于现有虚拟机文件克隆出新的虚拟机。若使用 VMware WorkStation 商业版托管软件，可以直接使用克隆向导克隆虚拟机；若使用 player 版，需要手动复制克隆，实现也非常便捷。首先将要克隆虚拟机所在的文件夹复制粘贴到另一目录下，进入 VMware WorkStation 16 Player 托管界面；在主页中单击后侧的"打开虚拟机"，找到复制的虚拟机路径；单击"打开"，托管界面中就会出现两个相同名称的虚拟机，如图 A.14 所示。

图 A.14　复制克隆虚拟机

选中新复制的虚拟机，右击重命名，修改虚拟机名称为 slave-1 或其他。双击启动 slave-1 后，会出现如图 A.15 所示的界面。选择"我已经复制该虚拟机"按钮，进入操作系统界面，执行必要的操作，如进入设置界面、修改用户名称信息等。

图 A.15　克隆虚拟机配置

由于系统以当前账号登录启动时会产生很多进程，占用了账户，没有办法直接改名，可以先创建新账户，以新的账户启动系统后再删除原有账户。创建新账户需要从"设置"界面中找到"账户"，启动后单击下方的"+"按钮，输入新的账户和密码信息，如图 A.16 所示。创建过程中还需要通过原有账户的安全认证。

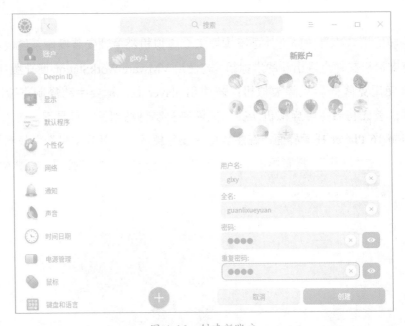

图 A.16　创建新账户

账户创建成功后重启系统，在登录界面中单击右下角的多账户图标，选择以新账户登录系统。对于原有账户，根据需要可以删除或保留。若需删除，可进入账户管理界面，选中需删除的用户，单击"删除用户"即可实现原账户的删除。

计算机名称的永久性修改相对复杂些，可以通过修改配置文件或者以终端指令方式实现。基于桌面版的 deepin 操作系统允许进入终端模式进行 Linux 指令操作，可从"开始"菜单中找到"终端"，单击"启动"按钮，进入指令运行界面，将默认的深色主题改为浅色，如图 A.17 所示。

图 A.17　修改终端主题

假定要修改主机名为 glxy-PC-503-1，可输入修改主机名称的指令：sudo hostnamectl set-hostname glxy-PC-503-1，如图 A.18 所示。可以看到，使用该指令会要求验证管理员身份信息。输入正确密码（注意密码输入并不能直接呈现出来）验证成功后，再次输入修改主机名指令即可操作成功。

图 A.18　修改主机名

从当前终端界面中并不会看到修改成功的结果。关闭终端再次启动后，就会发现主机名已经成功修改，如图 A.19 所示。

图 A.19　成功修改主机名

deepin 操作系统还有很多其他可配置的功能，但由于本书引入 deepin 的目的是实现大数据的分布式处理平台，因此对于 deepin 的其他配置操作此处不再做详细介绍。

BIG
DATA

附录 B

Hadoop 及 Spark 安装

目前 Hadoop 与 Spark 存在两种安装部署方式：人工部署和自动化部署。其中人工部署用于个人学习、测试或者小规模生产集群，而自动化部署则适用于线上中大规模部署。为了让读者亲自动手学习如何部署 Hadoop 与 Spark，本附录主要介绍人工方式。

B.1　集群基础配置

在安装配置 Hadoop 和 Spark 之前，需要对集群中的每台机器进行基础配置，包括本机主机名、IP 地址、IP 地址与主机名的映射关系以及 SSH（secure shell，安全外壳协议）免密配置。其中 SSH 免密配置的部分步骤仅需在主节点机器进行配置，集群其他机器无须配置。

1. 修改 IP 地址

如图 B.1 所示，首先在桌面空白处右击，然后单击"在终端中打开"，打开终端控制台。

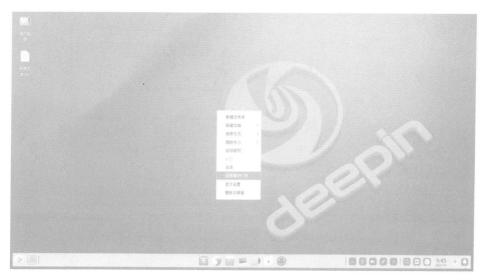

图 B.1　打开终端控制台

如图 B.2 所示，在终端中输入命令：nmcli dev show，查看本机的网关及 DNS。

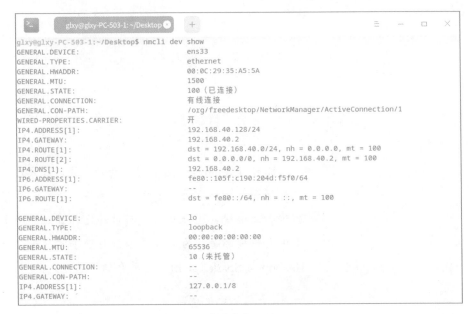

图 B.2　查看本机网关及 DNS

打开控制中心中的"网络"设置，单击"有线网络"，修改 IP 地址为手动；输入设定的 IP 地址、本机网关及 DNS，然后单击"保存"按钮，将本机的 IP 地址设为固定地址，如图 B.3 所示。

图 B.3　设置 IP 地址

修改完成后，可以通过在终端控制台中输入 ipconfig 命令查看 IP 地址。

2. 主机名配置

在终端控制台中使用命令 sudo vi /etc/hostname 打开主机名配置文件，按 i 键进入文件插入模式；将原有的主机名修改为 glxy-PC-503-{ 主机号 }（如 glxy-PC-503-1）。修改完成后按 Esc 键，退出文件插入模式；进入命令行模式，输入 wq 保存退出主机名配置文件；然后使用命令 sudo hostname glxy-PC-503-1 修改当前主机名。命令行输入如图 B.4 所示，主机名配置文件修改效果如图 B.5 所示。

图 B.4　修改主机名命令行示例

图 B.5　主机名配置文件的修改效果

主机名修改完成后，重新打开终端便会显示新修改的主机名。

3. 主机名与 IP 地址映射关系配置

接下来需要配置集群中各个节点的主机名与 IP 地址的映射关系，从而使集群中的各节点可以通过主机名访问其他节点。

假设集群中有 3 台机器，主机名分别为 glxy-PC-503-1、glxy-PC-503-2、glxy-PC-503-3，对应的 IP 地址分别为 192.168.40.128、192.168.40.129、192.168.40.130。

如图 B.6 所示，在终端输入命令 sudo vi /etc/hosts 打开 /etc/hosts 文件，在文件中增加集群中所有机器的 IP 地址和主机名（vi 编辑命令见主机名配置），内容如下：

```
192.168.40.128    glxy-PC-503-1
192.168.40.129    glxy-PC-503-2
192.168.40.130    glxy-PC-503-3
```

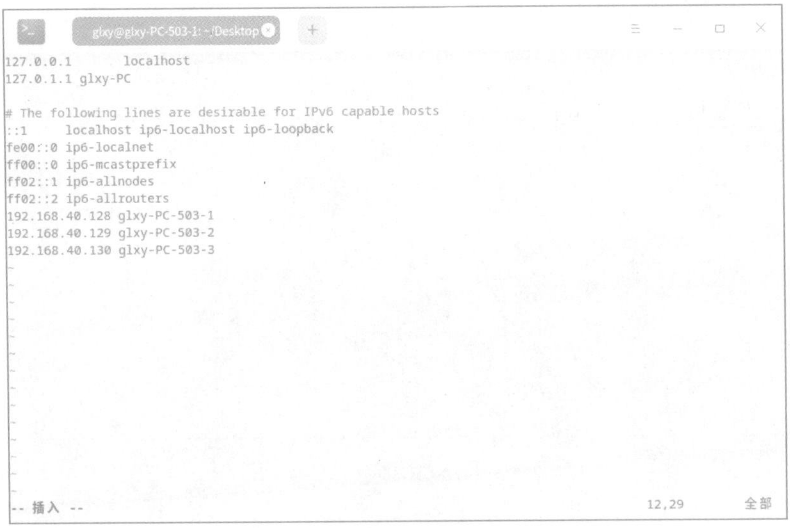

图 B.6　修改 hosts 文件

4. SSH 免密配置

在集群中选取一台机器（如 glxy-PC-503-1）作为主节点，需要配置主节点到其他所有机器的 SSH 免密登录。

首先，在集群所有机器上分别执行命令行 ssh-keygen -t rsa -P '' -f ~ /.ssh/id_rsa，生成自身的公钥和私钥。该命令会在本机~ /.ssh 目录下生成 id_rsa 和 id_rsa.pub 两个文件，分别为本机的私钥和公钥。

然后，在主节点上执行命令行 cat ~ /.ssh/id_rsa.pub >> ~ /.ssh/authorized_keys，将主节点的公钥写入 authorized_keys 中。

最后，执行多个命令行 scp ~ /.ssh/authorized_keys glxy@{IP}: ~ /.ssh/（如 scp ~ /.ssh/authorized_keys glxy@192.168.40.129: ~ /.ssh/），将主节点的认证密钥分别发送到集群的其他节点上。

配置完成后，主节点通过 SSH 访问集群其他节点将不再需要输入密码。

图 B.7 展示了在主节点上设置 SSH 免密访问的各个步骤。

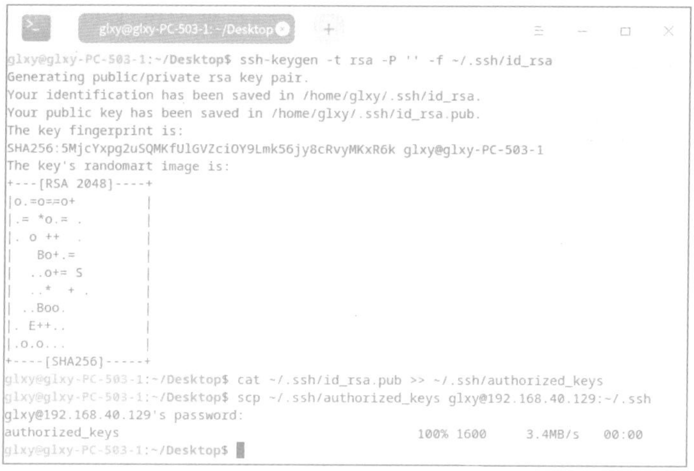

图 B.7　主节点 SSH 免密配置示例

B.2　Hadoop 安装

在 Hadoop 官网 https://hadoop.apache.org/releases.html 中下载 Hadoop 安装包（本书下载版本为 hadoop-3.3.1），将其移动到指定目录（如：/home/glxy/app/hadoop/）并解压。以 B.1 中的集群为例，选取 glxy-PC-503-1 为主节点，集群中的三台机器同为 worker 节点，搭建 Hadoop 集群。

1. HDFS 配置

首先通过命令行 cd {HADOOP_HOME}/etc/hadoop（如 cd /home/glxy/app/hadoop/hadoop-3.3.1/etc/hadoop）进入 Hadoop 存放配置文件的目录 {HADOOP_HOME}/etc/hadoop，然后通过命令行 vi core-site.xml 打开 core-site.xml 文件。

如图 B.8 所示，修改 core-site.xml 文件中 fs.defaultFS 的对应属性 IP 为主节点 IP 地址，即 192.168.40.128。

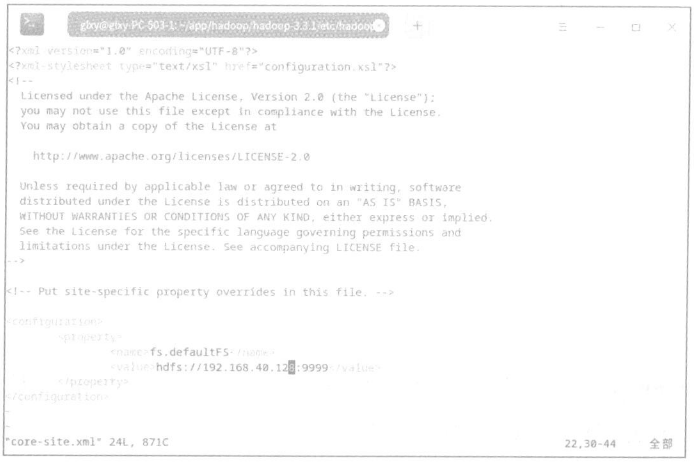

图 B.8　修改 core-site.xml 文件

如图 B.9 所示，通过 vi workers 命令在配置文件目录 {HADOOP_HOME}/etc/hadoop 下添加 workers 文件，在文件中写入实际工作节点的所有 IP 地址（图 B.9），内容如下：

```
192.168.40.128
192.168.40.129
192.168.40.130
```

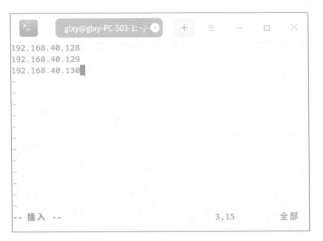

图 B.9　修改 workers 文件

HDFS 配置命令行如图 B.10 所示。

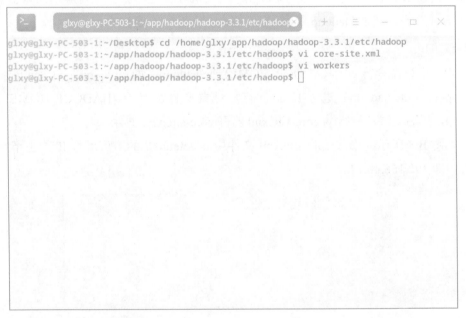

图 B.10　HDFS 配置命令行

2. YARN 配置

通过 vi hadoop_env.sh 命令，在 hadoop-env.sh 文件中的第 55 行添加 JAVA_HOME 配置，如：export JAVA_HOME= /home/glxy/app/java/jdk1.8.0_211。

通过命令行 vi yarn-site.xml 修改 {HADOOP_HOME}/etc/hadoop 目录下的 yarn-site.xml

文件。修改 yarn.resourcemanager.hostname 对应属性为主节点的主机名，如图 B.11 所示。

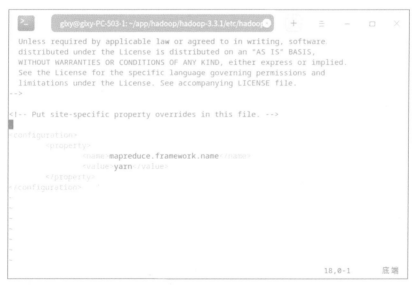

图 B.11　修改 yarn-site.xml 文件

如图 B.12 所示，利用 vi mapred-site.xml 命令在 mapred-site.xml 文件中增加如下配置：

```
<property>
        <name>mapreduce.framework.name</name>
        <value>yarn</value>
</property>
```

图 B.12　修改 mapred-site.xml 文件

3. Hadoop 启停

首次启动 Hadoop 前必须格式化 NameNode。

如图 B.13 所示，进入 {HADOOP_HOME}/bin/hadoop 目录下，运行命令行 namenode -format 对 NameNode 进行格式化。

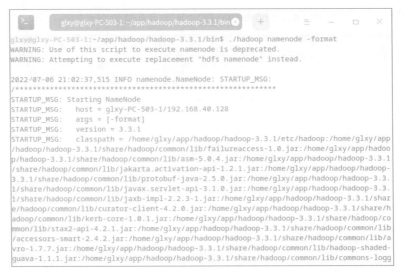

图 B.13　对 NameNode 进行格式化

启动和停止 Hadoop 时可以使用 ./start-all.sh 和 ./stop-all.sh 命令一次性启动和停止 HDFS（即 MapReduce），也可以分别使用 ./start-dfs.sh 和 ./stop-dfs.sh 命令启动和停止 HDFS，使用 ./start-yarn.sh 和 ./stop-yarn.sh 命令启动和停止 MapReduce。所有的启停命令均需要在 {HADOOP_HOME}/sbin 目录下进行。

图 B.14 展示了 HDFS 启动命令示例。

图 B.14　启动 HDFS 命令示例

HDFS 启动成功后，可在浏览器里输入 192.168.40.128:9870，查看 HDFS Web UI，如图 B.15 所示。单击 Datanodes 可查看实际运行的数据节点状态。

图 B.16 展示了 MapReduce 启动命令行示例。

如图 B.17 所示，YARN 启动成功后，可在浏览器里输入 192.168.40.128:8088，查看 YARN Web UI。单击 Active Nodes 可查看实际启动成功的工作节点集合。

Namenode information
192.168.40.128:9870/dfshealth.html#tab-overview
Hadoop
Overview
Datanodes
Datanode Volume Failures
Snapshot
Startup Progress
Utilities
Overview 'glxy-PC-503-1:9999' (active)
Started:
Wed Jul 06 19:43:39 +0800 2022
Version:
Compiled:
Cluster ID:
Block Pool ID:
Summary
Security is off.

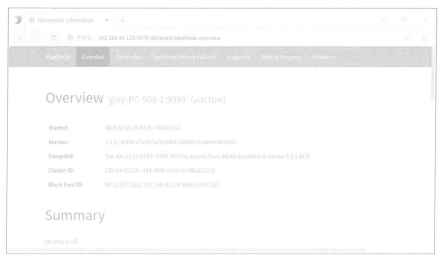

图 B.15　查看 HDFS Web UI

glxy@glxy-PC-503-1: ~/app/hadoop/hadoop-3.3.1/sbin
glxy@glxy-PC-503-1:~/Desktop$ cd /home/glxy/app/hadoop/hadoop-3.3.1/sbin/
glxy@glxy-PC-503-1:~/app/hadoop/hadoop-3.3.1/sbin$ ./start-dfs.sh
Starting namenodes on [glxy-PC-503-1]
Starting datanodes
Starting secondary namenodes [glxy-PC-503-1]
glxy@glxy-PC-503-1:~/app/hadoop/hadoop-3.3.1/sbin$ ./start-yarn.sh
Starting resourcemanager
Starting nodemanagers
glxy@glxy-PC-503-1:~/app/hadoop/hadoop-3.3.1/sbin$

图 B.16　MapReduce 启动命令行示例

Namenode information
All Applications
192.168.40.128:8088/cluster
hadoop
Cluster
About
Nodes
Node Labels
Applications
NEW
NEW_SAVING
SUBMITTED
ACCEPTED
RUNNING
FINISHED
FAILED
KILLED
Scheduler
Tools
Cluster Metrics
Apps Submitted
Apps Pending
Apps Running
Apps Completed
Containers Running
Cluster Nodes Metrics
Active Nodes
Decommissioning Nodes
Scheduler Metrics
Scheduler Type
Scheduling Resource Type
Capacity Scheduler
[memory-mb (unit=Mi), vcores]
<memory:1024, vCores:
Show 20 entries
ID
User
Name
Application Type
Application Tags
Queue
Application Priority
StartTime
LaunchTime

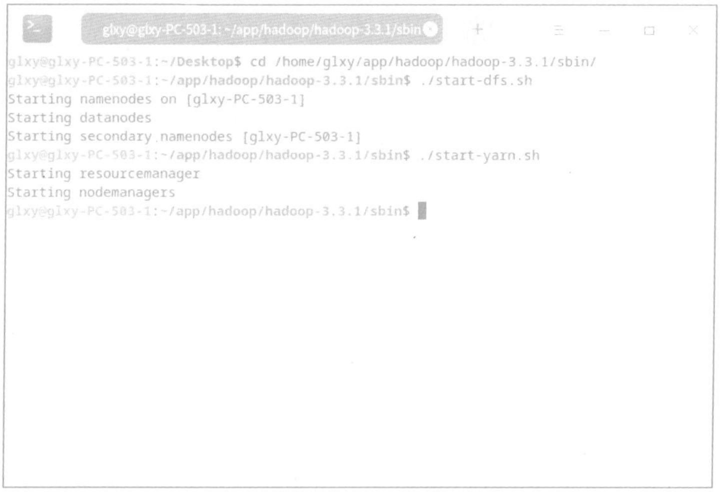

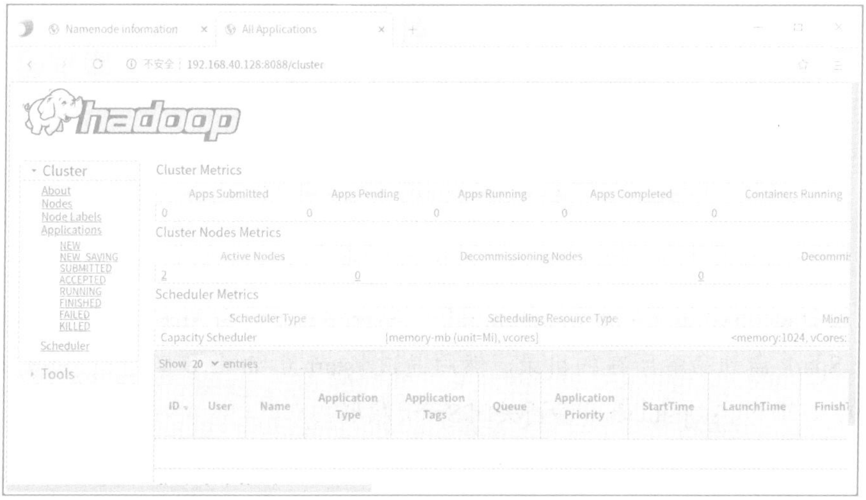

图 B.17　查看 YARN Web UI

B.3 Spark 安装

在 Spark 官网 https://spark.apache.org/ 中下载 Spark 安装包（本书下载版本为 spark-3.2.0-bin-hadoop3.2），移动到指定文件夹下（如 /home/glxy/app/hadoop/）并解压。仍以 B.1 中的集群为例，选取 glxy-PC-503-1 为主节点，在 Hadoop 集群上安装配置 Spark 集群。

1. Spark 配置

通过 cd {SPARK_HOME }/conf 命令（如 cd /home/glxy/app/hadoop/spark-3.2.0-bin-hadoop3.2/conf）进入 {SPARK_HOME }/conf 目录，使用 vi spark-env.sh 命令修改 spark-env.sh 文件。在 spark-env.sh 文件中修改 IP 地址为主节点 IP 地址，并添加下述配置文件：

```
export SPARK_MASTER_HOST=192.168.40.128
export JAVA_HOME=/home/glxy/app/hadoop/jdk1.8.0_211
export HADOOP_HOME=/home/glxy/app/hadoop/hadoop-3.3.1
export HADOOP_CONF_DIR=/home/glxy/app/hadoop/hadoop-3.3.1/etc/hadoop
```

通过 vi workers 命令创建 workers 文件，并添加实际工作节点的 IP 地址，例如：

```
192.168.40.128
192.168.40.129
192.168.40.130
```

图 B.18 展示了 Spark 配置的命令行示例。

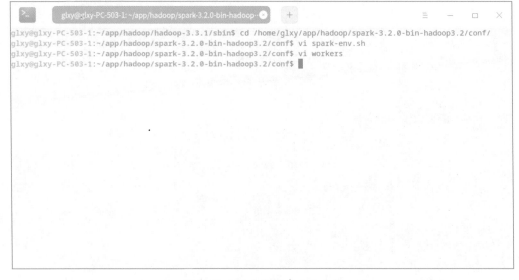

图 B.18　Spark 配置命令行示例

2. Spark 启停

启动 Hadoop 之后可以启动 Spark 集群。首先通过 cd {SPARK_HOME}/sbin 命令行进入 Spark 启动命令所在的目录，然后通过 ./start-all.sh 命令启动 Spark 集群（见图 B.19），通过 ./stop-all.sh 命令行关闭 Spark 集群。

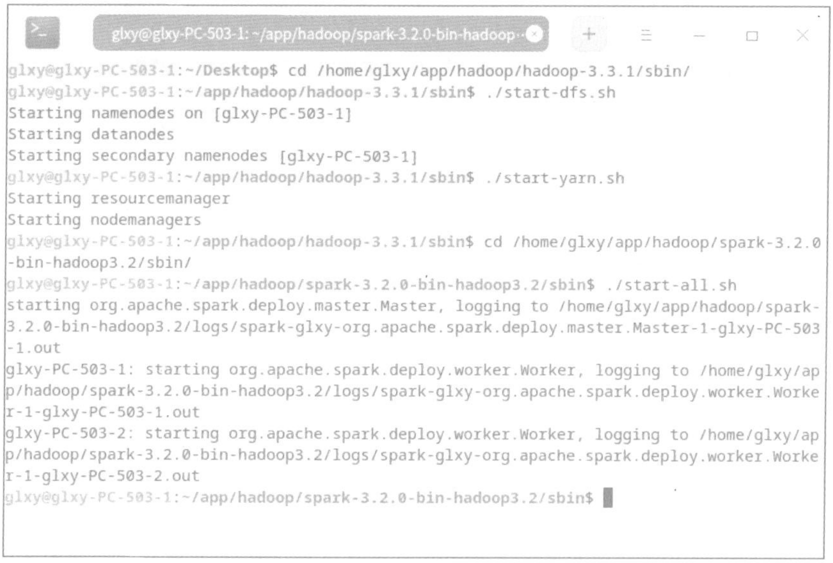

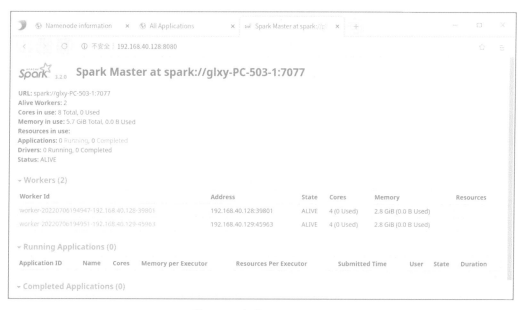

图 B.19　启动 Spark 集群的命令

如图 B.20 所示，Spark 集群启动后，可以通过访问 192.168.40.128:8080 查看
Spark Web UI。

图 B.20　查看 Spark Web UI

图 书 资 源 支 持

感谢您一直以来对清华版图书的支持和爱护。为了配合本书的使用，本书提供配套的资源，有需求的读者请扫描下方的"书圈"微信公众号二维码，在图书专区下载，也可以拨打电话或发送电子邮件咨询。

如果您在使用本书的过程中遇到了什么问题，或者有相关图书出版计划，也请您发邮件告诉我们，以便我们更好地为您服务。

我们的联系方式：

地　　址：北京市海淀区双清路学研大厦 A 座 714

邮　　编：100084

电　　话：010-83470236　010-83470237

客服邮箱：2301891038@qq.com

QQ：2301891038（请写明您的单位和姓名）

资源下载：关注公众号"书圈"下载配套资源。

资源下载、样书申请

书圈

图书案例

清华计算机学堂

观看课程直播